完全适合自学和教学辅导

职场求生

超长细致视频讲解+专业技巧

超值套装

DVD

中文版

全面学 AutoCAD

2015建筑设计从入门到提高

天地书院　编著

U0386277

精通 软件操作

高手 活学活用

全能 职场选手

CAD

专门为零基础渴望自学成才在职场出人头地的你设计的书

机械工业出版社
CHINA MACHINE PRESS

AutoCAD 现已经成为国际上广为流行的辅助设计软件，其 .dwg 文件格式已成为二维绘图的常用标准格式。本书以 AutoCAD 2015 为蓝本，来进行全方面的讲解。

本书共分为 6 篇，22 章。第 1 篇（1~4 章），讲解了 AutoCAD 2015 基础入门、绘图基础、辅助设置、图形的查看；第 2 篇（5~8 章），讲解了 AutoCAD 基本二维图形的绘制与编辑、复杂二维图形的绘制与编辑；第 3 篇（9~12 章），讲解了图块与属性的编辑、文字与表格的编辑、尺寸标注、图形的打印；第 4 篇（13~17 章），按照建筑施工图的特点，分别对建筑总平面图、建筑平面图、建筑立面图、建筑剖面图、建筑详图的绘制进行详细的讲解；第 5 篇（18~20 章），精挑 3 套完整的建筑施工图，进行整套施工图的绘制，包括别墅楼、教学楼、办公楼；第 6 篇（21~22 章），讲解了建筑图所涉及的另外两个软件 TArch 和 PKPM。

本书内容全面，结构明确，图文并茂，案例丰富，适合初、中级读者学习，可供相关大中专或高职高专院校的师生使用，也可供培训机构及在职工作人员学习使用。配套多媒体 DVD 光盘中，包含相关素材案例、大量工程图、视频讲解、配套电子图书等；另外开通了 QQ 高级群，以开放更多的共享资料，以便读者们能够互动交流和学习。

图书在版编目（CIP）数据

全面学 AutoCAD 2015 建筑设计从入门到提高/天地书院编著 . —北京：机械工业出版社，2015.1

ISBN 978-7-111-48904-7

Ⅰ. ①全… Ⅱ. ①天… Ⅲ. ①建筑设计 – 计算机辅助 – AutoCAD 软件 Ⅳ. ①TU201.4

中国版本图书馆 CIP 数据核字（2014）第 296486 号

机械工业出版社（北京市百万庄大街 22 号 邮政编码 100037）

策划编辑：刘志刚 责任编辑：刘志刚 吴苏琴

封面设计：张 静 责任印制：李洋

责任校对：刘时光

北京振兴源印务有限公司印制

2015 年 4 月第 1 版第 1 次印刷

184mm×260mm · 33.5 印张 · 831 千字

标准书号：ISBN 978-7-111-48904-7

ISBN 978-7-89405-732-7（光盘）

定价：69.80元（含1DVD）

前　言

AutoCAD 是美国 Autodesk 公司于 1982 年开发的自动计算机辅助设计软件，用于二维绘图、详细绘制、设计文档和基本三维设计，被广泛应用于建筑、机械、电子、航天、制造、石油化工、土木工程、地质气象等领域，现已经成为国际上广为流行的绘图工具。

《全面学 AutoCAD 2015 建筑设计从入门到提高》一书，共分为 6 篇，22 章，是一本全面学习 AutoCAD 建筑设计的工具图书。本书的基本内容如下：

第 1 篇(1~4 章) 新手入门篇	讲解了 AutoCAD 2015 的软件入门，包括 AutoCAD 的概述，AutoCAD 2015 的工作界面，自定义工作空间，命令的调用方法，图纸管理，创建图层，设置图层，设置绘图区域和度量单位，使用辅助工具定位，对象捕捉，对象追踪，动态输入，图形的缩放、平移、视口，使用命名视图等
第 2 篇(5~8 章) 二维图形篇	讲解了 AutoCAD 二维图形的绘制方法，包括绘制点、直线、矩形、多边形、圆、圆弧、椭圆、椭圆弧，选择对象，移动和复制，旋转和比例缩放，阵列和拉伸，修剪与延伸，镜像和偏移，打断、合并和分解，圆角与倒角，夹点编辑，多线的绘制与编辑，样条曲线，面域与填充等
第 3 篇(9~12 章) 辅助绘图篇	讲解了 AutoCAD 绘制图形的辅助方法，包括块的创建、插入与编辑，基点的定义，属性的定义与创建，文字与表格的创建，尺寸样式的设置，尺寸的基本标注方法，多重引线的创建，图形的快速标注，图形的输入与输出，图纸的布局，布局中的浮动窗口，设置打印绘图仪，图形的打印输出等
第 4 篇(13~17 章) 施工图绘制篇	讲解了 AutoCAD 中绘制建筑施工图的方法，在建筑总平面图和平面图绘制中，包括绘图环境的设置修改，轴网的创建与编辑，墙体的绘制，门窗的绘制与布置，附属构件的绘制，轴号、尺寸、说明与图名的标注等。在建筑立面图和剖面图绘制中，包括绘图环境的调用，地坪线的绘制，立面和剖面轮廓线的绘制，立面门窗对象的绘制与布置，屋顶装饰与雨棚，剖面填充，轴号、标高及图名的标注等。在建筑详图中，包括楼梯详图、屋檐大样图、栏杆罗马柱大样图等
第 5 篇(18~20 章) 案例实战篇	精挑 3 套完整的建筑施工图，进行整套施工图的绘制，包括别墅住宅、教学楼、办公楼等；针对每套施工图的绘制中，包括图纸目录，门窗目录，设计说明，各楼层平面图，主要立面图，主要剖面图，相关门窗详图等
第 6 篇(21~22 章) 高手秘籍篇	针对建筑图所涉及的另外两个软件进行讲解。在 TArch 天正建筑设计软件中，包括 TArch 与 AutoCAD 软件的关联与区别，TArch 2014 天正软件的安装与配置，TArch 2014 天正建筑软件的界面，TArch 2014 天正建筑软件的设置，第一个天正建筑施工图实例等；在 PKPM 2010 结构设计软件中，包括 PKPM 2010 版软件的界面，PKPM 的基本工作方式，PMCAD 建立模型训练，SATWE 计算分析训练等

本书内容全面，结构明确，图文并茂，案例丰富，适合初、中级读者学习，可供相关大中专或高职高专院校的师生使用，也可供培训机构及在职工作人员学习使用。配套多媒体 DVD 光盘中，包含相关素材案例、视频讲解等；另外开通了 QQ 高级群，以开放更多的共享资料，以便读者们能够互动交流和学习。

本书由天地书院主持编写，参与编写的人员有姜先菊、牛姜、马燕琼、王函瑜、雷芳、李科、李贤成、李镇均、刘霜霞、张菊莹、杨吉明、罗振镰、张琴、张武贵、李盛云、刘本琼、何娟、谭双、杨红、尹兴华、潘飞、李江、曾朝冉、高有弟、李长杰、张永忠、姜先英。

由于编者水平有限，书中难免有疏漏与不足之处，敬请专家和读者批评指正。

编　者

目　　录

IX

第1篇　新手入门篇

AutoCAD 2015 基础入门

1

本章导读

　　随着计算机辅助绘图技术的不断普及和发展，用计算机绘图全面代替手工绘图将成为必然趋势，只有熟练的掌握计算机绘图技术，才能够灵活地在计算机上表现自己的设计才能和天赋。

本章内容

- 了解 AutoCAD 的概述
- 掌握 AutoCAD 2015的工作界面
- 掌握 AutoCAD 中工作空间的切换
- 掌握标题栏、选项卡和面板的功能
- 掌握绘图区、命令行和状态栏的作用
- 掌握自定义工作空间
- 掌握绘图区域的设置及平面门的绘制

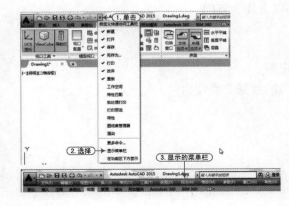

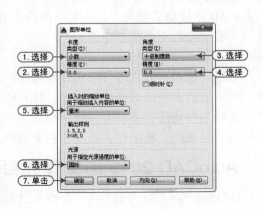

1.1　AutoCAD 的概述

AutoCAD（Auto Computer Aided Design）是 Autodesk（欧特克）公司于 1982 年开发的自动计算机辅助设计软件，用于二维绘图、详细绘制、设计文档和基本三维设计。读者可以从以下几个方面来认识 AutoCAD 软件。

1. 发展方向

对于 AutoCAD 软件的发展，将向智能化、多元化方向发展，例如云计算三维核心技术将是未来发展趋势。

2. 软件格式

AutoCAD 的文件格式主要有：.dwg 格式，AutoCAD 的标准格式；.dxf 格式，AutoCAD 的交换格式；.dwt 格式，AutoCAD 的样板文件。

3. 应用领域

广泛应用于土木建筑、装饰装潢、城市规划、园林设计、电子电路、机械设计、服装鞋帽、航空航天、轻工化工等诸多领域。

> ➢ 工程制图：建筑工程、装饰设计、环境艺术设计、水电工程、土木工程等。
> ➢ 工业制图：精密零件、模具、设备等。
> ➢ 服装加工：服装制版。
> ➢ 电子工业：印刷电路板设计。

4. 不同版本

在不同的行业中，Autodesk（欧特克）开发了行业专用的版本和插件，在机械设计与制造行业中发行了 AutoCAD Mechanical 版本。

> ➢ 在电子电路设计行业中发行了 AutoCAD Electrical 版本。
> ➢ 在勘测、土方工程与道路设计发行了 Autodesk Civil3D 版本。
> ➢ 在学校教学、培训中所用的，一般都是 AutoCAD Simplified 版本。

提示：AutoCAD Simplified 为通用版本

> 一般没有特殊要求，都是用的 AutoCAD Simplified 版本。AutoCAD Simplified 是通用版本，对于机械也有相应的 AutoCAD Mechanical（机械版）。

5. 基本特点

AutoCAD 软件功能强大，其主要绘图特点有以下几个方面。

1）具有完善的图形绘制功能。
2）具有强大的图形编辑功能。
3）可以采用多种方式进行二次开发或用户定制。
4）可以进行多种图形格式的转换，具有较强的数据交换能力。
5）支持多种硬件设备和多种操作平台。
6）具有通用性、易用性，适用于各类用户。

1.2　AutoCAD 2015 的工作界面

第一次启动 AutoCAD 2015 后，会弹出【Autodesk Exchange】对话框，单击该对话框右上角的【关闭】按钮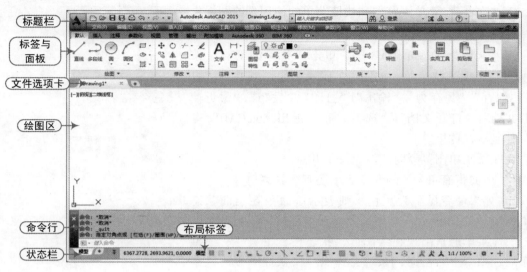，进入 AutoCAD 2015 工作界面，默认情况下，系统进入如图 1-1 所示的"草图与注释"工作界面。

图 1-1　草图与注释工作界面

1.2.1　切换工作空间

↓知识要点　在使用 AutoCAD 2015 软件时，用户可以根据需要切换工作空间。

↓执行方法　在使用工作空间进行切换，可以利用状态栏中的"草图与注释"按钮
草图与注释▼完成空间切换操作。

↓操作实例　例如，单击状态栏中的"草图与注释"按钮，在打开的快捷菜单中选择"三维建模"选项，即可将"草图与注释"工作空间切换到"三维建模"工作空间，如图 1-2 所示。

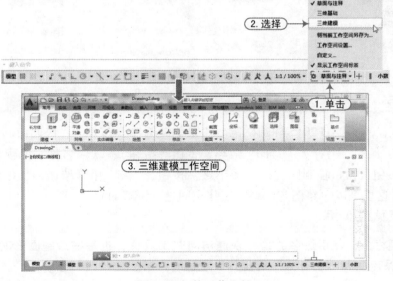

图 1-2　切换工作空间

1.2.2 菜单浏览器和快捷菜单

↓ 知识要点 菜单浏览器和快捷菜单的使用是绘图操作的一种快捷方式。

↓ 执行方法 在 AutoCAD 中，单击"菜单浏览器"按钮 ▲，会出现下拉菜单，如图 1-3 所示。如"新建""打开""保存""另存为""输出""打印""发布""最近使用的文档""打开文档""选项"和"退出 AutoCAD"等项目都显示在这里。

在使用菜单浏览器时应注意一下几点。

1) 后面带有符号 ▸ 的命令表示还有级联菜单。

2) 如果命令显示为灰色，则表示该命令在当前状态下不可用。

快捷菜单通常出现在绘图区，状态栏、工具栏、模型或布局选项卡上右击时，系统会弹出一个快捷菜单，该菜单中显示的命令与右击的对象及当前状态相关，如图 1-4 所示即为各种快捷菜单。

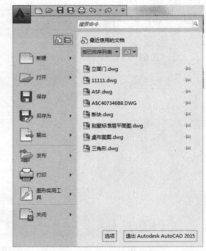

图 1-3 菜单浏览器

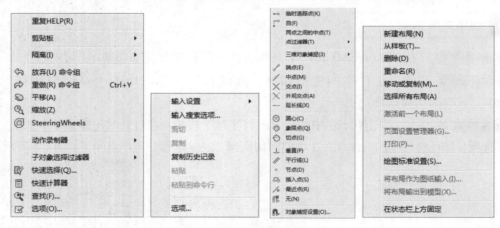

图 1-4 快捷菜单

1.2.3 标题栏

↓ 知识要点 AutoCAD 2015 标题栏包括"菜单浏览器"按钮、"快速访问"工具栏（包括新建、打开、保存、另存为、打印、放弃、重做等按钮）、软件名称、标题名称、"搜索"框、"登录"按钮、窗口控制区（即"最小化"按钮、"最大化"按钮、"关闭"按钮），如图 1-5 所示。（这里是以"草图与注释"工作空间进行讲解的）

技巧：标题栏的使用

在标题栏中，使用最多的是"快速访问"工具栏，也是在绘制图形时，"新建""打开""保存"和"另存为"等操作最快捷的方法。

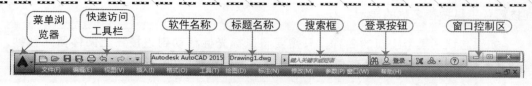

图 1-5　标题栏

1.2.4　菜单栏和工具栏

（知识要点）在 AutoCAD 2015 的"草图与注释"工作空间状态下，菜单栏和工具栏一般处于隐藏状态。

（执行方法）如果要显示菜单栏，那么在标题栏的"工作空间"右侧单击倒三角按钮（即"自定义快速访问工具栏"列表），从弹出的列表框中选择"显示菜单栏"，即可显示 AutoCAD 的常规菜单栏，如图 1-6 所示。

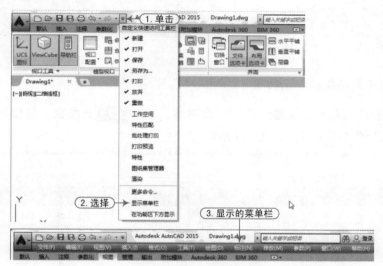

图 1-6　显示菜单栏

如果要将 AutoCAD 的常规工具栏显示出来，可以选择"工具丨工具栏"菜单项，从弹出的下级菜单中选择相应的工具栏即可，如图 1-7 所示。

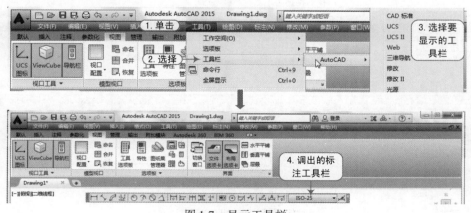

图 1-7　显示工具栏

技巧：工具按钮名称的显示

> 如果忘记了某个按钮的名称，只需要将鼠标光标移动到该按钮上面停留几秒钟，就会在其下方出现该按钮所代表的命令名称，通过名称就可快速确定其功能。

1.2.5 选项卡与面板

↓知识要点 在标题栏下侧为选项卡，在每个选项卡下包括许多面板。例如"默认"选项标题中包括绘图、修改、图层、注释、块、特性、组、实用工具、剪贴板等面板，如图1-8所示。

图1-8 "默认"选项卡

提示：选项卡与面板的显示效果

> 在标签栏的名称最右侧显示了一个倒三角，单击 此按钮，将弹出快捷菜单，可以进行相应的单项选择，如图1-9所示。

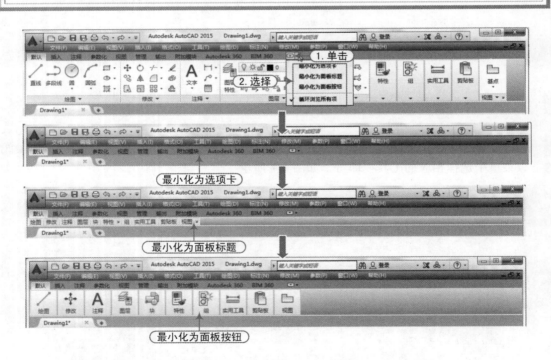

图1-9 选项卡与面板的显示效果

1.2.6　绘图区

（↓）知识要点 绘图区也称为视图窗口，即屏幕中央空白区域，是进行绘图操作的主要工作区域，所有的绘图结果都反映在这个窗口中，如图1-10所示。

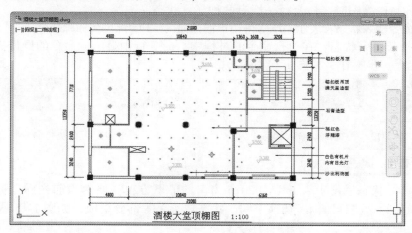

图1-10　CAD绘图区

可以根据需要关闭一些"工具栏"，以扩大绘图的空间。如果图纸比较大，需要查看未显示的部分时，可以单击窗口右边与下边滚动条上的箭头，或拖动滚条上的滑块来移动图纸。在绘图窗口中除了显示当前的绘图结果外，还显示了当前使用的坐标系类型及坐标原点、x轴、y轴、z轴的方向。

1.2.7　图形文件选项卡

（↓）知识要点 AutoCAD 2015版本提供了图形文件选项卡，在打开的图形间切换或创建新图形时非常方便。

（↓）执行方法 可以使用"视图"选项卡中的"文件选项卡"控件来打开或关闭图形文件选项卡工具条，当文件选项卡打开后，在图形区域上方会显示所有已经打开的图形的选项卡，如图1-11所示。

图1-11　文件选项卡工具条

文件选项卡是以文件打开的顺序显示的，如图1-12所示。可以拖动选项卡来更改图形的位置。

图1-12　打开的文件选项卡

1.2.8 命令行

⬇知识要点 命令行是 AutoCAD 与用户对话的一个平台，AutoCAD 通过命令反馈各种信息，用户应密切关注命令行中出现的信息，按信息提示进行相应的操作。

使用 AutoCAD 绘图时，命令行一般有两种显示状态。

1）等待命令输入状态：表示系统等待用户输入命令，以绘制或编辑图形，如图 1-13 所示。

2）正在执行命令状态：在执行命令的过程中，命令行中显示该命令的操作提示，以方便用户快速确定下一步操作，如图 1-14 所示。

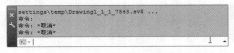
图 1-13　等待命令输入状态

图 1-14　正在执行命令状态

1.2.9 状态栏

⬇知识要点 状态栏位于 AutoCAD 2015 窗口的最下方，主要由当前光标坐标值、辅助工具按钮、布局空间、注释比例、切换空间、状态栏菜单等部分组成，如图 1-15 所示。

图 1-15　状态栏

1.3　自定义工作空间

⬇知识要点 如果经常使用一些工具，可以将其设置为启动工作空间时打开这些工具条。

⬇执行方法 在 AutoCAD 中，自定义工作空间的方法如下。

步骤 01 执行"工具 | 自定义 | 界面"菜单命令，打开"自定义用户界面"对话框，如图 1-16 所示。

图 1-16　"自定义用户界面"对话框

步骤 02 在"工作空间"区域中选择"草图与注释 默认（当前）"，然后单击"自定义工作空间"按钮 自定义工作空间(C)，如图 1-17 所示。

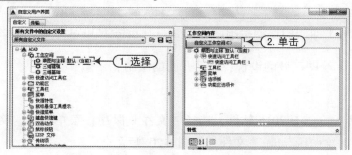

图 1-17 单击"自定义工作空间"按钮

步骤 03 展开"工具栏"目录，在"工具栏"区域选中准备启动的工具条复选框（例如"标注"），单击"完成"按钮，设置完后，最后单击"确定"按钮，如图 1-18 所示。

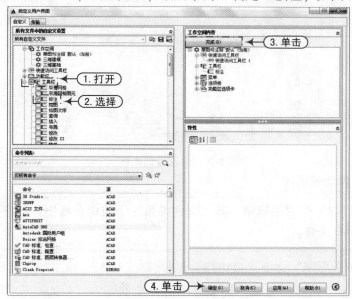

图 1-18 添加启用工具条

步骤 04 设置完成后，便可显示在自定义的工作空间，如图 1-19 所示。

图 1-19 自定义工作空间

1.4 综合练习——设置平面门图形的绘图区

| 案例 | 设置门图形的绘图区.dwg | 视频 | 设置平面门图形的绘图区.avi | 时长 | 17′28″ |

本实例主要讲解平面门图形的绘图区的设置，让读者对建筑图形绘图区的设置有一个大概的认知。

实战要点：①绘图区域的设置；②平开门的绘制。

操作步骤

步骤 01 正常启动 AutoCAD 2015 软件，选择"文件｜保存"菜单命令，将其保存为"案例 \ 01 \ 设置门图形的绘图区.dwg"文件，如图 1-20 所示。

图 1-20 保存案例操作

技巧：保存文件为低版本

在"图形另存为"对话框中，其"文件类型"下拉组合框中，用户可以将其保存为低版本的.dwg文件。

步骤 02 执行"图形界限"命令（LIMITS），快捷键（LIM），根据如下命令行提示，输入图形界限左下角数据为"0，0"再输入图形界限右上角数据为"42000，29700"，图形界限便设置完成。

```
命令：LIMITS                                              \\ 执行图形界限命令
重新设置模型空间界限：                                      \\ 系统提示
指定左下角点或［开(ON)/关(OFF)］<0.0000,0.0000>：0,0        \\ 输入"0,0"，按 Enter 键
指定右上角点 <420.0000,297.0000>：42000,29700              \\ 输入"42000,29700"，按 Enter 键
```

步骤 03 在命令行中输入"Z｜空格｜A"，使输入的图形界限区域全部显示在图形窗口内。

提示：视图的缩放

"Z"是"Zoom"视图缩放命令的缩写，选择"A（全部）"选项后，则可以将全部的图形对象显示在已设置的图形界限区内。

步骤 04 执行"单位"命令（UNITS），快捷键（UN），弹出"图形单位"对话框。

步骤 05 在"长度"选项中的"类型"项中选择"小数"；在"精度"项中选择"0.0"。

步骤 06 在"角度"选项中的"类型"项中选择"十进制度数"；在"精度"项中选择"0.0"。

步骤 07 在"插入时的缩放单位"选项中选择"毫米"；然后单击"确定"按钮完成图形单位的设置，如图1-21所示。

　　提示：方向控制对话框

> 在图形单位对话框中，单击"方向"按钮，将弹出"方向控制"对话框，在该对话框中可以控制基准角度，如图1-22所示。

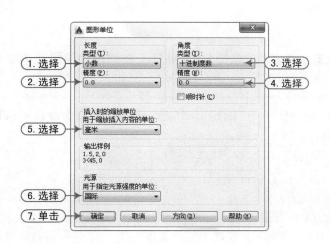

图1-21　图形单位对话框　　　　　　　　图1-22　方向控制对话框

步骤 08 绘制门图形，在"常用"选项卡的"绘图"面板中单击"圆"按钮⊘，按照如下命令行提示绘制一个半径为1000mm的圆，如图1-23所示。

```
命令：_circle                                                        \\ 执行圆命令
指定圆的圆心或 [三点(3P)/两点(2P)/切点、切点、半径(T)]：@0,0          \\ 以原点(0.0)作为圆心点
指定圆的半径或 [直径(D)]：1000                                        \\ 输入圆的半径为1000
```

步骤 09 在"常用"选项卡的"绘图"面板中单击"直线"按钮✐，根据如下命令行提示，绘制好两条线段，其效果如图1-24所示。

```
命令：_line                                                          \\ 执行直线命令
指定第一个点：                                                        \\ 捕捉圆上侧象限点
指定下一点或 [放弃(U)]：                                              \\ 捕捉圆心点，绘制线段1
指定下一点或 [放弃(U)]：                                              \\ 捕捉右侧象限点，绘制线段2
指定下一点或 [闭合(C)/放弃(U)]：                                      \\ 按回车键结束直线的绘制
```

提示："对象捕捉"的启用

在绘制图形过程中,可按【F3】键来启用或取消其"对象捕捉"模式。但即使启用了"对象捕捉"模式,也要勾选相应的捕捉点才行。

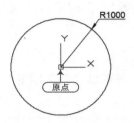

图 1-23　绘制圆

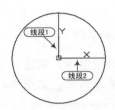

图 1-24　绘制线段

提示:快速选择对象捕捉模式

在绘图中,可以通过右击状态栏中的"对象捕捉"按钮□▾,在弹出的快捷菜单中快速选择所需对象捕捉模式。

步骤⑩ 在"常用"选项卡的"修改"面板中单击"偏移"按钮⚬,根据如下命令行提示,将上一步所绘制垂直线段向右侧偏移 60mm,如图 1-25 所示。

```
命令:_offset                                            \\ 执行偏移命令
当前设置:删除源 = 否  图层 = 源  OFFSETGAPTYPE = 0       \\ 当前设置状态
指定偏移距离或 [通过(T)/删除(E)/图层(L)] <通过>:60       \\ 输入偏移距离为 60mm
选择要偏移的对象,或 [退出(E)/放弃(U)] <退出>:           \\ 选择垂线段为偏移对象
指定要偏移的那一侧上的点,或 [退出(E)/多个(M)/放弃(U)] <退出>:   \\ 在垂线段右侧单击
选择要偏移的对象,或 [退出(E)/放弃(U)] <退出>:           \\ 按回车键结束偏移操作
```

步骤⑪ 在"常用"选项卡的"修改"面板中单击"修剪"按钮 /- 修剪 ▾,根据命令行提示,将多余的线段及圆弧进行修剪,如图 1-26 所示。

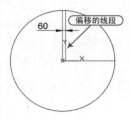

图 1-25　偏移线段

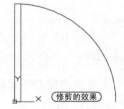

图 1-26　修剪图形

步骤⑫ 单击"保存" 🖫 按钮,将文件保存,设置门图形的绘图区操作完成。

AutoCAD 2015 绘图基础

2

本章导读

CAD中所执行的任何操作，都会在命令行中显示出来，而常规绘图命令的输入，就显得尤为重要。

进行施工图的绘制，就要掌握图纸文件的管理和命令的输入方法。复杂图形对象的操作与管理，通过图层的设置和控制，包括图层的创建、设置与控制。

本章内容

- 掌握命令的调用方法
- 掌握图纸文件的管理
- 掌握创建图层的方法
- 掌握图层的设置与控制方法
- 综合练习——特性匹配的使用

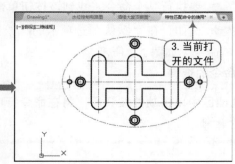

2.1 AutoCAD 2015 命令的调用方法

AutoCAD 命令的执行方式主要包括鼠标操作和键盘操作，鼠标操作是指使用鼠标选择菜单命令或单击工具按钮来调用命令，而键盘操作是直接输入命令语句来调用操作命令。

2.1.1 输入命令

（↓知识要点）在命令行中输入命令，是 AutoCAD 中绘制图形最主要一种命令执行方式。

（↓执行方法）启动 AutoCAD 后进入图形界面，当屏幕底部的命令行中显示有"键入命令"的提示时，表明 AutoCAD 处于准备接受命令状态，即可输入命令进行操作。

（↓操作实例）例如，在命令行输入并执行"直线"命令（L），系统提示"指定第一个点:"；此时应对该提示做出回应，可输入直线的起点坐标数值或者用单击鼠标左键来指定起点；系统会再提示"指定下一点或［放弃（U）］:"，表示应指定下一点；指定直线下一点后，系统提示为"指定下一点或［闭合（C）/放弃（U）］:"时，按下【Enter】键或空格键可结束该命令，如图 2-1 所示。

图 2-1　系统提示

提示：子命令中一些符号的规定

> 在 AutoCAD 命令执行过程中，通常有很多子命令出现，关于子命令中一些符号的规定如下：
> 1）"/"分隔符用来分隔提示与选项，大写字母表示命令缩写方式，可直接通过键盘输入。
> 2）"< >"内为预设值（系统自动赋予初值，可重新输入或修改）或当前值，如果按下空格键或【Enter】键，则系统将接受此预设值。

2.1.2 工具按钮

（↓知识要点）在 AutoCAD 的各个面板中单击相应的工具按钮，是绘制图形最直观的方式。

（↓执行方法）要执行某个命令，找到该按钮单击即可，如单击"直线"按钮 ╱。

（↓操作实例）例如，在"默认"选项卡的"绘图"面板中单击"多段线"按钮 ，即可执行"Pline"命令，如图 2-2 所示。

技巧：命令的查询

> 在功能区中单击功能按钮后，将在命令行中显示相应的命令语句，用户可以在此进行命令查询。

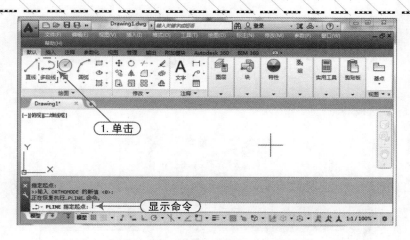

图 2-2 单击"多段线"按钮

2.1.3 退出命令

(↓知识要点) 学习如何终止命令操作，可以掌握终止命令的方法。

(↓执行方法) 在执行 AutoCAD 操作命令的过程中，按下键盘上的【Esc】键，可以随时终止 AutoCAD 命令的执行。

如果中途要退出命令，可按下【Esc】键，而有些命令需要连续按下两次【Esc】键；如果要终止正在执行的某个命令，可在"命令:"状态下输入 U（退出），回到上次操作前的状态。

注意：错误命令的撤销

> 如果在执行命令操作时，执行了错误的命令时，不需要退出命令，可以通过撤销的方法撤销错误的操作即可。也就是命令行中的"［放弃（U）］"选项。

2.1.4 重复执行命令

| 案例 | 重复执行命令 . dwg | 视频 | 重复执行命令 . avi |

(↓知识要点) 学习如何重复命令操作，可以掌握重复命令的方法。

(↓执行方法) 若要重复上一步执行过的命令，则按下【Enter】键或空格键即可；也可以在命令行中单击鼠标右键，然后在弹出的菜单中选择使用过的命令，如图2-3所示。

注意：重复命令的查找

> 使用键盘上的上下方向键在命令执行记录中搜寻，查找以前使用过的命令，选择需要执行的命令后按下【Enter】键即可。

2.1.5 使用透明命令

(↓知识要点) 透明命令是可以不干扰其他命令而执行的命令。

(↓执行方法) 使用透明命令时，应在输入命令之前输入单引号（'），命令行中，透明命

图 2-3　选择重复的命令

令的提示前有一个双折号（》），完成透明命令后，将继续执行原命令。

（↓操作实例）例如，在执行"直线"命令（Line）的过程中，要执行"平移"命令（pan），其命令行提示如图 2-4 所示。

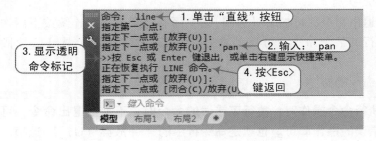

图 2-4　使用透明命令

技巧：常用的透明命令

> 执行其他命令的过程中可以执行的命令为透明命令，常使用的透明命令多为修改图形设置的命令、绘图辅助工具命令等。

2.2　图纸管理

在 AutoCAD 2015 中，图形文件的管理包括创建新的图形文件、打开已有的图形文件、保存图形文件、加密图形文件夹、输入图形文件和关闭图形文件夹等操作。

2.2.1　新建图纸

（↓知识要点）在 AutoCAD 中绘制图形之前，首先就是创建新的图纸文件。

（↓执行方法）在 AutoCAD 2015 中图形文件的新建，最常用的有以下三种方法。

■　菜单栏：执行"文件 | 新建"命令。

■ 工具栏：单击左上角"快速访问"工具栏的"新建"按钮 。
■ 键　盘：在键盘上按【Ctrl + N】组合键。

执行命令后，系统都将会自动弹出"选择样板"对话框，在文件类型下拉列表中一般有 ＊.dwt、＊.dwg、＊.dws 三种格式图形样板，根据需求选择打开样板文件，如图 2-5 所示。

图 2-5　"选择样板"对话框

提示：绘图前的设置

> 在绘图前期准备工作过程中，系统会根据所绘图形的任务要求，在样板文件中进行统一图形设置，包括绘图的单位、精度、捕捉、栅格、图层和图框等。

2.2.2　打开图纸

(↓知识要点) 可以根据需要，将已存在的图形文件以需要的格式打开。

(↓执行方法) 在 AutoCAD 2015 中需要打开已存在的图形文件，最常用的有以下三种方法。
■ 菜单栏：执行"文件 | 打开"命令。
■ 工具栏：单击左上角快速访问工具栏的"打开"按钮 。
■ 键　盘：在键盘上按【Ctrl + O】组合键。

通过以上三种方法，系统将弹出"选择文件"对话框，根据需求在给出的几种格式中进行选择打开文件，如图 2-6 所示。

技巧：文件格式的了解

> 系统给出的图形文件格式中，dwt 格式文件为标准图形文件，dws 格式文件是包含标准图层、标准样式、线性和文字样式的图形文件，dwg 格式文件是普通图形文件，dxf 格式的文件是以文本形式储存的图形文件，能够被其他程序读取。

2.2.3　保存图纸

(↓知识要点) 可以根据需要，将当前图形文件以需要的格式保存。

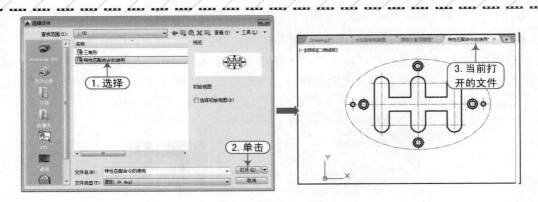

图 2-6 打开的图纸

执行方法 在 AutoCAD 2015 中要对当前图形文件进行保存，最常用的方法有以下三种。

■ 菜单栏：执行"文件 | 保存"命令。

■ 工具栏：单击左上角快速访问工具栏的"保存"按钮 🖫。

■ 键　盘：在键盘上按【Ctrl + S】组合键。

通过以上三种方法，系统将弹出"图形另存为"对话框，可以进行命名保存，一般情况下，系统默认的保存格式为 .dwg 格式，如图 2-7 所示。

图 2-7 "图形另存为"对话框

技巧：文件的自动保存

> 在绘图过程中，可以选择"工具 | 选项"菜单项，在弹出的"选项"对话框中选择"打开和保存"选项卡，然后在"自动保存"复选框中进行设置，从而实现系统自动保存，如图 2-8 所示。

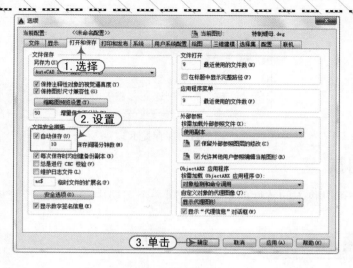

图 2-8   文件的自动保存

2.2.4 关闭图纸

🔽 **知识要点** 在 AutoCAD 中，可以通过退出文件的方式关闭文件，也可以关闭当前打开的文件，而不退出 AutoCAD 程序。

🔽 **执行方法** 在 AutoCAD 2015 中要关闭图形文件而又不退出 AutoCAD 程序，最常用的方法有以下两种。

■ 菜单栏：执行"文件 | 关闭"命令，如图 2-9 所示。
■ 工具条：在绘图窗口左上角的"文件选项卡"中，单击当前图形的"关闭"按钮，如图 2-10 所示。

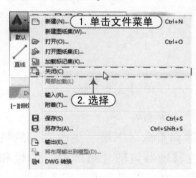

图 2-9   关闭文件 1

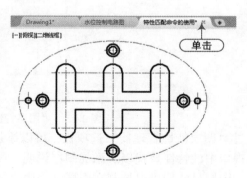

图 2-10   关闭文件 2

技巧：保存提示

在关闭当前图形文件时，如果选择的当前图形文件没有被修改或者已经保存，图形文件会直接关闭；如果当前图形文件有所修改而又没有存盘，系统将打开 AutoCAD 警告对话框，询问是否保存图形文件，如图 2-11 所示。

图 2-11   保存提示

2.3   创建图层

在绘图过程中可以将不同特性的对象放在同一个图层中，方便进行管理和编辑，本节讲解图层的创建。

2.3.1   图层特性管理器

↓知识要点 利用"图层特性管理器"面板不仅可以创建图层，设置图层的颜色、线型和宽度，还可以对图层进行更多的设置与管理，如切换图层、过滤图层、修改和删除图层等。

↓执行方法 在 AutoCAD 中，打开"图层特性管理器"选项板的方法有如下三种。

- 菜单栏：选择"格式 | 图层"命令。
- 面　　板：在"默认"选项卡的"图层"面板中单击"图层特性"按钮。
- 命令行：在命令行中输入"Layer"命令（LA）。

通过以上方法，可以打开"图层特性管理器"选项板，如图 2-12 所示。

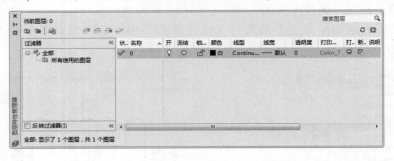

图 2-12   "图层特性管理器"选项板

通过"图层特性管理器"选项板，可以添加、删除和重命名图层，更改它们的特性，设置布局视口中的特性替代以及添加图层说明。图层特性管理器包括"过滤器"面板和图层列表面板。图层过滤器可以控制在图层列表中显示的图层，也可以同时更改多个图层。

图层特性管理器将始终进行更新，并且将显示当前空间中（模型空间、图纸空间布局或在布局视口中的模型空间内）的图层特性和过滤器选择的当前状态。

注意：图层 0

> 每个图形均包含一个名为 0 的图层。图层 0（零）无法删除或重命名，以确保每个图形至少包括一个图层。

2.3.2　创建新图层

（↓知识要点）新建图层包括名称、颜色、线型、线宽四个最基本属性的设置。

（↓执行方法）在 AutoCAD 中，单击"图层特性管理器"面板中的"新建图层"按钮，可以新建图层，如图 2-13 所示。

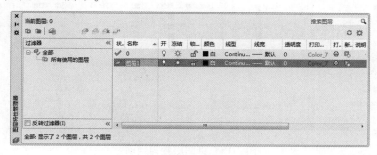

图 2-13　新建图层

在新建图层中，如果更改图层名称，用鼠标单击该图层并按"F2"键，重新输入图层名称即可，图层名称最长可达 255 个字符，但不允许有 > 、 < 、 \ 、 : 、 = 等，否则系统会弹出如图 2-14 所示的警告框。

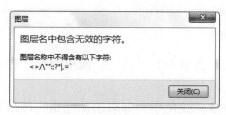

图 2-14　图层名警告框

提示：图层的继承性及修改

> 新建的图层继承了"图层 0"的颜色、线型等，如果需要对新建图层进行颜色、线型等重新设置，则选中当前图层的特性（颜色、线型等），单击鼠标左键进行重新设置。如果要使用默认设置创建图层，则不要选择列表中的任何一个图层，或在创建新图层前选择一个具有默认设置的图层。

2.3.3　切换当前图层

（↓知识要点）在 AutoCAD 中，"当前图层"是指正在使用的图层，绘制的图形对象将保存在当前图层。在默认情况下，"对象特性"工具栏中显示了当前图层的状态信息。

（↓执行方法）在 AutoCAD 中，要设置当前图层的最常用方法如下：

- 在"图层特性管理器"面板中，选择需要设置为当前层的图层，单击"置为当前"按钮，被设置为当前图层的图层前面有标记，如图 2-15 所示。
- 在"默认"标签下"图层"面板的"图层控制"下拉列表中，选择需要设置为当前的图层即可。

- 单击"图层"面板中的"将对象的图层置为当前"按钮 ，使用鼠标在绘图区中选择某个图形对象，则该图形对象所在图层即可被设置为当前图层。

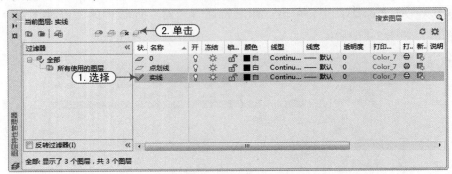

图 2-15 将图层置为当前

提示：置为当前图层的快捷键

> 选中准备设置的图层，在键盘上按下"Alt + C"组合键可以将其设置为当前图层。

2.3.4 改变图形对象所在图层

（知识要点）通过"默认"选项卡下"图层"面板中的"图层"下拉列表框，可改变对象所在图层。

（执行方法）在 AutoCAD 实际绘图中，如果绘制完某一图形元素后，发现该元素并没有绘制在预先设置的图层上，可选中该图形元素，并在"默认"选项卡下"图层"面板中的"图层"下拉列表框中选择预设图层名，即可改变对象所在图层。

（操作实例）例如，如图 2-16 所示将直线所在图层改变为虚线所在图层。

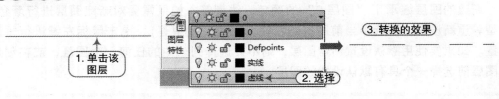

图 2-16 直线图层变为虚线图层

2.4 设置图层

设置图层包括名称、颜色、线型、线宽、冻结、锁定等，可以根据绘图的需要对图层进行相关的设置。

2.4.1 设置图层名称

（知识要点）新建图层后，第一个进行设置的就是图层名称，可以将图层名称更改为与当前图层对应的内容，以方便查找。

↓执行方法 打开"图形特性管理器"面板，选中新建的图层后，再次单击该图层，当名称处于编辑状态时，输入新命名的名称，在键盘上按下【Enter】键即可，如图2-17所示。

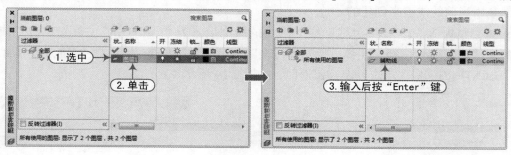

图2-17　设置图层名称

2.4.2　设置图层颜色

↓知识要点 在AutoCAD中，可以用不同的颜色表示不同的组件、功能和区域。不同的图层可以设置不同的颜色方便区别复杂的图形，AutoCAD 2015提供了7种标准颜色——红、黄、绿、青、蓝、紫、白色作为图层颜色。

↓操作实例 例如，要将"辅助线"图层的颜色设置为红色。首先单击"颜色"特性图标■白，弹出"选择颜色"对话框，选择"红色"，并单击"确定"按钮即可，如图2-18所示。

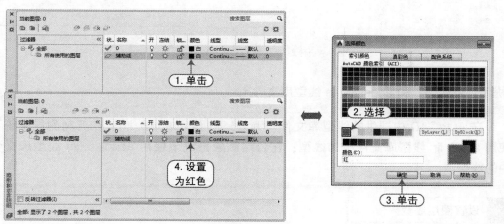

图2-18　设置图层颜色

提示：颜色的设置技巧

> 在AutoCAD颜色索引中指定颜色，如果将鼠标指针停留在某些颜色上，该颜色的编号及其红、绿、蓝值将显示在调色板下面，单击一种颜色即可将其选中，也可以在"颜色"文本框中输入该颜色的编号或名称。

2.4.3 设置图层线型

（↓知识要点）在 AutoCAD 中，为了满足用户的不同要求，系统提供了 45 种线型，所有的对象都是用当前的线型来创建的。

（↓操作实例）例如，要将"辅助线"图层的线型设置为"CENTER"。首先单击"线型"栏下的"线型"特性图标，在弹出"选择线型"对话框中，单击"加载"按钮，选择加载的线型"CENTER"，依次单击确定按钮返回，如图 2-19 所示。

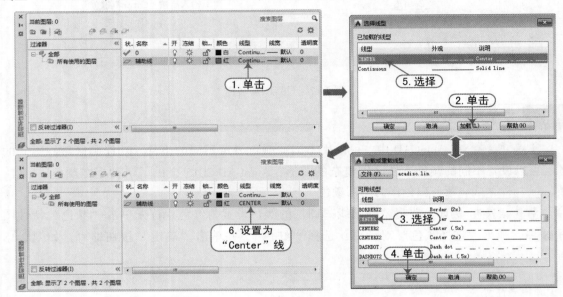

图 2-19　设置图层线型

提示：acad. lin 和 acadiso. lin 线型库文件

> 在 AutoCAD 中提供的线型库文件有 acad. lin 和 acadiso. lin。在英制测量系统下使用 acad. lin 线型库文件中的线型；在公制测量系统下使用 acadiso. lin 线型库文件中的线型。

2.4.4 设置图层线宽

| 案例 | 设置图层线宽 . dwg | 视频 | 设置图层线宽 . avi | 时长 | 17′28″ |

（↓知识要点）在 AutoCAD 中，改变线条的宽度，使用不同宽度的线条表现对象的大小或类型，可以提高图形的表达能力和可读性。

（↓操作实例）例如，要将"辅助线"图层的线宽设置为"0. 15mm"。首先单击"线宽"栏下的"线宽"特性图标——默认，在弹出"线宽"对话框中选择需要设置的线宽值，并单击"确定"按钮即可，如图 2-20 所示。

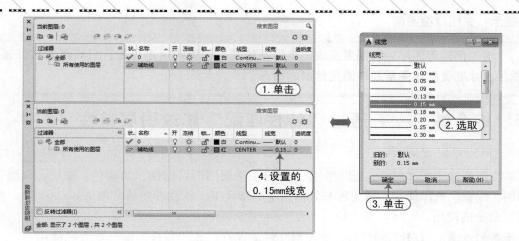

图 2-20 设置图层线宽

注意：线宽的显示

　　　　当多个图层设置有不同的线宽对象过后，应在状态栏中激活"线宽"按钮 ≡ ▾，
这样所设置的不同线宽效果才会显示出来，如图 2-21 所示。

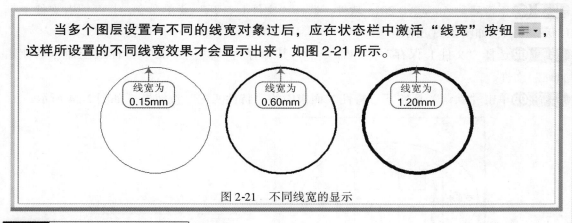

图 2-21 不同线宽的显示

2.4.5 关闭图层

　（↓知识要点）如果准备对某个图层中的内容进行保密，可以将其设置为不可见。

　（↓执行方法）打开"图形特性管理器"面板，在准备隐藏的图层中单击"开"选项，将
弹出"图层 – 关闭当前图层"对话框，选择"关闭当前图层"选项，即可关闭隐藏图层操
作，如图 2-22 所示。

图 2-22 关闭图层操作

提示：关闭隐藏图层

当关闭隐藏图层后，图层及该图层绘制的图形在绘图区不可见，只有再次打开该图层，才能看到该图层及该图层绘制的图形。

2.5 综合练习——通过"特性匹配"修改图层特性

案例 "特性匹配"的运用.dwg	视频 "特性匹配"的运用.avi	时长 17′28″

本实例通过使用"特性匹配"命令，来修改平面图图层特性，如颜色、图层、线型、线型比例、线宽、打印样式、透明度和其他指定的特性等，让读者能够掌握 AutoCAD 中"特性匹配"命令的使用。

↓实战要点：①图形的打开；②图形文件的保存；③"特性匹配"命令的使用。

↓操作步骤

步骤 01 正常启动 AutoCAD 2015 软件，选择"文件 | 打开"菜单命令，打开原有文件"档位板.dwg"，如图 2-23 所示。

步骤 02 选择"文件 | 保存"菜单命令，将其保存为"案例 \ 02 \ 特性匹配命令的使用.dwg"文件。

步骤 03 单击"默认"标签下"特性"面板中的"特性匹配"按钮，如图 2-24 所示。

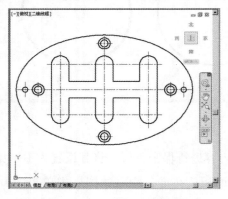

图 2-23 打开原有图形文件 1　　图 2-24 打开原有图形文件 2

步骤 04 在绘图区中选择任意一个源对象（轴线），随后根据需要选择目标对象（零件轮廓线），完成特性匹配操作后按 Esc 键结束，如图 2-25 所示。

步骤 05 单击"保存"按钮，将文件保存，该平面图图层特性的修改绘制完成。

提示：特性设置

在执行"特性匹配"命令中，命令行提示"选择目标对象或［设置（S）］:"时，输入 S 命令可以显示"特性设置"对话框，从中可以控制要将哪些对象特性复制到目标对象。默认情况下，选定所有对象特性进行复制。

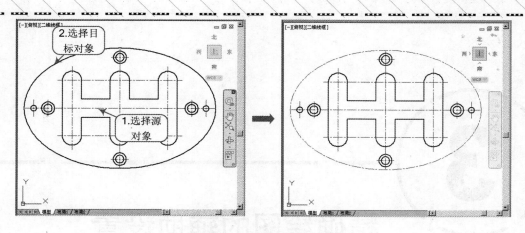

图 2-25　打开原有图形文件 3

3

精确绘图的辅助设置

本章导读

对于AutoCAD中所绘制的工程图，保证精确，是AutoCAD制图的一大特点。

在AutoCAD中，为了提高工作效率，绘图前要做好相应的准备工作，辅助功能的设置直接影响着绘图的效率。

本章内容

- 掌握绘图区域及度量单位的设置
- 掌握辅助工具的使用方法
- 掌握对象捕捉的设置
- 掌握对象追踪的设置
- 掌握动态输入的设置
- 综合练习——绘制桌布图案

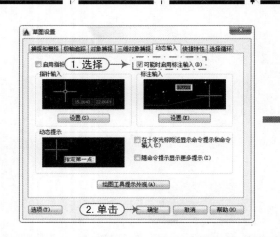

3.1 设置绘图区域和度量单位

设置图形界限是把 AutoCAD 2015 默认绘图区域的边界设置为工作时所需要的区域边界，让用户在设置好的区域内绘图，以避免所绘制的图形超出了该边界。

3.1.1 设置绘图区域大小

↓知识要点 用来绘制工程图的图纸通常有 6 种规格（A0～A6），在 AutoCAD 中，与图纸大小相关的设置就是绘图界限，设置绘图界限的大小应与选定的图纸相等。

↓执行方法 在 AutoCAD 中，有两种方法可以设置绘图区域大小。

- 菜单栏：选择"格式 | 图形界限"命令。
- 命令行：在命令行中输入"Limits"命令。

↓操作实例 例如，设置图形区域大小为"1000×1000"，其命令行提示如下：

```
命令：'_limits                                          \\执行图形界限命令
重新设置模型空间界限：
指定左下角点或[开(ON)/关(OFF)] <0.0000, 0.0000 >:0, 0    \\设置左下角点(0, 0)
指定右上角点 <420.0000, 297.0000 >:1000, 1000           \\设置右上角点(1000, 1000)
```

提示：绘图界限的限制

> 如果将界限检查功能设置为关闭（OFF）状态，绘制图形时则不受设置的绘图界限的限制；如果将绘图界限检查功能设置为开启（ON）状态，绘制图形时在绘图界限之外将受到限制。

3.1.2 设置图形度量单位

↓知识要点 对于任何一个图形或者不同工作的要求，都必须对所绘制的图形进行精度、大小以及所采用的单位进行设置。

↓执行方法 在 AutoCAD 中，有两种方法可以设置图形度量单位。

- 菜单栏：选择"格式 | 单位"菜单命令。
- 命令行：在命令行中输入"Units"（UN）。

执行以上的操作后，系统将会弹出"图形单位"对话框，可以根据绘图的需求对图形度量单位进行设置，如图 3-1 所示。

图 3-1 "图形单位"对话框

↓选项含义 在"图形单位"对话框中，主要选项的含义如下。

- 长度：用于设置长度单位的类型和精度。在"类型"下拉列表框中，可以选择当前测量单位的格式；在"精度"下拉列表框中，可以选择当前长度单位的精确度。

- 角度：用于控制角度单位类型和精度，在"类型"下拉列表框中，可以选择当前角度单位的格式类型，在"精度"下拉列表框中，可以选择当前角度单位的精确度；"顺时针"复选框用于控制角度增角量的正负方向。
- 光源：用于指定光源强度的单位。
- "方向（D）…"按钮：可打开"方向控制"对话框，用于确定角度及方向。

技巧：图形单位的设置

> 在"图形单位"对话框中一般设置精度即可，其余均为保持默认，在建筑及装饰设计中，对绘图精度的要求一般为整数。

3.2 使用辅助工具定位

在绘制图形时，往往难以使用光标准确定位，这时可以使用提供的捕捉、栅格和正交等功能来辅助定位。

3.2.1 使用捕捉模式和栅格功能

↓知识要点 在 AutoCAD 2015 中，"捕捉"用于设置鼠标光标按照用户定义的间距移动。"栅格"是点或线的矩阵，是一些标定位置的小点，可以提供直观的距离和位置参照。

↓执行方法 在 AutoCAD 中，执行"工具｜绘图设置"菜单命令，可以打开"草图设置"对话框，在该对话框的"捕捉和栅格"选项卡中，可以启用或关闭"捕捉"和"栅格"功能，并设置"捕捉"和"栅格"的间距与类型，如图 3-2 所示。

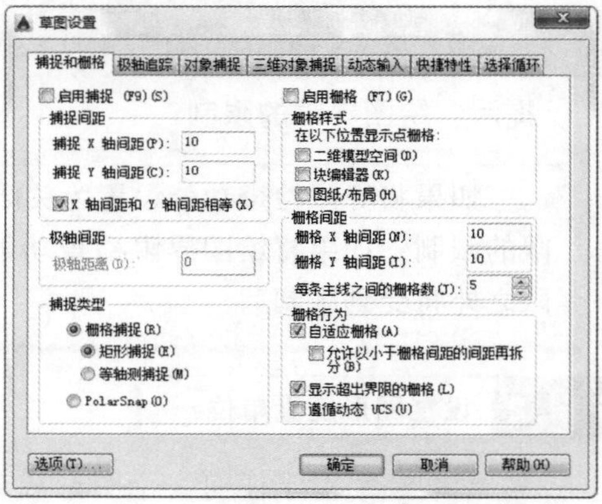

↓选项含义 在"草图设置"对话框的"捕捉和栅格"选项卡中，主要选项的含义如下。

图 3-2　"捕捉和栅格"设置

- 启用捕捉：用于打开或者关闭捕捉方式，可单击▦按钮，或者按【F9】键进行切换。
- 启用栅格：用于打开或关闭栅格显示，可单击▦按钮，或者按【F7】键进行切换。
- 捕捉间距：用于设置 x 轴和 y 轴的捕捉间距。
- 栅格间距：用于设置 x 轴和 y 轴的栅格间距，还可以设置每条主轴的栅格数。如图 3-3 所示为栅格间距由 50 变化为 20 的效果。

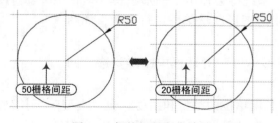

图 3-3　栅格间距变化效果

- 捕捉类型：用于设置捕捉样式。
- 栅格行为：用于设置"视觉样式"下栅格线的显示样式（三维线框除外）。

提示：捕捉和栅格的使用

> 可以使用其他几个控件来启用和禁用栅格捕捉，包括【F9】键和状态栏中的"捕捉"按钮。通过在创建或修改对象时按住【F9】键可以临时禁用捕捉。

3.2.2　使用正交模式

（↓知识要点）在绘制图形时，当指定第一点后，连续光标和起点的直线总是平行于 x 轴和 y 轴，这种模式称为"正交模式"。

（↓执行方法）在 AutoCAD 中，启动正交模式最常用的有以下两种方法。

- 状态栏：单击状态栏中的"正交模式"按钮 ┗。
- 键　盘：按【F8】键。

打开"正交模式"后，不管光标在屏幕上的位置，只能在垂直或者水平方向画线，画线的方向取决于光标在 x 轴和 y 轴方向上的移动距离变化。

（↓操作实例）例如，如图 3-4 所示为开启正交模式前后，鼠标光标绘制图形的变化。

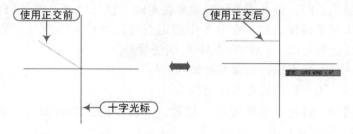

图 3-4　开启正交模式

注意："正交"与"极轴追踪"不能同时打开

> "正交"模式和极轴追踪不能同时打开，打开"正交"将关闭极轴追踪。

3.3　对象捕捉

AutoCAD 提供了精确的对象捕捉特殊点功能，运用该功能可以精确绘制出所需的图形。在进行精确绘图之前，需要进行正确的对象捕捉设置。

3.3.1　设置捕捉选项

（↓知识要点）在 AutoCAD 2015 中，"对象捕捉"是指在对象上某一位置指定精确点。

（↓执行方法）在 AutoCAD 中，执行"工具 | 绘图设置"菜单命令，可以打开"草图设置"对话框，在该对话框的"对象捕捉"选项卡中，可以启用"对象捕捉"功能，并且用户可以根据需要，对"对象捕捉"模式进行设置，如图 3-5 所示。

图 3-5　"对象捕捉"设置

（选项含义）在"草图设置"对话框的"对象捕捉"选项卡中，主要选项的含义如下。

■ 启用对象捕捉：打开或关闭执行对象捕捉。也可以通过按【F3】键来打开或者关闭。使用执行对象捕捉，在命令执行期间在对象上指定点时，在"对象捕捉模式"下选定的对象捕捉处于活动状态。（OSMODE 系统变量）

■ 启用对象捕捉追踪：打开或关闭对象捕捉追踪。也可以通过按【F11】键来打开或者关闭。使用对象捕捉追踪，在命令中指定点时，光标可以沿基于当前对象捕捉模式的对齐路径进行追踪。（AUTOSNAP 系统变量）

■ 全部选择：打开所有执行对象捕捉模式。

■ 全部清除：关闭所有执行对象捕捉模式。

（操作实例）例如，启用"捕捉追踪"设置，下面以捕捉到的圆心、端点和中点在绘图区的显示情况为例，如图 3-6 所示。

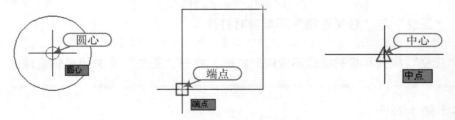

图 3-6　开启对象捕捉模式

提示：快速选择对象捕捉模式

> 在绘图中，可以通过右击状态栏中的"对象捕捉"按钮，在弹出的快捷菜单中快速选择所需对象捕捉模式。

3.3.2　对象捕捉工具

（知识要点）熟练的掌握"对象捕捉"工具的打开与运用，对灵活绘制图形很有帮助。

⬇️执行方法 在 AutoCAD 中，可以通过以下两种方式来快速打开"对象捕捉"工具。

- 使用鼠标右键单击状态栏上的"对象捕捉"按钮🔲，将弹出对象捕捉的各个工具按钮，如图 3-7 所示。
- 按住【Shift】键或【Enter】键，并单击鼠标右键打开对象捕捉快捷菜单，选择需要的捕捉工具，如图 3-8 所示。

通过以上两种方法打开的"对象捕捉"工具中，各个工具按钮的含义与"草图设置"对话框的"对象捕捉"选项卡中对应选项的含义相同。

图 3-7　捕捉工具 1　　　　　　　　图 3-8　捕捉工具 2

⬇️选项含义 在第二种方法打开的"对象捕捉"快捷菜单中，还有两个非常有用的对象捕捉工具"临时追踪点"和"捕捉自"，"临时追踪点"和"捕捉自"工具的含义如下。

- 临时追踪点•━○：用于在一次操作中创建多条追踪线，并根据这些追踪线确定所要定位的点。
- 捕捉自🔲：用于在使用相对坐标指定下一个应用点时，提示输入基点，并将该点作为临时参考点，这与通过输入前缀@使用最后一个点作为参考点类似，它不是对象捕捉模式，但经常与对象捕捉一起使用。

提示：对象捕捉功能的切换

> 设置好对象捕捉功能后，在绘图过程中，可以通过单击状态栏中的"对象捕捉"按钮🔲或者按下【F3】键，在开/关对象捕捉功能之间进行切换。

3.4　对象追踪

对象追踪功能是 AutoCAD 系统提供的一个非常便捷的绘图功能。它是按指定角度或按其他对象的指定关系绘制对象，按自动追踪功能分为极轴追踪和对象捕捉追踪两种。

3.4.1　极轴追踪与对象捕捉追踪

⬇️知识要点 极轴追踪是按预先给定的角度增量来追踪特征点，而对象捕捉追踪则按与对象的某种特定关系来追踪，这种特定关系确定了一个预先不知道的角度。

↓执行方法 在 AutoCAD 中，执行"工具 | 绘图设置"菜单命令，打开"草图设置"对话框，在该对话框的"极轴追踪"选项卡中，可以对极轴追踪和对象捕捉追踪进行设置，如图 3-9 所示。

↓选项含义 在"草图设置"对话框的"极轴追踪"选项卡中，主要选项的含义如下。

- 启用极轴追踪：打开或关闭极轴追踪。也可以通过按【F10】键或使用 AUTOSNAP 系统变量来打开或关闭极轴追踪。

- 极轴角设置：用于设置极轴追踪的角度。默认角度为 90°，可以进行更改，当"增量角"下拉列表中不能满足需求时，可以单

图 3-9 "极轴追踪"选项卡

击"新建"按钮并输入角度值，将其添加到"附加角"的列表框中。

- 对象捕捉追踪设置：包括"仅正交追踪"和"用所有极轴角设置追踪"两种选择，前者可在启用对象捕捉追踪的同时，显示获取的对象捕捉的正交对象捕捉追踪路径，后者在命令执行期间，将光标停于该点上，移动光标时，会出现关闭矢量；若要停止追踪，再次将光标停于该点上即可。

- 极轴角测量：用于设置极轴追踪对其角度的测量基准。有"绝对"和"相对上一段"两种选择。

↓操作实例 例如，如图 3-10 所示分别为 90°、60° 和 30° 极轴角的显示。

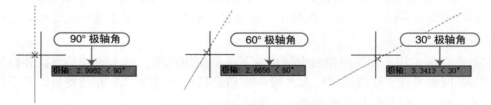

图 3-10 不同极轴角的显示效果

技巧：极轴追踪功能的使用

极轴追踪功能可在系统要求指定一个点时，按事先设置的角度增量显示一条无限延伸的辅助线（虚线），此时就可以沿着辅助线追踪得到光标点。

3.4.2 使用自动追踪功能

↓知识要点 自动追踪功能可帮助用户快速精确地定位点，很大程度上提高了绘图效率。

↓执行方法 在 AutoCAD 中，要想设置自动追踪功能选项，可执行"工具选项"命令，打开"选项"对话框，在"绘图"选项卡的"AutoTrack 设置"选项组中进行设置，如图 3-11 所示。

↓选项含义 在"绘图"选项卡的"AutoTrack 设置"选项组中，主要选项的含义如下。

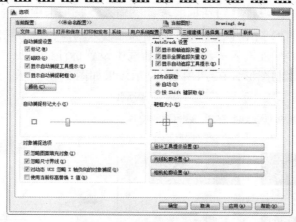

图 3-11　"绘图"选项卡

- "显示极轴追踪矢量"复选框：用于设置是否显示极轴追踪矢量数据。
- "显示全屏追踪矢量"复选框：用于设置是否显示全屏追踪的矢量数据。
- "显示自动追踪工具提示"复选框：用于设置在追踪特征点时是否显示工具上的相应按钮的提示文字。

提示：关于正交模式和极轴追踪的问题

> 打开正交模式，光标会被限制沿水平或垂直方向移动，因此正交模式和极轴追踪不能同时打开。如果一个打开，另一个就会自动关闭。

3.5　动态输入

⬇知识要点 "动态输入"是指用户在绘图时，在绘图区域中的光标附近提供命令界面。

⬇执行方法 在 AutoCAD 中，执行"工具 | 绘图设置"菜单命令，打开"草图设置"对话框，在该对话框的"动态输入"选项卡中，对动态输入进行设置，如图 3-12 所示。

图 3-12　"动态输入"选项卡

选项含义 在"草图设置"对话框的"动态输入"选项卡中，主要选项的含义如下。

- 启用指针输入（P）：用于设置是否启用标注输入功能，单击该区域的"设置"按钮，可以在打开的"标注输入的设置"对话框中设置标注的可见性，开启"启用指针输入"复选框来绘制图形，在绘图区的显示效果如图 3-13 所示。

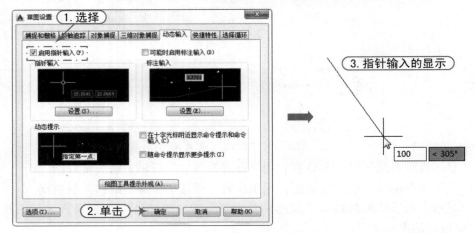

图 3-13　启用指针输入

- 可能时启用标注输入：用于设置是否启用标注输入功能，单击该区域的"设置"按钮，可以在打开的"标注输入的设置"对话框中设置标注的可见性，开启"可能时启用标注输入"复选框来绘制图形，在绘图区的显示效果如图 3-14 所示。

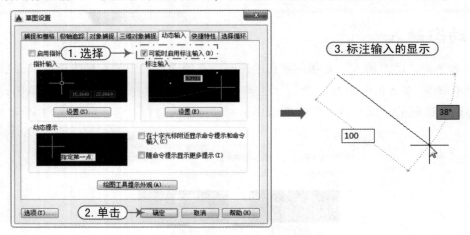

图 3-14　启用标注输入

- 动态提示：在"草图设置"对话框的"动态输入"选项卡中，选中"动态提示"选项组中的"在十字光标附近显示命令提示和命令输入"复选框时，可在光标附近显示命令提示。
- "绘图工具提示外观"按钮：单击"绘图工具提示外观"按钮可以打开"工具提示外观"对话框，在对话框中设置工具栏提示的颜色、大小、透明度和应用范围，如图 3-15 所示。

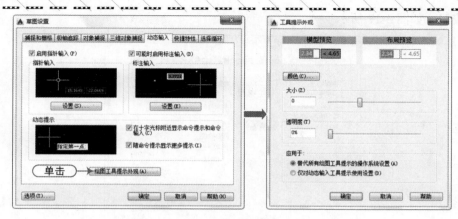

图 3-15　工具提示外观

注意：开启"动态输入"

> 设置好"动态输入"选项卡后，要记得在"辅助工具区"打开使用"动态输入"模式，这样前面所选择的设置才会显示在"绘图区"上，打开与关闭动态输入的快捷键为【F12】键。

3.6　综合练习——绘制桌布图案

案例	桌布图案.dwg	视频	绘制桌布图案.avi	时长	17′28″

本实例通过使用对象捕捉、极轴绘图等工具，不需要输入准确的坐标，就能够绘制一张桌布图案，这样可以节约大量的时间，提高绘图效率。

↓实战要点：①对象捕捉；②极轴追踪；③矩形命令；④阵列编辑。

↓操作步骤

步骤 01 正常启动 AutoCAD 2015 软件，选择"文件 | 保存"菜单命令，将其保存为"案例 \ 03 \ 桌布图案.dwg"文件。

步骤 02 执行"工具 | 绘图设置"命令，选择"对象捕捉"选项卡，勾选"端点""中点""交点""启用对象捕捉"和"启用对象捕捉追踪"复选框，单击"确定"按钮完成设置，如图 3-16 所示。

步骤 03 执行"工具 | 绘图设置"命令，选择"极轴追踪"选项卡，勾选"启用极轴追踪"，在"增量角"下拉列表框中选择"45"，在"对象捕捉追踪设置"选项组中选择"用所有极轴角设置追踪"单选项，在"极轴角测量"中选择"绝对"单选项，单击

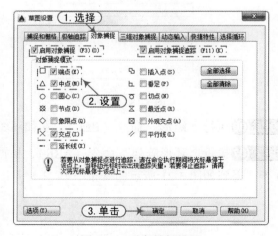

图 3-16　对象捕捉设置

"确定"按钮,如图 3-17 所示。

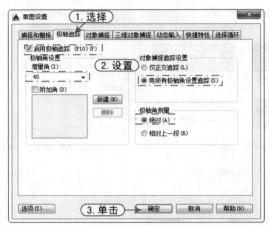

图 3-17　极轴追踪设置

步骤 04 执行"矩形"命令(REC),根据如下命令行提示,绘制一个 400×200 的矩形,如图 3-18 所示。

```
RECTANG                                                    \\执行矩形命令
指定第一个角点或[倒角(C)/标高(E)/圆角(F)/厚度(T)/宽度(W)]:    \\单击绘图区任意一点
指定另一个角点或[面积(A)/尺寸(D)/旋转(R)]:D                    \\输入 D,按 Enter 键
指定矩形的长度<10.0000>:400                                  \\输入 400,按 Enter 键
指定矩形的宽度<10.0000>:200                                  \\输入 200,按 Enter 键
指定另一个角点或[面积(A)/尺寸(D)/旋转(R)]:                     \\单击矩形另一角点位置
```

步骤 05 执行"直线"命令(L),分别以矩形两条竖直边的中点为起点,结合极轴追踪模式分别绘制 4 条斜线段,如图 3-19 所示。

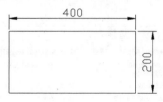

图 3-18　绘制矩形

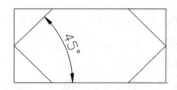

图 3-19　绘制斜线段

步骤 06 执行"矩形"命令(REC),在如图 3-20 所示位置绘制一个 30×20 的矩形。

步骤 07 执行"环形阵列"命令(ARR),根据如下命令行提示,将绘制的小矩形环形阵列 10 个,得到如图 3-21 所示的桌布图形。

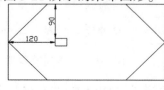

图 3-20　绘制小矩形

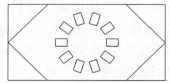

图 3-21　阵列矩形

```
命令：_arraypolar                                        \\执环形阵列形命令
选择对象：                                               \\指定对角点:找到 1 个
选择对象：                                               \\选择小矩形
类型 = 极轴　关联 = 是
指定阵列的中心点或[基点(B)/旋转轴(A)]：                    \\以矩形中心点为阵列中心点
选择夹点以编辑阵列或[关联(AS)/基点(B)/项目(I)/项目间角度(A)/填充角度(F)/行(ROW)/
层(L)/旋转项目(ROT)/退出(X)] <退出 >:I                    \\输入 I,按 Enter 键
输入阵列中的项目数或[表达式(E)] <6 >:10                   \\输入 10,按 Enter 键
选择夹点以编辑阵列或[关联(AS)/基点(B)/项目(I)/项目间角度(A)/填充角度(F)/行(ROW)/
层(L)/旋转项目(ROT)/退出(X)] <退出 >:                     \\按回车键结束环形阵列操作
```

技巧：阵列的讲解

> 　　阵列是对选定的图形进行有规律的多重复制，从而可以建立一个"矩形""路径"
> 或者"环形"阵列。
> 　　矩形阵列是按行或列整齐排列的由多个相同对象副本组成的纵横对称图案；路径
> 阵列是指按路径均分布对象副本；环形阵列是指由围绕中心点的多个相同对象副本组
> 成的径向对称图案。

步骤 08 单击"保存" 🔳 按钮，将文件保存，该桌布图形绘制完成。

4

查看图形

本章导读

　　要精确的绘制图形，就必须对细节部分进行视图的缩放和平移操作；而对于较大的图形，可以借助视口的分割进行对照性绘制，以提高绘图质量；为了方便图形的绘制，可以将特定的视图进行命名保存，以便下次恢复和调用该视图，从而提高工作效率。

本章内容

- ■ 掌握图形的多种缩放方式
- ■ 掌握图形实时平移和定点平移方法
- ■ 掌握视口的创建与合并方法
- ■ 掌握视图的命名与恢复方法
- ■ 综合练习——绘制立面门

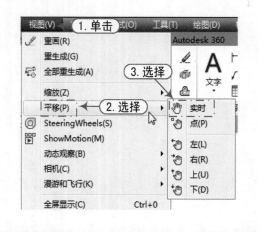

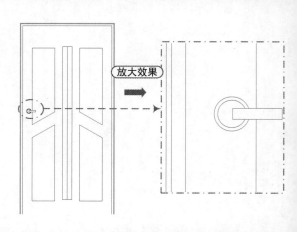

4.1 图形的缩放

在 AutoCAD 的模型空间中,图形是按物体的实际尺寸绘制出来的,在屏幕内无法显示整个图形,这时就需要用到视图缩放、平移等控制视图显示的操作工具,以便更加迅速快捷地显示并绘制图形。

在命令行输入"ZOOM"命令,按【Enter】键,命令行提示如下:

> 指定窗口的角点,输入比例因子(nX 或 nXP),或者
> [全部(A)/中心(C)/动态(D)/范围(E)/上一个(P)/比例(S)/窗口(W)/对象(O)] <实时>:

↓ **选项含义** 在命令行提示中,各主要选项的含义如下。

- 全部(A):用于在当前视口显示整个图形,其大小取决于限制设置或者有效绘图区域,这是因为用户可能没有设置图限或有些图形超出了绘图区域。
- 中心(C):必须确定一个中心,绘出缩放系数或一个高度值,所选的中心点将成为视口的中心点。
- 动态(D):该选项集成了"平移"命令或"缩放"命令中的"全部"和"窗口"选项的功能。
- 范围(E):用于将图形的视口最大限度的显示出来。
- 上一个(P):用于恢复当前视口中上一次显示的图形,最多可以恢复 10 次。
- 窗口(W):用于缩放一个由两个角点所确定的矩形区域。
- 比例(S):该选项将当前窗口中心作为中心点,并且依据输入的相关数据值进行缩放。

注意:缩放视图的变化

> 使用缩放不会更改图形中对象的绝对大小,仅更改视图的比例。

4.1.1 窗口缩放

↓ **知识要点** 窗口缩放命令可以将矩形窗口内选择的图形充满当前视窗。

↓ **执行方法** 在 AutoCAD 中,"窗口缩放"命令执行方式如下。

- 菜单栏:选择"视图 | 缩放 | 窗口"命令。
- 命令行:在命令行中输入"ZOMM",按【Enter】键,输入"W",按【Enter】键,指定角点和对角点。

↓ **操作实例** 例如,执行"窗口缩放"命令,用光标确定窗口对角点,这两个角点确定了一个矩形框窗口,系统将矩形框窗口内的图形放大到整个屏幕,如图 4-1 所示。

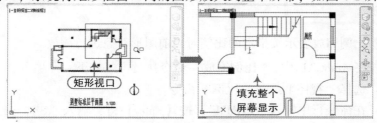

图 4-1 窗口缩放

4.1.2 动态缩放

⬇️知识要点：动态缩放命令表示以动态方式缩放视图。

⬇️执行方法：在 AutoCAD 中，"动态缩放"命令执行方式如下。

■ 菜单栏：选择"视图 | 缩放 | 动态"命令。

■ 命令行：在命令行中输入"ZOMM"，按【Enter】键，输入"D"，按【Enter】键，执行鼠标操作。

使用动态缩放视图时，屏幕上将出现两个视图框，如图 4-2 所示。视图框 1 表示缩放后的显示范围，此框中有一个交叉符号，表示一个视图的中心点位置；视图框 2 表示图形界限视图框，是一个蓝色的虚线框，显示当前视图的范围。

拖动视图框 1 到适当位置后，单击鼠标左键，交叉符号消失，出现一个箭头，可用来调整视图的大小，如图 4-3 所示。

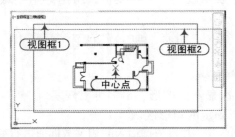 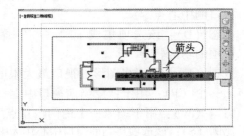

图 4-2　动态缩放显示的视图规框　　　　图 4-3　动态缩放

适当调整后，使其框住需要缩放的图形区域，单击鼠标右键，这时需要缩放的图形将最大化显示在绘图窗口中，如图 4-4 所示。

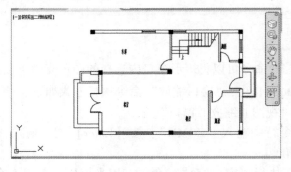

图 4-4　最大化显示

4.1.3 比例缩放

⬇️知识要点：比例缩放表示按指定的比例对当前图形对象进行缩放。

⬇️执行方法：在 AutoCAD 中，"比例缩放"命令执行方式如下。

■ 菜单栏：选择"视图 | 缩放 | 比例"命令。

■ 命令行：在命令行中输入"ZOMM"，按【Enter】键，输入"S"，按【Enter】键。

调用命令后，命令行提示"输入比例因子（nX 或 nXP）:"，在该提示下输入缩放倍数。

有三种方式输入缩放倍数：

1）相对于原始图形缩放（也称为绝对缩放）直接输入一个大于1或小于1的正数值，将图形以 n 倍于原始图形的尺寸显示。

2）相对于当前视图缩放直接输入一个大于1或小于1的正数值，但是在数字后加上 X，将图形以 n 倍于当前图形的尺寸显示。

3）相对于图纸空间缩放直接输入一个大于1或小于1的正数值，但是在数字后面加上 XP，将图形以 n 倍于当前图纸空间的尺寸显示。

操作实例　例如，执行"比例缩放"命令，在命令行输入 ZOOM 命令并按 < Enter > 键，在给出的多个选项中选择"比例（S）"并输入比例因子2，如图4-5所示。

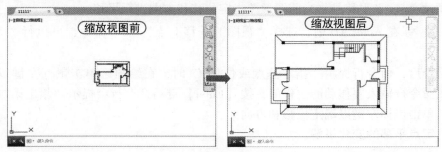

图4-5　比例缩放

4.2　平移

平移命令可以对图形进行平移操作，以便查看图形的不同部分，但该命令并不真正移动图形中的对象，即不真正改变图形，而是通过移动窗口使图形的特定部分位于当前视窗中。

4.2.1　实时平移

知识要点　执行"实时平移"命令，可以根据需要在绘图区随意移动图形。

执行方法　在 AutoCAD 中，执行"实时平移"命令的方式如下。

■ 菜单栏：选择"视图 | 平移 | 实时"命令，如图4-6所示。

■ 快捷菜单：在绘图区单击鼠标右键，在弹出的快捷菜单上单击"平移"命令。

■ 命令行：在命令行中输入"PAN"命令，按【Enter】键，按住鼠标左键进行拖动。

调用命令后，在屏幕上出现手形光标，此时可以通过拖动鼠标来实现图形的上、下、左、右移动，即实时平移，按【Esc】或【Enter】键退出命令，或单击鼠标右键，在弹出的快捷菜单中进行选择操作，如图4-7所示。

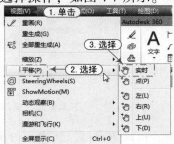

图4-6　实时平移命令

图4-7　平移快捷菜单

提示：实时平移注意事项

当移动到图形的某一边缘时，在手形光标的相应位置处就会出现一个尖角符号，以示图形移动到了边缘。

4.2.2 定点平移和方向平移

| 案例 | 定点平移和方向平移.dwg | 视频 | 定点平移和方向平移.avi | 时长 | 17′28″ |

（↓知识要点）定点平移是将当前图形按指定位移和方向进行平移。

（↓执行方法）在 AutoCAD 中，选择"视图｜平移｜点"菜单命令，可执行"定点平移"命令。

执行命令后，命令行提示"指定基点或位移："时，在绘图区单击鼠标左键以确定基点位置，或在命令行输入要移动的位移值，按【Enter】键后命令行会提示"指定第二点："，此时在绘图区单击鼠标左键以确定位移和方向。

注意：定点平移的变化讲解

定点平移命令并不是真正的移动图形对象，即不真正改变图形，而是通过位移对其进行平移。

4.3 视口

在"模型"选项卡可将绘图区域拆分成一个或多个相邻的矩形视图，称为模型空间视口。

在"模型"选项卡中创建的视口充满整个绘图区域并且相互之间不重叠。在一个视口中做出修改，其他视口也会立即更新。使用视口可以完成以下操作。

1）平移、缩放、设置捕捉栅格和 UCS 图标模式以及恢复命令视图。

2）用单独的视口保存坐标系方向。

3）执行命令行，从一个视口绘制到另一个视口。

4）为视口排列命名，以便在"模型"选项卡中重复使用，或将其插入"布局"选项卡。

5）可以通过执行"视图｜视口"菜单命令来设置视口，如图 4-8 所示。

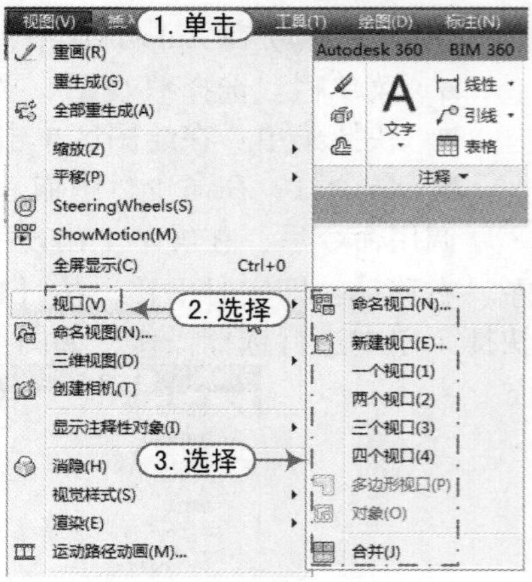

4.3.1 命名视口和新建视口

图 4-8 "视口"菜单命令

（↓知识要点）通过"视口"对话框可以命名视口和新建视口。新建视口用于视口的创建，命名视口用于给新建的视口命名。

（↓执行方法）命名视口和新建视口的执行方式如下。

■ 菜单栏：选择"视图 | 视口 | 命名视口/新建视口"命令。

■ 命令行：在命令行中输入"VPORTS"命令，按【Enter】键。

调用上述命令后，将弹出"视口"对话框，如图4-9所示。

（↓选项含义）在"视口"对话框的"新
建视口"选项卡中，主要选项的含义如下。

■ 新名称（N）：为新模型空间视口配
置指定名称。如果不输入名称，将
应用视口配置但不保存。如果视口
配置未保存，将不能在布局中使用。

■ 标准视口（V）：列出并设定标准视
口配置，包括 CURRENT（当前配
置）。

■ 预览：显示选定视口配置的预览图
像，以及在配置中被分配到每个单
独视口的缺省视图。

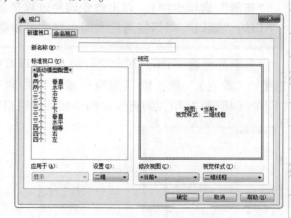

图4-9 "视口"对话框

■ 应用于（A）：将模型空间视口配置应用到整个显示窗口或当前视口。

■ 设置（S）：指定二维或三维设置。如果选择二维，新的视口配置将最初通过所有视
口中的当前视图来创建。如果选择三维，一组标准正交三维视图将被应用到配置中
的视口。

■ 修改视图（C）：从列表中选择的视图替换选定视口中的视图。可以选择命名视图，
如果已选择三维设置，也可以从标准视图列表中选择。使用"预览"区域查看选择。

■ 视觉样式（T）：将视觉样式应用到视口。将显示所有可用的视觉样式。

在"视口"对话框"命名视口"选项卡中，显示图形中任意已保存的视口配置。选择视
口配置时，已保存配置的布局显示在"命名视口"列表框中。在已命名的视口名称上单击右
键，弹出快捷菜单，选择"重命名"选项可对视口的名称进行修改，如图4-10所示。

图4-10 修改视口名称

提示：关于视口配置命令以及保存的问题

当创建新的视口配置或命名和保存模型空间视口配置时，"视口"对话框中可用的选项取决于配置模型空间视口（在"模型"选项卡中），还是配置布局视口（在"布局"选项卡中）。以上命令调用过程是基于配置模型空间视口的，基于配置布局视口的"视口"对话框与此大同小异，可参看应用程序的帮助文件。

【操作实例】例如，在命令行输入"VPORTS"命令，从弹出的"视口"对话框中，选择"两个（垂直）"项，则当前视口按照左右两个视口的方式显示，如图4-11所示；若选择"四个（相等）"项，则将显示四个相等的视口效果，如图4-12所示。

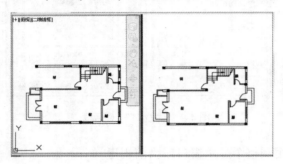
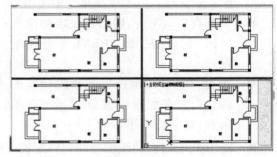

图4-11　两个视口（垂直）　　　　　　图4-12　四个视口（相等）

4.3.2　合并视口

【知识要点】"合并视口"命令可将视口合并，比如将三个视口合并成两个视口。

【执行方法】在AutoCAD中，执行"视图｜视口｜合并"菜单命令，可以将视口进行合并操作。

【操作实例】例如，执行"视图｜视口｜三个视口"菜单命令，在配置选项中选择"右"，即可将打开的图形文件分成三个窗口进行操作，再执行"视图｜视口｜合并"菜单命令，系统将要求选择一个视口作为主视口，再选择相邻的视口，即可合并两个选择的视口，如图4-13所示。

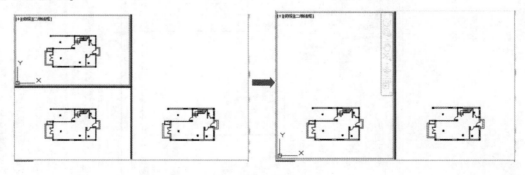

图4-13　合并视口

4.4　使用命名视图

 **知识要点** 在布局、打印或者需要参考特定的细节时，可以将保存的特定视图恢复。

提示：命名和保存视图

> 1）在命名和保存视图时，将对以下设置进行保存。
> 2）比例、中心点和视图方向。
> 3）指定视图的视图类别。
> 4）视图的位置。
> 5）图层可见性。
> 6）视觉样式。
> 7）背景。
> 8）活动截面。
> 9）用户坐标系。
> 10）三维透视。

执行方法 在 AutoCAD 中要进行命名视图，最常用的有以下两种方法。

- 菜单栏：选择"视图｜命名视图"命令。
- 命令行：在命令行中输入"VIEW"命令，按【Enter】键。

调用上述命令后，弹出"视图管理器"对话框，在该对话框中可以创建、设置、重命名、修改和删除命名视图（包括模型视图、相机视图、布局视图和预设视图），单击一个视图以显示该视图的特性，如图 4-14 所示。

图 4-14　"视图管理器"对话框

选项含义 在"视图管理器"对话框中，主要选项的含义如下。

- 当前：显示当前视图及其"查看"和"剪裁"特性。
- 模型视图：显示命名视图和相机视图列表，并列出选定视图的"常规""查看"和"剪裁"特性。
- 布局视图：在定义视图的布局上显示视口列表，并列出选定视图的"常规"和"查看"特性。
- 预设视图：显示正交视图和等轴测视图列表，并列出选定视图的"常规"特性。

- 置为当前（C）：恢复选定的视图并置为当前。
- 新建（N）：显示"新建视图/快照特性"对话框，可根据需要进行设置，如图 4-15 所示。

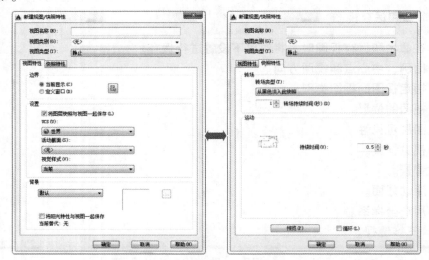

图 4-15　"新建视图/快照特性"对话框

- 更新图层（L）：更新与选定的视图一起保存的图层信息，使其与当前模型空间和布局视口中的图层可见性匹配。
- 编辑边界（B）：显示选定的视图，绘图区域的其他部分以较浅的颜色显示，从而显示命名视图的边界。
- 删除（D）：删除选定的视图。

提示：使用多个命名视图

> 在 AutoCAD 中，可以一次命名多个视图，当需要重新使用一个已命名视图时，只需将该视图恢复到当前视口即可。

4.5　综合练习——绘制立面门

案例	立面门 . dwg	视频	绘制立面门 . avi	时长	17′28″

本实例通过使用"缩放"命令，让图形尺寸相对比较小或大的部分在视窗中放大或缩小显示，这样有利于绘图。下面以绘制一扇立面门为例进行详细说明。

↓实战要点：①矩形与偏移命令；②缩放命令；③极轴追踪。

↓操作步骤

步骤 **01** 正常启动 AutoCAD 2015 软件，选择"文件 | 保存"菜单命令，将其保存为"案例 \ 04 \ 立面门 . dwg"文件。

步骤 **02** 执行"矩形"命令（REC），绘制一个宽度为 2000，高度为 4200 的矩形，如图4-16 所示。

步骤 03 执行"偏移"命令（O），将矩形向内偏移15，得到另一个矩形，如图4-17所示。

提示：偏移的讲解

> 偏移就是指通过指定距离或指定点在选择对象的一侧生成新的对象，偏移可以等距离复制图形。

步骤 04 继续执行"偏移"命令（O），将上一步偏移后得到的矩形向内偏移40，得到第三个矩形，这样就形成了门框，如图4-18所示。

步骤 05 执行"直线"命令（L），在矩形中心绘制出一条竖直方向的线段，如图4-19所示。

步骤 06 执行"工具|绘图设置|极轴追踪"命令，将"增量角"设置为30°，在"对象捕捉追踪设置"选项组中选择"用所有极轴角设置追踪"单选项，在"极轴角测量"选项组中选择"绝对"单选项，单击"确定"按钮，如图4-20所示。

步骤 07 执行"矩形"命令（REC），在如图4-21所示位置绘制一个480×3300的矩形。

步骤 08 执行"直线"命令（L），结合"极轴追踪"模式，在上步绘制矩形两条竖直边的中心，分别绘制出与水平方向为30°的斜线段，并与两条竖直边相交，如图4-22所示。

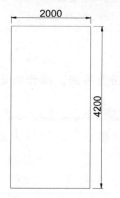

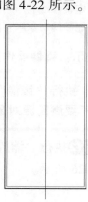

图 4-16　绘制矩形　　　图 4-17　偏移矩形　　　图 4-18　继续偏移矩形　　　图 4-19　绘制直线

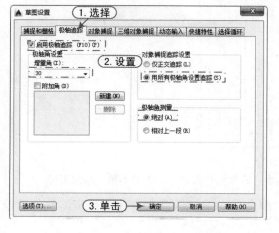

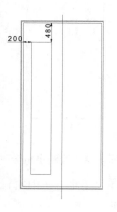

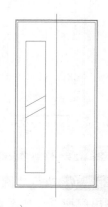

图 4-20　设置"极轴追踪"模式　　　　　图 4-21　绘制小矩形　　　图 4-22　绘制斜线

步骤 **09** 执行"修剪"命令（TR），将两条斜线之间的竖直线段修剪掉，如图 4-23 所示。

提示：修剪的讲解

> 修剪是用指定的切割边去裁剪所选定的图形，切割边和被裁剪的图形可以是直线、多边形、圆、圆弧、多段线、构造线和样条曲线等，被选中的图形既可作为切割边，也可作为被裁剪的图形。

步骤 **10** 执行"矩形"命令（REC），在如图 4-24 所示位置绘制一个 100×3300 的矩形。

步骤 **11** 执行"镜像"命令（MI），将两个四边形和一个矩形镜像复制到中心线的另一边，并删除中心线，如图 4-25 所示。

MIRROR	\\执行镜像命令
选择对象:指定对角点:找到 2 个	
选择对象:指定对角点:找到 4 个(1 个重复),总计 5 个	
选择对象:指定对角点:找到 1 个(1 个重复),总计 5 个	\\选择需要镜像的对象
选择对象:指定镜像线的第一点:	\\选择中心线上端点
指定镜像线的第二点:	\\选择中心线下端点
要删除源对象吗？[是(Y)/否(N)] < N >:N	\\输入 N,按 Enter 键

提示：镜像操作要点

> 执行"镜像"命令（MI），进行镜像复制操作时，选择中心线为基线，操作时记得不要删除源对象，否则左边需要镜像的四边形和矩形就没有了。

步骤 **12** 执行"缩放"命令（Z），将图形左侧需要绘制的门把手的区域在绘图区放大显示，如图 4-26 所示。

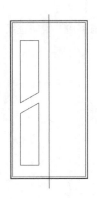 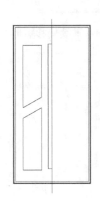 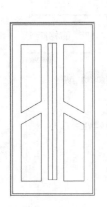 

图 4-23　修剪多余线段　　图 4-24　绘制小矩形　　图 4-25　镜像复制图形　　　图 4-26　缩放图形

步骤 **13** 执行"圆"（C）"矩形"（REC）和"修剪"（TR）等命令，在上一步缩放位置绘制出门把手，如图 4-27 所示。

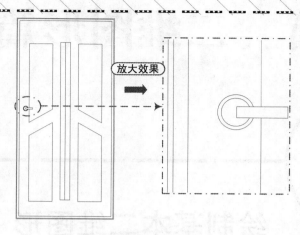

图 4-27 绘制门把手

步骤 14 单击"保存" 🖫 按钮，将文件保存，该立面门图形绘制完成。

第2篇　二维图形篇

5

绘制基本二维图形

本章导读

　　在AutoCAD中，绘制一些图形对象都是通过点、线的组合来完成二维图形的绘制的。通过不断地使用这些频繁的点、线对象，才能更加熟练、灵活、应用自如地设计所需要的图形对象。

本章内容

- 点对象的绘制
- 直线对象的绘制
- 矩形和多边形的绘制
- 圆和圆弧的绘制
- 基本二维图形的综合练习

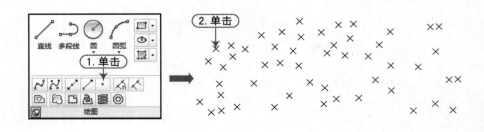

5.1 绘制点

在几何定义中，一条直线、圆弧或者样条曲线都可以理解为是由无数个点构成，所以点是最基本的图形单位。点作为最简单的几何概念，通常作为几何、物理、矢量图形和其他领域中的最基本的组成部分。

5.1.1 绘制单点与多点

知识要点 在 AutoCAD 中，可以在工程图中的指定位置，来绘制一个点或者多个点对象，来满足绘制图形时捕捉相关点的需要。

执行方法 在 AutoCAD 中，可以通过以下三种方式来绘制点对象。

- 菜单栏：选择"绘图"|"点"|"单点"或"多点"菜单命令。
- 面　板：在"默认"选项卡的"绘图"面板中单击 · 按钮。
- 命令行：在命令行中输入"Point"（PO）。

执行了点命令过后，用户可以来绘制单点和多点。

1）单点的绘制：在目标位置绘制一个点，绘制完毕后自动退出"点"命令。

2）多点的绘制：在目标位置绘制一个点后，继续在其他地方绘制点，直到请求退出"多点"命令。

提示：点样式的设置

> 在 AutoCAD 中，默认的点样式为一个小点，这样与一些线条对象重叠时就不容易被观察。通过执行"格式|点样式"菜单命令，或者命令行中输入"ddptype"（DPT），弹出"点样式"对话框，设置相关的点样式，如图 5-1 所示。

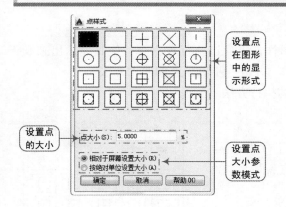

图 5-1　点样式对话框

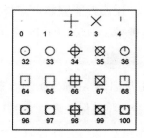

图 5-2　点样式对应的 PDMODE 值

选项含义 在"点样式"对话框中，各选项的功能与含义如下。

- 点样式：在上侧的多个点样式中，列出来 AutoCAD 中提供的所有点样式，且每个点对应一个系统变量（PDMODE）值，如图 5-2 所示。
- 点大小：设置点的显示大小，可以相对于屏幕设置点的大小，也可以设置绝对单位点的大小，要在命令行中输入系统变量（PDSIZE）来重新设置。

■ 相对于屏幕设置大小（R）：按屏幕尺寸的百分比设置点的显示大小，当进行缩放时，点的显示大小并不改变。

■ 按绝对单位设置大小（A）：按照"点大小"文本框中值的实际单位来设置点显示大小。当进行缩放时，AutoCAD 显示点的大小会随之改变。

（↓操作实例）例如，打开"点-波浪线 .dwg"文件，现在要在绘图界面上单击形成一些点，让它们组合成一条波浪线，其操作命令行如下，所绘制的图形效果如图 5-3 所示。

命令：_point	\\执行点命令
当前点模式：PDMODE = 0 PDSIZE = 0.0000	\\系统提示当前点模式
指定点：* 取消 *	\\绘图完成,退出命令

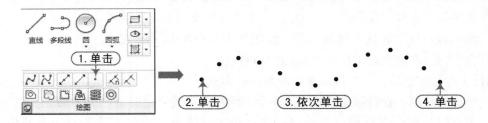

图 5-3 绘制点的操作

注意：点命令的取消

在绘制多点时，不能使用【Enter】键来结束多点命令，只能使用【Esc】键来结束该命令。

实战练习：绘制繁星点点

案例	繁星点点.dwg	视频	绘制繁星点点.avi	时长	17'28"

本实例通过利用点样式里面的相关样式的图样，再通过执行点命令，使其显示出来满天繁星的样子，让读者能够掌握点样式的设置方法，并进一步巩固点的使用方法。

（↓实战要点）：①点样式的设置；②点命令的执行方法。

（↓操作步骤）

步骤 01 正常启动 AutoCAD 2015 软，选择"文件 | 保存"菜单命令，将其保存为"案例 \ 05 \ 繁星点点 .dwg"文件。

步骤 02 执行菜单命令"格式 | 点样式" 🖊，弹出"点样式"对话框，选择如图 5-4 所示的点样式，设置好点的显示大小，再单击"确定"键，完成点样式的设置。

步骤 03 选择"绘图"选项中的"多点"工具按钮 ·，命令行提示"指定点："时，使用鼠标在绘图区域随意

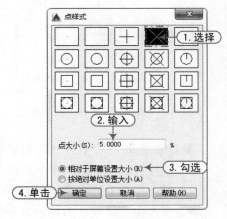

图 5-4 设置点样式

单击以创建一个点，继续单击鼠标左键绘制多个点，所绘制的满天繁星的效果如图5-5所示。

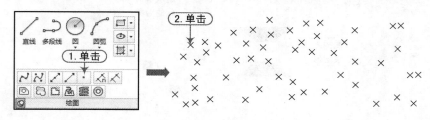

图5-5 绘制点图形

步骤 04 单击"保存" 🖫 按钮，将文件保存，该繁星点点图形绘制完成。

5.1.2 绘制定数等分点

🔽知识要点 所谓定数等分点就是把目标（直线段、圆弧、样条曲线等）平均分成 N 段，是以数来定尺寸。使目标的等分点分别放置了点标识（或者内部块），而目标并没有被分为多个对象。

🔽执行方法 在 AutoCAD 中，可以通过以下三种方式来执行定数等分点操作。

■ 菜单栏：选择"绘图 | 点 | 定数等分"菜单命令。

■ 面　板：在"默认"选项卡的"绘图"面板中单击 🖭 按钮。

■ 命令行：在命令行中输入"Divide"（DIV）。

🔽操作实例 例如，打开"定数等分 . dwg"文件，执行"定数等分"命令，按照如下命令行提示，选择要等分的对象，输入等分的数目，在当前对象的等分位置插入点对象，如图5-6所示。

命令:DIVIDE	\\执行定数等分点命令
选择要定数等分的对象:	\\选择等分的对象
输入线段数目或[块(B)]:5	\\输入等分的数目

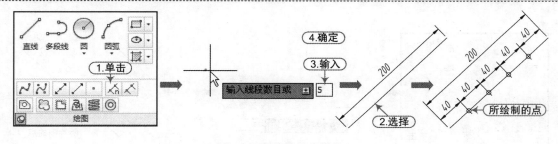

图5-6 定数等分点操作

技巧：等分数量和等分点为块（B）

1）在输入等分对象的数量时，其输入值为 2 ~ 32767。

2）在执行"定数等分点"命令时，选择了等分对象后，若选择"块（B）"项，这时要求输入块的名称，再输入等分的数目，则选定对象的等分位置处插入块对象，如图5-7所示。

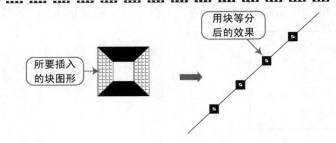

图 5-7　等分点为块

5.1.3　绘制定距等分点

⊙知识要点　定距等分就是把目标（直线段、圆弧、样条曲线等）分成 N 段，是以点距离来定尺寸，使目标的等分点分别放置了点标识（或者内部块），而目标并没有被分为多个对象，当目标长度大于等分段长度总和时，剩余段距离长度另成一段。

⊙执行方法　在 AutoCAD 中，可以通过以下三种方式来执行定距等分点操作。

- 菜单栏：选择"绘图 | 点 | 定距等分"菜单命令。
- 面　板：在"默认"选项卡的"绘图"面板中单击 ⚒ 按钮。
- 命令行：在命令行中输入"Measure"（ME）。

⊙操作实例　例如，打开"定距等分.dwg"文件，执行"定距等分"命令，按照如下命令行提示，选择要等分的对象，再输入等分的长度，则会在指定距离位置上来创建点对象，如图 5-8 所示。

命令:MEASURE	\\执行定距等分点命令
选择要定距等分的对象：	\\选择等分的对象
指定线段长度或[块(B)]:　70	\\输入等分距离

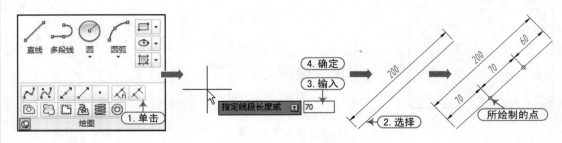

图 5-8　定距等分点的操作

注意：选择对象的位置

　　执行"定距等分"命令，系统会默认从所选择的那一端开始进行定距等分，如上例选择的直线的左下端，因此系统将从选择端开始计算。

5.2 绘制直线

本节所讲的直线型对象，包括线段和构造线。虽然这些对象都属于线型，但在 AutoCAD 中的绘制方法却各不相同。

5.2.1 绘制直线段

（↓知识要点）直线是各种图形中最常见的一类图形对象，可以在两点之间进行线段的绘制，可以通过鼠标或者键盘来指定线段的起点和终点。

（↓执行方法）在 AutoCAD 中，可以通过以下三种方式来执行直线段的操作。

- 菜单栏：选择"绘图丨直线"命令。
- 面　板：在"默认"选项卡的"绘图"面板中单击 ✏ 按钮。
- 命令行：在命令行中输入"Line"命令（L）。

（↓操作实例）例如，要绘制一个等腰直角三角形，其命令行如下，图形效果如图 5-9 所示。

```
命令:LINE                              \\执行直线命令
指定第一个点:                          \\指定直线起点
指定下一点或[放弃(U)]:@50<45           \\输入长度为50,角度为45°
指定下一点或[放弃(U)]:@50<-45          \\输入长度为50,角度为-45°
指定下一点或[闭合(C)/放弃(U)]:C        \\选择闭合选项,形成三角形
```

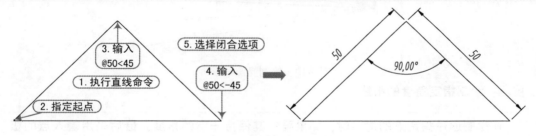

图 5-9　绘制等腰直角三角形

（↓选项含义）在绘制直线的过程中，各选项的含义如下。

- 指定第一点：要求指定线段的起点。
- 指定下一点：要求指定线段的下一个端点。
- 闭合（C）：在绘制多条线段后，如果输入"C"并按下空格键进行确定，则最后一个端点将与第一条线段的起点重合，从而组成一个封闭图形。
- 放弃（U）：输入"U"并按下空格键进行确定，则最后绘制的线段将被取消。

提示：精确控制直线段的起点和端点

利用 AutoCAD 绘制工程图时，线段长度的精确度是非常重要的。当使用"LINE"命令绘制图形时，可通过输入相对坐标或极坐标与捕捉控制点相结合的方式确定直线端点，以快速绘制精确长度直线。

5.2.2 绘制射线

(↓知识要点) 射线是一条一边有端点，另一边无限长的线，即确定一点后，可以向四周绘制无数条线的方法。

(↓执行方法) 在 AutoCAD 中，可以通过以下三种方式来执行射线的操作。

菜单栏：选择"绘图 | 射线"命令。

■ 面　板：在"默认"选项卡的"绘图"面板中单击 ⟋ 按钮。

■ 命令行：在命令行中输入"Ray"命令。

(↓操作实例) 例如，要绘制一组光源图形，其命令行操作如下，图形效果如图 5-10 所示。

```
命令:RAY                          \\执行射线命令
指定起点:                         \\指定射线的起点
指定通过点:                       \\指定射线要通过的点
指定通过点:                       \\指定另一条射线要通过的点
指定通过点:*取消*                 \\退出命令
```

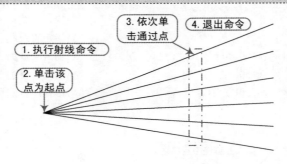

图 5-10　绘制光源图形

技巧：绘制指定角度的射线

在绘制通过指定点的射线时，如果要使其保持一定的角度，最后采用输入点的极坐标的方式来进行绘制，长度可以是不为零的任意数。

5.2.3 绘制构造线

(↓知识要点) 使用"XLine"命令可以绘制无限延伸的任何角度的构造线。

(↓执行方法) 在 AutoCAD 中，可以通过以下三种方式来执行构造线的操作。

■ 菜单栏：选择"绘图 | 构造线"菜单命令。

■ 面　板：在"默认"选项卡的"绘图"面板中单击 ⟋ 按钮。

■ 命令行：在命令行中输入"XLine"命令（XL）。

(↓操作实例) 例如，打开"构造线-A.dwg"文件，按照如下命令行提示来绘制两条构造线，如图 5-11 所示。

```
命令:_xline                                            \\执行"构造线"命令
指定点或[水平(H)/垂直(V)/角度(A)/二等分(B)/偏移(O)]:   \\选择起点
指定通过点:                                            \\通过中点
＞＞输入 ORTHOMODE 的新值 ＜0＞:                       \\将绘制好两点确定的构造线1
正在恢复执行 XLINE 命令。
命令:XLINE                                             \\执行"构造线"命令
指定点或[水平(H)/垂直(V)/角度(A)/二等分(B)/偏移(O)]:B   \\选择"二等分(B)"项
指定角的顶点:                                          \\捕捉角度的顶点
指定角的起点:                                          \\捕捉起点
指定角的端点:                                          \\捕捉端点
```

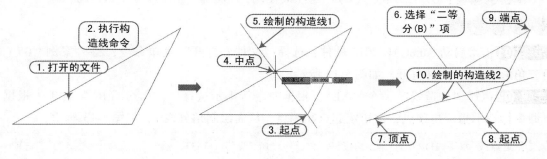

图 5-11　绘制构造线

⬇选项含义 在绘制构造线的过程中，各选项的含义如下。

■ 指定点：用于指定构造线通过的一点，通过两点来确定一条构造线。

■ 水平（H）：用于绘制一条通过选定点的水平参照线。

■ 垂直（V）：用于绘制一条通过选定点的垂直参照线。

■ 角度（A）：用于以指定的角度创建一条参照线，选择该选项后，系统将提示"输入参照线角度（0）或［参照（R）］:"，这时可以指定一个角度或输入"R"，选择【参照】选项，其命令行提示如下：

```
指定点或[水平(H)/垂直(V)/角度(A)/二等分(B)/偏移(O)]:A   \\选择"角度(A)"选项
输入构造线的角度(0)或[参照(R)]:                         \\指定输入的角度
```

■ 二等分（B）：用于绘制角度的平分线。选择该选项后，系统将提示"指定角的顶点、角的起点、角的端点"，根据需要指定角的点，从而绘制出该角的角平分线，其命令行提示如下：

```
指定点或[水平(H)/垂直(V)/角度(A)/二等分(B)/偏移(O)]:B   \\选择"二等分(B)"选项
指定角的顶点:                                          \\指定平分线的顶点
指定角的起点:                                          \\指定角的起点位置
指定角的端点:                                          \\指定角的终点位置
```

■ 偏移（O）：用于创建平行于另一个对象的参照线，其命令行提示如下：

指定点或[水平(H)/垂直(V)/角度(A)/二等分(B)/偏移(O)]:O	\\选择"偏移(O)"选项
指定偏移距离或[通过(T)]〈通过〉:	\\指定偏移的距离
选择直线对象:	\\选择要偏移的直线对象
指定哪侧偏移:	\\指定偏移的方向

实战练习：通过构造线指定三角形的中心点

| 案例 | 锐角三角形.dwg | 视频 | 指定三角形的中心点.avi | 时长 | 17′28″ |

本实例通过使用构造线命令绘制角分线，并绘制三角形的内接圆对象，让读者能够熟练掌握构造线的使用方法。

⬇ 实战要点：①"二等分（B）"选项的使用；②绘制三角形内接圆的方法。

⬇ 操作步骤

步骤 **01** 正常启动 AutoCAD 2015 软件，选择"文件 | 打开"菜单命令，将"案例 \ 05 \ 锐角三角形.dwg"文件打开，如图 5-12 所示。

步骤 **02** 执行"构造线"命令（XL），根据命令行提示选择"二等分（B）"选项，根据如下命令行提示指定角顶点，再指定起点和端点，从而绘制角分线 1，如图 5-13 所示。

指定点或[水平(H)/垂直(V)/角度(A)/二等分(B)/偏移(O)]:B	\\选择"二等分(B)"选项
指定角的顶点:	\\指定平分线的顶点
指定角的起点:	\\指定角的起点位置
指定角的端点:	\\指定角的终点位置

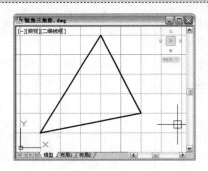

图 5-12　打开的文件

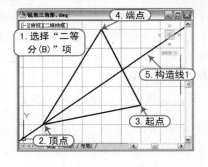

图 5-13　绘制的角分线 1

步骤 **03** 按照上一步相同的方法，分别绘制其他两个角的角分线 2、3，则三条角分线的交点即为三角形的中心点，如图 5-14 所示。

步骤 **04** 执行"圆"命令（C），使用鼠标捕捉交点作为圆心点，再捕捉其中一条边与角分线的交点作为圆的半径端点，从而绘制三角形的内接圆，如图 5-15 所示。

步骤 **05** 单击"保存"按钮，将文件保存，该锐角三角形内接圆图形绘制完成。

5.3　绘制矩形和多边形

本节主要介绍矩形命令和多边形命令，并且通过实例操作，让读者能够加深对矩形和多

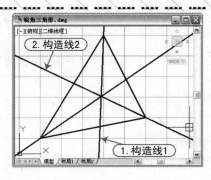

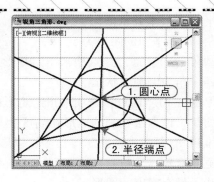

图 5-14　绘制的另外角分线 2、3　　　　　　图 5-15　绘制的内接圆

边形命令的理解。

（↓知识要点）矩形是一种平面图形，矩形的四个角都是直角，同时，它的对边相等且平行。

（↓执行方法）在 AutoCAD 中，可以通过以下三种方式来执行矩形的操作。

- 菜单栏：选择"绘图 | 矩形"命令。
- 面　板：在"默认"选项卡的"绘图"面板中单击 ▢ 按钮。
- 命令行：在命令行中输入"Rectang"命令（REC）。

（↓操作实例）例如，要绘制 100×50 的矩形，其命令行如下，效果如图 5-16 所示。

```
命令:REC                                              \\执行矩形命令
指定第一个角点或[倒角(C)/标高(E)/圆角(F)/厚度(T)/宽度(W)]：   \\指定矩形的第一个角点
指定另一个角点或[面积(A)/尺寸(D)/旋转(R)]:d               \\选择尺寸选项
指定矩形的长度<10.0000>:100                           \\输入矩形 X 轴方向尺寸
指定矩形的宽度<10.0000>:50                            \\输入矩形 Y 轴方向尺寸
指定另一个角点或[面积(A)/尺寸(D)/旋转(R)]：            \\单击鼠标左键指定矩形另一个角点位置
```

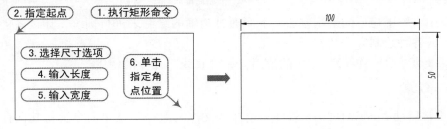

图 5-16　绘制矩形

（↓选项含义）在绘制矩形的过程中，各选项的含义如下。

- 第一个角点：该选项为默认选项，它指定所绘制的矩形的第一个角点。
- 倒角（C）：通过该选项来设定矩形的倒角距离。即用该选项来确定所绘制的矩形的四个角为倒斜角状态。
- 标高（E）：通过该选项来指定矩形的标高。因为通常情况下，所绘制的图形都在 *XY*

平面上，即 Z 轴值为 0，通过标高，可以设定 Z 轴值，如设定为 5，则所绘制的矩形距离 XY 平面的距离为 5。

■ 圆角（F）：通过该选项来指定矩形的圆角半径。即用该选项来确定所绘制的矩形的四个角为倒圆角状态。

■ 厚度（T）：通过该选项来指定矩形的厚度，该选项有点类似于"标高"选项，不同的是，该方法绘制的矩形在高度上是面。（在"概念"模式下，通过菜单"视图/三维视图/西南等轴测"等命令可以形象地观察到）

■ 宽度（W）：通过该选项为要绘制的矩形指定多段线的宽度。即所绘制的矩形是一个线条带有宽度的图形。

以上各个选项的含义如图 5-17 所示。

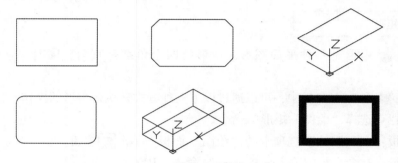

图 5-17　各个选项所绘制的矩形效果

提示：绘制矩形的要点

1）在绘制矩形时选择对角点没有方向性，既可以从左到右，也可以从右到左。

2）所绘制的矩形是一条封闭的多段线，如果要单独编辑某一条矩形边，则必须使用"分解"命令（X），将矩形分解后才能编辑。

实战练习：通过矩形命令绘制销轴图形

案例	销轴 . dwg	视频	绘制销轴 . avi	时长	17′28″

在本节中讲解了矩形的绘制方法，下面通过销轴的绘制来进行训练，让读者能够熟练掌握矩形命令的各种绘制方法和技巧。

↓实战要点：①"矩形"命令的使用；②"直线"命令的使用。

↓操作步骤

步骤 01 正常启动 AutoCAD 2015 软件，选择"文件 | 保存"菜单命令，将其保存为"案例 \ 05 \ 销轴 . dwg"文件。

步骤 02 执行"矩形"命令（REC），绘制以下几个矩形，尺寸分别为 40×24、12×32、68×24、7×20、10×16、7×20，如图 5-18 所示。

步骤 03 执行"移动"命令（M），将这些矩形进行移动操作，按照如图 5-19 所示的方式将这些矩形相关的边的中点进行重合。

步骤 04 执行"倒斜角"命令（CHA），对销轴两端的端面处位置进行倒斜角，倒角尺寸为

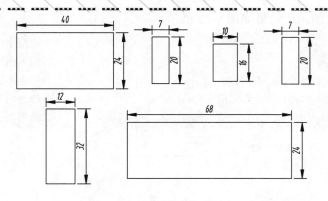

图 5-18 绘制矩形

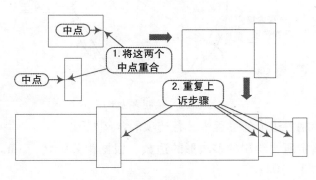

图 5-19 移动操作

C1，如图 5-20 所示。

步骤 05 执行"直线"命令（L），对刚才倒斜角的地方绘制两条竖直的直线段，用以连接倒角处转角位置的轮廓线，如图 5-21 所示。

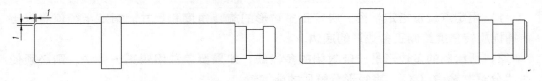

图 5-20 倒斜角   图 5-21 绘制竖直线段

步骤 06 单击"保存" 🖫 按钮，将文件保存，该销轴图形绘制完成。

5.3.2 绘制多边形

（↓ 知识要点）在同一平面且不在同一直线上的三条或三条以上的线段，首尾顺次连接且不相交所组成的封闭图形称为多边形。

（↓ 执行方法）在 AutoCAD 中，可以通过以下三种方式来执行多边形的操作。

■ 菜单栏：选择"绘图 | 多边形"命令。
■ 面　板：在"默认"选项卡的"绘图"面板中单击⬠按钮。
■ 命令行：在命令行中输入"Polygon"命令（POL）。

（↓ 操作实例）例如，要绘制一个边数为 6 的多边形，使其内接于一个直径为 100 的圆，操作命令行如下，绘制的图形效果如图 5-22 所示。

命令：POL	\\执行多边形命令
输入侧面数 <4> :6	\\输入侧面数
指定正多边形的中心点或[边(E)]：	\\指定多边形中点
输入选项[内接于圆(I)/外切于圆(C)] <I> :I	\\选择内接于圆选项
指定圆的半径：QUA 于	\\捕捉象限点

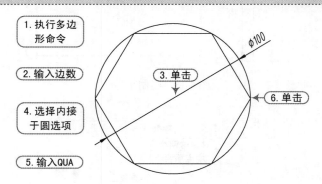

图 5-22 绘制多边形

↓选项含义 在绘制多边形的过程中，各选项的含义如下。

■ 侧面数：即指定所要绘制的多边形的边数。根据相关定义，Auto CAD 设定所绘制的多边形边数为 3 ~ 1024 个。

■ 多边形的中心点：指定多边形的中心点的位置，以及新对象是内接还是外切。当用户指定多边形的中心点后，命令行会继续提示两个选项供选择。

■ 边（E）：通过指定多边形一条边的起点和端点来定义正多边形。

提示：绘制多边形的要点

> 1）用定点设备指定半径，决定正多边形的旋转角度和尺寸。指定半径值将以当前捕捉旋转角度绘制正多边形的底边。
>
> 2）所绘制的多边形是一条封闭的多段线，如果要单独编辑某一条边，则必须使用"分解"命令（X），将矩形分解后才能编辑。

实战练习：绘制八角凳

案例	八角凳.dwg	视频	绘制八角凳.avi	时长	17′28″

本实例通过使用正多边形命令绘制平面八角凳，让读者能够熟练地掌握和运用正多边形命令。

↓实战要点：①正多边形命令执行方式；②正多边形命令使用方法。

↓操作步骤

步骤 01 正常启动 AutoCAD 2015 软件，选择"文件 | 保存"菜单命令，将其保存为"案例 \ 05 \ 八角凳.dwg"文件。

步骤 02 执行"多边形"命令（POL），在十字光标后面的参数框中输入所要绘制的多边形的边数 8，如图 5-23 所示。

步骤 03 在绘图界面任意一处单击鼠标左键指定一点为所绘制的多边形中点；根据命令行提示，选择"外切于圆（C）"选项，如图 5-24 所示。

图 5-23　输入边数　　　　　　　　　图 5-24　选择外切于圆选项

步骤 04 打开"正交"模式，水平向右拖动鼠标；输入圆的半径值 150，并按空格键确定，如图 5-25 所示。绘制的多边形如图 5-26 所示。

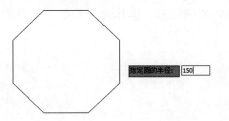

图 5-25　输入参考半径值　　　　　　　图 5-26　最终图形

步骤 05 执行"多边形"命令（POL），输入边数为 8；按【F3】键打开"对象捕捉"模式，按【F10】键打开"对象追踪"模式，捕捉到八边形的中心点为中心点，如图 5-27 所示。

步骤 06 参照上一步的操作方法，绘制一个正八边形，外切于一个半径为 130 的辅助圆上，如图 5-28 所示。

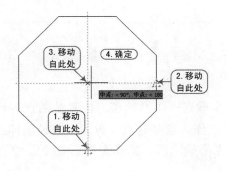

图 5-27　对象追踪　　　　　　　　　图 5-28　绘制第二个正多边形

步骤 07 单击"保存" 按钮，将文件保存，该八角凳图形绘制完成。

5.4　绘制圆和圆弧

AutoCAD 2015 提供了五种圆弧对象，包括圆、圆弧、圆环、椭圆和椭圆弧。本节主要介绍圆、圆弧的画法。

5.4.1 绘制圆

↓（知识要点）圆是一种几何图形。平面上到定点的距离等于定长的所有点组成的图形称为圆。当一条线段绕着它的一个端点在平面内旋转一周时，它的另一个端点的轨迹称为圆。

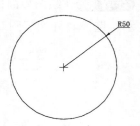

↓（执行方法）在 AutoCAD 中，可以通过以下三种方式来执行圆命令的操作。

- 菜单栏：选择"绘图 | 圆"命令。
- 面　板：在"默认"选项卡的"绘图"面板中单击 圆 按钮。

图 5-29　绘制图

- 命令行：在命令行中输入"Circle"命令（C）。

↓（操作实例）例如，绘制一个直径为 100 的圆图形，操作命令行如下，所绘制的图形如图 5-29 所示。

```
命令:C                                          \\执行圆命令
指定圆的圆心或[三点(3P)/两点(2P)/切点、切点、半径(T)]：    \\指定圆心位置
指定圆的半径或[直径(D)]<130.0000>:50              \\输入半径值
```

↓（选项含义）在绘制圆的过程中，各选项的含义如下。

- 圆心、半径（R）圆：这是绘制圆的最基本方法，即先确定该圆圆心位置，再确定该圆半径的方法来绘制一个圆图形。如图 5-29 所示即为"圆心、半径"模式，如图 5-29 所示的例子即为"圆心、半径"。

- 圆心、直径（D）圆：该方法和"圆心、半径"的方法类似，主要目的是减去绘图者在"直径"和"半径"数值上面换算的繁琐。操作命令行如下，绘制的图形如图 5-30 所示。

```
命令:C                                          \\执行圆命令
指定圆的圆心或[三点(3P)/两点(2P)/切点、切点、半径(T)]：    \\指定圆心位置
指定圆的半径或[直径(D)]:d 指定圆的直径:100          \\选择直径选项,并输入直径数值
```

- 两点（2P）圆：该方法是指用两个点来确定一个圆轨迹，但是这两点为该圆上最大距离（直径）。绘制时，先确定圆上一点作为绘制起点，再确定直径延伸方向，再输入直径。也可通过直接点击已知的两点来确定圆。操作命令行如下，绘制的图形如图 5-31 所示。

```
命令:C                                          \\执行圆命令
指定圆的圆心或[三点(3P)/两点(2P)/切点、切点、半径(T)]:2p 指定圆直径的第一个端点:
                                                \\选择两点模式,并指定第一个端点
指定圆直径的第二个端点:                          \\再指定第二个端点
```

- 三点（3P）圆：该方法为通过三点来确定一个圆图形。操作命令行如下，绘制的图形如图 5-32 所示。

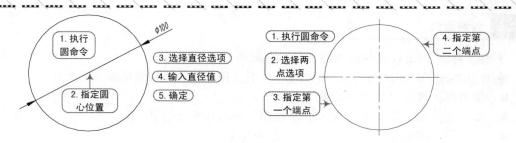

图 5-30 直径绘制圆   图 5-31 两点绘制圆

命令:C   \\执行圆命令
指定圆的圆心或[三点(3P)/两点(2P)/切点、切点、半径(T)]:3p 指定圆上的第一个点:
                                                \\选择三点模式,并指定第一个点
指定圆上的第二个点: \\指定第二个点
指定圆上的第三个点: \\指定第三个点

■ 切点、切点、半径（T） 🔘：该方法在绘制时，首先确定圆与已知某线条相切，再确定与另一条已知线条相切，再输入该圆的半径值。该方法所绘制的圆的圆心自然形成。所谓切点，即一个对象与另一个对象接触而不相交的点。操作命令行如下，绘制的图形如图 5-33 所示。

命令:C   \\执行圆命令
指定圆的圆心或[三点(3P)/两点(2P)/切点、切点、半径(T)]:t \\选择切点、切点、半径模式
指定对象与圆的第一个切点: \\指定对象上的切点
指定对象与圆的第二个切点: \\指定另一个对象上的切点
指定圆的半径<38.0429>:50   \\输入半径值

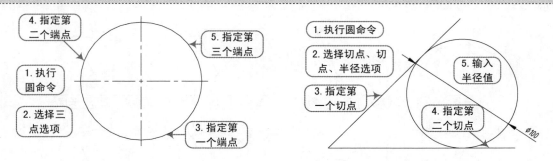

图 5-32 三点绘制圆   图 5-33 切点、切点、半径绘制圆

■ 相切、相切、相切（A） 🔘：该方法是通过与已知的三条线条相切，从而自然形成一个圆图形，该圆的圆心和半径自然形成。操作命令行如下，绘制的图形如图 5-34 所示。

命令:_circle   \\启动相切、相切、相切命令
指定圆的圆心或[三点(3P)/两点(2P)/切点、切点、半径(T)]:_3p 指定圆上的第一个点:_tan 到
                                                \\指定第一个对象的切点
指定圆上的第二个点:_tan 到   \\指定第二个对象的切点
指定圆上的第三个点:_tan 到   \\指定第三个对象的切点

5.4.2 绘制圆弧

⬇知识要点 圆上任意两点间的部分称为圆弧，简称弧。

⬇执行方法 在 AutoCAD 中，可以通过以下三种方式来执行圆弧命令的操作。

■ 菜单栏：选择"绘图 | 圆弧"命令。

■ 面 板：在"默认"选项卡的"绘图"面板中单击 ⌐ 按钮。

■ 命令行：在命令行中输入"Arc"命令（A）。

⬇操作实例 例如，绘制一段圆弧图形，操作命令行如下，绘制的图形如图 5-35 所示。

命令 : ARC	\\执行圆弧命令
圆弧创建方向 : 逆时针	\\提示当前圆弧创建方向
指定圆弧的起点或 [圆心（C）] :	\\指定圆弧起点
指定圆弧的第二个点或 [圆心（C）/端点（E）] :	\\指定圆弧上第二点
指定圆弧的端点 :	\\指定圆弧端点

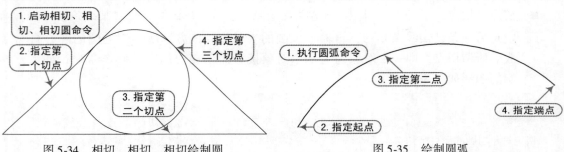

图 5-34 相切、相切、相切绘制圆   图 5-35 绘制圆弧

在"绘图 | 圆弧"子菜单中，系统提供了 11 种绘制圆弧的方法，它们的示意图如图5-36 所示。

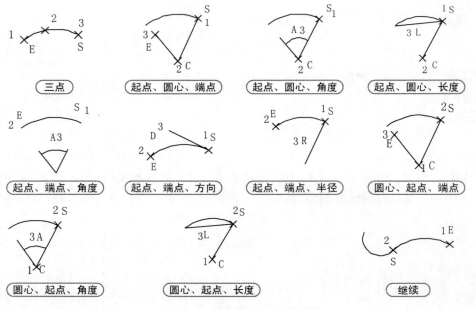

图 5-36 各种圆弧绘制示意图

提示：绘制圆弧的要点

默认情况下，以逆时针方向绘制圆弧。如果按住【Ctrl】键的同时拖动，则以顺时针方向绘制圆弧。

实战练习：通过圆和圆弧命令绘制拨叉图形

| 案例 | 拨叉.dwg | 视频 | 绘制拨叉.avi | 时长 | 17′28″ |

本实例通过绘制拨叉图形，让读者能够掌握"圆"命令和"圆弧"命令的综合运用技巧。

⬇实战要点：① "圆"命令的使用；② "圆弧"命令的使用。

⬇操作步骤

步骤 **01** 正常启动 AutoCAD 2015 软件，选择"文件 | 保存"菜单命令，将其保存为"案例 \ 05 \ 拨叉.dwg"文件。

步骤 **02** 执行"直线"命令（L），按【F8】键打开正交模式，绘制一条 100 的水平线段和 50 的垂直线段；且垂直线段的中点与水平线段的右端点重合，如图 5-37 所示。

步骤 **03** 执行"圆"命令（C），以水平线段的左端点为圆心，绘制直径为 20 和 40 的两个同心圆，如图 5-38 所示。

步骤 **04** 执行"圆弧"命令（A），选择"起点、端点、半径"模式，指定绘制竖直线段的上端点为圆弧起点，再指定该直线段的下端点为圆弧端点，拖动鼠标到竖直线段的右侧，输入半径值 25，从而形成一条半径为 25 的圆弧，如图 5-39 所示。

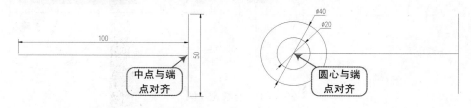

图 5-37 绘制直线段   图 5-38 绘制同心圆

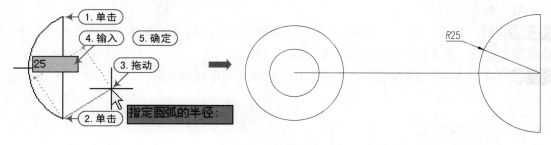

图 5-39 绘制 R25 圆弧

步骤 **05** 执行"圆弧"命令（A），选择"起点、端点、半径"模式，指定绘制竖直线段的下端点为圆弧起点，指定上端点为圆弧端点，按住【Ctrl】键不放，拖动鼠标到竖直线段的右侧，松开【Ctrl】键（此时不要动鼠标），输入半径值 30，按住【Ctrl】键，按回车键确定，从而形成一条半径为 30 的圆弧，如图 5-40 所示。

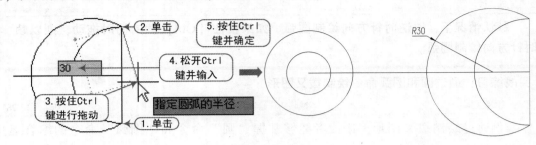

图 5-40　绘制 R30 圆弧

步骤 06 执行"圆"命令（C），选择"相切、相切、半径"模式，指定直径为 40 的圆的右上方的一个切点为圆上第一点，指定半径为 30 的圆弧的左上方的一个切点为圆上第二点，输入半径值 50，从而形成一个半径为 50 的圆，如图 5-41 所示。

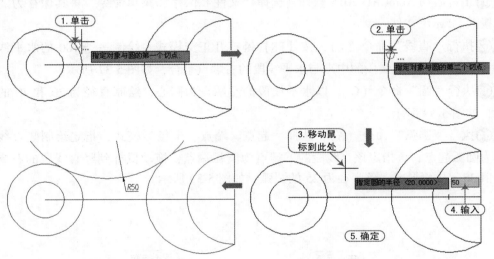

图 5-41　绘制 R50 圆

步骤 07 执行"圆"命令（C）；选择"相切、相切、半径"模式，在下方绘制一个同样的圆，如图 5-42 所示。

步骤 08 执行"修剪"命令（TR），对圆上多余的线条进行修剪；执行"删除"命令（E），删除掉多余线条，拨叉图形绘制完成，如图 5-43 所示。

步骤 09 单击"保存" 🔲 按钮，将文件保存，该拨叉图形绘制完成。

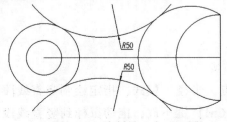

图 5-42　绘制另一个 R50 圆

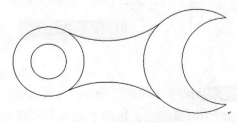

图 5-43　最终效果图

5.5 绘制椭圆及椭圆弧

AutoCAD 2015 提供了两种绘制椭圆的方式："圆心"模式和"轴、端点"模式。同时还提供了一种绘制椭圆弧的方式。

5.5.1 绘制椭圆

↓ 知识要点 椭圆是由它的两条轴决定的，较长的轴称为长轴，较短的轴称为短轴。如果只取椭圆中的一段，那么该段圆弧就是椭圆弧。

↓ 执行方法 在 AutoCAD 中，可以通过以下三种方式来执行椭圆命令的操作。

- 菜单栏：选择"绘图 | 椭圆"命令。
- 面　板：在"默认"选项卡的"绘图"面板中单击 按钮。
- 命令行：在命令行中输入"Ellipse"命令（EL）。

↓ 操作实例 例如，绘制一个长轴为 100 短轴为 50 的椭圆，操作命令行如下，所绘制的图形如图 5-44 所示。

命令:EL	\\执行椭圆命令
指定椭圆的轴端点或[圆弧(A)/中心点(C)]:	\\指定一条轴的端点
指定轴的另一个端点:100	\\输入第一条轴的长度值
指定另一条半轴长度或[旋转(R)]:25	\\输入另一条轴的长度值的一半

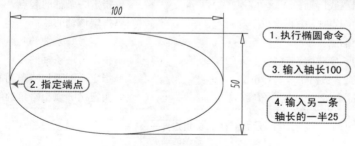

1. 执行椭圆命令
2. 指定端点
3. 输入轴长100
4. 输入另一条轴长的一半25

图 5-44　绘制椭圆

↓ 选项含义 在绘制椭圆的过程中，各选项的含义如下。

- 中心点 ：这是绘制椭圆的最基本方法，即先确定该椭圆的中心位置，再确定该椭圆一条轴的端点，再通过拖动鼠标或者输入数据的方式来确定另外一条轴的长度的方式来绘制椭圆，操作命令行如下，绘制的图形如图 5-45 所示。

命令:EL ELLIPSE	\\执行椭圆命令
指定椭圆的轴端点或[圆弧(A)/中心点(C)]:C	\\选择中心点模式
指定椭圆的中心点:	\\指定椭圆的中心点
指定轴的端点:50	\\输入一条轴的长度值的一半
指定另一条半轴长度或[旋转(R)]:25	\\输入另一条轴的长度值的一半

- 轴端点 ：这个方法同"中心点"绘制方法类似，先确定椭圆一条轴的一个端点，再确定该轴的另一个端点，再通过拖动鼠标或者输入数据的方式来确定另外一条轴

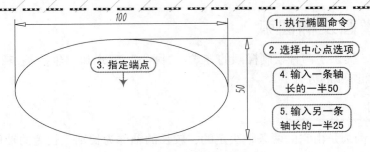

图 5-45　中心点模式绘制椭圆

的长度的方式来绘制椭圆，如图 5-44 所示即为"轴端点"模式。

5.5.2　绘制椭圆弧

↓ 知识要点　椭圆上任意两点间的部分称为椭圆弧。

↓ 执行方法　在 AutoCAD 中，可以通过以下三种方式来执行椭圆弧命令的操作。

- 菜单栏：选择"绘图 | 椭圆"命令下面的"圆弧"命令。
- 面　板：在"默认"选项卡的"绘图"面板中单击 ⬭ 按钮。
- 命令行：在命令行中输入"Ellipse"命令（EL），再选择"圆弧"（A）选项。

↓ 操作实例　例如，绘制一段椭圆弧，操作命令行如下，所绘制的图形如图 5-46 所示。

```
命令：_ellipse                                          \\启动椭圆弧命令
指定椭圆的轴端点或[圆弧(A)/中心点(C)]：_a                  \\指定一条轴的起点
指定椭圆弧的轴端点或[中心点(C)]：                          \\指定该轴的端点
指定轴的另一个端点：                                      \\指定另一条轴的起点
指定另一条半轴长度或[旋转(R)]：                           \\指定另一条轴的端点
指定起点角度或[参数(P)]：　＜正交　关＞                    \\指定椭圆弧扫略角的起点
指定端点角度或[参数(P)/包含角度(I)]：                      \\指定椭圆弧扫略角的终点
```

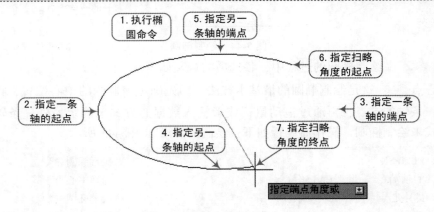

图 5-46　绘制椭圆弧

实战练习：绘制盥洗盆

案例	盥洗盆.dwg	视频	绘制盥洗盆.avi	时长	17′28″

本实例通过使用椭圆、椭圆弧、圆和直线等命令，绘制盥洗盆，让读者能够掌握 Auto-

CAD 中多种命令的混合使用。

　　↓ 实战要点：① "椭圆" 命令的使用；② "椭圆弧" 命令的使用。

↓ 操作步骤

步骤 01 正常启动 AutoCAD 2015 软件，选择 "文件 | 保存" 菜单命令，将其保存为 "案例 \ 05 \ 盥洗盆 . dwg" 文件。

步骤 02 执行 "圆" 命令（C），指定绘图区域任意一点作为圆心点，输入半径值 20，绘制出直径为 40 的圆，如图 5-47 所示。

步骤 03 执行 "圆" 命令（C），以绘制的圆的圆心作为圆心点，输入半径值 25，绘制出直径为 50 的圆，如图 5-48 所示。

步骤 04 执行 "椭圆" 命令（EL），选择 "中心点（C）" 模式，捕捉绘制的圆的圆心作为椭圆的中心点，将鼠标向右拖动，输入一个半轴的长度 150，将鼠标向上拖动，输入另一半轴长度 120，绘制的椭圆如图 5-49 所示。

步骤 05 启动 "椭圆弧" 命令，选择 "中心点" 模式，捕捉绘制的圆的圆心作为椭圆弧的中心点，绘制一个长轴为 300、短轴为 260，角度为 0°到 180°的椭圆弧，如图 5-50 所示。

步骤 06 执行 "椭圆" 命令（EL），选择 "中心点（C）" 模式，捕捉绘制的圆的圆心作为椭圆的中心点，绘制一个长轴为 380、短轴为 320 的椭圆，如图 5-51 所示。

步骤 07 执行 "椭圆" 命令（EL），选择 "中心点（C）" 模式，捕捉前面绘制的圆的圆心作为椭圆的中心点，绘制一个长轴为 380、短轴为 340 的椭圆，如图 5-52 所示。

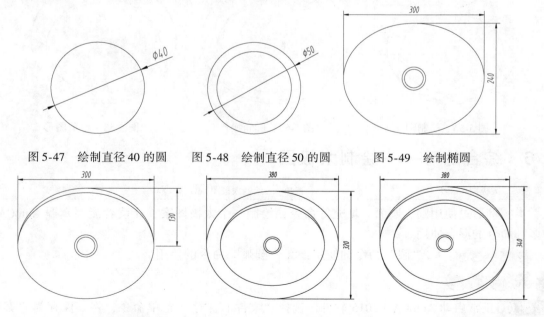

图 5-47　绘制直径 40 的圆　　图 5-48　绘制直径 50 的圆　　图 5-49　绘制椭圆

图 5-50　绘制椭圆弧　　　　图 5-51　绘制椭圆　　　　　图 5-52　再次绘制椭圆

步骤 08 执行 "移动" 命令（M），将外面的两个大椭圆向上进行移动操作，移动距离为 20，如图 5-53 所示。

步骤09 执行"矩形"命令（REC），绘制一个尺寸为 20×100 的矩形，如图 5-54 所示。

步骤10 执行"移动"命令（M），将绘制的矩形移动到椭圆形图中，使它们的中心线重合，具体尺寸如图 5-55 所示。

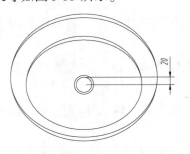 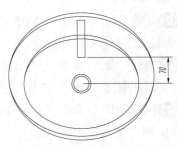

图 5-53　移动操作　　　　图 5-54　绘制矩形　　　　图 5-55　移动矩形

步骤11 执行"圆"命令（C），绘制一个直径为 20 的圆图形；执行"复制"命令（CO），将该圆进行复制操作，如图 5-56 所示。

步骤12 执行"圆角"命令（F），将矩形下方的两个角进行圆角操作，圆角尺寸为 R8，如图 5-57 所示。

步骤13 执行"修剪"命令（TR），将图形按照如图 5-58 所示的形状进行修剪操作。

步骤14 单击"保存" 按钮，将文件保存，该盥洗盆图形绘制完成。

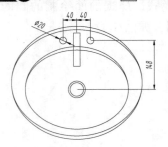 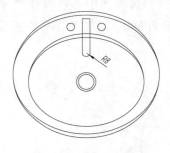 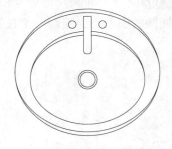

图 5-56　绘制圆　　　　图 5-57　圆角操作　　　　图 5-58　修剪图形

5.6　综合练习——绘制太极图

案例	太极图.dwg	视频	绘制太极图.avi	时长	17'28"

本实例通过使用圆、圆弧、填充等命令，绘制一个太极图案，让读者能够掌握 AutoCAD 中多种命令的混合使用。

实战要点：①"圆"命令的使用；②"圆弧"命令的使用。

操作步骤

步骤01 正常启动 AutoCAD 2015 软件，选择"文件|保存"菜单命令，将其保存为"案例\05\太极图.dwg"文件。

步骤02 执行"圆"命令（C），指定绘图区域任意一点作为圆心点，输入半径值 100，绘制出直径为 200 的圆，如图 5-59 所示。

步骤 03 执行"圆"命令（C），选择"两点"模式，捕捉绘制的圆的圆心，再捕捉该圆上象限点，绘制一个直径为 100 的圆，如图 5-60 所示。

步骤 04 执行"圆"命令（C），同样的方法，在直径为 200 的圆的下面绘制一个相对应的直径为 100 的圆，如图 5-61 所示。

步骤 05 执行"修剪"命令（TR），将图形按照如图 5-62 所示的形状进行修剪操作。

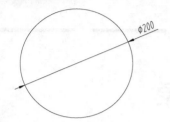  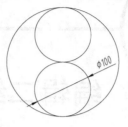 

图 5-59 直径 200 的圆 　　 图 5-60 直径 100 的圆 　　 图 5-61 绘制下方的圆 　　 图 5-62 修剪操作

技巧：关于捕捉"象限点"

　　有的时候，在草图设置中并没有勾选"象限点"这个捕捉点，而工作中又临时需要"象限点"，此时则可以在捕捉目标点时输入子命令"QUA"，则可以捕捉目标对象上的象限点。

步骤 06 执行"圆"命令（C），以上下两方的圆弧的圆心点为圆心，绘制两个直径为 20 的圆，如图 5-63 所示。

步骤 07 执行"图案填充"命令（BH），选择左下方的图形和上方的直径为 20 的圆图形为填充区域，选择填充图案为"SOLID"，对图形进行图案填充操作，填充后的图形如图 5-64 所示。

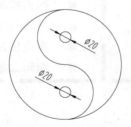 

图 5-63 绘制小圆 　　　　 图 5-64 图案填充

步骤 08 单击"保存" 按钮，将文件保存，该太极图形绘制完成。

6

编辑二维图形对象

本章导读

在AutoCAD中，除了拥有大量的二维图形绘制命令外，还提供了功能强大的二维图形编辑命令。方便用户正确快捷地选择要编辑的图形对象，再使用编辑命令对图形进行修改，使图形更精确、直观。

本章内容

- 选取对象
- 移动和复制的运用
- 旋转和比例缩放的运用
- 阵列的三种运用
- 修剪与延伸的运用
- 拉伸和镜像的运用
- 圆角和倒角的运用
- 分解与合并的运用
- 夹点使用方法
- 编辑二维图形的综合练习

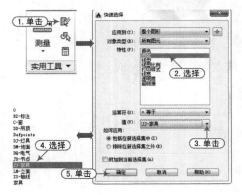

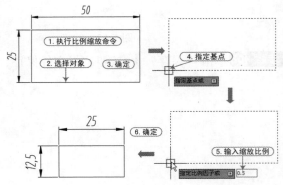

6.1 选择对象

在 AutoCAD 中，当执行绘制和编辑等命令时，需要指定该命令所执行的对象，那么就要涉及到选取对象。在 AutoCAD 中，系统用虚线亮显所选的对象，这些对象就构成了选择集，它可以包括单个对象，也可以包括复杂的对象编组。

6.1.1 单个选取对象

知识要点 单个选取对象就是直接通过单击鼠标左键的方式来选择对象。用鼠标或键盘移动拾取框，使其框住要选取的对象并单击，就会选中该对象并以高度显示。

执行方法 在 AutoCAD 中，可以有以下两种方法来单个选取对象。

- 命令前：在执行命令前，先移动十字光标到目标对象上，再单击鼠标左键选中目标。
- 命令后：在执行命令后，移动拾取框到目标对象上，再单击鼠标左键选中目标。

命令前选取的方式，移动十字光标到对象目标上时，会出现反色状态，并且会显示出该对象的属性；当选取对象后，所选取的对象会显示夹点，如图 6-1 所示。

命令后选取的方式，当执行命令后，移动拾取框到对象目标上时，也会出现反色状态。在选取对象后，对象目标呈虚线状态，如图 6-2 所示。

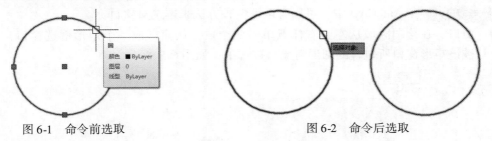

图 6-1 命令前选取   图 6-2 命令后选取

技巧：如何设置选取工具

执行"工具 | 选项"菜单命令后，将弹出"选项"对话框，在"显示"选项卡中可以对"十字光标"的大小进行调整，如图 6-3 所示；在"选择集"选项卡，可以对"拾取框"大小和"夹点尺寸"的大小进行调整，如图 6-4 所示。

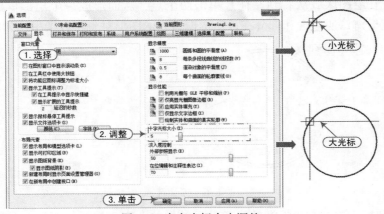

图 6-3 十字光标大小调整

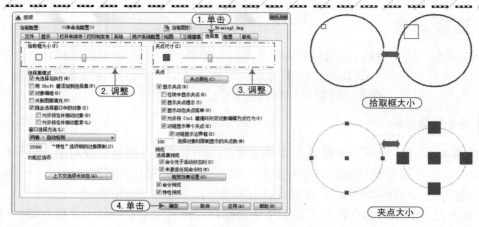

图 6-4　拾取框和夹点大小调整

6.1.2　框选对象

↓ 知识要点　框选对象就是分别单击两个点，从而形成一个以这两个点为顶点的矩形窗口，从而选取位于其范围内部的图形。

↓ 执行方法　在 AutoCAD 中，可以有以下两种方法来框选对象目标。

■　窗口：在绘图区域从左到右任意单击两个点，从而形成一个矩形框选窗口，当完全被该矩形窗口所包含的图形对象将被选中，如图 6-5 所示。

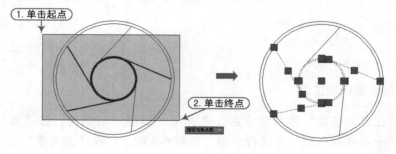

图 6-5　窗口选择

■　窗交：在绘图区域从右到左任意单击两个点，从而形成一个矩形框选窗口，当完全被该矩形窗口所包含和部分在该矩形窗口内的图形对象将被选中，如图 6-6 所示。

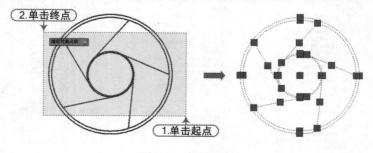

图 6-6　窗交选择

窗口选择和窗交选择的矩形框的线条是不一样的：窗口选择的矩形框是实线，而窗交的矩形框是虚线的。

技巧：选择类似对象

> 可以使用鼠标选择图形中的对象，单击鼠标右键，在弹出快捷菜单中选择"选择类似对象"命令，则图形中相同属性的图形都被选中，例如选取该图中的所有圆图形，如图6-7所示。

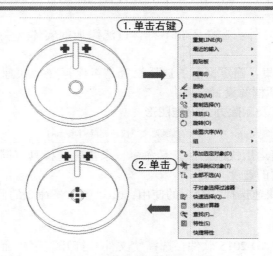

图6-7　选择类似对象

6.1.3　快速选择

（↓知识要点）在 AutoCAD 中提供了快速选择功能，运用该功能可以一次性选择绘图区中具有某一属性的所有图形对象（如具有相同的颜色、图层、线型和线宽等）。

（↓执行方法）在 AutoCAD 中，可以有以下三种方法来快速选择对象目标。

- 菜单栏：选择"工具 | 快速选择"菜单命令。
- 面　板：在"默认"选项卡的"使用工具"面板中单击 按钮。
- 命令行：在命令行中输入"Qselect"（QSE）。

执行"快速选择"命令后，弹出"快速选择"对话框，如图6-8所示。

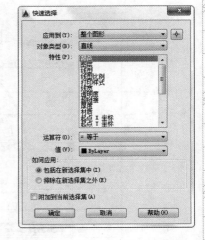

图6-8　"快速选择"对话框

（↓选项含义）在"快速选择"对话框中，各选项的含义如下。

- 应用到：确定是否在整个绘图区应用选择过滤器。
- 对象类型：确定用于过滤的实体的类型（如直线、矩形和多段线等）。
- 特性：确定用于过滤的实体的属性。此列表框中将显示"对象类型"下拉列表框中实体的所有属性（如颜色、线型、线宽、图层和打印样式等）。

- 运算符：控制过滤器值的范围。根据选择的属性，过滤值的范围分别为"等于"和"不等于"两种类型。
- 值：确定过滤的属性值，可在下拉列表框中选择一项或输入新值，根据不同属性显示不同的内容。
- 如何应用：确定选择符合过滤条件的实体还是不符合过滤条件的实体。
- 包括在新选择集中：选择绘图区中所有符合过滤条件的实体（关闭、锁定、冻结层上的实体除外）。
- 排除在新选择集之外：选择所有不符合过滤添加的实体（关闭、锁定、冻结层上的实体除外）。
- 附加到当前选择集：确定当前的选择设置是否保存在"快速选择"对话框中，作为"快速选择"对话框的设置选项。

实战练习：快速选择及删除办公设施图形

| 案例 | 移动营业厅平面布置图.dwg | 视频 | 快速删除对象.avi | 时长 | 17′28″ |

本实例通过讲解如何运用快速选择工具命令，来快速选择具有同一属性的图形对象，并将其删除，从而提高绘图的速度。

实战要点：①"快速选择"命令的使用；②"删除"命令的使用。

操作步骤

步骤01 正常启动 AutoCAD 2015 软件，选择"文件｜打开"菜单命令，将"案例\06\移动营业厅平面布置图.dwg"文件打开，如图6-9所示。

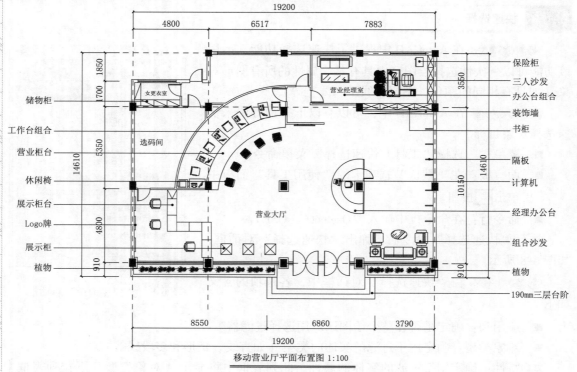

移动营业厅平面布置图 1:100

图6-9 打开文件

步骤 02 单击"默认"选项卡下面的"使用工具"选项中的"快速选择"工具按钮，弹出"快速选择"对话框，在"特性"栏中单击选择"图层"选项，在"值"选项中单击后面的下拉菜单按钮，在弹出的下拉菜单中单击选择"JJ-家具"选项，返回"快速选择"对话框，最后单击"确定"按钮，操作示意图如图6-10所示。

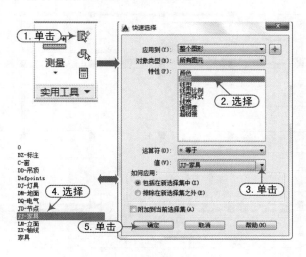

图6-10　设置快速选择

步骤 03 当单击"确定"按钮之后，"移动营业厅布置图"中的所有处于"JJ-家具"图层对象处于被选中状态，如图6-11所示。

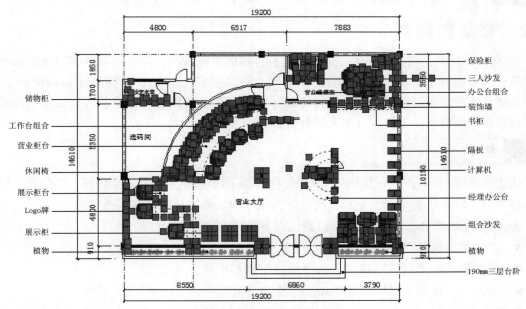

移动营业厅平面布置图 1:100

图6-11　被选中的家具

步骤 04 执行"删除"命令（E），将所选择的"JJ－家具"图层对象进行删除操作，删除后的图形如图 6-12 所示。

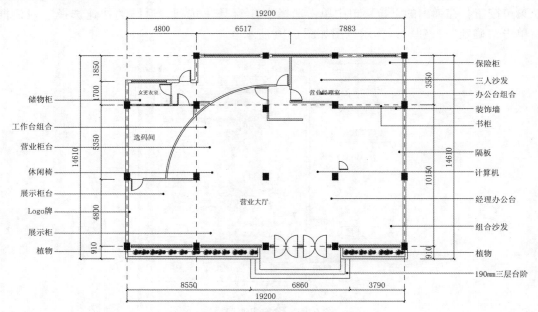

移动营业厅平面布置图 1:100

图 6-12　删除后的图形

步骤 05 单击"保存" 🔲 按钮，将文件保存，该营业厅图形绘制完成。

6.2　移动和复制

在 AutoCAD 中，当绘制好了一个图形之后，根据实际情况，需要绘制很多与该图形相同的图形，如果重复去绘制，那将浪费不少时间，可以采用 AutoCAD 提供的移动和复制命令，这样就能将已经绘制好的图形进行原样绘制一组或多组，运用这些命令，将有效地提高绘图速度，从而提高效率，下面就分别来进行讲解。

6.2.1　移动

🔽 **知识要点**　移动命令就是通过该命令，可以将图形从一个位置移动到另一个位置，移动前与移动后，除了位置坐标发生相对改变外，图形的其他特征不会发生改变。

🔽 **执行方法**　在 AutoCAD 中，可以通过以下三种方式来执行移动命令。

- 菜单栏：选择"修改 | 移动"命令。
- 面　板：在"默认"选项卡的"修改"面板中单击 ✛ 按钮。
- 命令行：在命令行中输入"Move"命令（M）。

🔽 **操作实例**　例如，将一个图形向右移动 20，向上移动 10，操作命令行如下，所绘制的图形如图 6-13 所示。

命令:M   \\执行移动命令
选择对象:找到 1 个   \\选择对象
指定基点或[位移(D)]<位移>:   \\指定移动的基点
指定第二个点或<使用第一个点作为位移>:@20，10   \\输入移动的距离

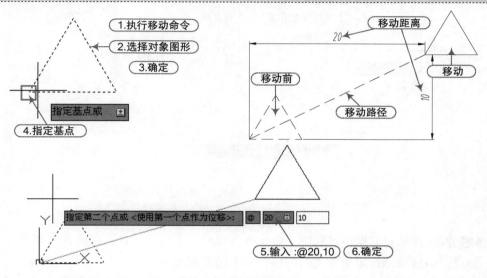

图 6-13　移动操作

技巧：正交方向上的移动操作

　　　如果移动的目标对象是在水平或者竖直方向上，那么在移动时，可以打开正交模
式，选择目标图形，指定基点，把鼠标拖向要移动的那一方，然后输入要移动的距离
值即可，而不必输入"@X，Y"。

6.2.2　复制

（↓知识要点）复制就是将对象图形进行从基点到另一点重新创建一个图形，该图形的尺寸
与源图形一致。可以复制一份，也可以复制多份。

（↓执行方法）在 AutoCAD 中，可以通过以下三种方式来执行复制命令。

■　菜单栏：选择"修改 | 复制"命令。
■　面　板：在"默认"选项卡的"修改"面板中单击 按钮。
■　命令行：在命令行中输入"Copy"命令（CO）。

命令:CO   \\执行复制命令
选择对象:找到 1 个   \\选择对象
当前设置：　复制模式=多个   \\系统提示当前模式
指定基点或[位移(D)/模式(O)]<位移>:   \\指定复制的基点
指定第二个点或[阵列(A)]<使用第一个点作为位移>:@20,10   \\输入复制距离
指定第二个点或[阵列(A)/退出(E)/放弃(U)]<退出>:   \\按 ESC 键退出复制命令

↓ **操作实例** 例如，将一个图形向右上方进行复制操作，复制距离是 X 方向为 20，Y 方向为 10，操作命令行如下，所复制后的图形如图 6-14 所示。

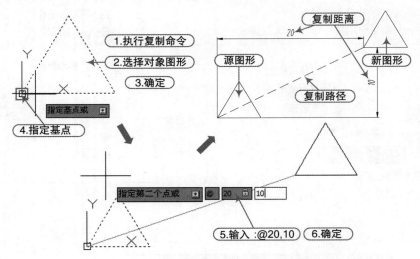

图 6-14 移动操作

↓ **选项含义** 在复制的操作过程中，命令行会出现以下选项，各选项的含义如下。

- 基点：该选项是指定所要复制的目标对象的复制起点。
- 位移（D）：该选项是指使用坐标指定相对距离和方向。指定的两点定义一个矢量，指示复制对象的放置离原位置有多远以及放置方向。
- 模式（O）：控制命令是否自动重复（COPYMODE 系统变量）。

技巧：关于阵列复制

> 　　在"位移"选项下面有一个"阵列"选项，利用该选项可以指定在线性阵列中排列的副本数量。它下面有两种模式："第二个点"和"布满（F)"。"第二个点"即通过两点形成一段距离，该距离为阵列间距；"布满"即通过两点形成一段距离，该距离为总阵列长度，所阵列的图形均布在该距离内。两种模式的区别如图 6-15 所示。

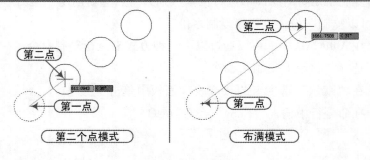

图 6-15 阵列复制

实战练习：绘制底板

案例	底板.dwg	视频	绘制底板.avi	时长	17′28″

本实例通过讲解如何运用复制工具命令，快速将相同的对象特征重复创建在其他地方，

从而提高绘图的速度。

⬇实战要点：①"复制"命令的使用；②"偏移"命令的使用。

⬇操作步骤

步骤**01** 正常启动 AutoCAD 2015 软件，选择"文件 | 打开"菜单命令，将其保存为"案例 \ 06 \ 底板 . dwg"文件。

步骤**02** 执行"矩形"命令（REC），单击绘图区域任意一处为矩形的绘制起点，绘制一个尺寸为 400×320 的矩形，如图 6-16 所示。

步骤**03** 执行"分解"命令（X），将所绘制的矩形进行分解操作，使其四条边线处于不连接状态。

步骤**04** 执行"偏移"命令（O），将分解后的矩形边线按照尺寸要求及方向进行偏移操作，并将相关的线段转换到"中心线"图层，如图 6-17 所示。

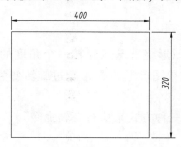

图 6-16　绘制矩形　　　　　　　　　图 6-17　偏移操作

步骤**05** 执行"圆"命令（C），以图中右上方的两个中心线交点为圆心，分别绘制两个圆图形，直径分别为 25 和 12，如图 6-18 所示。

步骤**06** 执行"复制"命令（CO），选择直径为 25 的圆图形为复制对象，以其圆心为复制基点，然后按照如图 6-19 所示的位置进行复制操作。

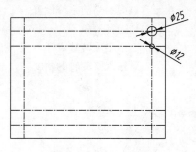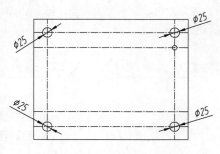

图 6-18　绘制圆　　　　　　　　　　图 6-19　复制操作

步骤**07** 执行"复制"命令（CO），选择直径为 12 的圆图形为复制对象，以其圆心为复制基点，然后按照如图 6-20 所示的位置进行复制操作。

步骤**08** 执行"修剪"命令（TR），将图中的中心线按照如图 6-21 所示的形状进行修剪操作。

步骤**09** 单击"保存" 🔲 按钮，将文件保存，该底板图形绘制完成。

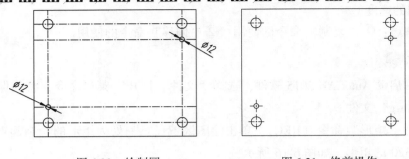

图 6-20　绘制圆　　　　　　　　图 6-21　修剪操作

6.3　旋转和比例缩放

在 AutoCAD 中，旋转命令和比例缩放是运用得比较多的命令，熟练掌握这些命令的使用，能有效提高绘图速度。

6.3.1　旋转

⬇知识要点 旋转命令是在平面内，把一个图形绕着基点旋转一个角度的图形进行变换，该基点称为旋转中心，旋转的角称为旋转角；如果图形上的点 A 经过旋转变为点 A′，那么这两个点称为这个旋转的对应点。

⬇执行方法 在 AutoCAD 中，可以通过以下三种方式来执行旋转命令。

■　菜单栏：选择"修改|旋转"命令。

■　面　板：在"默认"选项卡的"修改"面板中单击⟳按钮。

■　命令行：在命令行中输入"Rotate"命令（RO）。

⬇操作实例 例如，将一个矩形向右旋转 30°，操作命令行如下，旋转的操作步骤如图 6-22 所示。

命令:RO	\\执行旋转命令
UCS 当前的正角方向：　ANGDIR = 逆时针　ANGBASE = 0	\\提示当前系统设置
选择对象:找到 1 个	\\选择对象
指定基点：	\\指定旋转基点
指定旋转角度,或[复制(C)/参照(R)] < 0 > :30	\\输入要旋转的角度

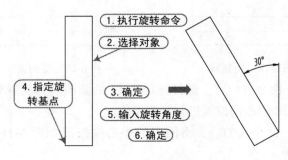

图 6-22　旋转操作

提示：旋转命令的角度值

> 1）在输入旋转角度时，可以输入旋转角度值（0°到360°）。还可以按弧度、百分度或勘测方向输入值。
>
> 2）输入正角度值可逆时针或顺时针旋转对象，具体取决于"图形单位"对话框中的基本角度方向设置。

(选项含义) 在执行旋转命令的过程中，各选项的含义如下。

- 旋转角度：决定对象绕基点旋转的角度。旋转轴通过指定的基点，并且平行于当前UCS 的 Z 轴。
- 复制（C）：创建要旋转的选定对象的副本。
- 参照（R）：将对象从指定的角度旋转到新的绝对角度。旋转视口对象时，视口的边框仍然保持与绘图区域的边界平行。

技巧：快速旋转到特殊角

> 1）旋转时，可以通过拖动光标到某定点来指定旋转角。
>
> 2）如果要旋转"90°"或者"180°"这些特殊角度时，可以打开正交模式，从而避免输入数据。其他角度也可以通过设定"极轴追踪"相关参数来进行捕捉旋转。

6.3.2　比例缩放

(知识要点) 比例缩放命令就是指将目标对象按照统一的比例进行放大或者缩小。要将对象进行比例缩放，需要指定基点和比例因子。

(执行方法) 在 AutoCAD 中，可以通过以下三种方式来执行比例缩放命令：

- 菜单栏：选择"修改 | 比例缩放"命令。
- 面　板：在"默认"选项卡的"修改"面板中单击▢按钮。
- 命令行：在命令行中输入"Scale"命令（SC）。

(操作实例) 例如，将一个矩形缩小一半，操作命令行如下，缩放后的图形如图 6-23 所示。

```
命令:SC                                      \\执行比例缩放命令
选择对象:找到1个                              \\选择要比例缩放的对象
指定基点:                                     \\指定缩放的基点
指定比例因子或[复制(C)/参照(R)]:0.5          \\输入缩放的比例值
```

(选项含义) 在执行比例缩放命令的过程中，各选项的含义如下。

- 比例因子：按指定的比例放大选定对象的尺寸。比例因子必须为正，如果比例因子大于 1，将放大图形对象，如果比例因子为 0～1，将缩小对象图形。还可以拖动光标使对象变大或变小。
- 复制（C）：创建要缩放的选定对象的副本。即如果选择"复制"选项，缩放后的源图形将保留，不选择则不保留。
- 参照（R）：按参照长度和指定的新长度缩放所选对象。

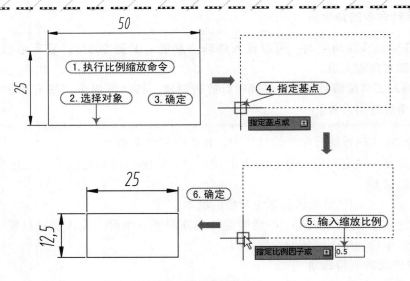

图 6-23　比例缩放

注意：有注释性对象的比例缩放

> 在使用比例缩放命令时应注意：当使用具有注释性对象的"比例缩放"命令时，对象的位置将相对于缩放操作的基点进行缩放，但对象的尺寸不会更改。

6.4　阵列

（知识要点）阵列命令就是将选定的对象图形按照一定规律进行多重复制，可以按照"矩形""路径""极轴"的方式进行阵列。

（执行方法）在 AutoCAD 中，可以通过以下三种方式来阵列命令。

■　菜单栏：选择"修改 | 阵列"命令。
■　面　板：在"默认"选项卡的"阵列"面板中单击▦按钮。
■　命令行：在命令行中输入"Array"命令（AR）。

（选项含义）在执行阵列的过程中，各选项的含义如下。

■　矩形（R）：将选定对象的副本分布到行数、列数和层数的任意组合。
■　路径（PA）：沿路径或部分路径均匀分布选定对象的副本。
■　极轴（PO）：在绕中心点或旋转轴的环形阵列中均匀分布对象副本。

这三种选项代表三种阵列方式，各阵列方式的示意图如图 6-24 所示。

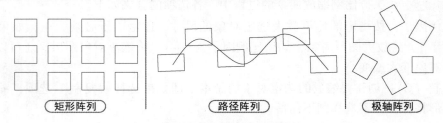

图 6-24　三种阵列方式

提示：阵列多个对象

如果选择多个对象，则最后一个选定对象的基点将用于构造阵列。

6.4.1　矩形阵列

（知识要点）在矩形阵列中，项目分布到任意行、列和层的组合，这样的阵列方式就是矩形阵列。

（执行方法）执行阵列命令，选择要阵列的对象，然后选择"矩形"选项，即可进入矩形阵列模式，将弹出矩形阵列的"阵列创建"选项板，如图6-25所示。

图6-25　矩形阵列的阵列创建选项板

（操作实例）例如，将一个矩形进行矩形阵列操作，操作步骤如图6-26所示。

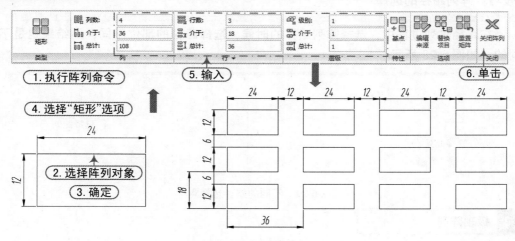

图6-26　矩形阵列

6.4.2　路径阵列

（知识要点）路径阵列就是将对象均匀地沿路径或部分路径分布。

（执行方法）执行阵列命令，选择要阵列的对象，然后选择"路径"选项，即可进入路径阵列模式，弹出路径阵列的"阵列创建"选项板，如图6-27所示。

图6-27　路径阵列的阵列创建选项板

提示：阵列路径

> 阵列的路径可以是直线、多段线、三维多段线、样条曲线、螺旋、圆或圆弧等。

⬇️操作实例 例如，将一个矩形进行路径阵列操作，操作步骤如图 6-28 所示。

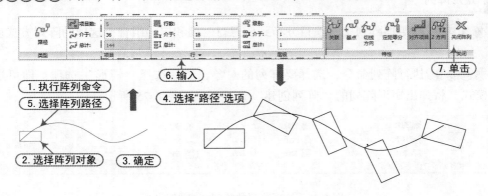

图 6-28　路径阵列

技巧：阵列路径的选择

> 在路径阵列过程中，选择阵列路径的时候，选择路径的部位不同，则结果也是不同的，如图 6-29 所示。

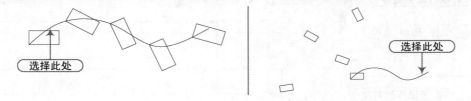

图 6-29　不同的路径选择点

6.4.3　极轴阵列

⬇️知识要点 极轴阵列就是在环形阵列中，项目将均匀地围绕中心点或旋转轴分布。使用中心点创建环形阵列时，旋转轴为当前"UCS"的"Z"轴。可以通过指定两个点重新定义旋转轴。

⬇️执行方法 选择好阵列类型、中心点，弹出极轴阵列的"阵列创建"选项板，如图6-30所示。

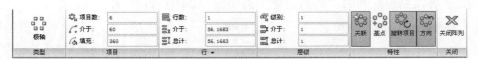

图 6-30　极轴阵列的阵列创建选项板

⬇️操作实例 例如，将一个矩形进行极轴阵列操作，操作步骤如图 6-31 所示。

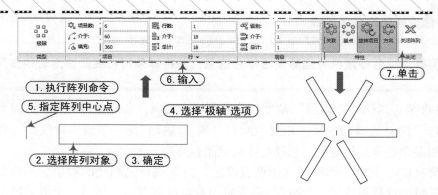

图 6-31 极轴阵列

6.5 修剪与延伸

修剪命令与延伸命令在 AutoCAD 中是使用频率很高的命令，它们能通过其他对象定义边界从而快速地绘制所需要的图形。

6.5.1 修剪

📥 知识要点 修剪命令是通过指定的边界对图形对象进行修剪，运用该命令可以修剪的对象包括直线、圆、圆弧、射线、样条曲线、面域、尺寸、文本，以及非封闭的 2D 或 3D 多段线等对象；修剪的边界可以是除图块、网格、三维面、轨迹线以外的任何对象。

📥 执行方法 在 AutoCAD 中，可以通过以下三种方式来执行修剪命令。

- 菜单栏：选择"修改 | 修剪"命令。
- 面　板：在"默认"选项卡的"修改"面板中单击 ✂ 按钮。
- 命令行：在命令行中输入"Trim"命令（TR）。

📥 操作实例 例如，以圆为边界对矩形进行修剪操作，操作命令行如下，所修剪后的图形如图 6-32 所示。

```
命令:TR                                          \\执行修剪命令
当前设置:投影 = UCS,边 = 无                        \\提示当前系统设置
选择剪切边 …
选择对象或 < 全部选择 >:找到 1 个                   \\选择边界对象
选择要修剪的对象,或按住 Shift 键选择要延伸的对象,或[栏选(F)/窗交(C)/投影(P)/边(E)/删除
(R)/放弃(U)]:                                    \\选择要修剪的部分
```

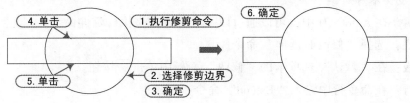

图 6-32 修剪操作

注意：修剪样条拟合多段线

修剪样条拟合多段线将删除曲线拟合信息，并将样条拟合线段改为普通多段线。

⊙选项含义：当执行"修剪"命令，选择剪切边之后，在命令行中会提示如下选项。

- 栏选（F）：选择与选择栏相交的所有对象。选择栏是一系列临时线段，它们是用两个或多个栏选点指定的。选择栏不构成闭合环。
- 窗交（C）：选择矩形区域（由两点确定）内部或与之相交的对象。某些要修剪的对象的窗交选择不确定。"修剪"命令将沿着矩形窗交窗口从第一个点以顺时针方向选择遇到的第一个对象。

提示：块对象的修剪

要选择包含块的剪切边或边界边，只能选择窗交、栏选和全部选择中的一个。

- 投影（P）：指定修剪对象时使用的投影方式。该选项多用于三维绘图模式。
- 边（E）：确定对象是在另一对象的延长边处进行修剪，还是仅在三维空间中与该对象相交的对象处进行修剪。
- 删除（R）：删除选定的对象。此选项提供了一种用来删除不需要的对象的简便方式，而无需退出"修剪"命令。
- 放弃（U）：撤消由"修剪"命令所做的最近一次更改。

技巧：修剪对象与被修剪对象

1）如果在提示选择修剪边时不选择修剪边，而是直接回车确定，那么则是选择全部的图形线条为修剪边，即修剪的对象是所有图形线条被互相分割成的每一小段。

2）对象既可以作为剪切边，也可以是被修剪的对象。

6.5.2 延伸

⊙知识要点 延伸命令可以将直线、弧和多段线等图元对象的端点延长到指定的边界，通常可以使用"延伸"命令的对象包括圆弧、椭圆弧、直线、非封闭的 2D 和 3D 多段线等，有效的边界对象有圆弧、块、圆、椭圆、浮动的视口边界、直线、多段线、射线、面域、样条曲线、构造线及文本等对象。

⊙执行方法 在 AutoCAD 中，可以通过以下三种方式来执行延伸命令。

- 菜单栏：选择"修改 | 延伸"命令。
- 面 板：在"默认"选项卡的"修改"面板中单击 ⊣ 按钮。
- 命令行：在命令行中输入"Extend"命令（EX）。

⊙操作实例 例如，将斜线段延伸到水平线段上，操作命令行如下，所延伸后的图形如图6-33 所示。

```
命令:EX                                       \\执行延伸命令
当前设置:投影＝UCS,边＝无                       \\提示当前系统设置
选择边界的边 …
选择对象或＜全部选择＞:找到1个                    \\选择边界对象
选择对象:
选择要延伸的对象,或按住Shift键选择要修剪的对象,或[栏选(F)/窗交(C)/投影(P)/边(E)/放弃
(U)]:                                        \\选择延伸对象要延伸的那一端
选择要延伸的对象,或按住Shift键选择要修剪的对象,或[栏选(F)/窗交(C)/投影(P)/边(E)/放弃
(U)]:＊取消＊                                  \\退出延伸命令
```

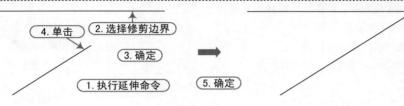

图 6-33　延伸操作

注意：延伸样条曲线

1) 延伸样条曲线会保留原始部分的形状，但延伸部分是线性的并相切于原始样条曲线的结束位置。

2) 延伸一个样条曲线拟合的多段线将为多段线的控制框架添加一个新顶点。

选项含义：当执行"延伸"命令，选择边界边之后，在命令行中会提示如下选项。

- 栏选（F）：选择与选择栏相交的所有对象。选择栏是一系列临时线段，它们是用两个或多个栏选点指定的。选择栏不构成闭合环。

- 窗交（C）：选择矩形区域（由两点确定）内部或与之相交的对象。某些要延伸对象的窗交选择不明确，通过沿矩形窗口以顺时针方向从第一点到遇到的第一个对象。

- 投影（P）：指定延伸对象时使用的投影方法。该选项多用于三维绘图模式。

- 边（E）：将对象延伸到另一个对象的隐含边，或仅延伸到三维空间中与其实际相交的对象。

- 放弃（U）：撤消由"延伸"命令所做的最近一次更改。

提示：关于延伸多段线

1) 在二维宽多段线的中心线上进行修剪和延伸。宽多段线的端点始终是正方形的。以某一角度修剪宽多段线会导致端点部分延伸出剪切边。

2) 如果修剪或延伸锥形的二维多段线线段，请更改延伸末端的宽度以将原锥形延长到新端点。如果此修正给该线段指定一个负的末端宽度，则末端宽度被强制为"0"。

6.6　拉伸

知识要点 拉伸命令可以按指定的方向和角度拉长或缩短对象，也可以调整对象大小，

使其在一个方向上或按比例放大或缩小。

↓执行方法 在 AutoCAD 中，可以通过以下三种方式来执行拉伸命令。

- 菜单栏：选择"修改 | 拉伸"命令。
- 面　板：在"默认"选项卡的"修改"面板中单击 按钮。
- 命令行：在命令行中输入"Stretch"命令（S）。

↓操作实例 例如，将已有的矩形在长度方向拉伸一定的距离，操作命令行如下，所拉伸后的图形如图 6-34 所示。

命令:S	\\执行拉伸命令
以交叉窗口或交叉多边形选择要拉伸的对象...	
选择对象:指定对角点:找到 2 个	\\框选所要拉伸的图形
指定基点或[位移(D)] <位移> :	\\指定拉伸距离的起点
指定第二个点或 <使用第一个点作为位移> <正交 开> :50	\\打开正交,输入要拉伸的长度值

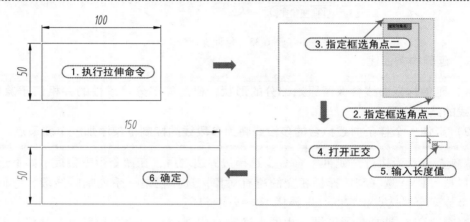

图 6-34　拉伸操作

技巧：关于拉伸的一些技巧

> 1）拉伸至少有一个顶点或端点包含在框交选择内部的任何对象。完全在框交选择内部的任何对象被移动，并不进行拉伸。
>
> 2）如果是框选，那么只有完全包含在框选区域内部的图形线条才能被选中，那么执行"拉伸"命令，这些对象将被移动。
>
> 3）某些对象类型（例如圆、椭圆和块）无法拉伸。

6.7　镜像

↓知识要点 镜像命令就是将对象图形在对称线上进行投影，投影后的图形被放置在对称线的另一边。对称线两边的图形上互相对称的任一点到对称线的距离相等。

↓执行方法 在 AutoCAD 中，可以通过以下三种方式来执行镜像命令。

- 菜单栏：选择"修改 | 镜像"命令。
- 面　板：在"默认"选项卡的"修改"面板中单击 按钮。

■ 命令行：在命令行中输入"Mirror"命令（MI）。

⬇操作实例 例如，将矩形镜像到直线的右边，操作命令行如下，镜像后的图形如图6-35所示。

```
命令:MI                                              \\执行镜像命令
选择对象:找到 1 个                                     \\选择要镜像的对象
选择对象:指定镜像线的第一点:指定镜像线的第二点:        \\分别指定两点形成镜像轴
要删除源对象吗? [是(Y)/否(N)] <N>:                   \\选择不删除源对象
```

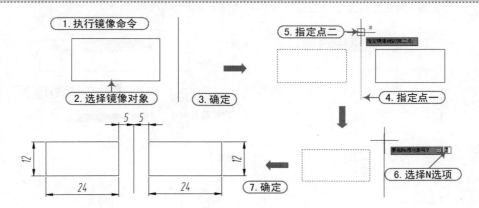

图 6-35　镜像操作

提示：有关镜像的两种系统变量

1）默认情况下，镜像文字、图案填充、属性和属性定义时，它们在镜像图像中不会反转或倒置。文字的对齐和对正方式在镜像对象前后相同。如果确实要反转文字，请将系统变量"MIRRTEXT"设置为"1"。

2）系统变量"MIRRHATCH"会影响使用"GRADIENT"或"HATCH"命令创建的图案填充对象。系统变量"MIRRHATCH"控制是镜像还是保留填充图案的方向。

6.8　偏移

⬇知识要点 偏移是可以在指定距离或通过一个点偏移对象。偏移对象后，可以使用修剪和延伸的方式来创建包含多条平行线和曲线的图形。

⬇执行方法 在 AutoCAD 中，可以通过以下三种方式来执行偏移命令。

■ 菜单栏：选择"修改|偏移"命令。

■ 面　板：在"默认"选项卡的"修改"面板中单击⬀按钮。

■ 命令行：在命令行中输入"Offset"命令（O）。

⬇操作实例 例如，将矩形向外进行偏移一定的距离，从而绘制一个更大的矩形，操作命令行如下，镜像后的图形如图6-36所示。

```
命令:O                                                        \\执行偏移命令
当前设置:删除源 = 否    图层 = 源    OFFSETGAPTYPE = 0         \\提示当前系统设置
指定偏移距离或[通过(T)/删除(E)/图层(L)] <40.0000 >:5        \\输入要偏移的距离
选择要偏移的对象,或[退出(E)/放弃(U)] <退出 >:                \\选择要偏移的对象
指定要偏移的那一侧上的点,或[退出(E)/多个(M)/放弃(U)] <退出 >:
                                                              \\通过单击指定要偏移的方向
选择要偏移的对象,或[退出(E)/放弃(U)] <退出 >:                \\退出偏移命令
```

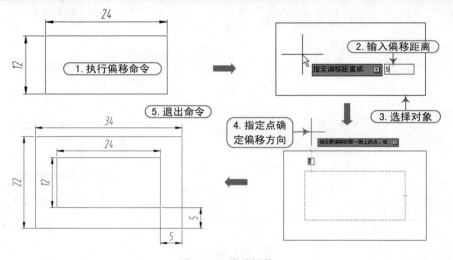

图 6-36　偏移操作

注意：偏移直线和偏移圆弧的区别

　　如果偏移直线、构造线、射线等图形对象，相当于将这些图形对象平行复制；如果偏移圆、圆弧、椭圆等图形对象，则可以创建与原图形对象同轴的更大或者更小的圆、圆弧、椭圆；如果偏移矩形、多边形、封闭的多段线等图形对象，则可创建比原图形对象更大或者更小的类似图形。

　↓选项含义：当执行"偏移"命令后，在命令行中会提示如下选项。

■　偏移距离：该选项是指在距现有对象指定的距离处创建对象。

■　通过（T）：该选项是指创建通过指定点的对象。

■　删除（E）：该选项是指偏移源对象后将其删除。

■　图层（L）：该选项是指确定将偏移对象创建在当前图层上还是源对象所在的图层上。

技巧：关于偏移的一些技巧

　　1）"修剪"命令和"延伸"命令与"偏移"命令配合使用会提高绘图效率。

　　2）当需要将线条向某一方向进行多次偏移，但是重复执行偏移命令又觉得麻烦，则可以使用偏移下面的"多个"选项，便可以将对象目标进行等距偏移。

　　3）当需要偏移某尺寸的一半，而该尺寸又是一个有很多位数的数，需要计算后再偏移，这样就比较麻烦，可以在偏移尺寸上输入"＊/2"；如果该尺寸是小数，则该方法系统不能识别，需要进行转换，如"37.77/2"转换为"3777/200"。

6.9　打断

使用打断命令可以将直线、圆弧、圆、多段线、椭圆、样条曲线及圆环等对象进行打断。但是，块、标注和面域等对象不能进行打断操作。

6.9.1　打断命令介绍

知识要点 打断命令可以在对象上的两个指定点之间创建间隔，从而将对象打断为两个对象。如果这些点不在对象上，则会自动投影到该对象上。

执行方法 在 AutoCAD 中，可以通过以下三种方式来执行打断命令。

- 菜单栏：选择"修改 | 打断"命令。
- 面　板：在"默认"选项卡的"修改"面板中单击 按钮。
- 命令行：在命令行中输入"Break"命令（BR）。

操作实例 例如，将目标直线进行打断操作，打断后的图形如图 6-37 所示。

```
命令:BR                                          \\执行打断命令.
选择对象：                                        \\选择要打断的对象
指定第二个打断点或[第一点(F)]：*取消*              \\指定第二个打断点
```

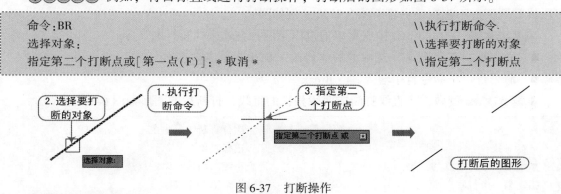

图 6-37　打断操作

注意：打断的方向

> 在对圆对象的打断操作中，程序将按逆时针方向删除圆上第一个打断点到第二个打断点之间的部分，如果选取两个打断点的顺序不同，那么剩下的部分也是不同的，如图 6-38 所示。

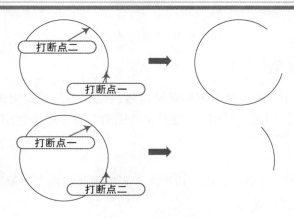

图 6-38　打断的方向

⬇选项含义：当执行"打断"命令并选择好打断对象之后，在命令行中会提示如下选项。

■ 指定第二个打断点：指定目标对象上的第二点，该选项默认将选择点视为第一个打断点。所以指定的第二个点将与选择点之间将打断并被删除。

■ 第一点（F）：用指定的新点替换原来的第一个打断点。

技巧：关于打断的一些技巧

> 1）两个指定点之间的对象部分将被删除。如果第二个点不在对象上，将选择对象上与该点最接近的点；因此，要打断直线、圆弧或多段线的一端，可以在要删除的一端附近指定第二个打断点。
>
> 2）要打断对象而不创建间隙，请在相同的位置指定两个打断点。

6.9.2 打断于点

⬇知识要点 打断于点是指在单个点处打断选定的有效对象。有效对象包括直线、开放的多段线和圆弧。不能在一点打断闭合对象（例如圆）。

⬇执行方法 在 AutoCAD 中，可以通过以下两种方式来执行打断命令。

■ 面　板：在"默认"选项卡的"修改"面板中单击 ▢ 按钮。

■ 命令行：在命令行中输入"_ Break"命令。

⬇操作实例 例如，将直线打断成两段相接的直线，打断后的图形如图 6-39 所示。

```
命令:_break                               \\执行打断于点命令
选择对象:                                  \\选择对象
指定第二个打断点 或[第一点(F)]:_f           \\系统自动执行第一点选项
指定第一个打断点:                          \\指定第一个打断点
指定第二个打断点:@                         \\系统自动选择第一个打断点处第二个打断点
```

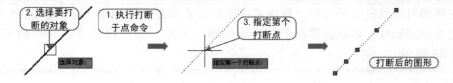

图 6-39　打断于点操作

6.10　圆角与倒角

在图形的绘制过程中，有的地方需要顺滑过渡，或者不需要太尖角的地方，那么就可以用圆角或者倒角来过渡。因此，"圆角"命令和"倒角"命令也是使用次数较多的命令。

6.10.1 圆角

⬇知识要点 使用圆角命令可以用一段指定半径的圆弧将两个对象连接在一起，还能将多段线的多个顶点一次性圆角处理。

⬇执行方法 在 AutoCAD 中，可以通过以下三种方式来执行圆角命令。

- 菜单栏：选择"修改 | 圆角"命令。
- 面　板：在"默认"选项卡的"修改"面板中单击 按钮。
- 命令行：在命令行中输入"Fillet"命令（F）。

⬇操作实例 例如，将矩形的一个角进行倒圆角处理，倒圆角后的效果如图 6-40 所示。

```
命令:F                                                        \\执行圆角命令
当前设置:模式 = 修剪,半径 = 0.0000                              \\提示当前系统设置
选择第一个对象或[放弃(U)/多段线(P)/半径(R)/修剪(T)/多个(M)]:r    \\选择半径选项
指定圆角半径 <0.0000 >:5                                       \\输入要倒圆角的半径值
选择第一个对象或[放弃(U)/多段线(P)/半径(R)/修剪(T)/多个(M)]:      \\选择第一个对象
选择第二个对象,或按住 Shift 键选择对象以应用角点或[半径(R)]:        \\选择第二个对象
```

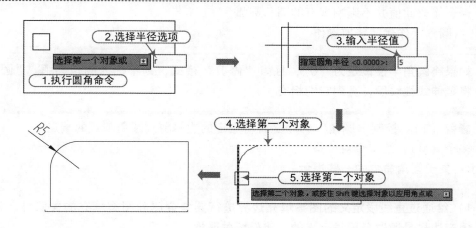

图 6-40　圆角操作

提示：圆角命令的对象

> 1）可以对圆弧、圆、椭圆、椭圆弧、直线、多段线、射线、样条曲线和构造线执行圆角操作。
>
> 2）可以对三维实体和曲面执行圆角操作。如果选择网格对象执行圆角操作，可以选择在继续进行操作之前将网格转换为实体或曲面。
>
> 3）可以为平行直线、参照线和射线圆角。临时调整当前圆角半径以创建与两个对象相切且位于两个对象的共有平面上的圆弧。第一个选定的对象必须是直线或射线，但第二个对象可以是直线、构造线或射线。

⬇选项含义 执行"圆角"命令，在命令行中会提示如下选项。

- 第一个对象：选择定义二维圆角所需的两个对象中的第一个对象。当选择第一个对象后，会提示选择第二个对象，在圆之间和圆弧之间可以有多个圆角存在。选择靠近圆角端点的对象。选择对象时，可以按住"Shift"键，以使用值"0"（零）替代当前圆角半径。

注意：不同图层对象的圆角操作

> 如果要进行圆角操作的两个对象位于同一图层上，将在该图层创建圆角圆弧。否则，将在当前图层创建圆角圆弧，并且此图层影响圆角对象的特性（包括颜色和线型）。

- 放弃（U）：恢复在命令中执行的上一个操作。
- 多段线（P）：在二维多段线中两条直线段相交的每个顶点处插入圆角圆弧。如果多段线已经倒圆角了，则再次执行"圆角"命令选择多段线选项对多段线倒圆角时将删除该圆角并代之以新的圆角。
- 半径（R）：定义圆角圆弧的半径。输入的半径值将成为后续"圆角"命令的当前半径。修改此值并不影响现有的圆角圆弧。

技巧：圆角操作代替修剪操作

> 如果将圆角半径设定为"0"，且为"修剪"模式，则不插入圆角圆弧。"圆角"命令将延伸线性线段，直到它们相交。

- 修剪（T）：控制"圆角"命令是否将选定的边修剪到圆角圆弧的端点。
- 多个（M）：给多个对象集加圆角。

提示：关于圆角命令的一些提示

> 1）给通过直线段定义的图案填充边界进行圆角会删除图案填充的关联性。如果图案填充边界是通过多段线定义的，将保留关联性。
>
> 2）可以使用"光顺曲线"命令（Blend）⁀来创建连接两条直线或曲线并与之相切的样条曲线，但是创建的不是圆弧。

6.10.2　倒角

案例	倒斜角 . dwg		视频	倒角操作 . avi		时长	17′28″

⬇知识要点 倒角命令是连接两个对象，使它们以平角或倒角相接。

⬇执行方法 在 AutoCAD 中，可以通过以下三种方式来执行倒角命令。

- 菜单栏：选择"修改 | 倒角"命令。
- 面　板：在"默认"选项卡的"修改"面板中单击🗔按钮。
- 命令行：在命令行中输入"Chamfer"命令（CHA）。

⬇操作实例 例如，将矩形一个角进行倒 C5 的斜角处理，倒斜角后的效果如图 6-41所示。

```
命令:CHA                                                         \\执行倒角命令
("修剪"模式)当前倒角距离 1 = 1.0000,距离 2 = 1.0000             \\提示当前系统设置
选择第一条直线或[放弃(U)/多段线(P)/距离(D)/角度(A)/修剪(T)/方式(E)/多个(M)]:d
                                                                 \\选择距离选项
指定第一个倒角距离 < 1.0000 > :5                                \\输入第一个倒角距离
指定第二个倒角距离 < 5.0000 > :5                                \\输入第二个倒角距离
选择第一条直线或[放弃(U)/多段线(P)/距离(D)/角度(A)/修剪(T)/方式(E)/多个(M)]:
                                                                 \\选择第一条线
选择第二条直线,或按住 Shift 键选择直线以应用角点或[距离(D)/角度(A)/方法(M)]:
                                                                 \\选择第二条线
```

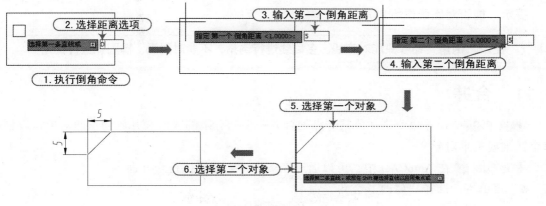

图 6-41 倒角操作

提示：倒角命令的对象

1）可以倒角直线、多段线、射线和构造线。

2）可以倒角三维实体和曲面。如果选择网格进行倒角，则可以先将其转换为实体或曲面，然后再完成此操作。

3）给通过直线段定义的图案填充边界加倒角会删除图案填充的关联性。如果图案填充边界是通过多段线定义的，将保留关联性。

选项含义 执行"倒角"命令，在命令行中会提示如下选项。

- 第一个对象：选择定义二维圆角所需的两个对象中的第一个对象。当选择第一个对象后，会提示选择第二个对象。选择对象时，可以按住"Shift"键，以使用值"0"（零）替代当前倒角距离。
- 放弃（U）：恢复在命令中执行的上一个操作。
- 多段线（P）：对整个二维多段线倒角。相交多段线线段在每个多段线顶点被倒角。倒角成为多段线的新线段。如果多段线包含的线段过短以至于无法容纳倒角距离，则不对这些线段倒角。
- 距离（D）：设定倒角至选定边端点的距离。如果将两个距离均设定为零，将延伸或修剪两条直线，以使它们终止于同一点。

注意：关于倒角距离

> 倒角距离是每个对象与倒角线相接或与其他对象相交而进行修剪或延伸的长度。如果两个倒角距离都为"0"，则倒角操作将修剪或延伸这两个对象直至它们相交，但不创建倒角线。选择对象时，可以按住"Shift"键，以使用值"0"（零）替代当前倒角距离。

- 角度（A）：用第一条线的倒角距离和第二条线的角度设定倒角距离。
- 修剪（T）：控制"倒角"命令是否将选定的边修剪到倒角直线的端点。
- 方式（E）：控制"倒角"命令使用两个距离还是一个距离和一个角度来创建倒角。
- 多个（M）：为多组对象的边倒角。

提示：能否对圆弧进行倒角

> 使用"倒角"命令只能对直线、多段线进行倒角，不能对圆弧、椭圆弧进行倒角。

6.11 合并

↓知识要点 合并命令是在公共端点处合并一系列有限的线性和开放的弯曲对象，以创建单个二维或三维对象。

↓执行方法 在 AutoCAD 中，可以通过以下三种方式来执行合并命令。

- 菜单栏：选择"修改 | 合并"命令。
- 面 板：在"默认"选项卡的"修改"面板中单击 ➡ 按钮。
- 命令行：在命令行中输入"Join"命令（J）。

↓操作实例 例如，将两个图形单元进行合并操作，合并后的图形如图 6-42 所示。

```
命令:J                                                    \\执行合并命令
选择源对象或要一次合并的多个对象:找到 1 个              \\选择源对象
选择要合并的对象:找到 1 个,总计 2 个                    \\选择要合并的对象
选择要合并的对象:
2 个对象已合并为 1 条样条曲线                            \\系统提示合并结果
```

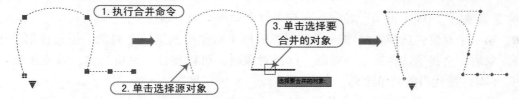

图 6-42　合并操作

↓选项含义 当执行"合并"命令之后，在命令行中会提示如下选项：

- 选择源对象：指定可以合并其他对象的单个源对象，如直线、多段线、三维多段线、圆弧、椭圆弧、螺旋或样条曲线等。
- 要一次合并的多个对象：合并多个对象，而无需指定源对象。即通过框选或者框交的模式一次性选择多个要合并的对象。

提示：不能合并的对象

构造线、射线和闭合的对象无法合并。

6.12 分解

（↓知识要点）分解命令可以将多个组合对象分解为单独的图元对象，组合对象即由多个基本对象组合而成的复杂对象，如多段线、多线、标注、块、面域、网格、多边形网格、三维网格及三维实体等。

（↓执行方法）在 AutoCAD 中，可以通过以下三种方式来执行分解命令。

- 菜单栏：选择"修改 | 分解"命令。
- 面 板：在"默认"选项卡的"修改"面板中单击 按钮。
- 命令行：在命令行中输入"Explode"命令（X）。

（↓操作实例）例如，将多段线进行分解操作，分解后的图形如图 6-43 所示。

```
命令:X                                      \\执行分解命令
选择对象:找到 1 个                           \\选择要分解的对象
分解此多段线时丢失宽度信息。
可用 UNDO 命令恢复。                          \\系统提示相关信息
```

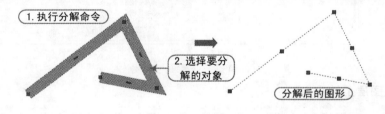

图 6-43　分解操作

注意：使用分解命令时应注意事项

1）任何分解对象的颜色、线型和线宽都可能会改变。其他结果将根据分解的复合对象类型的不同而有所不同。

2）如果使用的是脚本或"ObjectARX"函数，则一次只能分解一个对象。

6.13 夹点编辑

夹点编辑是一种编辑方法，而不是一种命令。所谓夹点编辑就是指在没有命令执行时，选择目标图形，图形会显示相关的夹点，然后通过编辑这些夹点，从而达到快速编辑所选图形的目的。

6.13.1 夹点的显示与关闭

（↓知识要点）用夹点编辑的方式来编辑图形，首先得让目标图形的夹点显示出来，然后才

能进行夹点编辑。

（↓执行方法）在 AutoCAD 中，可以通过以下两种方式来执行夹点编辑命令。

■ 菜单栏：选择"工具 | 选项"命令。

■ 命令行：在命令行中输入"Options"命令（OP）。

（↓操作实例）例如，对夹点的显示相关的参数做调整，并更改夹点的相关颜色，执行命令"Options"，操作方式如图 6-44 所示。

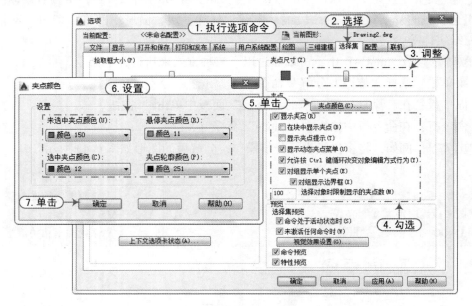

图 6-44　夹点显示与关闭

提示：锁定图层上的夹点

锁定图层上的对象不显示夹点。

6.13.2　夹点编辑模式的切换

（↓知识要点）在单击选中目标对象，默认情况下是夹点拉伸状态，而夹点编辑有几种模式："移动""旋转""比例缩放""镜像""拉伸"等，根据不同的绘图需要，则需要不同的夹点编辑模式。

（↓执行方法）在 AutoCAD 中，可以通过单击"空格"或者"回车"键来依次进行切换，切换时命令行提示如下信息：

```
命令：                                                    //单击夹点
＊＊拉伸＊＊
指定拉伸点或[基点(B)/复制(C)/放弃(U)/退出(X)]：          //拉伸模式
＊＊MOVE＊＊
指定移动点或[基点(B)/复制(C)/放弃(U)/退出(X)]：          //移动模式
```

技巧: 夹点数量

在实际绘图中, 可以通过限制显示夹点对象的最大数目来提高计算机的反应速度。例如, 如果图形包含带许多夹点的图案填充对象或多段线, 选择这些对象将花费很长时间。初始选择集包含的对象数目多于指定数目时, 系统将不显示夹点。如果将对象添加到当前选择集中, 该限制则不适用。

6.13.3 使用夹点编辑对象

（↓）知识要点 选择对象的夹点, 可以进行移动、复制、旋转、缩放、镜像等操作。

（↓）操作实例 例如, 对矩形的一个夹点进行拉伸操作, 使它成为一个梯形, 操作方式如图 6-45 所示。

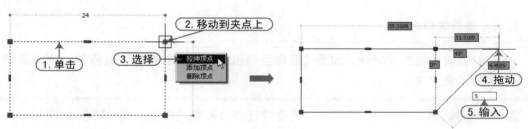

图 6-45 夹点拉伸

技巧: 关于夹点拉伸的一些技巧

1) 选择对象上的多个夹点来拉伸对象时, 选定夹点间的对象的形状将保持原样。要选择多个夹点, 则需要按住【Shift】键, 然后再选择适当的夹点。

2) 对于文字、块参照、直线中点、圆心和点对象上的夹点, 夹点拉伸操作将移动对象而不是拉伸它。

3) 当二维对象位于当前坐标之外的其他平面上时, 将在创建对象的平面上拉伸对象。

4) 选择象限夹点来拉伸圆或椭圆, 在输入新半径命令提示下指定距离, 此距离是指从圆心而不是从选定的夹点测量的距离。

（↓）操作实例 例如, 对矩形内圆对象的一个夹点进行移动操作, 操作方式如图 6-46 所示。

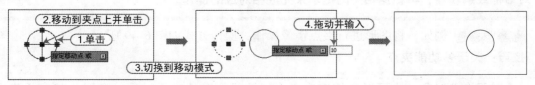

图 6-46 夹点移动

提示：关于多个共享重合夹点

选择多个共享重合夹点的对象，可以使用夹点模式编辑这些对象；但是，任何特定于对象或夹点的选项将不可用。

⬇操作实例 例如，将矩形绕其一个夹点进行旋转操作，操作方式如图6-47所示。

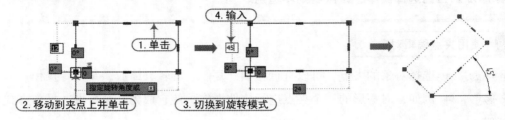

图 6-47　夹点旋转

技巧：旋转的角度

默认旋转角度为逆时针，如果需要将目标图形按顺时针进行旋转操作，则可以输入负的角度值"－A"。

⬇操作实例 例如，将矩形绕其一个夹点进行缩放操作，操作方式如图6-48所示。

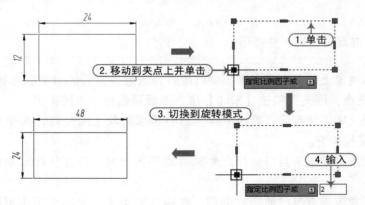

图 6-48　夹点缩放

提示：双击目标对象

双击对象以显示特性选项板，或者在某些情况下，将显示一个与该类对象相关的对话框或编辑器，再根据相关的提示来完成相对应的操作。

⬇操作实例 例如，将图形进行夹点镜像操作，操作方式如图6-49所示。

技巧：关于多功能夹点

对于许多对象，也可以悬停在夹点上以访问具有特定于对象（有时为特定于夹点）的编辑选项的菜单。

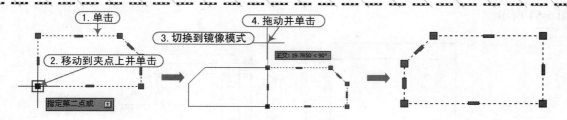

图 6-49　夹点镜像

（操作实例）例如，将图形转换成样条曲线，操作方式如图 6-50 所示。

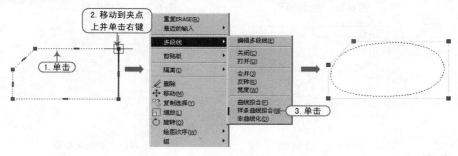

图 6-50　夹点转换线段类型

技巧：关于快捷菜单

选择一个对象并在其上单击鼠标右键，以显示包含相关编辑选项的快捷菜单。

6.14　综合练习——绘制固定板

案例	固定板.dwg	视频	绘制固定板.avi	时长	17′28″

（实战要点）：①使用矩形命令绘制轮廓；②使用偏移命令绘制中心线；③使用复制命令快速绘制图形。

（操作步骤）

步骤 01 正常启动 AutoCAD 软件，在菜单浏览器下选择"另存为 | 图形"命令，将弹出"图形另存为"对话框，将文件保存为"固定板.dwg"文件。

步骤 02 在"图层特性管理器"中将"中心线"图层切换到当前图层；执行"矩形"命令（REC），绘制一个尺寸为 68×49 的矩形，如图 6-51 所示。

步骤 03 执行"分解"命令（X），将矩形进行分解操作。

步骤 04 执行"偏移"命令（O），将分解后的矩形的边按照如图 6-52 所示的尺寸与方向进行偏移操作，并将偏移后的线段转换到"中心线"图层。

步骤 05 执行"圆"命令（C），按照如图 6-53 所示的形状捕捉相关的中心线交点为圆心，绘制几个圆图形。

步骤 06 执行"圆"命令（C），以矩形的左下角角点为圆心，绘制一个直径为 32 的圆，如

图 6-54 所示。

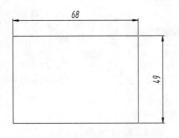

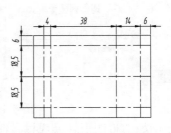

图 6-51　绘制矩形　　　　　　　　　图 6-52　偏移图形

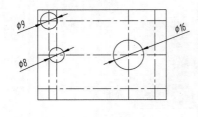

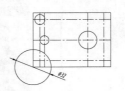

图 6-53　绘制圆　　　　　　　　　　图 6-54　继续绘制圆

步骤 07 执行"偏移"命令（O），将图中直径为 8 和直径为 16 的圆进行偏移操作，如图 6-55所示。

步骤 08 执行"复制"命令（CO），将直径为 9 的圆以该圆的圆心为基点，复制到图形左下方的中心线交点处，如图 6-56 所示。

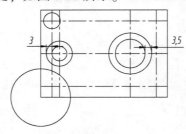

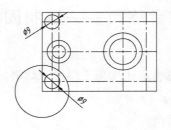

图 6-55　偏移圆图形　　　　　　　　图 6-56　复制圆图形

步骤 09 执行"镜像"命令（MI），选择左边的两个直径为 9 的圆和一个直径为 32 的圆为镜像对象，再以矩形上下两条水平边的中点所形成的线为镜像轴，将它们镜像到图形的右边，镜像后的图形如图 6-57 所示。

步骤 10 执行"修剪"命令（TR），将图形按照如图 6-58 所示的形状进行修剪操作。

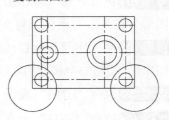

图 6-57　镜像图形

步骤 11 执行"直线"命令（L），分别捕捉中间两个偏移后的圆的切点，绘制一条如图 6-59 所示的斜线段。同样在下方也绘制一条类似的斜线段。

步骤 12 单击"保存" 按钮，将文件保存，该固定板图形绘制完成。

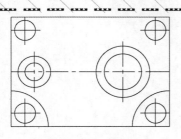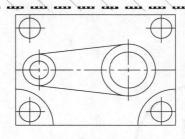

图 6-58　修剪图形　　　　　　　　　图 6-59　绘制斜线段

7

绘制复杂二维图形

本章导读

　　在AutoCAD中，除了一些基本的绘图命令外，还有一些绘制复杂二维图形的命令，用这些命令可以有效地完成相对较复杂的图形的绘制。

本章内容

- 多线的相关知识
- 样条曲线的相关知识
- 面域的相关知识
- 图案填充的相关知识
- 复杂二维图形的综合练习

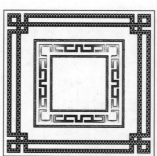

7.1 绘制多线

多线是建筑绘图中用得比较多的一种命令，它能快速地绘制墙体、窗体图形，在机械行业中也能用到，比如绘制管道类的图形。

7.1.1 设置多线样式

（↓）知识要点 在 AutoCAD 中，多线的默认样式是一组平行距离为 1 的线，这一组平行线开始和结束段都没有设置封闭。为了应对各种各样的绘图要求，可以根据需要在多线样式里面进行设置。

（↓）执行方法 在 AutoCAD 中，可以通过以下两种方式来设置多线样式。

- 菜单栏：选择"格式｜多线样式"菜单命令 ⬚。
- 命令行：在命令行中输入"_ mlstyle"。

（↓）操作实例 例如，设置一组如图 7-1 所示的多线样式。执行"格式｜多线样式"菜单命令后，弹出"多线样式"对话框，单击"新建"按钮，弹出"创建新的多线样式"对话框，在"新样式名"中输入样式名称，单击"继续"按钮，如图 7-2 所示。

图 7-1 多线示例

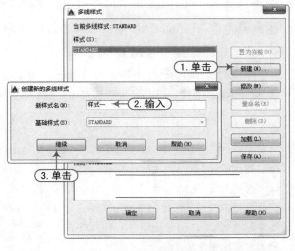

图 7-2 填写多线样式名称

单击"继续"按钮之后，弹出"新建多线样式"对话框，在"说明"栏中根据该多线特征输入相关的说明，按照如图 7-3 所示的操作步骤进行。

提示：在多线设置对话框中可设置的多线的特性

1）元素的总数和每个元素的位置。
2）每个元素与多线中间的偏移距离。
3）每个元素的颜色和线型。
4）每个顶点出现的称为"Joints"的直线的可见性。
5）使用的端点封口类型。
6）多线的背景填充颜色。

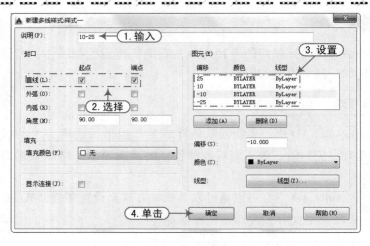

图 7-3　设置多线样式数据

7.1.2　绘制多线命令介绍

(↓)知识要点　多线由多条平行线组成，这些平行线称为元素。

(↓)执行方法　在 AutoCAD 中，可以通过以下两种方式来执行多线命令。

■　菜单栏：选择"绘图 l 多线"命令 ◻。

■　命令行：在命令行中输入"Mline"命令（ML）。

(↓)操作实例　例如，以前面所设置的多线样式来绘制一段多线，绘图步骤如图 7-4 所示。

命令:ML	\\执行多线命令
当前设置:对正 = 上,比例 = 20.00,样式 = STANDARD	\\提示当前系统设置
指定起点或[对正(J)/比例(S)/样式(ST)]：　J	\\选择对正选项
输入对正类型[上(T)/无(Z)/下(B)] <上 >：　Z	\\选择无对正模式
当前设置:对正 = 无,比例 = 20.00,样式 = STANDARD	\\提示当前系统设置
指定起点或[对正(J)/比例(S)/样式(ST)]：　S	\\选择比例选项
输入多线比例 <20.00 >：　1	\\输入比例值
当前设置:对正 = 无,比例 = 1.00,样式 = STANDARD	\\提示当前系统设置
指定起点或[对正(J)/比例(S)/样式(ST)]：　ST	\\选择样式选项
输入多线样式名或[?]：　样式一	\\输入要加载的样式名称
当前设置:对正 = 无,比例 = 1.00,样式 = 样式一	\\提示当前系统设置
指定起点或[对正(J)/比例(S)/样式(ST)]：	\\指定多线的起点
指定下一点：	\\指定多线的第二点
指定下一点或[放弃(U)]：	\\指定多线的第三点
指定下一点或[闭合(C)/放弃(U)]：	\\指定多线的第四点
指定下一点或[闭合(C)/放弃(U)]：	\\结束多线命令

(↓)选项含义　在绘制多线的过程中，各选项的含义如下。

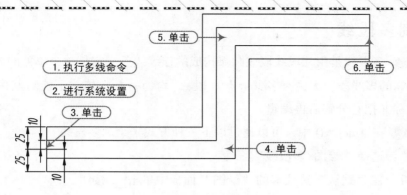

图 7-4　绘制多线

- 起点：指定多线的下一个顶点。如果用两条或两条以上的线段创建多线，则提示包含"闭合"选项。
- 对正（J）：该选项是指用于指定绘制多线时的对正方式。选择"上"（T）是指从左向右绘制多线时，多线最上端的线会随着鼠标移动；选择"无"（Z）是指多线的中心将随着鼠标移动；选择"下"（B）是指从左向右绘制多线时，多线最下端的线会随着鼠标移动。这三种对正方式的示意图如图 7-5 所示。

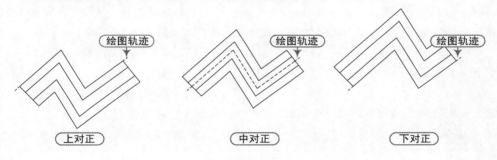

图 7-5　对正方式

- 比例（S）：该选项是控制多线的全局宽度。这个比例基于在多线样式定义中建立的宽度。例如：比例因子为"2"时，绘制的多线宽度是样式定义的宽度的两倍。如果是负的比例因子，将翻转偏移线的次序。当比例因子为"0"时，使多线变为单一的直线。

技巧：多线宽度的计算

> 在绘制施工图的过程中，如果需要使用多线的方式来绘制墙体对象，可以通过设置多线的不同比例来设置墙体的厚度。多线样的上下偏移距离为（0.5，−0.5），多线的间距为 1；这时若要绘制 120mm 厚的墙体对象，可以设置多线的比例为 120；同样，若要绘制 240mm 厚的墙体对象，设置多线比例为 240 即可。当然，也可以通过重新建立新的多线样式来设置不同的多线。

- 样式（ST）：此选项用于设置多线的绘制样式。默认的样式为标准型（STANDARD），可根据提示输入所需多线样式名。

7.2 绘制多段线

（↓知识要点）多段线是由几段线段或圆弧构成的连续线条。它是一个单独的图形对象。在 AutoCAD 中绘制的多线段，无论有多少个点（段），均为一个整体，不能对其中的某一段进行单独编辑（除非把它分解后再编辑）。

（↓执行方法）在 AutoCAD 中，可以通过以下三种方式来绘制多段线。

■ 菜单栏：选择"绘图/多段线"命令。

■ 面　板：在"默认"选项卡的"绘图"面板中单击 按钮。

■ 命令行：在命令行中输入"Pline"命令（PL）。

（↓操作实例）例如，通过多段线命令绘制一个矩形，命令行如下，操作如图 7-6 所示。

```
命令:PL                                          \\执行多段线命令
指定起点:                                        \\指定多段线起点
当前线宽为 0.0000                                 \\系统提示当前多段线线宽
指定下一个点或[圆弧(A)/半宽(H)/长度(L)/放弃(U)/宽度(W)]: <正交开>50
                                                 \\打开正交,拖动鼠标到下方,输入长度值
指定下一点或[圆弧(A)/闭合(C)/半宽(H)/长度(L)/放弃(U)/宽度(W)]:100
                                                 \\拖动鼠标到右方,输入长度值
指定下一点或[圆弧(A)/闭合(C)/半宽(H)/长度(L)/放弃(U)/宽度(W)]:50
                                                 \\拖动鼠标到上方,输入长度值
指定下一点或[圆弧(A)/闭合(C)/半宽(H)/长度(L)/放弃(U)/宽度(W)]:c
                                                 \\选择闭合选项,完成多段线的创建
```

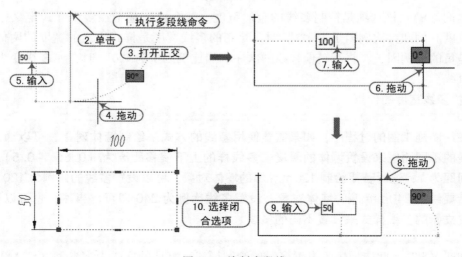

图 7-6　绘制多段线

提示：关于多段线

> 多段线提供单个直线所不具备的编辑功能。利用多段线可创建以下相关对象图形：
>
> 1）圆弧多段线。
>
> 2）将样条曲线拟合多段线转换为真正的样条曲线。
>
> 3）可以使用闭合多段线创建多边形。
>
> 4）创建宽多段线，可在其中设置单个线段的宽度，使它们从一种宽度逐渐过渡到另一种宽度。
>
> 5）从重叠对象的边界创建多段线。

⬇选项含义 在绘制多段线的过程中，各选项的含义如下。

■　圆弧（A）：从绘制的直线方式切换到绘制圆弧方式。

提示：圆弧角度

> 在圆弧选项中，如果输入正数将按逆时针方向创建圆弧段。输入负数则将按顺时针方向创建圆弧段。

■　半宽（H）：设置多段线的一半宽度，可分别指定多段线的起点半宽和终点半宽。

■　长度（L）：指定绘制直线段的长度。

■　放弃（U）：删除多段线的前一段对象，从而方便用户及时修改在绘制多段线过程中出现的错误。

■　宽度（W）：设置多段线的不同起点和端点宽度。

提示：FILL 变量

> 设置了多段线的宽度，通过"FILL"变量来设置是否对多段线进行填充。如果设置为"开（ON）"，则表示填充，若设置为"关（OFF）"，则表示不填充。

■　闭合（C）：与起点闭合，并结束命令。当多段线的宽度大于 0 时，若想绘制闭合的多段线，一定要选择"闭合（C）"选项，这样才能完全闭合，否则即使起点与终点重合，也会出现缺口现象。

实战练习：绘制箭头

案例	箭头 . dwg	视频	绘制箭头 . avi	时长	17′28″

箭头符号是制图中经常用到的图形，但是 AutoCAD 软件没有直接提供，而用标注分解后的箭头，有时候并不是所需要的箭头尺寸，因此可以自己来绘制。

⬇实战要点：①多段线宽度的设置；②多段线的绘制。

⬇操作步骤

步骤 01 正常启动 AutoCAD 2015，选择"文件丨保存"菜单命令，将其保存为"案例\ 07 \箭头 . dwg"文件。

步骤 02 执行"多段线"命令（PL），指定空白区域一点为多段线的起点，在命令行中选择"宽度"选项，提示起点处宽度，输入"0"，接着提示端点处宽度，输入"30"，命令行中的提示如下：

```
命令:PL                                                    \\执行多段线命令
指定起点:                                                  \\指定起点
当前线宽为 0.0000                                          \\系统提示当前设置
指定下一个点或[圆弧(A)/半宽(H)/长度(L)/放弃(U)/宽度(W)]:w
                                                          \\选择宽度选项
指定起点宽度<0.0000>:0                                     \\指定起点处宽度
指定端点宽度<0.0000>:30                                    \\指定端点处宽度
```

步骤 03 按【F8】键打开正交模式，拖动鼠标到右边，输入长度值 100，绘制的箭头头部形状如图 7-7 所示。

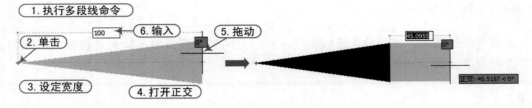

图 7-7　绘制箭头头部

步骤 04 用前面同样的方法，设定起点处宽度为 5，端点处宽度也为 5，拖动鼠标到右边，输入长度为 150，绘制箭头尾部如图 7-8 所示。

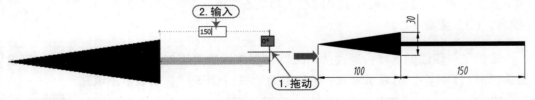

图 7-8　绘制箭头尾部

步骤 05 单击"保存" 🖫 按钮，将文件保存，该箭头图形绘制完成。

7.3　绘制样条曲线

🔻知识要点　样条曲线是经过一系列给定点所得到的光滑曲线，样条曲线不仅通过各有序型值点，并且在各型值点处的一阶和二阶导数连续，即该曲线具有连续的、曲率变化均匀等特点。

🔻执行方法　在 AutoCAD 中，可以通过以下三种方式来绘制样条曲线。

- 菜单栏：选择"绘图/样条曲线"命令。
- 面　板：在"默认"选项卡的"绘图"面板中单击 ⌒ 按钮。
- 命令行：在命令行中输入"Spline"命令（SPL）。

⬇操作实例 例如，通过样条曲线命令来绘制一段样条曲线，操作命令行如下，绘制的图形如图7-9所示。

```
命令:SPL                                      \\执行样条曲线命令
当前设置:方式 = 拟合    节点 = 弦            \\提示当前系统设置
指定第一个点或[方式(M)/节点(K)/对象(O)]:     \\指定样条曲线的起点
输入下一个点或[起点切向(T)/公差(L)]:  <正交关>  \\关闭正交,指定第二点
输入下一个点或[端点相切(T)/公差(L)/放弃(U)]:  \\指定第三点
输入下一个点或[端点相切(T)/公差(L)/放弃(U)/闭合(C)]:  \\指定第四点
输入下一个点或[端点相切(T)/公差(L)/放弃(U)/闭合(C)]:  \\按确定键,完成样条曲线的绘制
```

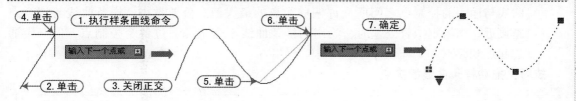

图7-9　绘制样条曲线

提示：关于控制顶点和拟合点

可以使用控制点或拟合点创建或编辑样条曲线。在选定样条曲线上使用三角形夹点可在显示控制顶点和显示拟合点之间进行切换。可以使用圆形、方形夹点以修改选定的样条曲线，如图7-10所示。

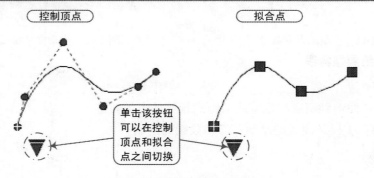

图7-10　控制顶点和拟合点

⬇选项含义 在执行样条曲线命令的过程中，命令行中将弹出一系列的选项，这些选项的功能与含义如下。

■　方式（M）：该选项可以选择样条曲线是拟合点还是控制点。

注意：控制点切换为拟合点时的变化

从控制点切换为拟合点会自动将选定样条曲线更改为3阶。最初使用更高阶数表达式创建的样条曲线可能因此更改形状。

■　节点（K）：选择该选项后，其命令行提示为"输入节点参数化［弦（C）/平方根

（S）/统一（U）]：", 从而根据相关方式来调整样条曲线的节点。

■ 对象（O）：将由一条多段线拟合生成样条曲线。

提示：控制顶点数量与样条曲线的关系

> 通过指定精确使用 3 个控制顶点创建的 2 阶样条曲线，可以创建具有抛物线形状的样条曲线。使用 4 个控制顶点创建的 3 阶样条曲线具有与 3 阶 Bezier 曲线相同的形状，如图 7-11 所示。

■ 起点切向（T）：指定样条曲线起始点处的切线方向。

■ 公差（L）：此选择用于设置样条曲线的拟合公差。这里的拟合公差指的是实际样条曲线与输入的控制点之间所允许偏移距离的最大值。公差越小，样条曲线与拟合点越接近。当给定拟合公差时，绘出的样条曲线不会全部通过各个控制点，但一定通过起点和终点。

技巧：拖动样条曲线的夹点

> 绘制的样条曲线不符合要求时，或者指定的点不到位，可选择该样条曲线，再使用鼠标捕捉相应的夹点来改变即可，如图 7-12 所示。

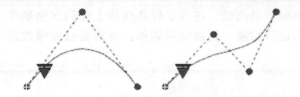

图 7-11　控制顶点的数量　　　　　　　　图 7-12　拖动样条曲线的夹点

实战练习：绘制抛物线

案例	抛物线 . dwg	视频	绘制抛物线 . avi	时长	17′28″

抛物线就是平面内到定点与定直线的距离相等的点的轨迹。

实战要点：①样条曲线的绘制；②多段线的绘制。

操作步骤

步骤 **01** 正常启动 AutoCAD 2015 软件，选择"文件 | 保存"菜单命令，将其保存为"案例 \ 07 \ 抛物线 . dwg"文件。

步骤 **02** 执行"样条曲线"命令（SPL），在绘图区域随意单击指定点 A，向上拖动鼠标并随意单击确定点 B，如图 7-13 所示。

步骤 **03** 拖动鼠标到下侧，并单击确定点 C，从而将三点的路径以圆滑的方式进行连接，如图 7-14 所示。

步骤 **04** 向右上拖动鼠标并单击确定点 D，如图 7-15 所示。

步骤 **05** 向右下拖动鼠标并单击确定点 E，按两下"Enter"键，结束样条曲线的绘制，如图 7-16 所示。

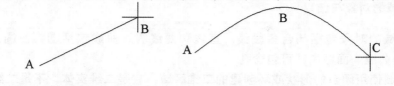

图 7-13　指定起点和第二点　　　　　图 7-14　指定第三点

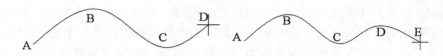

图 7-15　绘制第四点　　　　　图 7-16　绘制第五点

步骤 06 单击将样条曲线选中，此时会出现 5 个夹点，分别是 A、B、C、D、E，单击夹点，拖动夹点位置可以改变弧形的状态，如图 7-17 所示。

步骤 07 单击"保存" 🔲 按钮，将文件保存，该抛物线图形绘制完成。

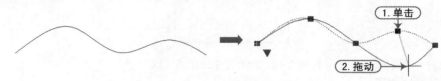

图 7-17　拖动夹点

7.4　绘制面域

知识要点 面域是使用形成闭合环的对象创建的二维闭合区域。环可以是直线、多段线、圆、圆弧、椭圆、椭圆弧和样条曲线的组合。组成环的对象必须闭合或通过与其他对象共享端点而形成闭合的区域。

执行方法 在 AutoCAD 中，可以通过以下三种方式来绘制面域图形。

■ 菜单栏：选择"绘图/面域"命令。
■ 面　板：在"默认"选项卡的"绘图"面板中单击 ◎ 按钮。
■ 命令行：在命令行中输入"Region"命令（REG）。

操作实例 例如，对圆图形进行面域操作，操作命令行如下，绘制的图形如图 7-18 所示。

```
命令:REG                        \\执行面域命令
选择对象:找到 1 个               \\选择要创建面域的边界图形
选择对象:
已提取 1 个环。                  \\系统提示已提取环
已创建 1 个面域。                \\系统提示已创建面域
```

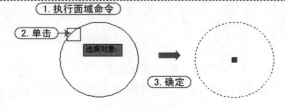

图 7-18　创建面域

注意：面域的对象与结果

> 1）面域的对象包括闭合多段线、直线和曲线等。曲线包括圆弧、圆、椭圆弧、椭圆和样条曲线。面域内部可包含孔。
>
> 2）面域使用闭合的形状或环创建的二维区域，它是二维实体，不是二维图形。

面域可以把几条相交并闭合的线条合成为整个对象。合成以后就可以计算这个对象的周长和面积等相关参数。如果这个命令没有成功合成面域，则证明这几个对象可能是重复，也可能是没有完全相交。如果是没有完全相交，则是因为指定的内部点位于完全封闭区域外部。区域没有完全封闭，那么在未连接端点周围显示红色圆圈，以标识边界中的间隙，如图 7-19 所示。

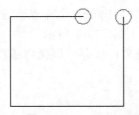

图 7-19 没有完全封闭的区域

提示：面域的作用

> 创建面域为进行 CAD 三维制图的基础步骤。对于已创建的面域对象，可以进行填充图案和着色等操作，还可分析面域的几何特性（如面积）和物理特性（如质心、惯性矩等）。

7.5 图案填充

（↓知识要点）所谓图案填充就是 AutoCAD 软件控制模型文档截面视图内图案填充对象的外观和行为的特性。它用各种图案对一个封闭的区域按一定规则进行排布，用以表达该封闭区域的图形信息。填充的图案是一个整体。

（↓执行方法）在 AutoCAD 中，可以通过以下三种方式来执行图案填充命令。

- 菜单栏：选择"绘图/图案填充"命令。
- 面 板：在"默认"选项卡的"绘图"面板中单击■按钮。
- 命令行：在命令行中输入"Hatch"命令（H 或 BH）。

在执行图案填充命令后，将会弹出"图案填充创建"选项板，如图 7-20 所示。

图 7-20 图案填充创建选项板

（↓操作实例）例如，对矩形区域内进行图案填充，操作命令行如下，所绘制的图形如图 7-21 所示。

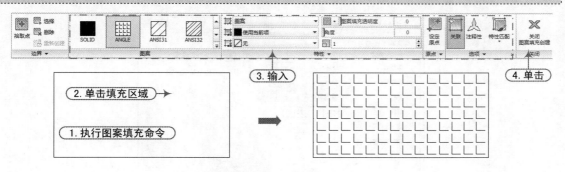

```
命令:BH                                              \\执行图案填充命令
拾取内部点或[选择对象(S)/放弃(U)/设置(T)]:正在选择所有对象...
                                                    \\指定要填充的区域的内部点

正在选择所有可见对象...                                \\系统提示边界
正在分析所选数据...                                    \\系统提示分析数据
拾取内部点或[选择对象(S)/放弃(U)/设置(T)]:              \\退出图案填充命令
```

图 7-21　图案填充

⬇ 选项含义　在弹出的"图案填充创建"选项板中,有几个常用的选项按钮,这些选项的功能与含义如下。

- 边界:控制图案填充边界的一些相关参数,以及使用拾取点或者选择对象来寻找图案填充的边界。
- 图案:选择填充图案对填充区域进行填充。如果单击下拉菜单按钮,将显示"填充图案"对话框,可以在里面选择更多的图案填充样式,如图 7-22 所示。
- 图案填充颜色:设置要用于截面视图内所有图案填充的颜色。
- 背景色:设置截面视图内图案填充的背景色。
- 图案填充比例:放大或缩小填充图案。
- 透明度:设置图案填充的透明度级别。如果选择了"ByLayer",则已绘制的图层图案填充的透明度级别将由滑块指示。
- 图案填充角度:设置由截面视图内的图案填充使用的角度列表。截面视图中的第一个部件将使用列表中的第一个条目,第二个部件使用第二个条目,依此类推,如图 7-23 所示。

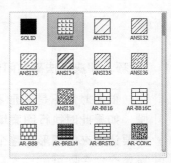

图 7-22　填充图案对话框

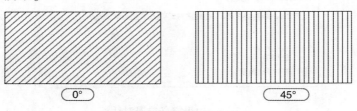

图 7-23　图案填充角度

技巧：如何弹出传统对话框

如果用习惯了以前的"图案填充"对话框形式，那么可以在执行图案填充命令后，在命令行中选择"设置（T）"选项，就会弹出"图案填充和渐变色"对话框，如图 7-24 所示。

图 7-24　图案填充和渐变色对话框

技巧：解决无法确定闭合边界问题

很多时候不是图形不闭合，而是在窗口内，图形显示不完整，软件默认具有间隙，如果此时执行图案填充命令，将会提示边界定义错误对话框，如图 7-25 所示。只需要让填充的图形在整个屏幕中尽量多的显示，用"RE"命令刷新一下，再执行图案填充命令即可。

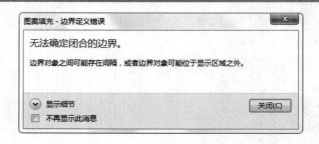

图 7-25　边界定义错误对话框

7.6 综合练习——绘制螺母图形

案例	螺母.dwg	视频	绘制螺母图形.avi	时长	17′28″

⬇ 实战要点：①通过圆命令绘制螺母的端面图形；②通过构造线命令创建投影线；③通过填充命令表达剖切部分。

⬇ 操作步骤

步骤 01 正常启动 AutoCAD 2015 软件，在菜单浏览器下选择"另存为 | 图形"命令，将弹出"图形另存为"对话框，将文件保存为"螺母.dwg"文件。

步骤 02 在"图层特性管理器"中将"中心线"图层切换到当前图层；执行"构造线"命令（XL），绘制一组十字中心线。

步骤 03 在"图层特性管理器"中将"粗实线"图层切换到当前图层；执行"圆"命令（C），以图中的十字中心线交点为圆心，绘制几个同心圆，直径分别为26、30、45，再将直径为30的圆转换到"细实线"图层，如图7-26所示。

步骤 04 执行"修剪"命令（TR），将所绘制的直径为30的圆按照如图7-27所示的形状进行修剪操作，使其成为螺纹标识。

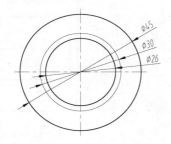
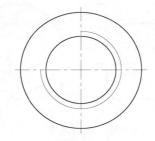

图7-26 绘制同心圆　　　　　图7-27 修剪图形

步骤 05 执行"多边形"命令（POL），以圆心为多边形中心点，绘制一个如图7-28所示的正六边形。

步骤 06 将绘图区域移至图形的左边，执行"构造线"命令（XL），绘制一条竖直的构造线；再执行"偏移"命令（O），将所绘制的构造线向左进行偏移，偏移尺寸为46，如图7-29所示。

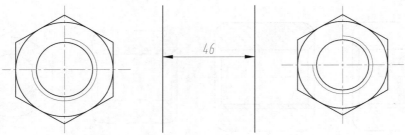

图7-28 绘制多边形　　　　　图7-29 偏移线段

步骤 07 执行"构造线"命令（XL），选择"水平"选项，分别捕捉图中相关的特征点，绘制几条水平的投影构造线，再将相关的线段转换到"中心线"和"细实线"图层，如图 7-30 所示。

步骤 08 执行"修剪"命令（TR），将所绘制的图形按照如图 7-31 所示的形状进行修剪操作。

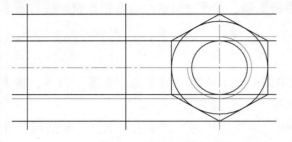
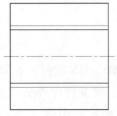
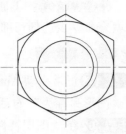

图 7-30　绘制投影构造线　　　　　　　　　图 7-31　修剪图形

步骤 09 执行"圆角"命令（F），对图形相关地方倒 R6 圆角；再执行"倒角"命令（CHA），选择"修剪"选项下的"不修剪"模式，按照如图 7-32 所示进行倒斜角处理。

步骤 10 执行"直线"命令（L），绘制两条竖直的直线段连接图中斜角转角处，如图 7-33 所示。

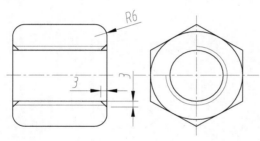
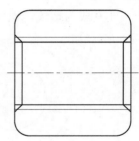

图 7-32　倒角操作　　　　　　　　　　　图 7-33　绘制直线

步骤 11 执行"修剪"命令（TR），将所绘制的图形按照如图 7-34 所示的形状进行修剪操作。

步骤 12 在"图层特性管理器"中将"剖面线"图层切换到当前图层，再执行"填充"命令（BH），选择填充图案为"ANSI31"，输入图案填充比例"1"，选择如图 7-35 所示的区域为填充区域。

步骤 13 单击"保存" 🖫 按钮，将文件保存，该螺母图形绘制完成，最终效果图如图 7-36 所示。

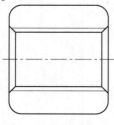
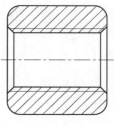

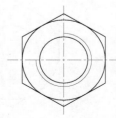

图 7-34　修剪图形　　　图 7-35　图案填充　　　　图 7-36　最终效果图

7.7 综合练习——绘制蝴蝶图案

| 案例 | 蝴蝶.dwg | 视频 | 绘制蝴蝶.avi | 时长 | 17′28″ |

⬇ 实战要点：①通过样条曲线命令绘制蝴蝶轮廓；②通过镜像命令创建蝴蝶对称的另一部分。

⬇ 操作步骤

步骤 01 正常启动 AutoCAD 2015 软件，在菜单浏览器下选择"另存为 | 图形"命令，将弹出"图形另存为"对话框，将其文件保存为"蝴蝶.dwg"文件。

步骤 02 在"图层特性管理器"中将"粗实线"图层切换到当前图层；执行"圆"命令（C），指定绘图区域任意一点为圆心，绘制两个圆图形，直径分别为 7 和 18，如图 7-37 所示。

步骤 03 执行"构造线"命令（XL），以同心圆为放置点，绘制一条角度为 – 12°的构造线，如图 7-38 所示。

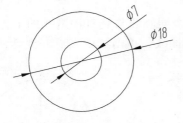

图 7-37 绘制同心圆

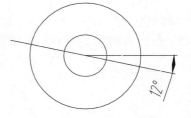

图 7-38 绘制构造线

步骤 04 执行"样条曲线"命令（SPL），以构造线与直径为 18 的圆的右下方交点为起点，分别指定几点，绘制一条样条曲线，如图 7-39 所示。

步骤 05 单击样条曲线，单击选中夹点，拖动夹点对样条曲线进行调整，使其顺滑，如图 7-40 所示。

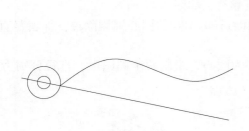

图 7-39 绘制样条曲线

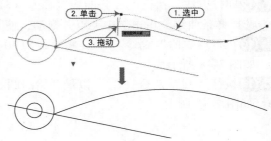

图 7-40 调整样条曲线

步骤 06 执行"删除"命令（E），将 – 12°的构造线以及直径为 18 的圆删除掉，执行"样条曲线"命令（SPL），以前面样条曲线的起点为该样条曲线的起点，绘制一条新的样条曲线，并通过拖动夹点的方式对其进行调整，如图 7-41 所示。

步骤 07 执行"多段线"命令（PL），以绘制的样条曲线的下方端点为起点，选择"圆弧"选项，并向这最开始绘制的样条曲线的右端点方向，单击几点，绘制一条多段线，单击选中多段线，拖动夹点，使其顺滑，如图 7-42 所示。

步骤 08 执行"多段线"命令（PL），选中"圆弧"选项，在图形右上方的开口处绘制一段多段线圆弧进行连接，如图 7-43 所示。

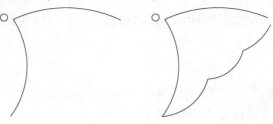

图 7-41　绘制另一条样条曲线　　图 7-42　绘制多段线　　图 7-43　绘制多段线进行封闭

步骤 09 执行"圆"命令（C），以 O 点为圆心，绘制两个圆图形，直径分别为 30 和 180，如图 7-44 所示。

步骤 10 执行"构造线"命令（XL），以圆心为放置点，绘制一条竖直构造线，如图 7-45 所示。

步骤 11 执行"样条曲线"命令（SPL），以两个同心圆与竖直构造线的下方的交点为起点和结束点，绘制一条样条曲线，并单击选择样条曲线，单击选中夹点并拖动，使其顺滑，如图 7-46 所示。

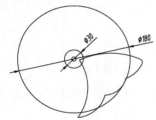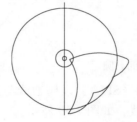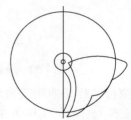

图 7-44　绘制同心圆　　　　图 7-45　绘制构造线　　图 7-46　绘制样条曲线

步骤 12 同样方法，执行"样条曲线"命令（SPL），在图形的下方绘制一条类似样条曲线，并单击选择样条曲线，单击选中夹点并拖动，使其顺滑，如图 7-47 所示。

步骤 13 执行"删除"命令（E），将直径为 30 和直径为 180 的同心圆删除掉，保留竖直构造线，如图 7-48 所示。

步骤 14 执行"圆"命令（C），以最开始的圆心为圆心，绘制两个圆图形，直径分别为 15 和 25，如图 7-49 所示。

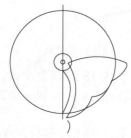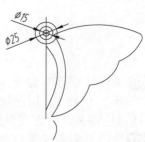

图 7-47　绘制下方样条曲线　　　图 7-48　删除圆　　　　图 7-49　绘制圆

步骤 ⑮ 执行 "样条曲线" 命令（SPL），以直径为 25 的圆与竖直构造线的上方的交点为起点，向右方绘制一条样条曲线，并单击选择样条曲线，再单击选中夹点并拖动，使其顺滑，如图 7-50 所示。

步骤 ⑯ 同样方法，执行 "样条曲线" 命令（SPL），以直径为 15 的圆与竖直构造线的上方的交点为起点，向右方绘制一条样条曲线，并单击选择样条曲线，单击选中夹点并拖动，使其顺滑，如图 7-51 所示。

步骤 ⑰ 执行 "删除" 命令（E），将直径为 15 和直径为 25 的同心圆删除掉，保留竖直构造线，如图 7-52 所示。

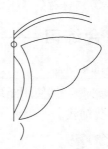

图 7-50　绘制样条曲线　　图 7-51　再次绘制样条曲线　　图 7-52　删除圆

步骤 ⑱ 执行 "修剪" 命令（TR），以最上面的两条样条曲线为边界，将竖直的构造线按照如图 7-53 所示的形状进行修剪操作。

步骤 ⑲ 执行 "镜像" 命令（MI），将最下面的样条曲线以上下两端点所形成的镜像轴进行镜像操作，将其镜像到左边，如图 7-54 所示。

步骤 ⑳ 执行 "合并" 命令（J），将图形连接的部分合并操作，使它们都成为能连接的整体，如图 7-55 所示。

图 7-53　修剪图形　　图 7-54　镜像操作　　图 7-55　合并操作

步骤 ㉑ 执行 "镜像" 命令（MI），选中整个图形，以上方竖直的直线为镜像轴，将它们进行镜像操作，镜像到左边，如图 7-56 所示。

步骤 ㉒ 执行 "图案填充" 命令（BH），选中图形中的圆、中间的区域，选中填充图案为 "SOLID"，进行图案填充操作，如图 7-57 所示。

步骤 ㉓ 执行 "图案填充" 命令（BH），选中蝴蝶的翅膀以及下方的两个小区域，选中填充图案为 "AR-SAND"，填充比例为 "0.1"，进行图案填充操作，如图 7-58 所示。

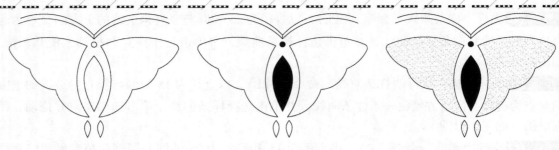

| 图 7-56　镜像操作 | 图 7-57　图案填充 | 图 7-58　再次图案填充 |

步骤 24 单击"保存" 🖫 按钮，将文件保存，该蝴蝶图形绘制完成。

7.8　综合练习——绘制装饰窗格

| 案例 | 装饰窗格 . dwg | 视频 | 绘制装饰窗格 . avi | 时长 | 17′28″ |

↓实战要点：①使用矩形命令绘制窗体轮廓；②使用偏移命令创建相关轴线；③使用多线命令创建装饰线。

↓操作步骤

步骤 01 正常启动 AutoCAD 2015 软件，在菜单浏览器下选择"另存为丨图形"命令，将弹出"图形另存为"对话框，将文件保存为"装饰窗格 . dwg"文件。

步骤 02 在"图层特性管理器"中将"粗实线"图层切换到当前图层；执行"矩形"命令（REC），绘制一个尺寸为 1000×1000 的矩形，如图 7-59 所示。

步骤 03 执行"构造线"命令（XL），以矩形的水平、竖直边的中点为放置点，绘制一条竖直和一条水平的构造线，如图 7-60 所示。

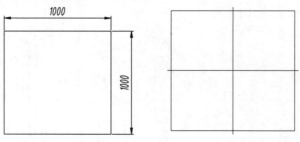

| 图 7-59　绘制矩形 | 图 7-60　绘制构造线 |

步骤 04 执行"偏移"命令（O），将构造线按照如图 7-61 所示的方向与尺寸进行偏移操作。

步骤 05 执行菜单命令"格式丨多线样式"，创建一个偏移值为 ±12.5 的多线样式格式，并勾选"封口"选项里面直线所对应的起点和端点选项，如图 7-62 所示。

步骤 06 执行"多线"命令（ML），选择对正方式为无，比例为1，样式名为创建的多线样式，根据提示分别捕捉偏移的构造线的交点，选择"闭合"选项，创建一条如图 7-63 所示的封闭多线。

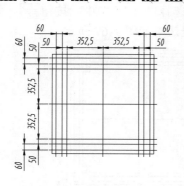

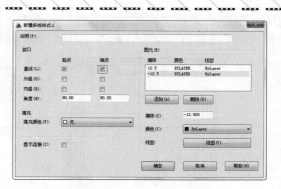

图 7-61　偏移线段 　　　　　　　　　　　　　　图 7-62　设置多线样式

步骤 07执行"多线"命令（ML），选择对正方式为无，比例为1，样式名为创建的多线样式，根据提示分别捕捉偏移的构造线的交点，选择"闭合"选项，创建一条如图 7-64 所示的封闭多线。

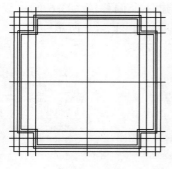

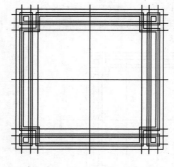

图 7-63　绘制多线 　　　　　　　　　　　　图 7-64　绘制另一条多线

技巧：通过图层来区分各种线条

> 有时候，在图形中有大量线条，这样很容易造成线条混淆，并绘制出错，降低了绘图效率，那么可以通过新建图层，如图 7-65 所示，将该图层赋予其他颜色，将相关的线条移动到相关的图层中，通过颜色来快速区分。

图 7-65　图层设置

步骤 08执行"删除"命令（E），将偏移的构造线删除掉，删除后的图形如图 7-66 所示。

步骤 09 双击多线，弹出"多线编辑工具"对话框，选择"十字合并"按钮 ，分别单击交叉的多线，将多线进行十字合并操作，合并后的多线效果如图 7-67 所示。

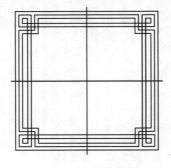 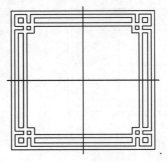

图 7-66　删除构造线　　　　　　　　图 7-67　合并多线

步骤 10 执行"偏移"命令（O），将构造线按照如图 7-68 所示的方向与尺寸进行偏移操作。

步骤 11 执行菜单命令"格式 | 多线样式"，创建一个偏移值为 ±6 的多线样式格式，并勾选"封口"选项里面直线所对应的起点和端点选项，如图 7-69 所示。

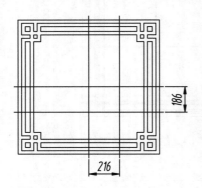 

图 7-68　偏移线段　　　　　　　　　图 7-69　设置多线样式

步骤 12 执行"多线"命令（ML），选择对正方式为无，比例为 1，样式名为创建的多线样式，根据提示捕捉构造线交点为起点，根据图示的绘图轨迹尺寸，创建一条如图 7-70 所示的封闭多线。

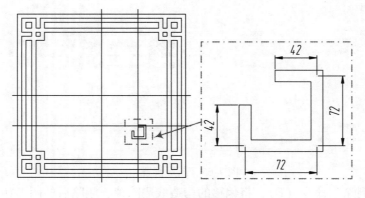

图 7-70　绘制多线

步骤 13 同样方式，执行"多线"命令（ML），创建其他三个角相对称的多线；执行"删除"命令（E），将偏移的辅助构造线删除掉，创建的多线图形如图 7-71 所示。

步骤 14 执行"偏移"命令（O），将水平构造线按照如图 7-72 所示的方向与尺寸进行偏移操作。

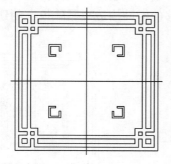 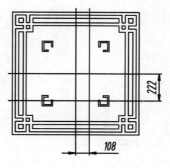

图 7-71 绘制其他多线　　图 7-72 偏移构造线

步骤 15 执行"多线"命令（ML），选择对正方式为无，比例为1，样式名为创建的多线样式，根据提示捕捉构造线交点为起点，根据图示的绘图轨迹尺寸，创建一条如图 7-73 所示的封闭多线。

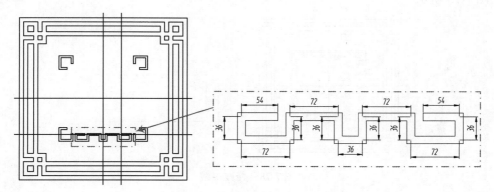

图 7-73 绘制多线

步骤 16 同样方式，执行"多线"命令（ML），创建其他三条相对称的多线；执行"删除"命令（E），将偏移的辅助构造线删除掉，创建的多线图形如图 7-74 所示。

步骤 17 执行"偏移"命令（O），将水平构造线按照如图 7-75 所示的方向与尺寸进行偏移操作。

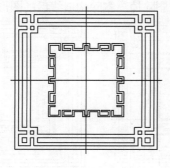 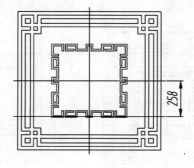

图 7-74 绘制其他多线　　图 7-75 偏移构造线

步骤 **18** 执行"多线"命令（ML），选择对正方式为无，比例为 1，样式名为创建的多线样式，根据提示捕捉构造线与右边多线的交点为起点，将鼠标拖向正左方，绘制一条长 48 的多线，如图 7-76 所示。

步骤 **19** 同样方式，执行"多线"命令（ML），创建左边部分相对称的多线；再绘制其他三个方向的多线；执行"删除"命令（E），将偏移的辅助构造线删除掉，创建的多线图形如图 7-77 所示。

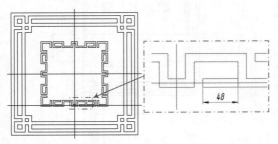

图 7-76　绘制多线　　　　　　　　　图 7-77　删除构造线

步骤 **20** 双击多线，弹出"多线编辑工具"对话框，将绘制的多线进行编辑操作，编辑后的多线如图 7-78 所示。

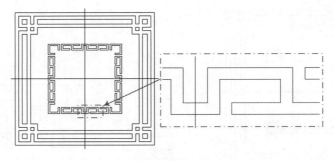

图 7-78　修改多线

步骤 **21** 执行"偏移"命令（O），将水平构造线按照如图 7-79 所示的方向与尺寸进行偏移操作。

步骤 **22** 执行"多线"命令（ML），选择对正方式为无，比例为 1，样式名为创建的多线样式，根据提示分别捕捉前面所偏移的构造线的交点，选择"闭合"选项，创建两条如图 7-80 所示的封闭多线。

步骤 **23** 执行"删除"命令（E），将偏移的构造线删除掉，删除构造线后的图形如图 7-81 所示。

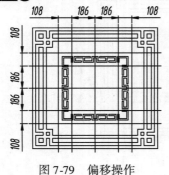
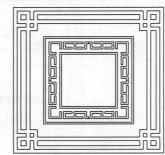

图 7-79　偏移操作　　　　　图 7-80　绘制多线　　　　　图 7-81　删除操作

步骤**24** 执行"图案填充"命令（BH），选中如图 7-82 所示的区域，选中填充图案为"AR-SAND"，填充比例为"0.1"，进行图案填充操作。

步骤**25** 执行"图案填充"命令（BH），选中如图 7-83 所示的区域，选中填充图案为"GR-INVSPH"，进行图案填充操作。

步骤**26** 执行"图案填充"命令（BH），选中如图 7-84 所示的区域，选中填充图案为"NET3"，填充比例为"5"，进行图案填充操作。

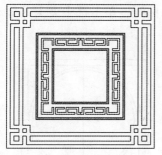 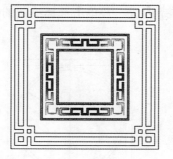 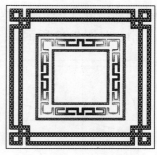

图 7-82　图案填充一　　　　图 7-83　图案填充二　　　　图 7-84　图案填充三

步骤**27** 单击"保存" 按钮，将文件保存，该装饰窗格图形绘制完成。

7.9　综合练习——绘制瓷砖拼花

| 案例 | 瓷砖拼花 . dwg | 视频 | 绘制瓷砖拼花 . avi | 时长 | 17′28″ |

实战要点：①使用矩形命令绘制拼花轮廓；②使用样条曲线命令创建相关形状；③使用阵列命令创建其他图形。

操作步骤

步骤**01** 正常启动 AutoCAD 2015 软件，在菜单浏览器下选择"另存为 | 图形"命令，将弹出"图形另存为"对话框，将文件保存为"瓷砖拼花 . dwg"文件。

步骤**02** 在"图层特性管理器"中将"粗实线"图层切换到当前图层；执行"矩形"命令（REC），绘制一个尺寸为 1600×1600 的矩形，如图 7-85 所示。

步骤**03** 执行"构造线"命令（XL），以矩形的水平、竖直边的中点为放置点，绘制一条竖直和一条水平的构造线，如图 7-86 所示。

步骤**04** 执行"偏移"命令（O），将 1600×1600 的矩形向内进行偏移操作，偏移距离为80，如图 7-87 所示。

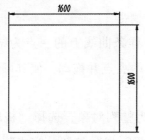 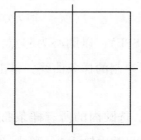 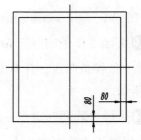

图 7-85　绘制矩形　　　　图 7-86　绘制构造线　　　　图 7-87　偏移矩形

步骤 05 执行"圆"命令（C），以十字中心线交点为圆心，绘制一个直径为 1400 的圆，如图 7-88 所示。

步骤 06 执行"偏移"命令（O），将直径为 1400 的圆向内进行偏移操作，偏移距离为 40，如图 7-89 所示。

步骤 07 执行"样条曲线"命令（SPL），以圆心为起点，以直径为 1320 的圆与水平构造线的右交点为结束点，绘制一条样条曲线，并单击选择绘制的样条曲线，单击选中夹点并拖动，使其顺滑，如图 7-90 所示。

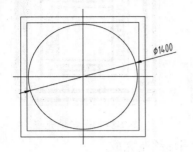 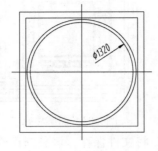 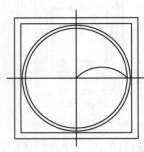

图 7-88　绘制圆　　　　　　图 7-89　偏移圆　　　　　　图 7-90　绘制样条曲线

步骤 08 同样方法，执行"样条曲线"命令（SPL），以圆心为起点，以直径为 1320 的圆与水平构造线的右交点为结束点，绘制另外一条样条曲线，并单击选择绘制的样条曲线，单击选中夹点并拖动，使其顺滑，如图 7-91 所示。

步骤 09 执行"样条曲线"命令（SPL），上方样条曲线的右上方处绘制一条如图 7-92 所示的样条曲线，并单击选择绘制的样条曲线，单击选中夹点并拖动，使其顺滑。

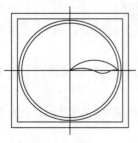
 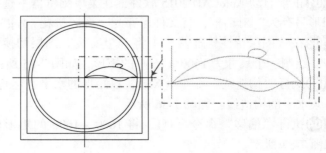

图 7-91　继续绘制样条曲线　　　　　　　　图 7-92　绘制花

步骤 10 执行"样条曲线"命令（SPL），以圆心为起点，以样条曲线上的一点为结束点，绘制另外一条样条曲线，并单击选择绘制的样条曲线，单击选中夹点并拖动，使其顺滑，如图 7-93 所示。

步骤 11 执行"阵列"命令（AR），选圆内的所有样条曲线为整列对象，选择"极轴"阵列模式，以圆心为阵列中心点，在项目数中输入 8，单击"关闭阵列"按钮，完成阵列的创建，创建的阵列图形如图 7-94 所示。

为"ANSI31",填充比例为5,进行图案填充操作。

图 7-98　删除构造线

图 7-99　填充大花瓣

图 7-100　填充小花瓣

步骤 ⑱ 执行"图案填充"命令（BH），选中如图 7-101 所示的外面的方边框、圆边框以及花药部分，选中填充图案为"SOLID"，进行图案填充操作。

步骤 ⑲ 执行"图案填充"命令（BH），选中如图 7-102 所示的外面的方边框、圆边框以及花丝部分，选中填充图案为"GR-CYLIN"，进行图案填充操作。

图 7-101　填充边框

图 7-102　填充花丝

步骤 ⑳ 单击"保存" 🔲 按钮，将文件保存，该瓷砖拼花图形绘制完成。

编辑复杂二维图形

8

本章导读

　　前面学过相关的复杂二维图形的绘图命令，同简单二维图形一样，绘制的时候经常需要修改所绘制好的图形，所以复杂二维图形也需要修改。

本章内容

- 多线的编辑
- 多段线的编辑
- 样条曲线的编辑
- 面域的编辑
- 图案填充的编辑
- 编辑复杂二维图形的综合练习

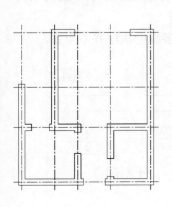
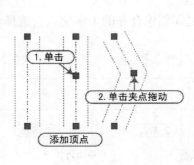
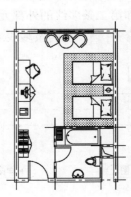

8.1 编辑多线

⬇️**知识要点** 当绘制好多线图形后，有时候根据需要对多线进行编辑，例如交叉点部分要修剪成断开状态，可以用"多线编辑工具"来编辑。

⬇️**执行方法** 在 AutoCAD 中，可以通过以下三种方式来执行多线命令。

- 菜单栏：执行菜单命令"修改/对象/多线" ✖️。
- 命令行：在命令行中输入"Mledit"命令。
- 双击：直接双击所要编辑的多线对象。

⬇️**操作实例** 例如，对如图 8-1 所示的多线进行编辑，使其相交的部分形成"十字合并"状态，执行多线编辑命令，将弹出"多线编辑工具"对话框，单击"十字合并"选项，再分别单击交叉的两条多线。

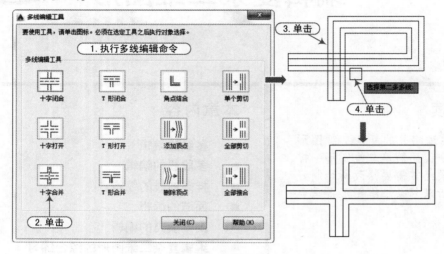

图 8-1　编辑多线

⬇️**选项含义** 在弹出的"多线编辑工具"对话框中，将出现 12 个多线编辑工具按钮，这12 个按钮第一列的三个按钮是控制交叉的多线，如图 8-2 所示，它们的含义分别如下。

- 十字闭合 ▦：在两条多线之间创建闭合的十字交点。
- 十字打开 ▦：在两条多线之间创建打开的十字交点。打断将插入第一条多线的所有元素和第二条多线的外部元素。
- 十字合并 ▦：在两条多线之间创建合并的十字交点。选择多线的次序并不重要。

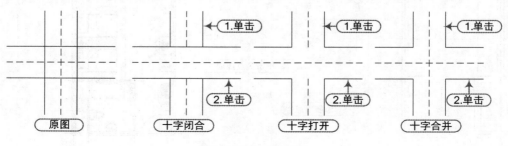

图 8-2　交叉的多线

"多线编辑工具"对话框中的第二列控制 T 形相交的多线，如图 8-3 所示，这三个按钮的含义分别如下。

- T 形闭合：在两条多线之间创建闭合的 T 形交点。将第一条多线修剪或延伸到与第二条多线的交点处。
- T 形打开：在两条多线之间创建打开的 T 形交点。将第一条多线修剪或延伸到与第二条多线的交点处。
- T 形合并：在两条多线之间创建合并的 T 形交点。将多线修剪或延伸到与另一条多线的交点处。

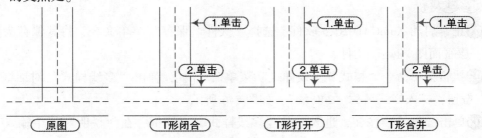

图 8-3 T 形相交多线

"多线编辑工具"对话框中的第三列控制角点结合和顶点，如图 8-4 所示，这三个按钮的含义分别如下。

- 角点结合：在多线之间创建角点结合。将多线修剪或延伸到它们的交点处。
- 添加顶点：向多线上添加一个顶点。
- 删除顶点：从多线上删除一个顶点。操作时将删除离选定点最近的顶点。

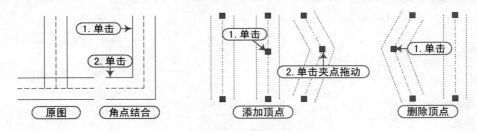

图 8-4 角点结合和顶点

"多线编辑工具"对话框中的第四列控制多线中的打断，如图 8-5 所示，这三个按钮的含义分别如下。

- 单个剪切：在选定多线元素中创建可见打断。
- 全部剪切：创建穿过整条多线的可见打断。
- 全部接合：将已被剪切的多线线段重新结合起来。

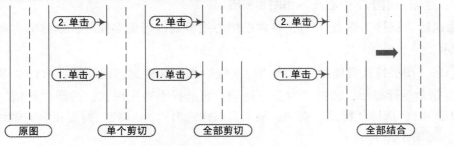

图 8-5 多线中的打断

实战练习：绘制墙体

案例	一层平面图.dwg	视频	绘制墙体.avi	时长	17'28"

　　本实例先通过直线、偏移等命令来绘制轴网，接着利用多线样式来设置相关的多线参数，再利用多线绘制墙体，并通过编辑多线对所绘制的多线墙体进行修剪操作，让读者能够掌握多线样式的设置方法，并熟知多线的使用方法。

　　实战要点：①多线样式的设置；②多线命令的执行方法。

操作步骤

步骤01 正常启动 AutoCAD 2015 软件，选择"文件｜保存"菜单命令，将其保存为"案例 \ 08 \ 一层平面图.dwg"文件。

步骤02 执行菜单命令"格式｜多线样式"菜单命令，弹出"多线样式"对话框，单击"新建"按钮，输入样式名称"240 墙"，如图 8-6 所示。

步骤03 单击"继续"按钮，进入"新建多线样式"对话框，在"说明"栏中输入"这是 240 厚的墙体"，单击"图元"里面的"0.5"数值，再在"偏移"选项里面输入"120"，同样，单击"－0.5"数值，然后在"偏移"选项里面输入"－120"，单击"确定"按钮，返回"多线样式"对话框，再单击"确定"按钮退出多线设置命令，如图 8-7 所示。

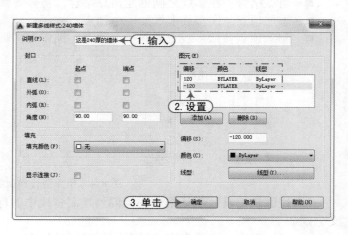

图 8-6　设置多线样式　　　　　　　　　图 8-7　设置多线样式参数

步骤04 在"图层特性管理器"中将"中心线"图层切换到当前图层；执行"构造线"命令（XL），绘制一组十字中心线，如图 8-8 所示。

步骤05 执行"偏移"命令（O），将两条中心线分别进行偏移操作，偏移的方向及尺寸如图 8-9 所示。

步骤06 在"图层特性管理器"中将"粗实线"图层切换到当前图层；执行"多线"命令（ML），根据命令行提示，选择"对正"选项，再选择无对正模式；选择"比例"选项，输入比例因子为 1；选择"样式"选项，输入当前样式为"240 墙"，捕捉相应的轴线交点绘制 240 墙体，如图 8-10 所示。

步骤 07 双击相关的多线，弹出"多线编辑工具"对话框，将240墙体多线按照如图8-11所示的形状进行修剪操作。

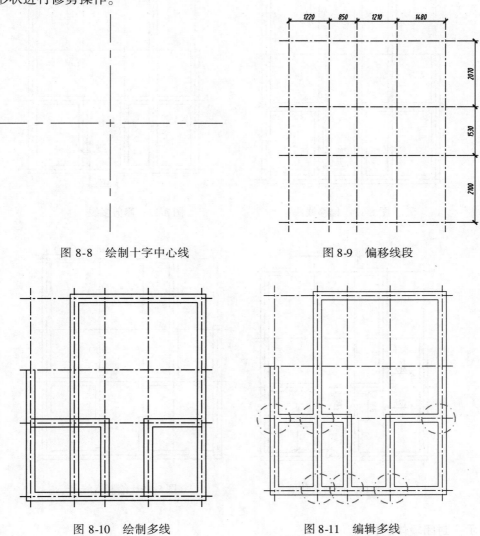

图 8-8 绘制十字中心线　　　　　　　　图 8-9 偏移线段

图 8-10 绘制多线　　　　　　　　图 8-11 编辑多线

步骤 08 执行"偏移"命令（O），将第3和第4条竖直中心进行偏移操作，偏移方向和尺寸如图8-12所示。

步骤 09 执行"修剪"命令（TR），以偏移的两条中心线为修剪边界，将240墙体进行修剪操作；执行"删除"命令（E），将两条辅助中心线进行删除操作，修剪删除后的图形如图8-13所示。

步骤 10 同样方法，将其他相关的地方也进行类似的操作，先偏移线段，再修剪墙体多线，相关的尺寸与位置如图8-14所示。

步骤 11 执行"直线"命令（L），绘制相关的直线段，将修剪后的墙体开口部分封闭起来，如图8-15所示。

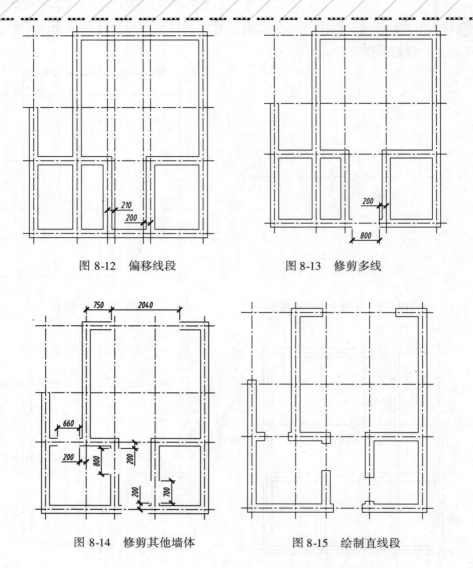

图 8-12　偏移线段　　　　　　　　　图 8-13　修剪多线

图 8-14　修剪其他墙体　　　　　　　图 8-15　绘制直线段

提示：封闭墙体的技巧

在绘制墙体的过程中，如果不想每个地方都绘制直线封闭墙体，那么可以在设置多线样式的时候将"封口"项目中的"起点"和"端点"对应直线的选项勾选，这样在绘制多线的时候它将自动封闭，修剪的时候也会封闭。

步骤 ⑫ 单击"保存" 🔲 按钮，将文件保存，该一层平面图形绘制完成。

8.2　编辑多段线

🔽知识要点 多段线编辑命令可以对多段线进行编辑，以满足不同需求。

🔽执行方法 在 AutoCAD 中，可以通过以下四种方式编辑多段线。

- 菜单栏：执行"修改丨对象丨编辑多段线"菜单命令。
- 面 板：在"默认"选项卡的"修改"面板中单击 ✎ 按钮。
- 命令行：在命令行中输入或动态输入"Pedit"命令（PE）。
- 快捷菜单：选择要编辑的多段线对象并右击，在快捷菜单上选择"多段线丨编辑多段线"命令。

🔻操作实例 例如，对前面用多段线绘制的矩形进行编辑操作，改变多段线线宽，宽度值为5，操作命令行如下，绘制的图形如图8-16所示。

命令:PE   \\执行多段线编辑命令

选择多段线或[多条(M)]:   \\选择要编辑的多段线

输入选项[打开(O)/合并(J)/宽度(W)/编辑顶点(E)/拟合(F)/样条曲线(S)/非曲线化(D)/线型生成(L)/反转(R)/放弃(U)]:W   \\选择宽度选项

指定所有线段的新宽度:5   \\输入宽度值

输入选项[打开(O)/合并(J)/宽度(W)/编辑顶点(E)/拟合(F)/样条曲线(S)/非曲线化(D)/线型生成(L)/反转(R)/放弃(U)]:*取消*   \\退出多段线编辑命令

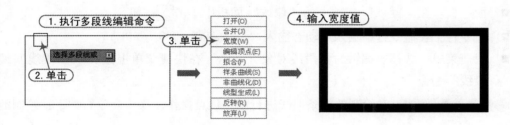

图8-16　多段线编辑

🔻选项含义 在执行多段线编辑的过程中，将弹出一系列的选项，这些选项的功能与含义如下。

- 打开（O）：利用该选项可以将多段线进行打开处理。
- 合并（J）：该选项用于合并直线段、圆弧或者多段线，使所选对象成为一条多段线。合并的前提是各段对象首尾相连。
- 宽度（W）：该选项可以修改多段线的线宽，这时系统提示"指定所有线段的新宽度:"，输入新的宽度即可。
- 编辑顶点（E）：利用该选项可以修改多段线的顶点。
- 拟合（F）：创建圆弧拟合多段线，即由连接每对顶点的圆弧组成的平滑曲线。
- 样条曲线（S）：创建样条曲线的近似线。
- 非曲线化（D）：删除由拟合或样条曲线插入的其他顶点并拉直所有多段线线段。
- 线型生成（L）：生成经过多段线顶点的连续图案的线型。
- 反转（R）：反转多段线顶点的顺序。
- 放弃（U）：返回多段线编辑的起始处。

技巧：其他工具修改多段线及修改方法

除了使用"PEDIT"命令编辑多段线之外，还可以用"特性"选项板或夹点修改多段线。利用这些工具可以对多段线进行如下方面的编辑操作。

1) 移动、添加或删除各个顶点。

2) 可以为整条多段线设定统一的宽度，也可以控制各条线段的宽度。

3) 创建样条曲线的近似（称为样条曲线拟合多段线）。

4) 在每个顶点之前或之后使用（或不使用）虚线显示非连续线型。

5) 在多段线线型中，通过反转文字方向来更改方向。

6) 更改多段线线段的宽度并设置是否在反转多段线方向时反转线段宽度。

8.3 编辑样条曲线

↓ 知识要点 样条曲线编辑命令是单个对象编辑命令，一次只可以编辑一个对象。

↓ 执行方法 在 AutoCAD 中，可以通过以下四种方式来绘制样条曲线。

- 菜单栏：执行"修改 | 对象 | 编辑样条曲线"菜单命令。
- 面 板：在"默认"选项卡的"修改"面板中单击 按钮。
- 命令行：在命令行中输入或动态输入"Splinedit"命令（SPE）。
- 快捷菜单：选择要编辑的多段线对象并右击，在快捷菜单上选择"多段线 | 编辑多段线"命令。

↓ 操作实例 例如，对绘制的样条曲线进行添加顶点操作，操作命令行如下，绘制的图形如图 8-17 所示。

```
命令:SPE                                          \\执行样条曲线编辑命令
选择样条曲线：                                    \\选择样条曲线
输入选项[闭合(C)/合并(J)/拟合数据(F)/编辑顶点(E)/转换为多段线(P)/反转(R)/放弃(U)/退
出(X)] <退出 >:E                                 \\选择编辑顶点选项
输入顶点编辑选项[添加(A)/删除(D)/提高阶数(E)/移动(M)/权值(W)/退出(X)] <退出 >:A
                                                  \\选择添加选项
在样条曲线上指定点 <退出 >：                      \\指定顶点添加位置
输入选项[闭合(C)/合并(J)/拟合数据(F)/编辑顶点(E)/转换为多段线(P)/反转(R)/放弃(U)/退
出(X)] <退出 >:*取消*                             \\退出样条曲线编辑命令
```

提示：用特性选项板编辑样条曲线

"特性"选项板提供对多个样条曲线参数和选项的访问，包括样条曲线的阶数、每个控制点的权值、结合拟合点使用的节点参数化方法以及样条曲线是否闭合，如图 8-18 所示。

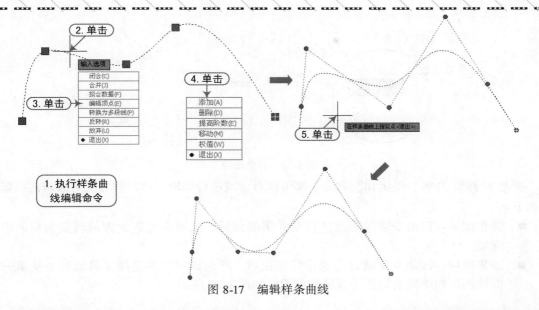

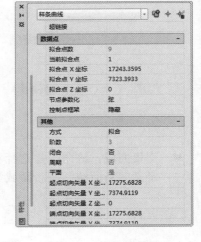

图 8-17 编辑样条曲线

（↓选项含义） 在执行多段线编辑的过程中，将弹出一系列的选项，这些选项中有的与编辑多段线相关的选项意义相同，其余的功能与含义如下。

- 拟合数据（F）：此选项用于编辑样条曲线通过的某些点，选择此项后，创建曲线是指定的各个点以小方格的形式显示。
- 编辑顶点（E）：此选项用于移动样条曲线上当前的控制点。它与"拟合数据"中的"移动"选项含义相同。
- 转换为多段线（P）：此选项可以将样条曲线转换为多段线。
- 反转（R）：此选项可使样条曲线的方向相反。

图 8-18 特性选项板

8.4 编辑面域

（↓知识要点） 面域操作就是将面域进行并集、差集或交集操作来创建新的面域。

（↓执行方法） 在 AutoCAD 中，可以通过以下两种方式来实体编辑。

- 菜单栏：执行"修改 | 实体编辑"菜单命令。
- 面　板：在"常用"选项卡的"实体编辑"面板中单击相关按钮。

（↓操作实例） 例如，对两个面域进行并集操作，操作命令行如下，绘制的图形如图 8-19 所示。

命令:_union	\\执行并集命令
选择对象:找到 1 个	\\选择面域1
选择对象:找到 1 个,总计 2 个	\\选择面域2
选择对象:	\\确定

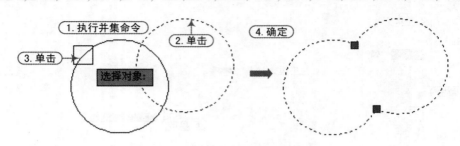

图 8-19 并集面域

选项含义 并集、差集和交集命令都可以对面域进行编辑，这三种方式对面域的编辑结果如下。

- 并集面域：该命令通过依次选择要并集的面域，从而将选定的面域转换为新的组合面域。
- 差集面域：该命令是通过先选定目标面域，然后确定，再选择工具面域，从第一个面域的面积中减去第二个面域的面积，如图 8-20 所示。

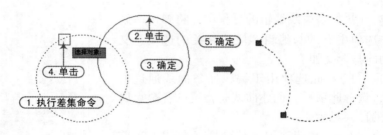

图 8-20 差集面域

- 交集面域：该命令是选择相关的面域，从而将选定的面域转换为按选定面域的交集定义的新面域，该新面域为所选择面域相交的部分，如图 8-21 所示。

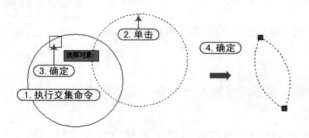

图 8-21 交集面域

8.5 编辑图案填充

知识要点 编辑图案填充是指修改特定于图案填充的特性，例如图案填充或填充的图案、比例和角度。

执行方法 在 AutoCAD 中，可以通过以下两种方式编辑图案填充。

- 面 板：在"默认"选项卡的"修改"面板中单击"编辑图案填充"按钮。

■ 命令行：在命令行中输入或动态输入"Hatchedit"命令（HE）。

操作实例 例如，对已有的图案填充进行编辑，改变其填充图案和填充比例，操作过程如图 8-22 所示，编辑的图案变化如图 8-23 所示。

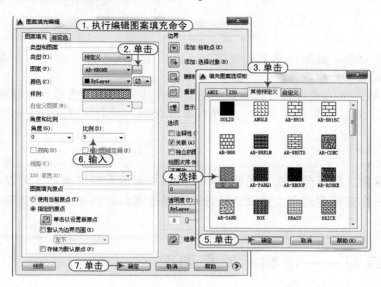

图 8-22　图案编辑操作

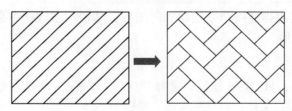

图 8-23　图案编辑结果

选项含义 编辑图案填充对话框中的几个常用按钮的含义如下。

■ 拾取点：该按钮是指通过选择由一个或多个对象形成的封闭区域内的点，从而确定图案填充边界，如图 8-24 所示。

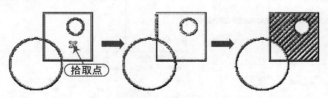

拾取点

图 8-24　拾取点按钮示意图

■ 选择：该按钮是指通过选定对象确定边界，将图案填充区域添加到选定的图案填充，如图 8-25 所示。

■ 删除：从边界定义中删除之前添加的任何对象。

■ 重新创建：围绕选定的图案填充或填充对象创建多段线或面域，并使其与图案填充对象相关联。

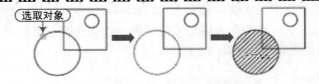

图 8-25 选择按钮示意图

■ 显示边界对象：显示边界夹点控件，可以使用这些控件来通过夹点编辑边界对象和
选定的图案填充对象。

当选择非关联图案填充时，将自动显示图案填充边界夹点。选择关联图案填充时，会显
示单个图案填充夹点，除非选择"显示边界对象"选项。只能通过夹点编辑关联边界对象来
编辑关联图案填充。

技巧：快捷菜单

选择对象时，可以随时在绘图区域单击鼠标右键显示快捷菜单。可以利用快捷菜
单放弃最后一个或所定对象、更改选择方式、更改孤岛检测样式或预览图案填充或渐
变填充。

8.6 综合练习——绘制标间平面图

案例	标间平面图.dwg	视频	绘制标间平面图.avi	时长	17′28″

实战要点：①使用构造线命令绘制轴网图形；②使用多线命令创建墙体；③使用插入
命令添加相关的设施图形。

操作步骤

步骤 01 正常启动 AutoCAD 2015 软件，选择"文件 | 保存"菜单命令，将其保存为"案例
\ 08 \ 标间平面图.dwg"文件。

步骤 02 执行菜单命令"格式 | 多线样式"菜单命令，弹出"多线样式"对话框，单击
"新建"按钮，输入样式名称"200墙"，单击"继续"按钮，进入到"新建多线样式"对话
框，绘制间距为 200 的多线样式，如图 8-26 所示。

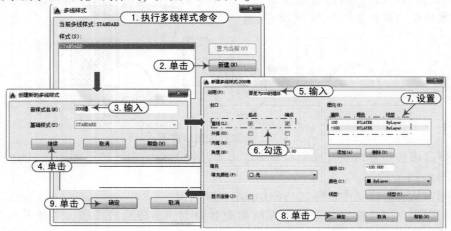

图 8-26 设置多线样式

步骤 03 同样方式，创建一个厚度为 100 的多线样式"墙100"。

步骤 04 在"图层特性管理器"中将"中心线"图层切换到当前图层；执行"构造线"命令（XL），绘制一条水平的构造和一条竖直的构造线。

步骤 05 执行"偏移"命令（O），将绘制的构造线按照如图 8-27 所示的尺寸与方向进行偏移操作。

步骤 06 在"图层特性管理器"中将"粗实线"图层切换到当前图层；执行"多线"命令（ML），根据命令行提示，选择"对正"选项，选择无对正模式；选择"比例"选项，输入比例因子为 1；选择"样式"选项，输入当前样式为"200墙"，捕捉相应的轴线交点绘制200 墙体，如图 8-28 所示。

步骤 07 同样方法，执行"多线"命令（ML），用"100墙"多线样式绘制如图 8-29 所示的墙体图形。

步骤 08 双击相关的多线，弹出"多线编辑工具"对话框，将绘制的 200 墙体多线和 100 墙体多线按照如图 8-30 所示的形状进行修剪操作。

步骤 09 执行"偏移"命令（O），将第 1 条竖直构造线进行偏移操作，如图 8-31 所示。

步骤 10 执行"修剪"命令（TR），以偏移的两条中心线为修剪边界，将 200 墙体进行修剪操作，使之成为 1000 的门洞；执行"删除"命令（E），将两条辅助中心线进行删除操作，修剪删除后的图形如图 8-32 所示。

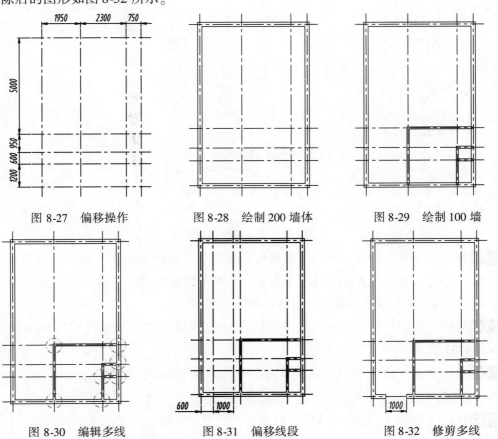

图 8-27 偏移操作　　　　图 8-28 绘制 200 墙体　　　　图 8-29 绘制 100 墙

图 8-30 编辑多线　　　　图 8-31 偏移线段　　　　图 8-32 修剪多线

步骤 ⑪ 同样方法，将其他相关的地方也进行类似的操作，先偏移线段，再修剪墙体多线，相关的尺寸与位置如图 8-33 所示。

步骤 ⑫ 执行 "直线" 命令（L），在图形的右下方的方格处绘制两条相连的斜线段，表示通风管道，如图 8-34 所示。

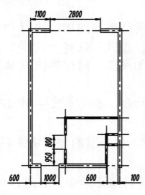

图 8-33　修剪其他多线　　　　　　　　　　　图 8-34　绘制直线

步骤 ⑬ 执行菜单命令 "格式 | 多线样式" 菜单命令 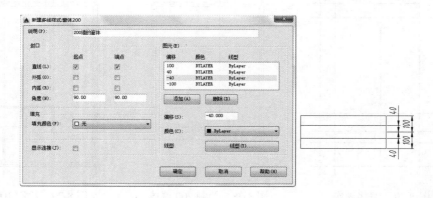，创建 "窗体 200" 多线样式，如图 8-35 所示。

图 8-35　设置窗体多线样式

步骤 ⑭ 执行 "多线" 命令（ML），根据命令行提示，选择 "对正" 选项，选择无对正模式；选择 "比例" 选项，输入比例因子为 1；选择 "样式" 选项，输入当前样式为 "窗体200"，捕捉相应的轴线交点绘制 200 窗体，如图 8-36 所示。

步骤 ⑮ 执行 "矩形" 命令（REC），在图形外面任意区域绘制一个尺寸为 80 × 1000 的矩形，如图 8-37 所示。

步骤 ⑯ 执行 "圆" 命令（C），以矩形的右下角角点为圆心，绘制一个直径为 2000 的圆，如图 8-38 所示。

步骤 ⑰ 执行 "构造线" 命令（XL），以圆心为放置点，绘制一条水平的构造线，如图8-39所示。

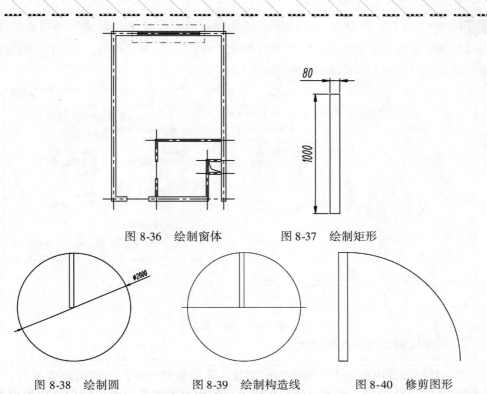

图 8-36 绘制窗体　　　　　图 8-37 绘制矩形

图 8-38 绘制圆　　　　图 8-39 绘制构造线　　　　图 8-40 修剪图形

步骤 18 执行"修剪"命令（TR），执行"删除"命令（E），按照如图 8-40 所示的形状进行修剪删除操作。

步骤 19 执行"写块"命令（W），弹出"写块"对话框，单击"选择对象"按钮，选择绘制的矩形和圆弧，单击"确定"按键，返回"写块"对话框；单击"拾取点"按钮，指定矩形的左下角点为拾取点，返回"写块"对话框，在"文件名和路径"项中选择好保存路径以及块的名称"门-1000"；在"插入单位"项中选择"毫米"选项，单击"确定"按钮，完成块的创建，操作过程如图 8-41 所示。

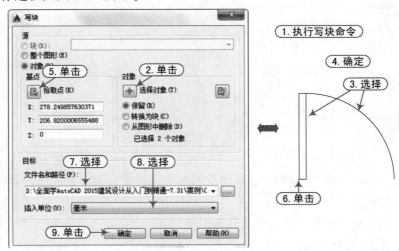

图 8-41 写块操作

步骤 ⑳ 执行"插入"命令（I），弹出"插入"对话框，单击"名称"项后面的按钮，选择保存的块图形；在"比例"的"X"项中输入"0.8"；单击"确定"按钮；将该图块插入到 800 门洞处，操作过程如图 8-42 所示。

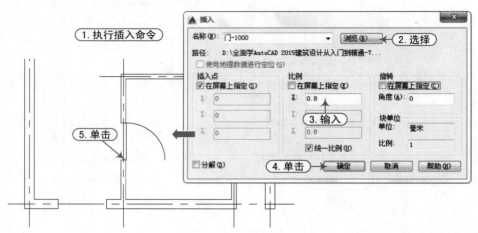

图 8-42　插入图块

技巧：利用比例控制插入块的大小

> 当一幅平面图中有大小不等的门的时候，不需要每一种尺寸的门都去绘制，只需要绘制一幅 1000 的门，利用比例控制插入块的大小绘制不同大小的门，比如用 1000 的门通过插入块的方式绘制 800 的门，只需要在"X"比例中输入"0.8"即可绘制。

步骤 ㉑ 执行"镜像"命令（MI），执行"旋转"命令（RO）等，将插入的 800 门旋转到如图 8-43 所示的位置。

步骤 ㉒ 同样的方式，在标准间的门口插入一幅 1000 的门，绘制的图形如图 8-44 所示。

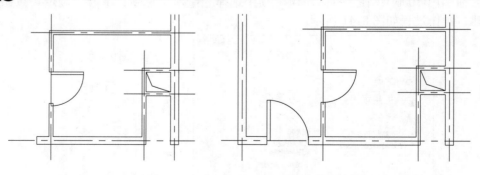

图 8-43　旋转操作　　　　　　　　图 8-44　插入 1000 门

步骤 ㉓ 执行"矩形"命令（REC），在图形的右上方位置绘制一个尺寸为 2500×3800 的矩形，如图 8-45 所示。

步骤 ㉔ 执行"插入"命令（I），将文件夹中的"床""浴缸""衣柜""电视桌"等图块插入到图形中，如图 8-46 所示。

步骤 25 执行"图案填充"命令（BH），选绘制的 2500×3800 的矩形为填充区域，选择填充图案为"CROSS"，填充比例为 10，对图案进行图案填充操作，填充后的图形如图 8-47 所示。

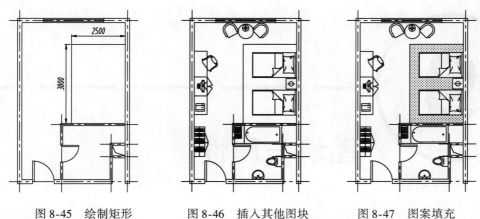

图 8-45　绘制矩形　　　图 8-46　插入其他图块　　　图 8-47　图案填充

步骤 26 单击"保存" 🖫 按钮，将文件保存，该标间平面图图形绘制完成。

第3篇 辅助绘图篇

9

图块与属性

本章导读

在AutoCAD中，如果图形中有大量相同或相似的内容，或者所绘制的图形与已有的图形相同，则可以把需要重复绘制的图形创建成块，在需要绘制图形的地方直接插入；也可以将已有的图形文件直接插入到当前图形中，从而提高绘图效率。另外，用户可以根据需要为块创建属性，用来指定块的名称、用途及设计信息等。

本章内容

- 内部块的创建
- 外部块的创建
- 插入块操作
- 如何编辑块
- 属性定义的操作
- 块及属性定义等命令的综合练习

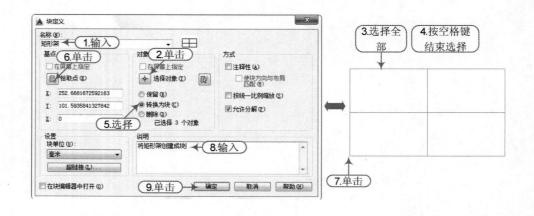

9.1 块

在 AutoCAD 绘图的过程中，经常会出现相同的内容，比如图框、标题栏、符号、标准件等。通常是画好一个图形采用复制粘贴的方式，这样的确能提高绘图效率。如果用户了解 AutoCAD 中的块图形操作，就会发现插入块比复制粘贴更加高效。

9.1.1 块的概述

（↓知识要点）块是一个或多个对象组成的对象集合，常用于绘制重复的图形。一旦一组对象组合成块，就可以根据作图需要将这组对象插入到图中任意指定位置，还可以按不同的比例和旋转角度插入。作为一个整体图形单元，块可以是绘制在几个图层上的不同颜色、线型和线宽特性对象的组合。各个对象可以有自己独立的图层、颜色和线型等特性。在插入块时，块中的每个对象的特性都可以被保留。

9.1.2 图块的分类

（↓知识要点）在 AutoCAD 中，图块有内部图块、外部图块和匿名块。

- 内部图块：在绘图过程中，如果需要插入的图块来自当前绘制的图形中，这种图块称为"内部图块"，且只能在当前图形文件中使用。内部图块会随当前图形一起保存到图形文件中。内部图块可以用 Wblock 命令保存到磁盘上。
- 外部图块：如果图块以内部图块保存在磁盘上，这种以文件形式保存在计算机磁盘中，则可插入到其他图形文件，这种图块称为"外部图块"。另外，一个已经保存在磁盘中的图形文件也可以当成外部图块，用插入命令插入到当前图形中。
- 匿名块：匿名块是用 AutoCAD 绘图或标注命令绘制的一些图形元素组合，如尺寸线、尺寸界线、引线等，这些图形元素被称为匿名块，是由于它们没有像内部图块或外部图块那样有明确的命名过程，但又具有图块的基本特性。

9.1.3 创建内部块

（↓知识要点）使用块之前，首先定义一个块，然后利用插入块命令将定义好的块插入到当前图形中。块是作为一个整体存在的，可以对块进行移动、旋转和复制等编辑，也可以用分解命令将其分解成多个独立的对象。当块带有属性时，还可以对块属性进行编辑。

（↓执行方法）在 AutoCAD 中，其内部图块的创建是通过"块定义"对话框实现的，可以通过以下三种方法来打开"块定义"对话框。

- 菜单栏：选择"绘图 | 块 | 创建"命令。
- 面　板：在"默认"选项卡的"块"面板中单击按钮。
- 命令行：在命令行中输入"BLOCK"命令（B）。

（↓操作实例）例如，将图形进行创建块操作，操作命令行如下，绘制的图形如图 9-1 所示。

```
命令:B                              \\执行创建命令
BLOCK
选择对象:指定对角点:找到 3 个        \\选择全部对象
选择对象: 指定插入基点:             \\指定基点
正在重生成模型。                    \\完成创建操作
```

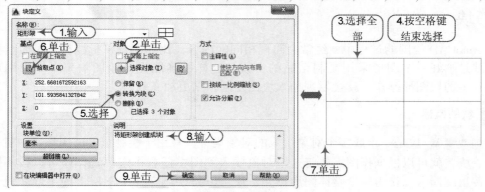

图 9-1　创建块

选项含义 在"块定义"对话框中，有几个常用的选项按钮，这些选项的功能与含义如下。

- 名称：该选项是指定块的名称。块的名称最多可以包含 255 个字符，包括字母、数字、空格，以及操作系统或程序未作他用的任何特殊字符。块名称及块定义保存在当前图形中。

- 基点：该选项是指定块的插入基点，单击该按钮，则将临时关闭"块定义"对话框，从而通过捕捉点去指定块的基点。也可以通过在坐标参数对话框中输入相关的坐标值来指定块的基点，如果不指定，则默认值是（0，0，0）。

- 对象：该选项是指定新块中要包含的对象，以及创建块之后如何处理这些对象，是保留还是删除选定的对象或者是将它们转换成块实例。

- 选择对象：暂时关闭"块定义"对话框，允许选择块对象。选择完对象后，按 Enter 键可返回到块定义对话框。

- 保留：创建块以后，将选定对象保留在图形中作为区别对象。

- 转换为块：创建块以后，将选定对象转换成图形中的块实例。

- 删除：创建块以后，从图形中删除选定的对象。

提示：图块的图层

> 在绘图时，需要建立很多的图层，要建立多种标注、文字样式，要插入很多块，如果要想图层清晰明了，颜色线型统一，标注样式简单实用，就要注意图块创建及插入的环境。

9.1.4　创建外部块

知识要点 创建外部块就是将图形对象保存为独立的图形文件或将内部块转换为独立的图形文件，便于其他图形调用。这个新的图形文件可以利用当前图形中定义的块创建，也可以由当前图形中被选择的对象组成，甚至可以将全部的当前图形输出成一个新的图形文件。通过创建外部块命令如何选择这些对象，新图会将图层、线型、样式和其他特性如系统变量等设置作为当前图形设置。

执行方法 在 AutoCAD 中，外部图块的创建是通过"写块"对话框实现的，可以通过以下两种方法打开"写块"对话框。

■ 面 板：在"插入"选项卡的"块定义"面板中单击 按钮。
■ 命令行：在命令行中输入"WBLOCK"命令（W）。

操作实例 例如，将图形进行创建外部块操作，操作命令行如下，绘制的图形如图 9-2 所示。

```
命令:W                                \\执行写块命令
命令:WBLOCK
选择对象:指定对角点:找到两个            \\选择对象
选择对象： 指定插入基点：              \\指定基点
```

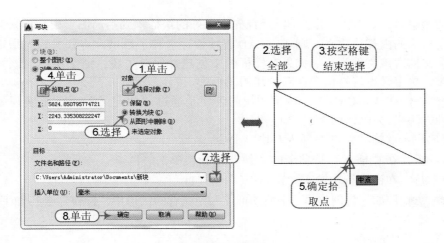

图 9-2 创建外部块

选项含义 在"写块"对话框中，有几个常用的选项按钮。这些选项的功能与含义如下。

■ 块：指定要另存为文件的现有块。从列表中选择名称。
■ 整个图形：选择要另存为其他文件的当前图形。
■ 对象：选择要另存为文件的对象。指定基点并选择下面的对象。
■ 基点：该选项是指定块的插入基点，单击该按钮，则将临时关闭"块定义"对话框，通过捕捉点去指定块的基点。也可以通过在坐标参数对话框中输入相关的坐标值来指定块的基点，如果不指定，则默认值是（0，0，0）。
■ 对象：该选项是指定新块中要包含的对象，以及创建块之后如何处理这些对象，是保留还是删除选定的对象或者是将它们转换成块实例。
■ 目标：指定文件的新名称和新位置以及插入块时所用的测量单位。
■ 插入单位：指定新文件或将其作为块插入到使用不同单位的图形中时用于自动缩放的单位值。如果希望插入时不自动缩放图形，请选择"无单位"。

技巧：图块与其他参数的相关联系

> 1）一般情况下，在"0"图层制作块是最好的。
>
> 2）属性值的颜色：因为文字的线宽一般要比细实线粗，比粗实线细，这样在定义块中的属性时，就对文字给定特定颜色——也就是图形文件中的颜色。
>
> 3）中心线：因为中心线的线宽应为细实线，且线型为点画线。所以对于块中的中心线，应预先给定一个图形文件中会以细实线线宽打印的颜色，并指定线型为点画线。
>
> 4）其他对象：颜色和线型可指定为"随层"，这样，当块插入到某一层，除上面所说的指定特定线型和特定颜色的对象外，就会对块赋予层的属性。

9.2 插入块

⬇知识要点 插入块命令用于将已经预先定义好的块插入到当前图形中。如果当前图形中不存在指定名称的内部块定义，则 AutoCAD 将搜索磁盘和子目录，直到找到与指定块同名的图形文件，并插入该文件为止。如果在样板图中创建并保存了块，那么在使用该样板图创建一张新图时，块定义也将被保存在新创建的图形中。

⬇执行方法 在 AutoCAD 中，内部图块的创建是通过"块定义"对话框实现的，可以通过以下三种方法来打开"块定义"对话框。

■ 菜单栏：选择"绘图｜插入｜块"命令。

■ 面　板：在"插入"选项卡的"块"面板中单击⬛按钮。

■ 命令行：在命令行中输入"Insert"命令（I）。

⬇操作实例 例如，将创建的一个块图形插入到已有的图形中，操作命令行如下，如图 9-3 所示。

```
命令:I                                          \\执行插入块命令
指定插入点或[基点(B)/比例(S)/旋转(R)]：          \\指定插入基点
```

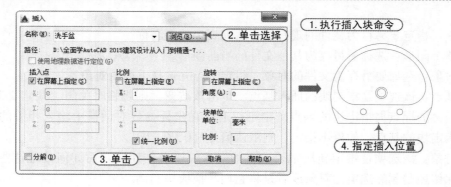

图 9-3　插入块

⬇选项含义 在"插入块"对话框中，有几个常用的选项按钮，这些选项的功能与含义如下。

■ "名称"下拉列表框：用于指定要插入块的名称，或单击向下的箭头，从当前图形中已被定义的块名列表中选择一个名称，将其插入到图形中。

- ■ "插入点"选项组：用于指定一个插入点以便插入块参照定义的一个副本。在对话框中，如果取消勾选"在屏幕上指定"复选框，那么在 X、Y、Z 文本框中可以输入 X、Y、Z 的坐标值来定义插入点的位置。
- ■ "比例"选项组：用来指定插入块的缩放比例。如果指定负的 X、Y 和 Z 缩放比例因子，则插入块的镜像图形。若选择"统一比例"复选框，只需输入 X 方向的比例即可，其他方向自动与 X 方向一致。

提示：插入块的比例值

> 如果指定一个负的比例值，那么 AutoCAD 将在插入点处插入一个块参照的镜像图形。实际上，如果将 X 轴和 Y 轴方向的比例值都设为 −1，那么 AutoCAD 将对该对象进行"双向镜像"，其效果就是将块参照旋转 180°。如果希望在屏幕上指定比例值，那么应勾选"在屏幕上指定"复选框。如果勾选"统一比例"复选框，那么只需要在 X 文本框中输入一个比例值，相应地沿 Y 轴和 Z 轴方向的比例值都将保存与 X 轴方向的比例值一致。

- ■ "旋转"选项组：用于块参照插入时的旋转角度。指定的块参照的旋转角度不论为正或者为负，都是参照块的原始位置。如果希望在屏幕上指定旋转角度，那么需勾选"在屏幕上指定"复选框。
- ■ "块单位"选项组：显示有关图块单位的信息。"单位"文本框用于指定插入块的"INSUNITS"值。"比例"文本框显示单位比例因子，该比例因子是根据块的"IN-SUNITS"值和图形单位计算得来的。"INSUNITS"值指定插入或附着到图形找那个的块、图形或外部参照进行自动缩放所用的图形单位值。
- ■ "分解"复选框：表示在插入图块时分解块并插入该块的各个部分。勾选"分解"复选框时，只可以指定统一比例因子。此时在图层"0"上绘制的块的图形对象仍保留在图层"0"上，颜色随层设置，线型随块设置。

注意：插入图块的图层等信息

> 块可以是绘制在几个图层上的不同颜色、线型和线宽特性的对象的组合。尽管块总是在当前图层上，但块参照保存了有关包含在该块中的对象的原图层、颜色和线型特性的信息。在其上创建图形对象和特定的特性设置的图层会影响插入块中的对象是保留其原特性还是继承当前图层、颜色、线型或线宽设置的特性。

实战练习：创建图块和插入图块

案例	套间平面图 . dwg	视频	创建和插入图块 . avi	时长	17′28″

通过本实例的操作，让读者通过一个已有文件的一部分对象，将其保存为外部文件，并且能够通过文件浏览窗口来查看该文件。

↓ 实战要点：①图块的创建；②图块的插入。

↓ 操作步骤

步骤 01 正常启动 AutoCAD 2015 软件，选择"文件 | 打开"菜单命令，将"案例 \ 09 \ 套

间平面图.dwg"文件打开，如图9-4所示。

步骤 02 执行"创建块"命令（B），弹出"写块"对话框，在"名称"项中输入块的名称"门-1000"，单击"选择对象"按钮，选择门的图形对象，单击"确定"按钮，返回"块定义"对话框；单击"拾取点"按钮，指定门图形的左下角点为拾取点，返回"块定义"对话框；在"块单位"项中选择"毫米"选项，单击"确定"按钮，完成内部块的创建，操作过程如图9-5所示。

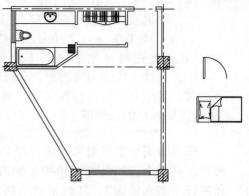

图9-4 打开图形

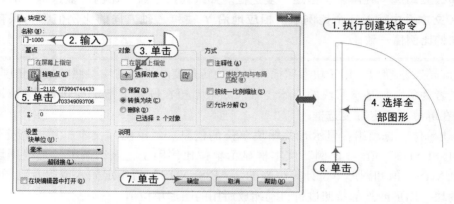

图9-5 创建内部块

步骤 03 执行"写块"命令（W），弹出"写块"对话框，单击"选择对象"按钮，选择床体对象图形，单击"确定"按钮，返回"写块"对话框；单击"拾取点"按钮，指定矩形的左下角点为拾取点，返回"写块"对话框，在"文件名和路径"项中选择好保存路径以及块的名称"床"；在"插入单位"项中选择"毫米"选项，单击"确定"按钮，完成块的创建，操作过程如图9-6所示。

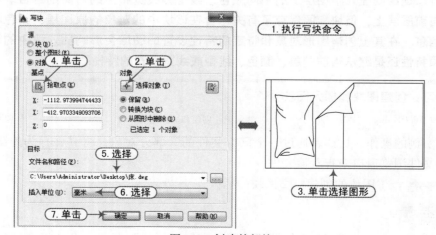

图9-6 创建外部块

步骤04 执行"插入"命令（I），弹出"插入"对话框，单击"名称"项后面的下拉按钮，选择保存的"门-1000"块图形；在"旋转"的"角度"项中输入"180"；单击"确定"按钮；将该图块插入到1000门洞处，操作过程如图9-7所示。

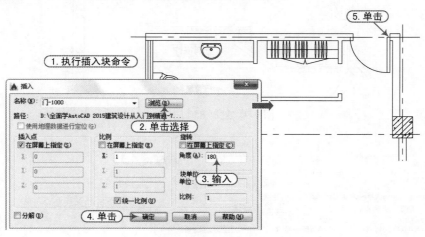

图9-7　插入1000门图形

步骤05 执行"插入"命令（I），弹出"插入"对话框，单击"名称"项后面的下拉按钮，选择保存的"门-1000"块图形；在"比例"的"X"项中输入"0.85"；在"旋转"的"角度"项中输入"90"；单击"确定"按钮；将该图块插入到850门洞处，操作过程如图9-8所示。

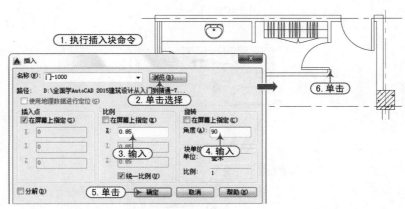

图9-8　插入850门图形

步骤06 执行"复制"命令（CO），以图块的插入点为基点，将850宽的门图形向左进行复制操作，如图9-9所示。

步骤07 执行"插入"命令（I），弹出"插入"对话框，单击"名称"项后面的下拉按钮，选择保存的"床"块图形；在"旋转"的"角度"项中输入"30"；单击"确定"按钮；将该图块插入到图形的左下角，操作过程如图9-10所示。

步骤08 执行"复制"命令（CO），以图块的插入点为基点，将床图形顺着墙壁进行复制操作，如图9-11所示。

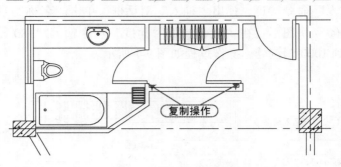

图 9-9　复制 850 门图形

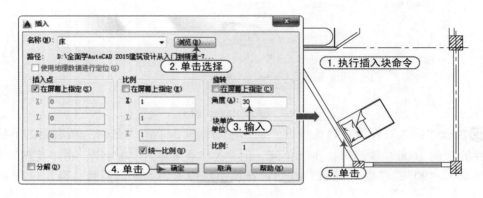

图 9-10　插入床图块

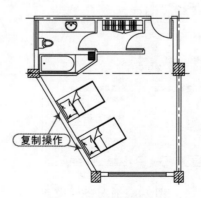

图 9-11　复制床图块

步骤 09 单击"保存" 📁 按钮，将文件保存，该图形的门图块和床图块插入完成。

9.3　设置基点

🔽知识要点 基点是用当前"UCS"中的坐标来表示的。向其他图形插入当前图形或将当前图形作为其他图形的外部参照时，此基点将被用作插入基点。

⬇️执行方法 在 AutoCAD 中，可以通过以下三种方式执行基点命令。

■ 菜单栏：选择"绘图|块|基点"命令。

■ 面　板：在"默认"选项卡的"块"面板中单击 🔲 按钮。

■ 命令行：在命令行中输入"Base"命令（BA）。

⬇️操作实例 例如，设置坐标点（100，0，0）为图块新基点，操作命令行如下，如图9-12所示。

```
命令：BASE                              \\执行基点命令
输入基点 <1155.1211,400.7236,0.0000>：100,0,0    \\输入目标坐标值
```

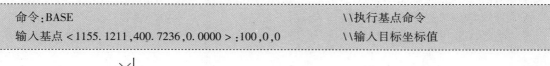

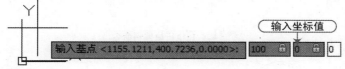

图 9-12　设置基点

拓展：基点的实际运用

> 　　基点命令是为图形文件定义基点，用作插入的基点。例如一个图形文件中有两个以上的块，则基点就有不确定性。所以如果将这个图形文件作为块插入到其他的图形文件中时，基点命令就是为这个图形文件定义基点。
>
> 　　例如将左下角的斜线段的端点设置为基点，那么在新图形中插入该图形时，插入基点将变成该斜线段的端点。

9.4　编辑块

⬇️知识要点 选择要编辑的块定义或输入要创建的新块定义的名称，单击"确定"按钮，以在块编辑器中打开。

提示：块编辑器选项卡和工具栏

> 　　如果功能区处于激活状态，将显示块编辑器功能区上下文选项卡。否则，将显示块编辑器工具栏。
>
> 　　另外，当"BLOCKEDITLOCK"系统变量设定为"1"时，无法打开块编辑器。

⬇️执行方法 在 AutoCAD 中，可以通过以下三种方式来执行块编辑命令。

■ 菜单栏：选择"工具|块编辑器"命令。

■ 面　板：在"默认"选项卡的"块"面板中单击 🔲 按钮。

■ 命令行：在命令行中输入"Bedit"命令（BE）。

⬇️操作实例 例如，将洗脸盆图块图形进行编辑，绘制一个引水管，操作命令行如下，如图 9-13 所示。

命令:BE BEDIT 正在重生成模型。	\\执行块编辑器命令
	\\弹出"编辑块定义"对话框,选择"洗脸盆"图块图形,单击"确定"按钮进入块编辑器环境
命令:C	\\执行圆命令
CIRCLE	
指定圆的圆心或[三点(3P)/两点(2P)/切点、切点、半径(T)]:	\\指定圆心
指定圆的半径或[直径(D)] <200>:	\\输入直径
命令:_BCLOSE 正在重生成模型。	\\单击"关闭块编辑器"按钮

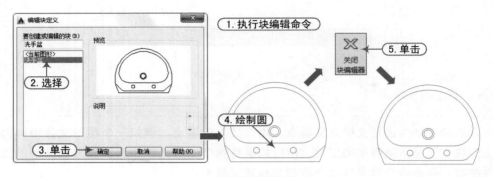

图 9-13　块编辑器操作

拓展：关于参照编辑

　　参照编辑是直接在当前图形中编辑外部参照或块定义,执行参照编辑后,将临时提取从选定的外部参照或块中选择的对象,并使其可在当前图形中进行编辑。提取的对象集合称为工作集,可以对其进行修改并存回以更新外部参照或块定义。参照编辑对话框如图 9-14 所示。

图 9-14　"参照编辑"对话框

9.5 属性

在 AutoCAD 中块属性是将数据附着到块上的标签或标记，表示块的一些文字信息等，是块的组成部分。属性是不能脱离块而存在，删除块时，属性也被删除。属性是由属性标记和属性值两部分组成。

9.5.1 定义属性

知识要点 定义属性是附加在块对象上的各种文本数据，是一种特殊的文本对象，可包含用户所需要的各种信息。当插入图块时，系统将显示或提示输入属性数据。定义属性是所创建的包含在块定义中的对象。属性可以存储数据，例如部件号、产品名等。

技巧：定义属性具有两种基本作用

> 1) 在插入附着有属性信息的块对象时，根据属性定义的不同，系统自动显示预先设置的文本字符串，或者提示输入字符串，从而为块对象附加各种注释信息。
>
> 2) 可以从图形中提取属性信息，并保存在单独的文本文件中，供用户使用。属性在被附加到块对象之前，必须先在图形中进行定义。对于附加属性的块对象，在引用时可显示或设置属性值。

执行方法 在 AutoCAD 中，可以通过以下三种方式来执行定义属性命令。

- 菜单栏：选择"绘图 | 块 | 定义属性"命令。
- 面 板：在"默认"选项卡的"块"面板中单击 按钮。
- 命令行：在命令行中输入"Attdef"命令（ATT）。

操作实例 例如，设置一个图纸数量的块属性，使该块图形在插入时提醒绘图人员对图纸进行编号，操作命令行如下，如图 9-15 所示。

```
ATTDEF                        \\执行定义属性命令
                              \\将弹出"属性定义"对话框填写好相关的
                                 参数数据后，单击"确定"按钮
指定起点：                      \\指定块属性的起点
```

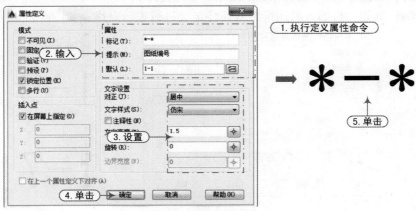

图 9-15 定义属性操作

提示：文字样式中的单行文字

> 对于单行文字属性，最多可输入 256 个字符。如果属性提示或默认值中需要以空格开始，必须在字符串前面加一个反斜杠（\）。要使第一个字符为反斜杠，请在字符串前面加上两个反斜杠。
>
> 打开"多行"模式后，"－ATTDEF"将显示"MTEXT"命令使用的若干提示。

拓展：插入带属性定义的图块

> 如果图块中有定义好的块属性，那么在新图形中插入该图块，将会有相关的参数对话框提示输入相关的文本。例如前面设置的图纸编号属性定义，将其插入到新图形中，操作方式如图 9-16 所示。

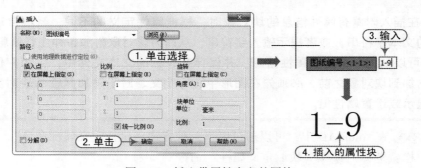

图 9-16　插入带属性定义的图块

9.5.2　编辑属性定义

（知识要点）所谓编辑属性就是指列出选定的块实例中的属性并显示每个属性的特性。可对图块的属性进行修改。

（执行方法）在 AutoCAD 中，可以通过以下三种方式执行定义属性命令。

■　菜单栏：选择"修改｜对象｜属性"命令。
■　面　板：在"插入"选项卡的"块"面板中单击 按钮。
■　命令行：在命令行中输入"Eattedit"命令（EA）。

（操作实例）例如，将插入的图纸编号属性定义进行编辑操作，如图 9-17 所示。

图 9-17　编辑属性定义操作

技巧：关于使用编辑属性定义的一些小技巧

> 1）双击块可显示"增强属性编辑器"。
>
> 2）按【Ctrl】键并双击属性以显示在位编辑器；如果按【Ctrl】键并双击包含超链接的属性，超链接将打开"Web"页面。
>
> 3）打开特性选项板并选择块。
>
> 4）使用夹点更改属性在块中的位置。也可以使用多行文字属性移动夹点来调整文字宽度。

9.5.3 提取属性

（知识要点）提取属性就是指将与块关联的属性数据、文字等相关的信息提取到文件中。

（执行方法）在 AutoCAD 中，可以通过在命令行中输入"Attext"来执行。

（操作实例）例如，提取图纸编号这一图块的属性，执行"提取属性"命令后，将弹出"属性提取"对话框，单击"选择对象"按钮，单击选择要提取属性的对象图块图形；单击选择"输出文件"按钮，选择要提取属性文件的存放位置，单击"确定"按钮，完成属性提取操作，如图9-18所示。

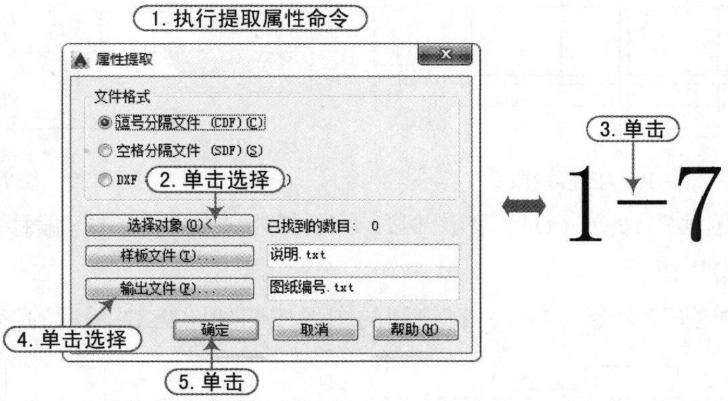

图9-18 提取属性定义操作

（选项含义）在"属性提取"对话框中，有三种文件格式，这三种文件格式分别为逗号分隔文件（CDF）、空格分隔文件（SDF）、图形交换文件。

- 逗号分隔文件（CDF）：生成一个文件，其中包含的记录与图形中的块参照一一对应。用逗号来分隔每个记录的字段。字符字段置于单引号中。

- 空格分隔文件（SDF）：生成一个文件，其中包含的记录与图形中的块参照一一对应。记录中的字段宽度固定，无需使用字段分隔符或字符串分隔符。

- 图形交换文件：生成 AutoCAD 图形交换文件格式的子集，其中只包括块参照、属性和序列结束对象。提取"DXF"格式不需要样板。文件扩展名".dxx"用于区分输出文件和普通"DXF"文件。在"创建提取文件"对话框中输入文件的名称。对于"DXF"格式，提取文件的扩展名为".dxx"。

9.6 综合练习——制作机械零件图块

| 案例 | 轴.dwg | 视频 | 绘制轴图形.avi | 时长 | 17′28″ |

↓ 实战要点：①使用矩形命令绘制轴零件图形的轮廓；②使用写块命令创建该零件的图块图形。

↓ 操作步骤

步骤 **01** 正常启动 AutoCAD 2015 软件，在菜单浏览器下选择"另存为丨图形"命令，将弹出"图形另存为"对话框，将文件保存为"轴.dwg"文件。

步骤 **02** 在"图层特性管理器"中将"中心线"图层切换到当前图层；执行"构造线"命令（XL），绘制一组十字中心线。

步骤 **03** 执行"偏移"命令（O），将绘制的水平中心线按照如图 9-19 所示的尺寸与方向进行偏移操作，并转换到"粗实线"和"细实线"图层。

步骤 **04** 执行"修剪"命令（TR），将绘制的图形按照如图 9-20 所示的形状进行修剪操作。

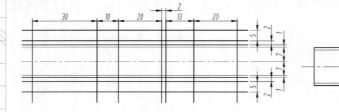

图 9-19 偏移线段

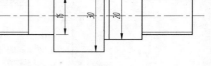

图 9-20 修剪图形

步骤 **05** 执行"偏移"命令（O），如图 9-21 所示将相关的线段进行偏移操作，并将相关线段转换到"粗实线"图层。

步骤 **06** 执行"修剪"命令（TR），将绘制的图形按照如图 9-22 所示的形状进行修剪操作。

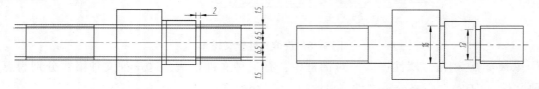

图 9-21 偏移线段   图 9-22 修剪图形

步骤 **07** 在"图层特性管理器"中将"粗实线"图层切换到当前图层；执行"圆弧"命令（A），选择"起点、端点、半径"选项，分别捕捉左右两边的竖直线段上下两端点为圆弧的起点和端点，绘制两个半径为 15 的圆弧；并执行"延伸"命令（EX），将左右两个半的四条水平细实线延伸到圆弧上，如图 9-23 所示。

步骤 **08** 执行"倒角"命令（CHA），对两端进行倒斜角处理，斜角尺寸为 C2；执行"直线"命令（L），绘制几条直线段连接斜角转角处，如图 9-24 所示。

步骤 **09** 在"图层特性管理器"中将"0"图层切换到当前图层；执行"写块"命令（W），

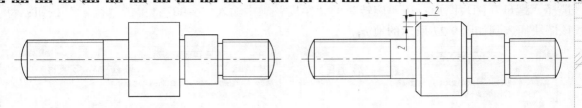

图9-23　绘制圆弧　　　　　　　　　　　　图9-24　倒斜角

弹出"写块"对话框，单击"选择对象"按钮，选择轴对象图形，单击确定按钮，返回"写块"对话框；单击"拾取点"按钮，指定所示的点为拾取点，返回"写块"对话框，在"文件名和路径"项中选择好保存路径以及块的名称"轴"；在"插入单位"项中选择"毫米"选项，单击"确定"按钮，完成块的创建，操作过程如图9-25所示。

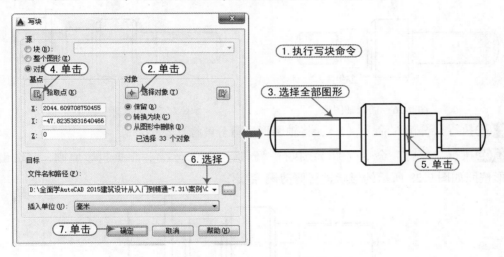

图9-25　将轴图形进行写块操作

步骤 10 单击"保存" 🖫 按钮，将文件保存，该轴图形绘制完成。

9.7　综合练习——插入机械零件图块

案例	轴装配.dwg	视频	轴的装配操作.avi	时长	17′28″

⬇实战要点：①使用插入命令插入已经绘制好的零件图形；②使用修剪命令对插入后的图形进行修剪操作。

⬇操作步骤

步骤 01 正常启动 AutoCAD 2015 软件，在菜单浏览器下选择"另存为丨图形"命令，将弹出"图形另存为"对话框，将文件保存为"轴装配.dwg"文件。

步骤 02 在"图层特性管理器"中将"0"图层切换到当前图层；执行"插入"命令（I），弹出"插入"对话框，选择保存的"轴"文件图形；单击"确定"按钮，退出对话框，在屏幕上任意一点指定该图块的插入位置，如图9-26所示。

步骤 03 执行"插入"命令（I），弹出"插入"对话框，单击"名称"项后面的下拉按钮，选择"螺母"图块图形；在"旋转"的"角度"项中输入"–90"；单击"确定"按钮；将该图块插入到如图 9-27 所示的地方。

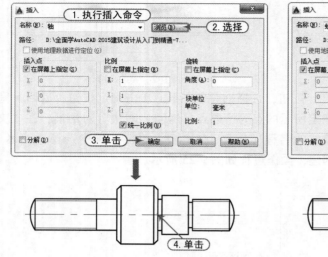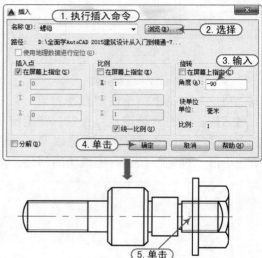

图 9-26　插入轴图形　　　　　图 9-27　插入螺母图形

步骤 04 执行"分解"命令（X），将轴图形进行分解操作。

步骤 05 执行"修剪"命令（TR）；执行"删除"命令（E），根据投影原则，将分解后的轴图形按照如图 9-28 所示的形状进行修剪删除操作。

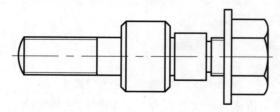

图 9-28　修剪图形

步骤 06 单击"保存" 按钮，将文件保存，该轴装配图形绘制完成。

9.8　综合练习——定义粗糙度属性图块

案例	粗糙度符号.dwg	视频	定义粗糙度属性.avi	时长	17′28″

实战要点：①使用直线命令绘制粗糙度符号；②使用定义属性创建可以输入粗糙度值的图块图形。

操作步骤

步骤 01 正常启动 AutoCAD 2015 软件，在菜单浏览器下选择"另存为 | 图形"命令，将弹出"图形另存为"对话框，将文件保存为"粗糙度符号.dwg"文件。

步骤 02 在"图层特性管理器"中将"0"图层切换到当前图层；执行"构造线"命令（XL），根据命令行提示，选择"水平（H）"选项，在视图中绘制一条水平构造线；执行

"偏移"命令（O），将水平构造线分别向上偏移3.5和7，如图9-29所示。

步骤 03 执行"构造线"命令（XL），绘制三个角夹角均为60°的两条构造线；执行"修剪"命令（TR），将多余的线段进行修剪，如图9-30所示。

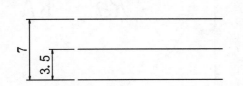

图9-29　绘制水平构造线　　　　　图9-30　绘制角度构造线

步骤 04 执行"多行文字"命令（MT），输入"轮廓算术平均偏差"符号"Ra"，并设置字高为2.5，斜体字，如图9-31所示。

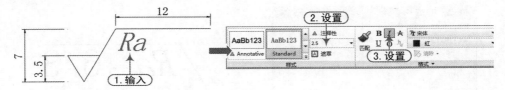

图9-31　输入符号

步骤 05 在"常用"选项卡的"块"面板中，单击"定义属性"按钮，将弹出"属性定义"对话框，在"属性"选项区域中设置好相应的标记与提示，再设置"对正"方式为"右对齐"，"文字样式"为"Standard"，单击"确定"按钮，指定插入点，如图9-32所示。

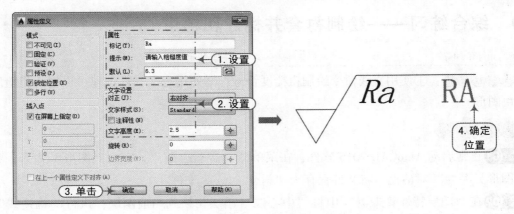

图9-32　属性定义

步骤 06 在"默认"标签下的"块"面板中，单击"创建"按钮，在弹出的"块定义"对话框中设置好块的名称"粗糙度符号"，选择块对象和基点位置，单击"确定"按钮，如图9-33所示。

步骤 07 此时将弹出"编辑属性"对话框，并显示出当前的属性提示，输入新的值6.3，单击"确定"按钮即可，此时视图中图块对象的参数值发生了变化，如图9-34所示。

步骤 08 单击"保存"按钮，将文件保存，该粗糙度符号图形绘制完成。

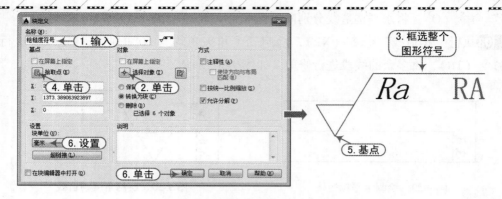

图 9-33　创建成块

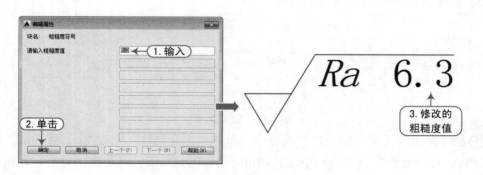

图 9-34　编辑属性

9.9　综合练习——绘制衬套并标注粗糙度

案例	衬套.dwg	视频	标注衬套的粗糙度.avi	时长	17′28″

⚡实战要点：①使用直线命令绘制粗糙度符号；②使用定义属性创建可以输入粗糙度值的图块图形。

⬇操作步骤

步骤 01 正常启动 AutoCAD 2015 软件，在菜单浏览器下选择"另存为 | 图形"命令，将弹出"图形另存为"对话框，将文件保存为"衬套.dwg"文件。

步骤 02 在"图层特性管理器"中将"中心线"图层切换到当前图层；执行"构造线"命令（XL），绘制一组十字中心构造线，如图 9-35 所示。

步骤 03 执行"偏移"命令（O），将水平中心线按照如图 9-36 所示的尺寸与方向进行偏移操作，并转换到"粗实线"图层。

步骤 04 执行"修剪"命令（TR），将绘制的图形按照如图 9-37 所示的形状进行修剪操作。

步骤 05 在"图层特性管理器"中将"剖面线"图层切换到当前图层，执行"填充"命令（BH），选择填充图案为"ANSI31"，输入图案填充比例"1"，对图形进行图案填充操作，如图 9-38 所示。

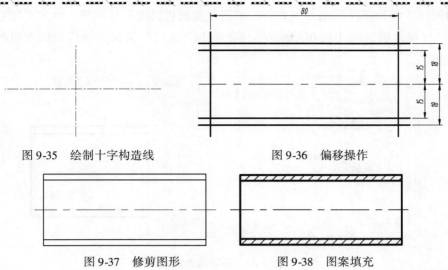

<table><tr><td>图 9-35　绘制十字构造线</td><td>图 9-36　偏移操作</td></tr></table>

<table><tr><td>图 9-37　修剪图形</td><td>图 9-38　图案填充</td></tr></table>

步骤 06 执行"插入"命令（I），在弹出的"插入"对话框中选择"粗糙度符号"图块，如图 9-39 所示。

图 9-39　插入命令

步骤 07 单击"确定"按钮，提示指定该图块的插入点，单击指定图形中的插入点；弹出"编辑属性"对话框，在提示项中输入粗糙度值0.8，单击"确定"按钮，完成插入粗糙度图块操作，如图 9-40 所示。

步骤 08 执行"复制"命令（CO），将粗糙度符号复制到图形最上方的水平直线段上，如图 9-41 所示。

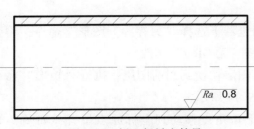

图 9-40　插入粗糙度符号

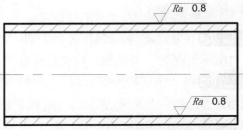

图 9-41　复制粗糙度符号

步骤 **09** 执行"编辑属性"命令（EA），单击复制的粗糙度符号图块，弹出"增强属性编辑器"对话框，在"值"项中将 0.8 改为 3.2，单击"确定"按钮，完成粗糙度值的更改，如图 9-42 所示。

图 9-42　编辑属性定义

步骤 **10** 同样方式，执行"复制"命令（CO），将粗糙度符号复制到衬套端面处；执行"旋转"命令（RO），将其旋转 90°；执行"编辑属性"命令（EA），将粗糙度值更改为"1.6"，如图 9-43 所示。

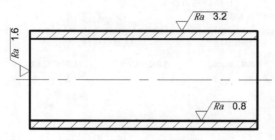

图 9-43　编辑端面处的属性定义

步骤 **11** 单击"保存" 🖫 按钮，将文件保存，该衬套图形绘制完成。

9.10　综合练习——制作标题栏与图框

| 案例 | A4-横-无.dwg | 视频 | 绘制 A4 图框.avi | 时长 | 17′28″ |

⬇实战要点：①使用直线命令绘制粗糙度符号；②使用定义属性创建可以输入粗糙度值的图块图形。

⬇操作步骤

步骤 **01** 正常启动 AutoCAD 2015 软件，在菜单浏览器下选择"另存为 | 图形"命令，将弹出"图形另存为"对话框，将文件保存为"A4-横-无.dwg"文件。

步骤 **02** 在"图层特性管理器"中将"细实线"图层切换到当前图层；执行"矩形"命令（REC），绘制一个尺寸为 297×210 的矩形，如图 9-44 所示。

步骤 **03** 执行"移动"命令（M），将矩形的左下角角点移动到坐标原点位置，如图 9-45 所示。

步骤 04 执行"偏移"命令（O），将绘制的矩形向内进行偏移操作，并转换到"粗实线"图层，如图 9-46 所示。

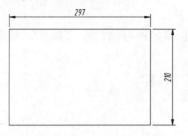

图 9-44　绘制矩形

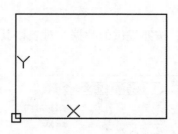

图 9-45　移动矩形

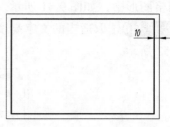

图 9-46　偏移操作

步骤 05 在"图层特性管理器"中将"粗实线"图层切换到当前图层；执行"矩形"命令（REC），绘制一个尺寸为 96×28 的矩形；将绘制的矩形的右下角角点与前面所偏移后的矩形的右下角角点重合，如图 9-47 所示。

步骤 06 执行"分解"命令（X），将绘制的 96×28 的矩形进行分解操作；执行"偏移"命令（O），将分解后的矩形的相关线段按照如图 9-48 所示的尺寸与方向进行偏移操作，并将偏移后的线段转换到"细实线"图层。

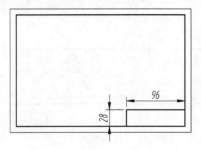

图 9-47　绘制矩形

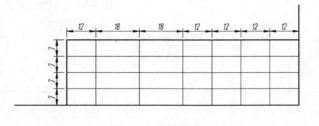

图 9-48　偏移操作

步骤 07 执行"修剪"命令（TR），将绘制的图形按照如图 9-49 所示的形状进行修剪操作。

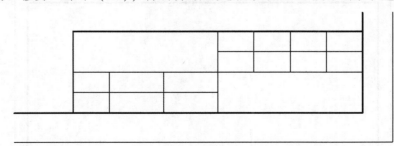

图 9-49　修剪操作

步骤 08 在"图层特性管理器"中将"文本"图层切换到当前图层；执行"属性定义"命令（ATTDEF），快捷键（ATT），弹出"属性定义"对话框。在"属性"选项中填入标记"零件名称"、提示"零件名称"、默认"零件名称"；在"文字"选项中选择对正"居中"、文字样式选择"机械"，填入文字高度 6，单击"确定"按钮，完成属性定义操作，如图 9-50

所示。

步骤 09 单击 "确定" 按钮，将提示放置位置，单击将定义好的属性块放置在前面所创建的表格图形中，如图 9-51 所示。

步骤 10 选取适当的文字高度，按照提供的数据，对表格其他部分进行属性定义操作，如图 9-52 所示。

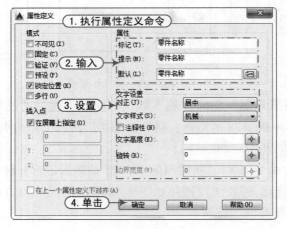

图 9-50　属性定义

图 9-51　放置属性定义　　　　　　　　图 9-52　其他属性定义

步骤 11 单击 "保存" 🖫 按钮，将文件保存，该 A4 图框图形绘制完成，如图 9-53 所示。

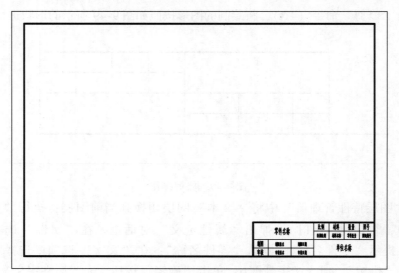

图 9-53　最终效果图

9.11 综合练习——插入 A4 图框

案例	微调螺杆.dwg	视频	插入 A4 图框.avi	时长	17'28"

↓ 实战要点：①使用直线命令绘制粗糙度符号；②使用定义属性创建可以输入粗糙度值的图块图形。

↓ 操作步骤

步骤 ① 正常启动 AutoCAD 2015 软件，选择"文件 | 打开"菜单命令，将"案例 \ 09 \ 微调螺杆-原始.dwg"文件打开，如图 9-54 所示。

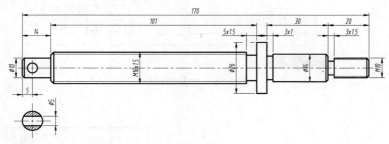

图 9-54　打开图形

步骤 ② 在菜单浏览器下选择"另存为 | 图形"命令，将弹出"图形另存为"对话框，将文件保存为"套间.dwg"文件。

步骤 ③ 在"图层特性管理器"中将"0"图层切换到当前图层；执行"插入"命令（I），在弹出的"插入"对话框中的"名称"选项中选择绘制的粗糙度图块"A4-横-无"，如图 9-55 所示。

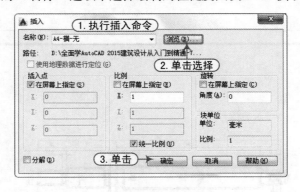

图 9-55　插入对话框

步骤 ④ 单击"确定"按钮，提示指定该图块的插入点，拖动鼠标并缩放屏幕，使图形位于图框居中位置，单击鼠标左键确定，放置好图框，如图 9-56 所示。

步骤 ⑤ 提示输入零件名称属性值，按照提示输入零件名称"微调螺杆"，按回车键确定，完成零件名称的输入，如图 9-57 所示。

步骤 ⑥ 提示输入单位名称属性值，可以参照输入零件名称属性值的方法来完成剩下一系列的属性值的输入，也可以根据实际情况的需要来输入，如图 9-58 所示。

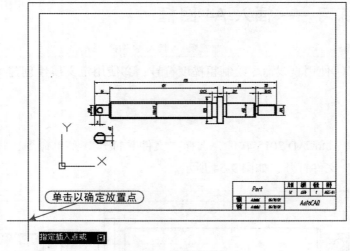

图 9-56 放置对话框

图 9-57 输入属性值

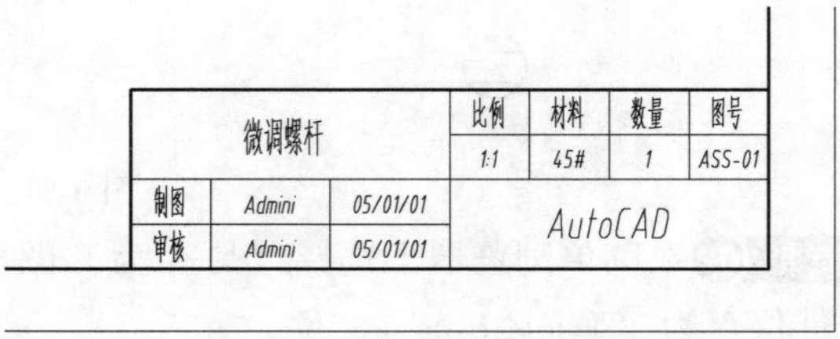

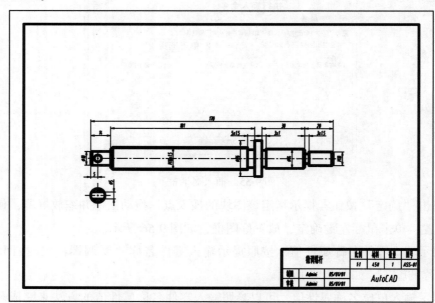

图 9-58 输入其他属性值

步骤 07 单击"保存" 🔲 按钮，将文件保存，该微调螺杆图形的图框插入完成，最终效果图如图 9-59 所示。

图 9-59 最终效果图

10

使用文字和表格

本章导读

　　在AutoCAD中可以设置多种文字样式，以便各种工程图的注释及标注的需要。创建文字对象，有单行文字和多行文字两种方式。同样，在AutoCAD中也可以设置表格的样式，并且以指定的表格样式来创建表格对象，并对表格的单元格进行合并与拆分等操作，以及设置表格属性及文字属性。

本章内容

- 创建文字样式
- 单行文字的输入
- 多行文字的输入
- 文字的编辑方式
- 表格的创建方式
- 文字与表格的综合练习

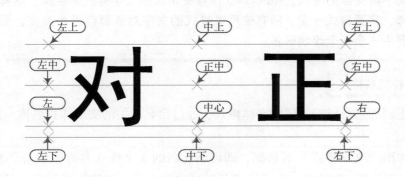

10.1 文字样式

在 AutoCAD 中输入文字的过程中，图形中的任何文字都有其自身的样式，所以文字样式在 AutoCAD 中是一种快捷、方便的文字注释方法。它可以设置字体、大小、倾斜角度、方向和其他文字特征。

10.1.1 文字样式命令

(↓)知识要点 在 AutoCAD 2015 中，除默认的 STANDARD 文字样式外，用户可以创建所需的文字样式。创建的新文字样式可以指定当前文字样式，以确定所有新文字的外观。

(↓)执行方法 在 AutoCAD 中，可以通过以下三种方式来设置文字的样式。

- 菜单栏：选择"格式 | 文字样式"命令。
- 面 板：在"默认"选项卡的"注释"面板中单击 A 按钮。
- 命令行：在命令行中输入"Style"命令（ST）。

(↓)操作实例 执行"文字样式"命令（ST）后，将弹出"文字样式"对话框，如图 10-1 所示。

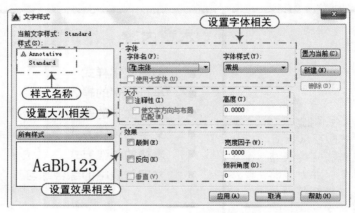

图 10-1　文字样式对话框

技巧：文字样式的优点

> 一张图纸中可以包含多个文字样式，每种样式都指定了这种样式的字体、字高等。在书写不同字体文字的时候，AutoCAD 推荐使用切换文字样式来控制，这样的目的就像图层一样，只要样式一变，所有使用该样式的文字对象都会发生改变，要比在多行文字编辑器中一个一个改快很多。

10.1.2 创建文字样式名称

(↓)知识要点 不同的场合使用不同的字体格式，通过命名相关的文字样式名称，以便管理不同的文字样式。

(↓)操作实例 弹出"文字样式"对话框，即可创建新的文字样式名称，单击"新建"按钮，弹出"新建文字样式"对话框，在"样式名"项中输入所要创建的文字样式名称，单击

"确定"按钮，返回"文字样式"对话框，如图10-2所示。

图10-2　创建文字样式名称

提示：样式名称格式

> 　　在"新建文字样式"文本框中输入的文字样式名称时，不能与已经存在的样式名称重复，在删除文字样式的操作中，不能对默认的 Standard 和 Annotative 文字样式进行删除。

10.1.3　设置文字样式字体

（知识要点）通过该选项可以设置文字样式，包含字体、字体样式、是否使用大字体等相关特征。

（操作实例）单击"字体"选项"字体名称"的下拉菜单按钮，单击所需要的字体名称。

如果选择的字体不允许大字体，单击"文字样式"选项的下拉菜单按钮，单击所需要的字体样式，返回"文字样式"对话框。

提示：大字体

> 　　所谓大字体就是指定亚洲语言的大字体文件。只有"SHX"文件才可以创建"大字体"。

如果该字体允许有大字体格式，且需要用到大字体，则勾选上"大字体"选项，单击"文字样式"选项的下拉菜单按钮，单击所需要的字体样式，返回"文字样式"对话框，如图10-3所示。

技巧：文字字体数量

> 　　在定义字体时，还要遵循在够用的情况下，越少越好的原则。这个原则适用于 AutoCAD 中所有的设置。不管什么类型的设置，都是越多就会造成 AutoCAD 文件越大，在运行软件时，也可能给运算速度带来影响。更为关键的是，设置越多，越容易在图元的归类上发生错误。

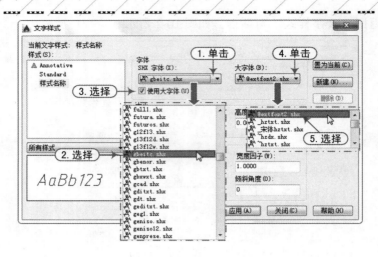

图 10-3 设置文字样式字体

提示：文字字体样式

> AutoCAD 软件中，可以利用的字库有两类。一类是存放在 AutoCAD 安装目录下的 Fonts 中，字库的后缀名为 shx，这一类是 AutoCAD 的专有字库，英语字母和汉字分属于不同的字库。第二类是存放在 Windows 系统目录下的 Fonts 中，字库的后缀名为 ttf，这一类是 Windows 系统的通用字库，除了 AutoCAD 以外，其他如 Office 和聊天软件等，也都是采用的这个字库。其中汉字字库已包含了英文字母。

10.1.4 设置文字样式大小

（知识要点）通过该选项可以设置文字样式的注释性：即文字方向是否与布局匹配，以及文字的高度相关参数。所谓文字方向是否与布局匹配就是指定图纸空间视口中的文字方向与布局方向匹配。

（操作实例）如果需要，勾选上"注释性"选项，此时"使文字方向与布局匹配"选项将被激活；在"图纸文字高度"选项中输入需要的文字高度，如图 10-4 所示。

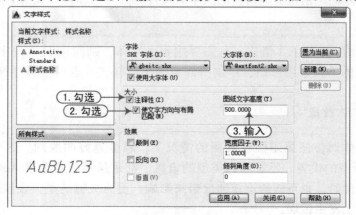

图 10-4 设置文字样式大小

提示：文字高度

1）输入大于"0.0"的高度将自动为此样式设置文字高度。如果输入"0.0"，则文字高度将默认为上次使用的文字高度，或使用存储在图形样板文件中的值。

2）在相同的高度设置下，"TrueType"字体显示的高度可能会小于"SHX"字体高度。

3）如果选择了注释性选项，则输入的值将设置图纸空间中的文字高度。

10.1.5　设置文字样式效果

（知识要点）通过该选项可以设置文字样式的修改字体的特性，例如高度、宽度因子、倾斜角以及是否颠倒显示、反向或垂直对齐。

（操作实例）如果需要，勾选上"颠倒"选项和"反向"选项，如果选定的字体支持双向时，则可以选择"垂直"选项；在"宽度因子"选项中输入需要的宽度值，在"倾斜角度"选项中输入需要的角度值，如图10-5所示。

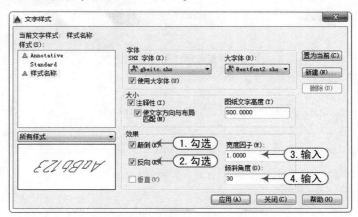

图10-5　设置文字样式效果

"颠倒"选项是控制字符的颠倒显示；"反向"选项是控制字符反向显示，它们的效果如图10-6所示。

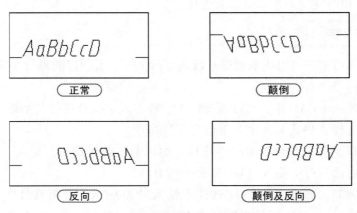

图10-6　文字颠倒和反向效果

全面学 AutoCAD 2015 建筑设计从入门到提高

技巧：施工图的字体

在使用 AutoCAD 画施工图时，除了默认的"Standard"字体外，一般只有两种字体定义。一种是常规定义，字体宽度为"0.75"。一般所有的汉字、英文字都采用这种字体。第二种字体定义采用与第一种同样的字库，但是字体宽度为"0.5"。这种字体是在尺寸标注时所采用的专用字体。因为在大多数施工图中，有很多细小的尺寸挤在一起。这时候采用较窄的字体标注就会减少很多相互重叠的情况发生。当然在其他行业设置也可以灵活变化，根据需要可以适量增加几种字体样式，但不宜过多。

当所有设置完成之后，单击"应用"按钮将当前设置的参数保存；如果需要立即使用当前设置的文字样式，单击右上角的"置为当前"按钮，文字样式将被应用；单击"关闭"按钮，退出"文字样式"对话框，如图 10-7 所示。

图 10-7　设置为当前

10.2　文字

在 AutoCAD 的绘图中，经常会通过文字描述来表达相关的内容，如名称、技术要求、特别注明等。它是 AutoCAD 图形中很重要的图形元素，对于不需要多种字体或多行的内容，可以创建单行文字。单行文字对于标签非常方便。

10.2.1　输入单行文字

🔽知识要点 单行文字可以用来创建一行或多行文字，所创建的每行文字都是独立的、可被单独编辑的对象。

🔽执行方法 在 AutoCAD 中，可以通过以下三种方式来执行单行文字命令。

■　菜单栏：选择"格式│文字│单行文字"命令。

■　面　板：在"默认"选项卡的"注释"面板中单击 **A** 按钮。

■　命令行：在命令行中输入"Text"命令（DT）。

🔽操作实例 例如，要在 AutoCAD 软件中输入"AutoCAD 绘图软件"的单行文字，使"AutoCAD"为单独一行，"绘图软件"为单独一行。执行"单行文字"命令（DT）后，操作命令行如下，如图10-8所示。

```
命令:DT                                            \\执行单行文字命令
当前文字样式:"Standard"文字高度:0.2000    注释性:否   对正:左
                                                  \\系统提示当前设置
指定文字的左下点或[对正(J)/样式(S)]:S            \\选择样式选项
输入样式名或[?]<Standard>:样式1                  \\输入样式名
指定文字的左下点或[对正(J)/样式(S)]:J            \\选择对正选项
输入选项[左(L)/居中(C)/右(R)/对齐(A)/中间(M)/布满(F)/左上(TL)/中上(TC)/右上(TR)/左
中(ML)/正中(MC)/右中(MR)/左下(BL)/中下(BC)/右下(BR)]:BL        \\选择左下对正模式
指定文字的左下点:                                  \\指定文字的左下点
指定高度<0.2000>:1                               \\指定文字高度
指定文字的旋转角度<0>:0                           \\指定文字旋转角度
                                                  \\输入文字"AutoCAD"并按回车键
                                                  \\输入文字"绘图软件"
                                                  \\单击任意区域并按Enter键完成单行文字创建
```

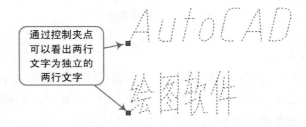

通过控制夹点可以看出两行文字为独立的两行文字

图10-8　绘制单行文字

⬇选项含义 在创建单行文字的过程中，命令行中将弹出下列选项，各选项的功能与含义如下。

- 样式（S）：选择"样式（S）"选项时，可以设置当前使用的文字样式。
- 对正（J）：选择"对正（J）"选项时，系统会出现命令行提示来设置文字样式的对正方式。选择"对正（J）"会出现一系列对正点供选择，这些对正点的含义如图10-9所示。

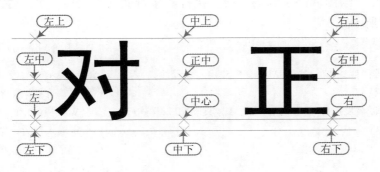

图10-9　对正点

- 高度：指定要输入的单行文字的高度值。
- 旋转角度：在"指定文字的旋转角度 < 0 >"提示信息中，要求指定文字的旋转角度。文字旋转角度是指文字行的排列方向与水平线的夹角，默认角度为0°。

技巧：单行文字的编辑要点

> 如果将"TEXTED"系统变量设定为"1"，使用"TEXT"创建的文字将显示"编辑文字"对话框。如果"TEXTED"设置为"2"，将显示在位文字编辑器。"编辑文字"对话框和在位文字编辑器的区别如图 10-10 所示。

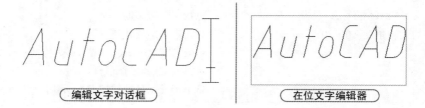

图 10-10　TEXTED 系统变量

10.2.2　输入多行文字

（知识要点）对于较长、较为复杂的内容，可以创建多行或段落文字。多行文字是由任意数目的文字行或段落组成的，布满指定的宽度。还可以沿垂直方向无限延伸。无论行数是多少，单个编辑任务创建的段落集将构成单个对象。可对其进行移动、旋转、删除、复制、镜像或缩放操作。

（执行方法）在 AutoCAD 中，可以通过以下三种方式执行单行文字命令。

- 菜单栏：选择"格式 | 文字 | 多行文字"命令。
- 面　板：在"默认"选项卡的"注释"面板中单击 A 按钮。
- 命令行：在命令行中输入"Mtext"命令（T）。

（操作实例）例如，要在 AutoCAD 软件中输入"AutoCAD 绘图软件"的多行文字，"Auto-CAD"为第一行，"绘图软件"为第二行。执行"多行文字"命令（T）后，操作命令行如下，如图 10-11 所示。

```
命令:T                                                    \\执行多行文字命令
当前文字样式:"样式1"　文字高度：5.5314　注释性：否        \\系统提示当前设置
指定第一角点：                                            \\指定输入框第一个角点
指定对角点或[高度(H)/对正(J)/行距(L)/旋转(R)/样式(S)/宽度(W)/栏(C)]：
                                                         \\指定输入框另一个角点
                                                         \\在文字编辑器选项板中进行设置
                                                         \\输入文字
                                                         \\单击关闭文字编辑器按钮
```

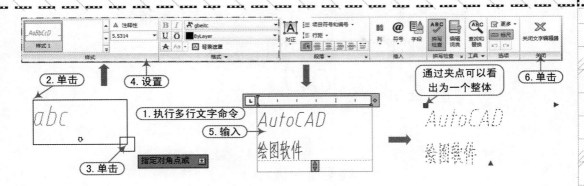

图 10-11　绘制多行文字

选项含义 在创建多行文字的时候，将会出现"文字编辑器"选项板，常用的几个选项按钮含义如下。

- 样式：向多行文字对象应用文字样式。默认情况下，"标准"文字样式处于活动状态。
- 注释性：打开或关闭当前多行文字对象的"注释性"。
- 文字高度：用图形单位设定新文字的字符高度或更改选定文字的高度。如果当前文字样式没有固定高度，则文字高度是"TEXTSIZE"系统变量中存储的值。多行文字对象可以包含不同高度的字符。
- 字体：为新输入的文字指定字体或更改选定文字的字体。"TrueType"字体按字体族的名称列出。AutoCAD 编译的形"SHX"字体按字体所在文件的名称列出。自定义字体和第三方字体在编辑器中显示为 Autodesk 提供的代理字体。
- 颜色：指定新文字的颜色或更改选定文字的颜色。
- 背景遮罩：显示"背景遮罩"对话框（不适用于表格单元），如图 10-12 所示。

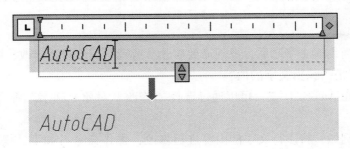

图 10-12　背景遮罩

- 倾斜角度：确定文字是向前倾斜还是向后倾斜。倾斜角度表示的是相对于 90°角方向的偏移角度。输入一个 −85 ~ 85 的数值使文字倾斜。倾斜角度的值为正时文字向右倾斜，倾斜角度的值为负时文字向左倾斜。
- 追踪：增大或减小选定字符之间的空间。1.0 设置是常规间距。
- 宽度因子：扩展或收缩选定字符。1.0 设置代表此字体中字母的常规宽度。

除了"文字编辑器"选项板，还会出现"文本"输入框，可以通过"文本"输入框上相关的控制点来改变相关设置，"文本"输入框如图 10-13 所示。

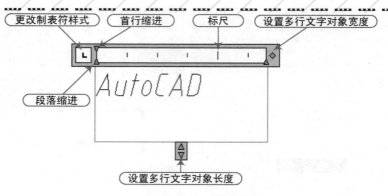

图 10-13   文本输入框

技巧：从外部文件输入文本

> 1) 通过输入文字或者从 Windows 资源管理器中拖动文件图标，可以将文字处理器中创建的 "TXT" 或 "RTF" 文本文件插入到图形中。
>
> 2) 如果将文本文件拖到图形中，文字宽度由原始文档中的分行符和回车符决定。将 RTF 文件拖到图形中时，文字作为 "OLE" 对象插入。
>
> 3) 如果使用剪贴板粘贴来自于另一个应用程序的文字，文字将变成 "OLE" 对象。如果使用剪贴板粘贴来自于另一个文件的文字，文字将作为块参照插入，并保留原始的文字样式。
>
> 4) 如果使用剪贴板粘贴来自于另一个应用程序的文字，文字将基于原始源粘贴为已格式化或未格式化的文字。如果使用剪贴板粘贴来自于另一个图形文件的文字，文字将作为块参照插入，并保留原始的文字样式。

10.2.3   编辑文字

（↓知识要点）当创建文字之后，发现需要修改，或者对图形进行修改，则需要编辑单行文字。编辑单行文字是指编辑文字的内容。

（↓执行方法）在 AutoCAD 中，可以通过选择 "修改 | 对象 | 文字" 命令来执行编辑文字命令。

（↓操作实例）例如，将多行文字的内容进行修改，操作命令行如下，操作过程如图 10-14所示。

```
命令:_ddedit                                    \\执行文字编辑命令
选择注释对象或[放弃(U)]:                         \\选择要编辑的文字并修改内容
选择注释对象或[放弃(U)]:                         \\退出文字编辑命令
```

10.2.4   比例缩放文字

（↓知识要点）比例功能是指编辑单行文字整体大小。

（↓执行方法）在 AutoCAD 中，可以通过以下两种方式来执行比例缩放文字命令。

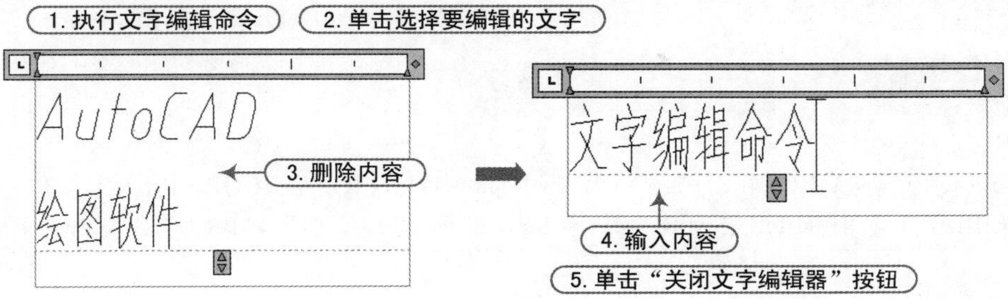

图 10-14　编辑文字

- ■　菜单栏：选择"修改 | 对象 | 文字"命令。
- ■　面　板：在"注释"选项卡的"文字"面板中单击比例按钮 🄰。

（操作实例）例如，将已经书写好的文字进行比例缩放，将其放大一倍，操作命令行如下，操作过程如图 10-15 所示。

```
命令:_scaletext                                    \\执行文字比例缩放命令
选择对象:找到 1 个                                   \\选择要缩放的文字
选择对象:
输入缩放的基点选项
[现有(E)/左对齐(L)/居中(C)/中间(M)/右对齐(R)/左上(TL)/中上(TC)/右上(TR)/左中(ML)/
正中(MC)/右中(MR)/左下(BL)/中下(BC)/右下(BR)] < 现有 >:BL        \\选择左下点为基点
指定新模型高度或[图纸高度(P)/匹配对象(M)/比例因子(S)] < 978.1135 >:S
                                                   \\选择比例因子选项
指定缩放比例或[参照(R)] < 2 >:2                       \\输入缩放比例
1 个对象已更改                                        \\系统提示结果
```

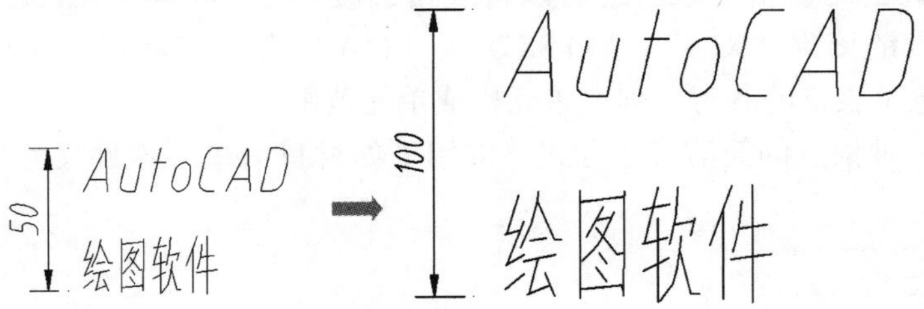

图 10-15　文字的比例缩放

10.2.5　对正文字

（知识要点）对正功能是指更改选定文字对象的对正点而不更改其位置。

（执行方法）在 AutoCAD 中，可以通过以下两种方式执行对正文字命令。

- ■　菜单栏：选择"修改 | 对象 | 文字"命令。
- ■　面　板：在"注释"选项卡的"文字"面板中单击对正按钮 🄰。

（操作实例）例如，将已经书写好的文字以右下角点为对正的基点，操作命令行如下，操作过程如图 10-16 所示。

命令:_justifytext   \\执行对正文字命令
选择对象:找到 1 个   \\选择要对正的文字对象
选择对象:
输入对正选项
[左对齐(L)/对齐(A)/布满(F)/居中(C)/中间(M)/右对齐(R)/左上(TL)/中上(TC)/右上(TR)/左中(ML)/正中(MC)/右中(MR)/左下(BL)/中下(BC)/右下(BR)] <右下>:BR   \\选择右下选项

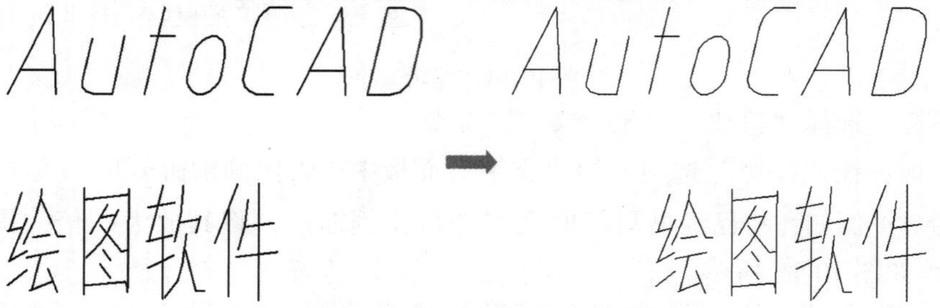

图 10-16　文字的对正操作

技巧：对正的对象

> 在文字的对正操作过程中，可以选择的对象包括单行文字、多行文字、引线文字和属性对象。

10.3　表格

表格是由包含注释的单元构成的矩形阵列。它是在行和列中包含数据的对象，可以通过空表格或表格样式创建表格对象，还可以将表格链接到"Microsoft Excel"电子表格中的数据。另外，还可以链接到"XLS""XLSX"或"CSV"等外部数据，并且可以将其链接到"Excel"中整个电子表格的各行、列、单元格或单元范围。

表格也作为一种信息的简洁表达方式，常用于如材料清单、零件尺寸一览表等有许多组件的图形对象中。

10.3.1　表格样式

知识要点 表格外观由表格样式控制，可以使用默认的表格样式"Standard"，也可以创建自己的表格样式。

执行方法 在 AutoCAD 中，可以通过以下两种方式来执行表格样式命令。

- 菜单栏：选择"格式 | 表格样式"命令。
- 命令行：在命令行中输入"Tablestyle"命令（TS）。

操作实例 执行"表格样式"命令（TS）后，将弹出"表格样式"对话框，根据实际情况来创建需要的表格样式，具体的操作过程如图 10-17 所示。

选项含义 在创建表格样式的过程中，会弹出"新建表格样式"对话框，该对话框中有几个选项供用户去设置，其中"常规""文字"和"边框"选项用法和前面文字样式等设

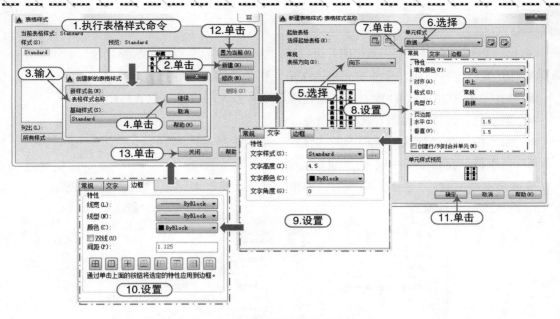

图 10-17　表格样式设置

置方法类似，其余的功能与含义如下。

- 起始表格：单击"选择起始表格"按钮，选择绘图窗口中以创建的表格作为新建表格样式的起始表格，单击右边的按钮，可取消选择。
- 单元样式：表格的单元样式有标题、表头、数据三种，其中在"单元样式"下拉列表中，依次选择三种单元，如图 10-18 所示。

如果想要新创建一个单元样式，可以单击旁边的"创建新单元样式"按钮，弹出"创建新单元样式"对话框，如图 10-19 所示；如果创建的单元样式较多，需要对它们进行管理，单击"管理单元样式"按钮，弹出"管理单元样式"对话框，如图 10-20 所示，在该对话框中对已有的单元样式进行管理操作。

图 10-18　单元样式

图 10-19　创建新单元样式对话框　　　　图 10-20　管理单元样式对话框

10.3.2 创建表格

（↓知识要点）在创建工程图表格时，可以使用 AutoCAD 自身提供的表格功能，就像 "Excel" 那样来对其表格进行创建、合并单元格、在单元格中使用公式等。

（↓执行方法）在 AutoCAD 中，可以通过以下三种方式来执行创建表格命令。

- 菜单栏：选择 "绘图｜表格" 命令。
- 面　板：在 "默认" 选项卡的 "注释" 面板中单击▦按钮。
- 命令行：在命令行中输入 "Table" 命令。

（↓操作实例）执行 "表格" 命令后，弹出 "插入表格" 对话框，如图 10-21 所示。

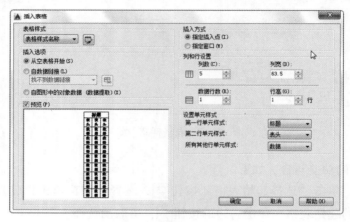

图 10-21　插入表格对话框

（↓选项含义）在 "插入表格" 对话框中，各选项的具体含义如下。

- 表格样式：在要从中创建表格的当前图形中选择表格样式。通过单击下拉列表旁边的按钮🔳，可以创建新的表格样式。

- 插入选项：用来指定插入表格的方式。其中 "从空表格开始" 表示创建可以手动填充数据的空表格；"自数据链接" 表示从外部电子表格中的数据创建表格，可以通过单击下拉列表旁边的按钮🔳，弹出 "选择数据链接" 对话框，进行数据链接设置，如图 10-22 所示。"自图形中的对象数据" 表示启动 "数据提取" 向导。

图 10-22　选择数据链接对话框

- 插入方式：用来指定表格位置。"指定插入点" 表示指定表格左上角的位置；"指定窗口" 表示指定表格的大小和位置，可以使用定点设备，也可以在命令提示下输入坐标值。

- 列和行设置：用来设置列和行的数目和大小。

- 设置单元样式：对于那些不包含起始表格的表格样式，指定新表格中行的单元格式。

"第一行单元样式"表示指定表格中第一行的单元样式;"第二行单元样式"表示指定表格中第二行的单元样式;"所有其他行单元样式"表示指定表格中所有其他行的单元样式。

设置好相关的参数后,便可以单击确定按钮,在绘图区域单击指定一点作为表格的插入基点,弹出文字输入框,输入相关数据,如图10-23所示。

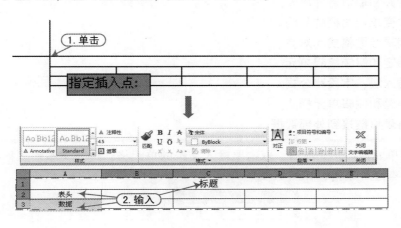

图10-23　插入表格

技巧:"TAB"键的运用

在表格中输入数据时,可以通过单击键盘上的"Tab"键来快速切换输入单元格。

10.3.3　编辑表格

(↓知识要点)编辑表格就是指用户可以对表格进行剪切、复制、删除、移动、缩放和旋转等简单操作,还可以均匀调整表格的行列大小,删除所有特性替代。

(↓执行方法)在AutoCAD中,用户单击选中要编辑的表格对象,便可以对选择的表格进行编辑。

(↓操作实例)选中要编辑的表格对象,表格对象将呈现夹点编辑模式,如图10-24所示。单击相关的夹点边可以更改表格列宽和高度相关的参数。

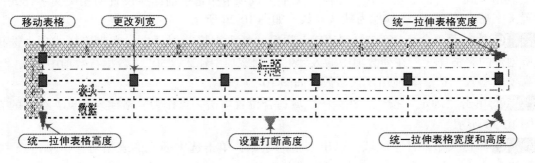

图10-24　夹点编辑模式

提示：单元格操作

> AutoCAD 软件为用户提供了与"Excel"相比毫不逊色的表格编辑处理功能。通过"表格"工具栏或面板中相关的工具按钮，可以对单元格执行以下操作。
>
> 1) 编辑行和列。
> 2) 合并和取消合并单元。
> 3) 改变单元边框的外观。
> 4) 编辑数据格式和对齐。
> 5) 锁定和解锁编辑单元。
> 6) 插入块、字段和公式。
> 7) 创建和编辑单元样式。
> 8) 将表格链接到外部数据。

当相关的单元格编辑完成后，双击要输入文本的单元格，进入文本输入框，便可以对单元格里面的文本进行编辑，如图 10-25 所示。

图 10-25　编辑表格文字

10.4　综合练习——绘制疏散宽度计算表

案例	疏散宽度计算表.dwg	视频	绘制疏散宽度计算表.avi	时长	17′28″

（↓实战要点）：①使用插入表格命令绘制表格；②使用表格编辑对表格的单元格进行编辑操作。

（↓操作步骤）

（步骤01）正常启动 AutoCAD 2015 软件，在菜单浏览器下选择"文件 | 另存为"命令，将弹出"图形另存为"对话框，将文件保存为"疏散宽度计算表.dwg"文件。

（步骤02）执行"表格样式"命令（TS），弹出"表格样式"对话框，根据需要创建一个名称为"表格样式一"的表格样式，并在"文字"选项卡中选择前面所设置的相关文字样式，并设置文字高度值为 3.5，其他为默认参数，如图 10-26 所示。

（步骤03）执行菜单命令"绘图 | 表格"，弹出"插入表格"对话框，在表格样式项中选择前面所创建的表格样式，在列数项中输入"9"，列宽项中输入"50"，数据行数项中输入"4"，行高项中输入"1"，其他用默认参数，如图 10-27 所示。

（步骤04）单击"确定"按钮，在绘图区域适合位置单击一点作为表格插入基点，绘制的表格如图 10-28 所示。

（步骤05）单击表格外任意区域，退出表格的绘制；单击选中插入的表格对象，单击选中 A2 单元格，按住键盘上的"Shift"键不放单击选择 A3 单元格（或者直接框选住 A2 和 A3 单元格），如图 10-29 所示。

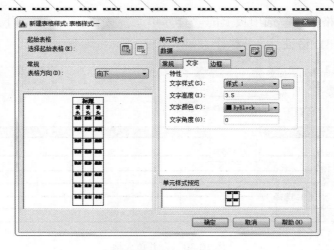

图 10-26 创建表格样式

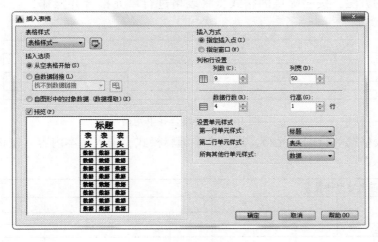

图 10-27 设置表格参数

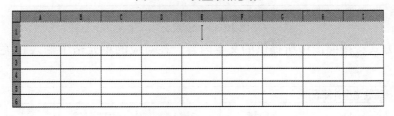

图 10-28 指定基点表格插入

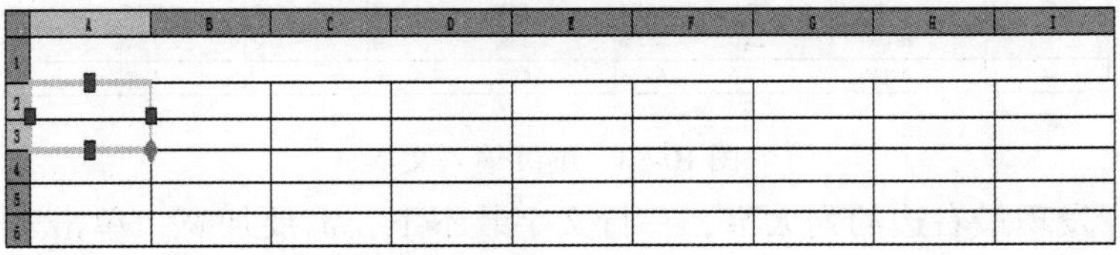

图 10-29 选择单元格

步骤 06 单击"表格单元"选项板上的"合并单元"按钮,在弹出的下拉菜单中选择"合并全部"选项,将单元格进行合并操作,如图 10-30 所示。

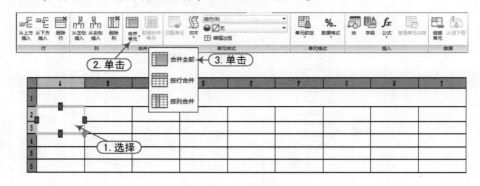

图 10-30 合并单元格

步骤 07 同样的方法,按照提供的格式,将表格进行单元格合并操作,合并后的表格如图 10-31 所示。

图 10-31 继续合并单元格

步骤 08 双击表格第一行的单元格,进入文本编辑模式,输入文本内容"疏散宽度计算表",如图 10-32 所示。

疏散宽度计算表				

图 10-32 输入文本

步骤 09 同样方式,按照图中所提供的文本内容,在对应的单元格中输入相关的文本,如图 10-33 所示。

疏散宽度计算表									
楼层部位	建筑面积	折算面积		疏散人数		疏散宽度要求		实际疏散宽度	
		折算系数	折算	人数系数	计算	宽度系数	计算	计算	
2F	844.1300	55%	464.2700	0.8500	395	0.6500	2.5700	2.8000	
3F	849.4200	55%	467.2200	0.7700	360	0.7500	2.7000	2.8000	
4F	743.9200	55%	409.7700	0.6000	246	1	2.4600	2.8000	

图 10-33 继续输入文本

步骤 10 此时,发现最右边的列太窄,一行文字装不下,需要加宽,单击选中表格对象,单击选择 I2 单元格,此时 I2 单元格出现四个控制夹点,单击最右边的夹点向右进行拖动,直到能装下文字一行,如图 10-34 所示。

196

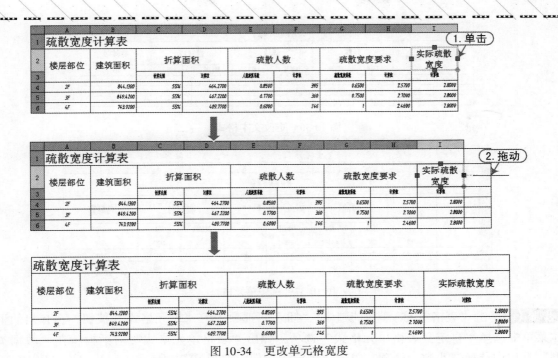

图 10-34　更改单元格宽度

步骤 11 单击选中表格对象，双击选择最上面的单元格，选中该单元格里的所有文字，单击"表格单元"选项板上的"样式"选项中的"样式一"；将文字大小更改为"8"；单击"段落"选项中的"对正"按钮，在弹出的下拉菜单中选择"正中"选项，将文本居中，如图10-35 所示。

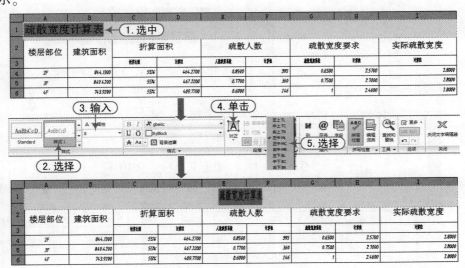

图 10-35　更改文字字体大小

步骤 12 同样方式，按照如图 10-36 所示的格式将其他单元格的文本也进行更改。

步骤 13 单击选中表格对象，单击选中 A4 单元格，按住键盘上的"Shift"键不放再单击选择 I6 单元格（或者直接框选住 A4 到 I6 单元格），如图10-37 所示。

疏散宽度计算表								
楼层部位	建筑面积	折算面积		疏散人数		疏散宽度要求		实际疏散宽度
		折算比例	计算值	人数换算系数	计算值	疏散宽度系数	计算值	计算值
2F	844.1300	55%	464.2670	0.8500	395	0.6500	2.5700	2.8000
3F	849.4200	55%	467.2200	0.7700	360	0.7500	2.7000	2.8000
4F	743.9200	55%	409.7700	0.6000	246	1	2.4600	2.8000

图 10-36　更改文本格式

	A	B	C	D	E	F	G	H	I
1	疏散宽度计算表								
2	楼层部位	建筑面积	折算面积		疏散人数		疏散宽度要求		实际疏散宽度
3			折算比例	计算值	人数换算系数	计算值	疏散宽度系数	计算值	计算值
4	2F	844.1300	55%	464.2670	0.8500	395	0.6500	2.5700	2.8000
5	3F	849.4200	55%	467.2200	0.7700	360	0.7500	2.7000	2.8000
6	4F	743.9200	55%	409.7700	0.6000	246	1	2.4600	2.8000

图 10-37　选中单元格

步骤 14 单击“表格单元”选项板上的“插入”选项中的“单元格式”按钮，在弹出的下拉菜单中选择“自定义表格单元格式”选项，弹出“表格单元格式”对话框，在“数据类型”选项中选择“小数”选项，单击“确定”按钮，如图 10-38 所示。

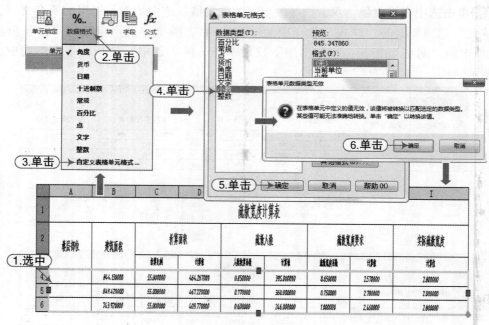

图 10-38　转换数据类型

步骤 15 对标题栏进行遮罩处理，单击选中表格对象，双击选择最上面的单元格，选中该单元格里的所有文字，单击“表格单元”选项板上的“格式”选项中的“背景遮罩”；在弹出的“背景遮罩”对话框中选择“使用背景遮罩”选项，选择颜色为“洋红”，单击“确定”按钮，完成背景遮罩操作，如图 10-39 所示。

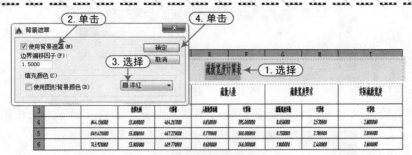

图 10-39　背景遮罩

步骤 16 单击"保存" <kbd>💾</kbd> 按钮，将文件保存，该疏散宽度计算表图形绘制完成。

10.5　综合练习——插入特殊字符

案例	特殊字符.dwg	视频	特殊字符的书写方法.avi	时长	17′28″

↓实战要点：①使用插入表格命令绘制表格；②使用表格编辑对表格的单元格进行编辑操作。

↓操作步骤

步骤 01 正常启动 AutoCAD 2015 软件，在菜单浏览器下选择"另存为 | 图形"命令，将弹出"图形另存为"对话框，将文件保存为"特殊字符.dwg"文件。

步骤 02 执行"表格样式"命令（TS），弹出"表格样式"对话框，根据需要创建一个名称为"表格样式一"的表格样式，并在"文字"选项卡中选择前面所设置的相关文字样式，并设置其高度值为 3.5，其他为默认参数。

步骤 03 执行菜单命令"绘图 | 表格"，弹出"插入表格"对话框，在表格样式项中选择前面所创建的表格样式，在列数项中输入"5"，列宽项中输入"30"，数据行数项中输入"1"，行高项中输入"1"，其他用默认参数，如图 10-40 所示。

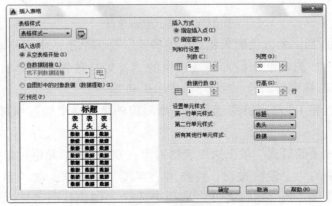

图 10-40　创建表格

步骤 04 单击"确定"按钮，在绘图区域适合位置单击一点作为表格插入基点，绘制的表格如图 10-41 所示。

	A	B	C	D	E
1					
2					
3					

图 10-41　创建表格

步骤 05 此时已进入文本编辑模式，在第一行中输入内容"特殊字符"，如图 10-42 所示。

	A	B	C	D	E
1			特殊字符		
2					
3					

图 10-42　输入文本

步骤 06 按键盘上的"Tab"键，进入到 A2 单元格，输入文本"正/负"；按键盘上的"Tab"键，进入下一个单元格，输入文本"直径"，同样方式，将第二行的剩下单元格都输入文本内容，如图 10-43 所示。

特殊字符				
正/负	直径	欧姆	角度	时间

图 10-43　继续输入文本

步骤 07 输入特殊字符，首先用输入字符的方法输入相对应的特殊字符。单击选中表格对象，双击 A3 单元格，进入文本编辑模式，输入"%%p"，会发现特殊字符"±"出现在表格中；同样方法在直径相对应的单元格中输入"%%c"，会发现变成特殊字符"φ"，如图 10-44 所示。

特殊字符				
正/负	直径	欧姆	角度	时间
±	φ			

图 10-44　输入特殊字符

步骤 08 用 AutoCAD 插入的方法插入相对应的特殊字符。单击选中表格对象，双击 C3 单元格，单击"表格单元"选项板"插入"选项中的"符号"按钮，在弹出的下拉菜单中选择"欧姆"选项，完成特殊字符的插入操作，如图 10-45 所示。

步骤 09 同样方式，将 D3 单元格的"角度"所对应的单元格中插入相对应的特殊字符，如图 10-46 所示。

步骤 10 插入日期相关的数据，单击选中表格对象，双击 E3 单元格，单击"表格单元"选项板"插入"选项中的"字段"按钮，将弹出"字段"对话框，在"字段类别"选项中选择"日期和时间"选项；在"字段名称"选项中选择"创建日期"选项；单击"确定"按钮，插入当前日期，如图 10-47 所示。

步骤 11 单击选中表格对象，双击 A3 单元格，选中文本内容，单击"表格单元"选项板"格式"选项中的"上划线"按钮，如图 10-48 所示。

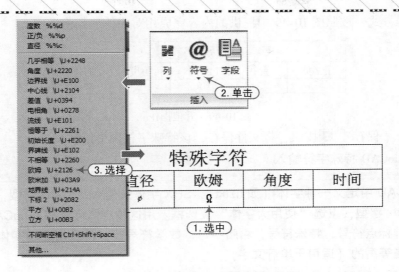

图 10-45　插入特殊字符

特殊字符				
正/负	直径	欧姆	角度	时间
±	∅	Ω	∠	

图 10-46　继续插入特殊字符

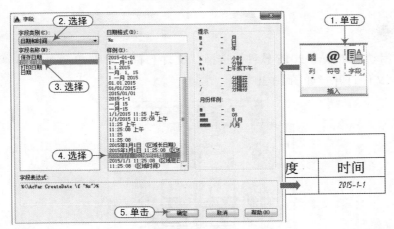

图 10-47　插入日期

特殊字符				
正/负	直径	欧姆	角度	时间
±	∅	Ω	∠	2015-1-1

图 10-48　插入上划线

步骤 12 同样方式,按照图 10-49 中提供的内容完成相对应的单元格操作。

特殊字符				
正/负	直径	欧姆	角度	时间
±	⌀	Ω	∠	2015-1-1

图 10-49　其他操作

步骤 13 单击"保存" 🖫 按钮,将文件保存,该特殊字符图形绘制完成。

提示:AutoCAD 特殊字符输入

> AutoCAD 中定义一种字体(如 hztxt),SHX 字体选用 wcad. shx 字型,大字体选用 hxtxt. shx 字型,点选"使用大字体"复选框。用这种字体可以在 AutoCAD 很轻松地输入各种标点符号,特殊符号,希腊字母,数学符号等,而且用这种字体输出的中文和西文是等高的(适用于单行文字)。

10.6　综合练习——建筑图的文字标注

案例	套间 . dwg	视频	建筑图的文字标注 . avi	时长	17′28″

⬇**实战要点**:①使用插入表格命令绘制表格;②使用表格编辑对表格的单元格进行编辑操作。

⬇**操作步骤**

步骤 01 正常启动 AutoCAD 2015 软件,选择"文件 | 打开"菜单命令,将"案例 \ 10 \ 套间-原始 . dwg"文件打开,如图 10-50 所示。

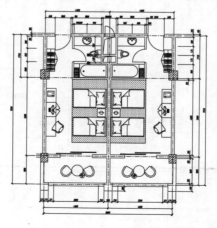

图 10-50　打开图形

步骤 02 在菜单浏览器下选择"另存为 | 图形"命令,将弹出"图形另存为"对话框,将文件保存为"微调螺杆 . dwg"文件。

步骤 03 执行"文字样式"命令(ST)后,将弹出"文字样式"对话框,按照如图 10-51 所示的参数进行设置。

图 10-51　创建文字样式

步骤 04 执行"单行文字"命令（DT），在图形的右下角的椅子处进行单行文字编辑，编辑内容为"休闲椅"，如图 10-52 所示。

步骤 05 执行"复制"命令（CO），选择"休闲椅"单行文字，将它复制到床位置，双击复制后的单行文字，将其更改为"床"，如图 10-53 所示。

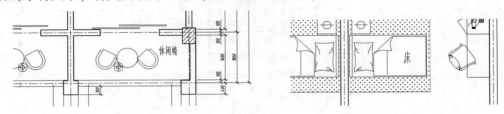

图 10-52　编辑单行文字标注　　　　　　　　　　图 10-53　修改单行文字

步骤 06 采用前面标注床的方式，先复制，再修改，按照图 10-54 中提供的文字内容，将图形右边相关的设施都进行单行文字标注。

步骤 07 执行"镜像"命令（MI），选择图形右边标注的单行文字，将它们镜像到左边，如图 10-55 所示。

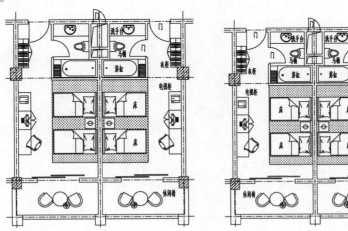

图 10-54　修改其他单行文字　　　　　　　　　　图 10-55　镜像单行文字

步骤 08 将绘图区域移到图形的下方，执行"多段线"命令（PL），设置宽度为 100，绘制一条水平长 5000 的多段线，如图 10-56 所示。

步骤 09 执行"单行文字"命令（DT），在多段线的上方输入文字"套间平面图"和"1:100"，并将"套间平面图"文字比例缩放一倍，如图 10-57 所示。

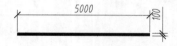

图 10-56　绘制多段线　　　　　　　　　　　　　　　　图 10-57　标注文字

步骤 10 单击"保存" 🖫 按钮，将文件保存，该套间平面图图形绘制完成，如图 10-58 所示。

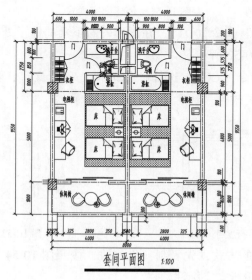

图 10-58　最终效果图

11

标注图形尺寸

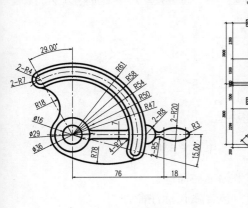

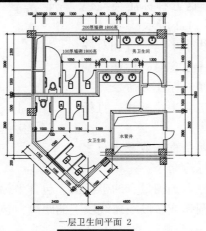

一层卫生间平面 2

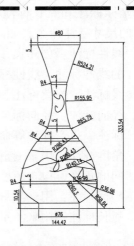

11.1 尺寸标注

在 AutoCAD 中，尺寸标注是经常用到的功能，也是一个非常重要的环节。通过尺寸标注，能准确地反映物体的形状、大小和相互关系，它是识别图形和现场施工的主要依据。熟练地使用尺寸标注命令，可以有效地提高绘图质量和绘图效率。

11.1.1 尺寸标注规则

↓知识要点 为了能使设计者和使用者之间快速、准确、有效地交流，国家标准对尺寸标注做了详细的规定，利用 AutoCAD 绘制图样时应严格按照这些规定执行。因此尺寸标注一般要求对标注对象进行完善、准确、清晰的标注、标注对象以图形上标注的尺寸数值为依据来反映真实大小，因此在进行标注尺寸时，不能遗漏尺寸，要全方位反映出标注对象的实际情况，如图 11-1 所示。

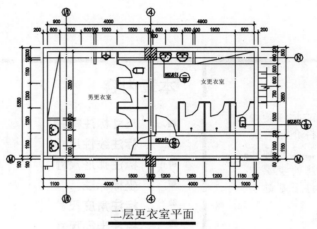

二层更衣室平面

图 11-1 建筑标注

↓选项含义 向图形中添加测量的注释称为尺寸标注。在 AutoCAD 绘图软件系统中，提供了五种基本的标注类型：线性标注、径向标注、角度标注、坐标标注和弧长标注，这五种标注类型包含所有的尺寸标注命令，如图 11-2 所示。

- 线性标注：创建尺寸线水平、垂直和对齐的线性标注。线性标注包含对齐标注、基线标注、连续标注和倾斜标注等命令。
- 径向标注：径向标注包含半径标注、直径标注、折弯标注等命令。
- 角度标注：用来测量两条直线或三个点之间的角度，包含角度标注命令。
- 坐标标注：用来测量原点到测量点的坐标值，包含坐标标注命令。
- 弧长标注：用来测量圆弧或多段线弧线段上的距离，包含弧长标注命令。

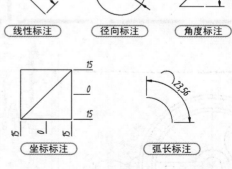

图 11-2 标注类型

11.1.2　尺寸标注的组成

（↓知识要点）通常情况下，一个完整的尺寸标注由尺寸线、尺寸界线、箭头符号和尺寸起止符四部分组成；尺寸文字的关键数据由实际标注数据形成，其余参数由预先设定的标注系统变量自动提供并完成标注，如图 11-3 所示。

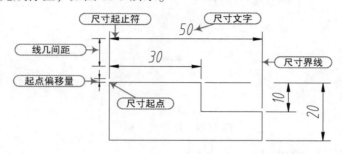

图 11-3　标注的组成

（↓选项含义）尺寸标注的各个组成部分在标注中的位置如图 11-3 所示，它们的含义如下。

- 尺寸线：尺寸线是指图形对象尺寸的标注范围，它以延伸线为界，两端带有箭头。尺寸线与被标注的图形平行，尺寸线一般是一条线段，有时也可以是一条圆弧。
- 尺寸起止符：位于尺寸线两端，用来表示尺寸线的起止位置，AutoCAD 提供了多种多样的终端形式，通常在机械制图中习惯以箭头来表示尺寸终端，而建筑制图中则习惯以短斜线来表示。也可以根据需要自行设置终端形式。
- 尺寸文字：尺寸文字是表示被标注图形对象的标注尺寸数值，该数值不一定是延伸线之间的实际距离值，可以对标注文字进行文字替换。尺寸文字既可以放在尺寸线之上，也可以放在尺寸界线之间。如果延伸线内放不下尺寸文本时，系统会自动将其放在延伸线外面。
- 尺寸界线：从被标注的对象延伸到尺寸线。为了标注清晰，通常用尺寸界线将尺寸引到实体之外，有时也可用实体的轮廓线或中心线代替尺寸界线。

11.1.3　创建尺寸标注的步骤

（↓知识要点）标注是直接表达图形尺寸数据的，读图者直接从标注上知道图形上相关的数据，因此准确的标注不但能使图形清楚明了，也能影响读图者的读图时间和准确性，从而提高施工质量。

（↓执行方法）例如，对一条线段进行线性标注，执行线性标注命令后，提示指定第一个尺寸界线原点，单击指定直线的一个端点；提示指定第二条尺寸界线原点，单击指定直线的另一个端点；拖动到合适的位置，单击鼠标左键放置该尺寸，尺寸标注即创建完成，如图 11-4 所示。

技巧：尺寸数据的准确性

> 尺寸标注命令可以自动测量所标注图形的尺寸，绘图时应尽量准确，这样可以减少修改尺寸文本所花费的时间，从而加快绘图速度。

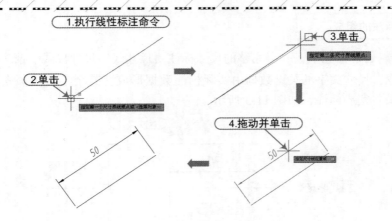

图 11-4　创建尺寸标注

11.2　尺寸标注样式

在对图形对象进行标注时，可以使用系统中已经定义的标注样式，也可以创建新的标注样式来适应不同风格或类型的图纸。不同行业的图纸，标注尺寸时对这些内容的要求是不同的。在具体标注一个几何对象的尺寸时，它的尺寸标注以什么形态出现，取决于当前所采用的尺寸标注样式。

11.2.1　标注样式命令

⬇知识要点　在标注尺寸之前，第一步要建立标注样式，如果不建立标注样式而直接进行标注，系统会使用默认的"Standard"样式；通过"标注样式管理器"对话框，可以进行新标注样式的创建、参数修改等操作。

⬇执行方法　在 AutoCAD 中，可以通过以下三种方式执行标注样式的命令。

- 菜单栏：选择"格式 | 标注样式"命令。
- 面　板：在"默认"选项卡的"注释"面板中单击⬚按钮。
- 命令行：在命令行中输入"Dimstyle"命令（D）。

⬇操作实例　执行"标注样式"命令（D）后，弹出"标注样式管理器"对话框，如图 11-5 所示。

⬇选项含义　在"标注样式管理器"对话框中，各选项的含义如下。

- 当前标注样式：显示当前的标注样式名称。
- 样式：在列表中显示图形中的所有标注样式。
- 预览：在此可以预览所选标注样式。
- 列出：在该下拉列表框中可以选择显

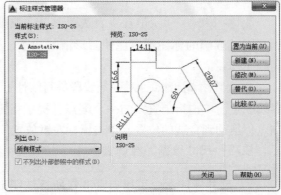

图 11-5　标注样式管理器对话框

示哪种标注样式。

- 置为当前：可以将选定的标注样式设置为当前标注样式。
- 新建：打开"创建新标注样式"对话框，在该对话框中可以创建新的标注样式。
- 修改：打开修改当前标注样式对话框，在该对话框中可以修改标注样式。
- 替代：打开替代当前样式对话框，在该对话框中可以设置标注样式的临时替代样式。
- 比较：打开"比较标注样式"对话框，在该对话框中可以比较两种标注样式的特性，也可以列出一种样式的多种特性，如图11-6所示。
- 关闭：将关闭该对话框。
- 帮助：打开"AutoCAD 2015-Simplified Chinese-帮助"窗口，在此可以查找需要的帮助信息。

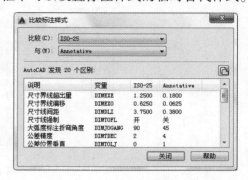

图 11-6　比较标注样式对话框

当弹出"标注样式管理器"对话框之后，如果要新建一个标注样式，单击"新建"按钮，弹出"创建新标注样式"对话框，在"新样式名"项中输入新的标注样式名称，单击"继续"按钮，进入到"新建标注样式"对话框，如图11-7所示。

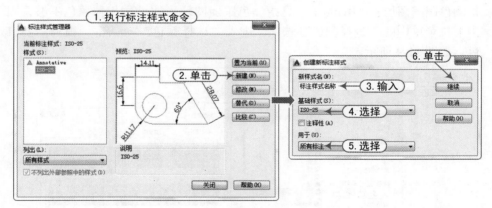

图 11-7　创建新标注样式名

技巧：尺寸基础样式的选择

> 在"创建新标注样式"对话框中指定基础样式时，选择与新建样式相差不多的样式，可以减少后面对标注样式参数的修改量。

11.2.2　线选项卡

（知识要点）在"新建标注样式"对话框中，第一个选项卡是"线"选项卡。在"线"选项卡中，可以设置尺寸线和尺寸界限的颜色、线型、线宽以及超出尺寸线的距离、起点偏移量等内容，如图11-8所示。

图 11-8　线选项卡

⬇选项含义 在"线"选项卡中,各选项的含义如下。

■ 颜色:通过该选项可以控制标注的尺寸线的颜色。单击旁边的下拉菜单按钮▼,将弹出下拉菜单,在该下拉菜单中选取一种颜色作为尺寸线颜色,其中"ByLayer"是指颜色跟随图层,"ByBlock"是指颜色跟随图块;如果这几种颜色不够,则可以单击下拉菜单中的"选择颜色"选项,进入"选择颜色"对话框,根据需要自定义颜色,如图 11-9 所示。

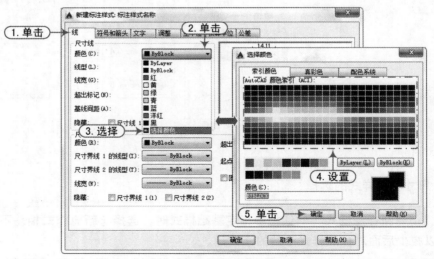

图 11-9　选择颜色

技巧:标注尺寸线随块

通常情况下,对尺寸标注线的颜色、线型、线宽无须进行特别的设置,采用 AutoCAD 默认的 ByBlock (随块) 即可。

- 线型：在相应的下拉列表中，可以选择尺寸线的线型样式，选择"其他"选项，可以打开"选择线型"对话框，可以选择其他线型，如图 11-10 所示。

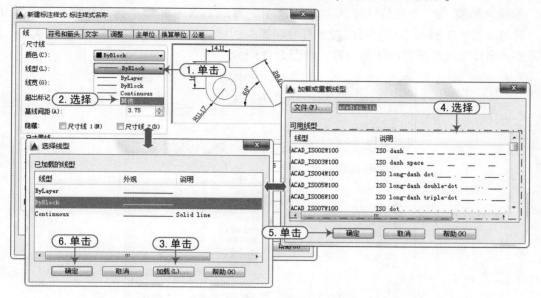

图 11-10 选择线型

- 线宽：在相应的下拉列表中，可以选择尺寸线的线宽。
- 超出标记：当前使用箭头倾斜、建筑标记、积分标记或无箭头标记时，使用该文本框可以设置尺寸线超出尺寸界线的长度，另外也可以使用系统变量"DIMWD"来设置，如图 11-11 所示。

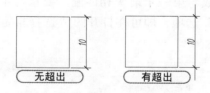

图 11-11 超出标记

- 基线间距：可设置以基线方式标注尺寸时，相邻两尺寸线之间的距离。
- 隐藏：在其后的"尺寸线1（M）"复选框和"尺寸线（D）"复选框中，选择相应的复选框，则在标注中隐藏尺寸基线，如图 11-12 所示。

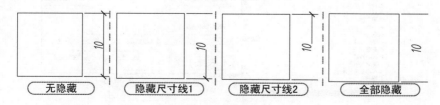

图 11-12 隐藏尺寸线

- 超出尺寸线：用于确定延伸线超出尺寸线的距离，另外也可以使用系统变量"DIMEXE"来控制。

11.2.3 符号和箭头选项卡

↓知识要点 在"新建标注样式"对话框中，第二个选项卡是"符号和箭头"选项卡。在"符号和箭头"选项卡中，可以设置符号和箭头的样式与大小，以及圆心标记的大小、弧长符号、半径与线性折弯标注等内容，如图 11-13 所示。

图 11-13 符号和箭头选项卡

↓选项含义 在"符号和箭头"选项卡中，各选项的含义如下。

■ 第一个：在下拉列表中选择第一条尺寸线的箭头，在改变第一个箭头的类型时，第二个箭头将自动改变成与第一个箭头相匹配。要指定定义的箭头块，可在该下拉列表中选择"用户箭头"选项，即可在打开的"选择自定义箭头块"对话框中选择箭头块，如图 11-14 所示。

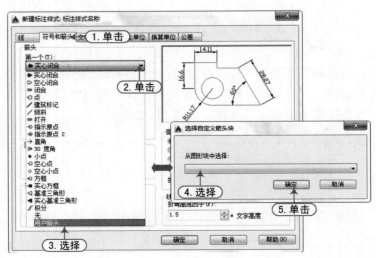

图 11-14 符号和箭头选项卡

提示：自定义箭头形式

> 用户可以使用自定义箭头。在箭头类型的下拉列表框中选择"用户箭头"选项，弹出"选择自定义箭头块"对话框，在"从图形块中选择"文本框中输入当前图形中已有的块名，单击"确定"按钮，则在 AutoCAD 2015 中将以该块作为尺寸线的箭头样式，此时块的插入基点与尺寸线的端点重合。

- 第二个：用于确定第二个尺寸箭头的形式，可以与第一个箭头不同。
- 引线：在该下拉列表中，可以选择引线的箭头样式。
- 箭头大小：用于设置箭头大小。
- 无：不创建圆心标记或中心线。该值在"DIMCEN"系统变量中存储为 0。
- 标记：创建圆心标记。在"DIMCEN"系统变量中，圆心标记的大小存储为正值，在相应的文本框中可以输入圆心标记的大小。
- 直线：创建中心线。中心线的大小在"DIMCEN"系统变量中存储为负值。
- 微调框：用于设置中心编辑和中心线的大小和粗细。

提示：关于圆心标记

> 当执行"DIMCENTER""DIMDIAMETER"和"DIMRADIUS"命令时，将使用圆心标记和中心线。对于"DIMDIAMETER"和"DIMRADIUS"命令，仅当将尺寸线放置到圆或圆弧外部时，才能绘制圆心标记。

- 折断大小：该文本框用于显示和设置折断标注的间距大小。
- 标注文字的前缀：将弧长符号放置在标注文字之前。
- 标注文字的上方：将弧长符号放置在标注文字的上方。
- 无：不显示弧长符号，如图 11-15 所示。

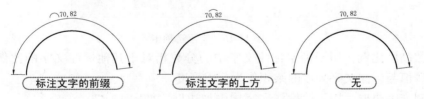

图 11-15　弧长标记

- 折弯角度：用于控制折弯（Z 字形）半径标注的显示。折弯半径标注通常在圆或圆弧的中心点位于页面外部时创建。其中"折弯角度"选项用于确定在折弯半径标注中尺寸线的横向线段的角度。
- 折弯高度因子：主要用于设置"线性折弯标注"选项，在其下的文本框中输入比例值，可设置折弯标注被打断时折弯线的高度。

11.2.4　文字选项卡

（知识要点）在"新建标注样式"对话框中，第三个选项卡是"文字"选项卡。在"文字"选项卡中，可以设置文字的各项参数，如文字样式、颜色、高度、位置、对齐方式等内容，如图 11-16 所示。

选项含义 在"文字"选项卡中，各选项的含义如下。

- 文字样式：用于选择当前标注的文字样式。可以选择"文字样式"下拉列表中提供的文字样式，也可以单击右侧按钮，弹出"文字样式"对话框从而对文字样式相关参数进行设置。
- 文字颜色：用于设置尺寸文本的颜色。
- 填充颜色：用于设置尺寸文本的背景颜色。
- 文字高度：用于设置尺寸文字的高度，对应的系统变量为"DIMTXT"。

注意：关于文字高度

> 如果选用的文字样式中已经设置了文字高度，则在此处的设置无效；如果文字样式中设置的文字高度为 0，则以此处的设置为准。

图 11-16　文字选项卡

- 分数高度比例：用于确定标注文字中的分数相对于其他标注文字的比例，系统将此比例值与标注文字高度的乘积作为分数高度。
- 绘制文字边框：用于给标注文字周围加边框，如图 11-17 所示。
- 垂直：用于确定尺寸文本相对于尺寸线在垂直方向上的对齐方式，对应的尺寸变量为"IMTAD"。该下拉菜单中的选项包括"居中""上""下""外部"和"JIS"，如图 11-18 所示。

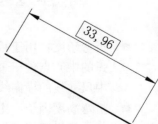

图 11-17　文字边框

- 水平：用于设置标注文字相对于尺寸线和尺寸界线在水平方向位置，包括"居中""第一条尺寸界线""第二条尺寸界线""第一条尺寸界线上方"和"第二条尺寸界线上方"五个选项，对应的系统变量为"DIMJUST"，对应值分别为 0，1，2，3，4，5，如图 11-19 所示。

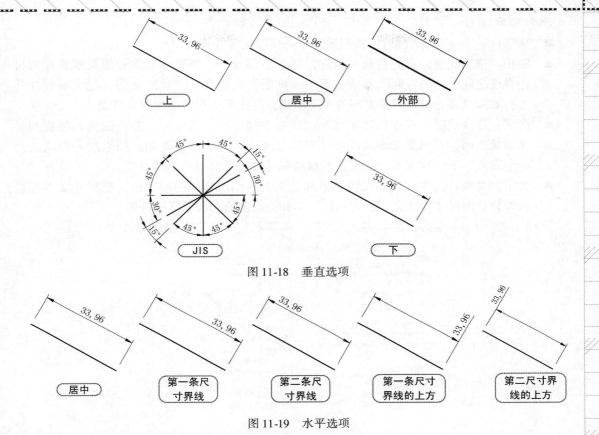

图 11-18 垂直选项

图 11-19 水平选项

- 观察方向：用于观察文字位置的方向的选定。
- 从尺寸线偏移：用于设置标注文字与尺寸线之间的距离，若尺寸文字位于尺寸线的中间，就表示断开处尺寸线端点与尺寸文字的间距，如果尺寸文字带有边框，则可以控制文字边框与其中文字的距离。

技巧：关于从尺寸线偏移

> 在 AutoCAD 绘图过程中，对图形进行尺寸标注时，设置一定的文字偏移距离，有利于更清楚地显示文字内容。

- 水平（文字对齐区域）：水平放置文字。
- 与尺寸线对齐：文字与尺寸线对齐。
- ISO 标准：当文字在尺寸界线内时，文字与尺寸线对齐，当文字在尺寸界线外时，文字水平排列。

11.2.5 调整选项卡

📥知识要点 在"新建标注样式"对话框中，第四个选项卡是"调整"选项卡。在"调整"选项卡中，可以设置尺寸的尺寸线与箭头的位置、尺寸线与文字的位置、标注特性比例以及优化等内容，如图 11-20 所示。

↓ 选项含义 在"调整"选项卡中，各选项的含义如下。

■ 文字或箭头（最佳效果）：按照最佳布局移动文字或箭头。

■ 箭头：选择此项，首先将箭头移除。如果空间允许，把尺寸文本和箭头都放在两尺寸界线之间；如果空间只够放置箭头，则把箭头放在尺寸界线之间，把文本放在外边；如果尺寸界线之间的空间放不下箭头，则把箭头和文本均放在外面。

■ 文字：选择此项，首先将文字移出。如果空间允许，把尺寸文本和箭头都放在两尺寸界线之间；否则把文本放在尺寸界线之间，把箭头放在外面；如果尺寸界线之间的空间放不下尺寸文本，则把文本和箭头都放在外面。

■ 文字和箭头：选中此项，可将文字和箭头都移出。如果空间允许，把尺寸文本和箭头都放在两尺寸界线之间，否则把文本和箭头都放在尺寸界线外面。

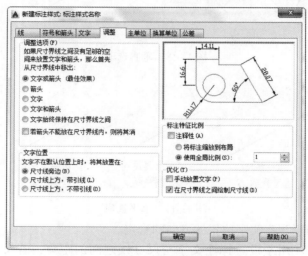

图 11-20　调整选项卡

■ 文字始终保持在尺寸界线之间：选中此项，可将文字始终保持在尺寸界线之内，对应的系统变量为"DIMTIX"。

■ 若箭头不能放在尺寸界线内，则将其消除：勾选此复选框，如果尺寸界线之间的空间不足以容纳箭头，则不显示标注箭头，相对应的系统变量为"DIMSOXD"。

■ 尺寸线旁边：将标注文字放在尺寸线旁边。

■ 尺寸线上方，带引线：将标注文字放在尺寸线上方，并自动加上引线。

■ 尺寸线上方，不带引线：将标注文字放在尺寸线上方，不加引线，如图 11-21 所示。

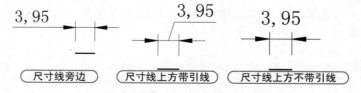

图 11-21　文字位置

■ 将标注缩放到布局：根据当前模型空间视口和图纸空间之间的比例确定比例因子。当在图纸空间而不是模型空间视口工作时，或者当系统变量"TILEMODE"被设置成

1时，将使用默认的比例因子，即1.0。

- 使用全局比例：对所有的标注样式进行缩放比例，该比例并不改变尺寸的测量值。可在其后的微调框里输入缩放因子。

技巧：全局比例因子的妙用

> 全局比例因子的作用是整体放大或缩小标注的全部基本元素的尺寸，如文字高度为3.5，全局比例因子调为100，则图形文字高度为350，当然标注的其他基本元素也被放大100倍。全局比例是参考当前图形的绘图比例来进行设置的。在模型空间中进行尺寸标注时，应根据打印比例设置此项参数值，其值一般为打印比例的倒数。

11.2.6 主单位选项卡

知识要点 在"新建标注样式"对话框中，第五个选项卡是"主单位"选项卡。在"主单位"选项卡中，可以设置线性标注与角度标注。线性标注包括单位格式、精度、舍入、测量单位比例和消零等。角度标注包括单位格式、精度和消零等内容，如图11-22所示。

图11-22 主单位选项卡

选项含义 在"主单位"选项卡中，各选项的含义如下。

- 单位格式（线性标注）：用来显示或设置基本尺寸的单位格式，包括"科学""小数""工程""建筑""分数"和"Windows桌面"选项，如图11-23所示。
- 精度：用来控制除角度型尺寸标注之外的尺寸精度。
- 分数格式：用来设置分数型尺寸文本的书写格式，包括"对角""水平"和"非堆叠"三个选项。
- 小数分隔符：用来设置小数点分隔符格式，包括"句点（.）""逗点（,）"和"空格"三个选项。
- 舍入：可在该微调框中输入一个数值（除角度外）作为尺寸数字的舍入值。
- 前缀和后缀：可在该文本框中输入尺寸文本的前缀和后缀。

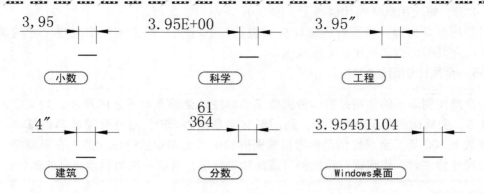

图 11-23　单位格式

- 比例因子：在该微调框中输入比例因子，可以对测量尺寸进行缩放。
- 仅应用到布局标注：选择该复选框，则设置的比例因子只应用到布局标注，而不对绘图区的标注产生影响。
- 消零：消零选项包括设置"前导"和"后续"两个复选框，设置是否显示尺寸标注中的"前导"零和"后续"零。
- 单位格式（角度标注）：可以指定角度标注的格式，其中包括"十进制度数""度\分\秒""百分度"和"弧度"四种形式。对应的系统变量为"DIMAUNIT"，如图 11-24 所示。

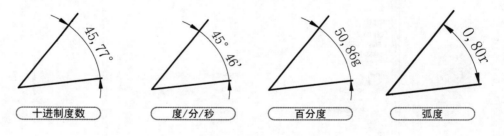

图 11-24　角度单位格式

- 精度：可以设置角度标注的尺寸精度。
- 前导和后续：用于设置是否显示角度标注中的"前导"零和"后续"零。

11.2.7　换算单位选项卡

（↓知识要点）在"新建标注样式"对话框中，第六个选项卡是"换算单位"选项卡。在"换算单位"选项卡中，可以指定标注测量值中换算单位的显示并设置其格式和精度等内容，如图 11-25 所示。

（↓选项含义）在"换算单位"选项卡中，各选项的含义如下。

- 显示换算单位：可以设置标注公制或英制双套尺寸单位。选中该复选框，表明采用公制和英制双套单位来标注尺寸；若取消选中该复选框，表明只采用公制单位标注尺寸，如图 11-26 所示。
- 精度：用于设置替换单位的精度。

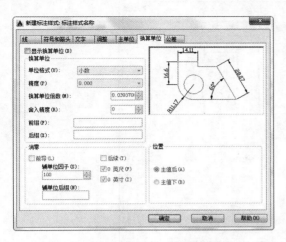

图 11-25 换算单位选项卡

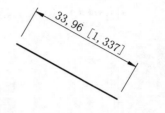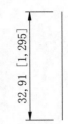

图 11-26 显示换算单位

- 换算单位倍数：用于指定主单位和替换单位的转换因子，对应的系统变量为"DIMALTF"。
- 舍入精度：用于设定替换单位的舍入规则。
- 前缀：用于设置替换单位文本的固定前缀，对应的系统变量为"DIMAPOST"。
- 后缀：用于设置替换单位文本的固定后缀，对应的系统变量为"DIMAPOST"。
- 消零：用于设置是否省略尺寸标注中的0，对应的系统变量为"DIMALTZ"。
- 主值后：将替换单位尺寸标注放置在主单位标注的后边。
- 主值下：将替换单位尺寸标注放置在主单位标注的下边，如图11-27所示。

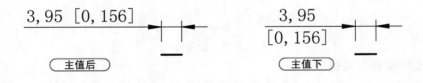

图 11-27 换算单位位置

11.2.8 公差选项卡

（知识要点）在"新建标注样式"对话框中，第七个选项卡是"公差"选项卡。在"公差"选项卡中，可以设置尺寸公差的有关特征参数等内容，如图11-28所示。

（选项含义）在"换算单位"选项卡中，各选项的含义如下。

- 方式：用于设置以何种形式标注公差。单击右侧的下拉按钮，弹出下拉列表框，提供了五种标注公差的形式，分别是"无""对称""极限偏差""极限尺寸"和"基本尺寸"，如图11-29所示。
- 精度：用于确定公差标注的精度，对应的系统变量为"DIMTDEC"。
- 上偏差：用于设置尺寸的上偏差，对应的系统变量为"DIMTP"。
- 下偏差：用于设置尺寸的下偏差，对应的系统变量为"DIMTM"。

图 11-28　公差选项卡

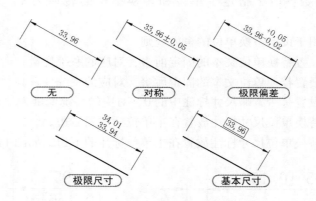

图 11-29　公差方式

技巧：上偏差和下偏差符号

> 系统自动在上偏差数值前加"＋"号，在下偏差数值前加"－"号，如果上偏差是负值或者下偏差是正值，都需要在输入的偏差值加负号。比如下偏差是 ＋0.003，就需在"下偏差"微调框中输入 －0.003。

- 高度比例：用于设置公差文本的高度比例，即公差文本的高度与一般尺寸文本的高度之比，对应的系统变量为"DIMTFAC"。
- 垂直位置：用于控制"对称"和"极限偏差"形式的公差标注的文本对齐方式。"上"表示公差文本的顶部与一般尺寸文本的顶部对齐。"中"表示公差文本的中线与一般尺寸文本的中线对齐。"下"表示公差文本的底线与一般尺寸文本的底线对齐。
- 公差对齐：可以设置对齐小数分隔符和对齐运算符。
- 消零：用于设置省略公差标注中的 0，对应的系统变量为【DIMTZIN】。
- 换算单位公差：用于对齐形位公差标注的替换单位进行设置，各项设置方法与上面类似。

11.2.9 修改尺寸标注样式

知识要点 当一个新的标注样式创建好，就可以进行标注相关的图形对象了。有时候，就会遇到创建的标注样式某些地方不适合，如果因为这一个问题而再去创建一个新的标注样式，显得麻烦，因此只需要对已经创建好的标注样式进行修改。

执行方法 在 AutoCAD 中，可以通过选择"格式 | 标注样式"命令进入"标注样式"对话框，在"样式"选项中选择要修改的标注样式，单击"修改"按钮，打开"修改标注样式"对话框，如图 11-30 所示。

技巧：标注样式名称

> 标注样式的命名要遵守"有意义和易识别"的原则，如"1–100 平面"表示该标注样式是用于标注 1:100 绘图比例的平面图，又如"1–50 大样"表示该标注样式是用于标注大样图的尺寸。

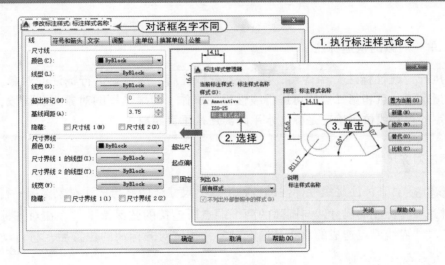

图 11-30　修改标注样式对话框

除此之外，还可以单击该对话框中的"替代"按钮，将显示"替代当前样式"对话框，从中可以设定标注样式的临时替代值。替代将作为未保存的更改结果显示在"样式"列表中的标注样式下。

11.3　尺寸标注类型及标注方法

当设置好需要的标注样式，就可以对图形对象进行标注了，尺寸标注是工程制图中重要的表达方法，是一般绘图过程不可缺少的环节。利用 AutoCAD 的尺寸标注命令可以方便、快速地进行尺寸标注。

11.3.1 标注线性尺寸

知识要点 使用线性标注可以标注长度类型的尺寸，用于标注垂直、水平和旋转的线性尺寸，线性标注可以水平、垂直或对齐放置。创建线性标注时，可以修改文字内容、文字角度或尺寸线的角度。

⬇ 执行方法 在 AutoCAD 中，可以通过以下三种方式来执行线性标注命令。

■ 菜单栏：选择"标注 | 线性"命令。

■ 面　板：在"注释"选项卡的"标注"面板中单击 ⊟ 按钮。

■ 命令行：在命令行中输入"Dimlinear"命令（DLI）。

⬇ 操作实例 执行"线性"命令（DLI）后，指定要测量对象的一个起点，单击指定测量对象的终端，拖动鼠标到适合位置，单击鼠标确定标注文字的位置，如图 11-31 所示。

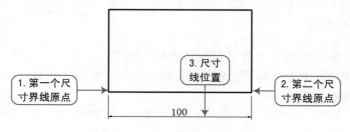

图 11-31　线性标注

提示：单一对象的快速标注

> 　当执行"线性标注"命令后，按【Enter】键后，选择要进行标注的对象，从而不需要指定第一点和第二点即可进行线性标注操作。如果选择的对象为斜线段，这时根据确定的尺寸线位置确定是标注水平距离还是垂直距离。

11.3.2　标注对齐尺寸

⬇ 知识要点 对齐标注是线性标注的一种形式，尺寸线始终与标注对象保持平行；如果标注圆弧，对齐尺寸标注的尺寸线与圆弧的两个端点所连接的弦保持平行。在对齐标注中，尺寸线平行于尺寸界线原点连成的直线。选定对象并指定对齐标注的位置后，将自动生成尺寸界线。

⬇ 执行方法 在 AutoCAD 中，可以通过以下三种方式来执行对齐标注命令。

■ 菜单栏：选择"标注 | 对齐"命令。

■ 面　板：在"注释"选项卡的"标注"面板中单击 ◥ 按钮。

■ 命令行：在命令行中输入"Dimaligned"命令（DAL）。

⬇ 操作实例 执行"对齐"命令（DAL）后，指定要测量对象的一个起点，单击指定测量对象的终端，拖动鼠标到适合位置，单击鼠标确定以放置标注文字的位置，如图 11-32 所示。

11.3.3　标注弧长尺寸

⬇ 知识要点 弧长标注用于测量圆弧或多段线圆弧上的距离。弧长标注的尺寸界线可以正交或径向。在标注文字的上方或前面将显示圆弧符号。

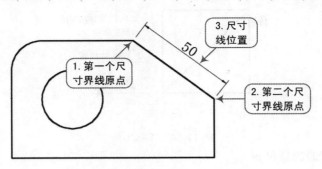

图 11-32 对齐标注

（↓执行方法）在 AutoCAD 中，可以通过以下三种方式执行弧长标注命令。

- 菜单栏：选择"标注 | 弧长"命令。
- 面 板：在"注释"选项卡的"标注"面板中单击 按钮。
- 命令行：在命令行中输入"Dimarc"命令（DAR）。

（↓操作实例）执行"弧长"命令（DAR）后，提示选择要标注的圆弧对象，单击选择，拖动鼠标到适合位置，单击鼠标确定以放置标注文字的位置，如图 11-33 所示。

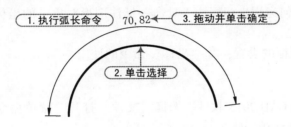

图 11-33 弧长标注

提示：删除引线

要删除引线，先删除弧长标注，再重新创建不带引线选项的弧长标注。

11.3.4 标注坐标尺寸

（↓知识要点）坐标标注用于测量从原点（称为基准）到要素的水平或垂直距离。这些标注通过保持特征与基准点之间的精确偏移量，避免误差增大。

（↓执行方法）在 AutoCAD 中，可以通过以下三种方式执行坐标标注命令。

- 菜单栏：选择"标注 | 坐标"命令。
- 面 板：在"注释"选项卡的"标注"面板中单击 按钮。
- 命令行：在命令行中输入"Dimordinate"命令（DOR）。

（↓操作实例）执行"坐标"命令（DOR）后，提示指定点坐标，单击指定对象特征点，拖动鼠标以选择是 X 坐标标注还是 Y 坐标标注，单击鼠标左键确定标注文字的放置位置，如图 11-34 所示。

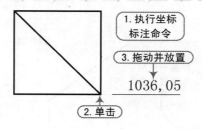

图 11-34　坐标标注

提示：坐标尺寸的放置位置

> 在"指定点坐标："提示下确定引线的端点位置之前，首先确定标注点坐标是 X 坐标还是 Y 坐标。如果在此提示下，相对于标注点上下移动光标，将标注点的 X 坐标；若相对于标注左右移动光标，则标注点的 Y 坐标。默认情况下，指定引线的端点位置后，系统将在该点标注出指定点坐标。

实战练习：用坐标标注图形尺寸

| 案例 | 标注后的图形.dwg | 视频 | 坐标标注的方法.avi | 时长 | 17′28″ |

本实例通过讲解如何运用坐标标注工具命令标注图形对象上的坐标点，从而让读者更进一步了解坐标标注的方法。

⬇ 实战要点：①坐标的设置；②"坐标"命令的使用。

⬇ 操作步骤

步骤 01 正常启动 AutoCAD 2015 软件，选择"文件 | 打开"菜单命令，将"案例 \ 11 \ 待标注的图形.dwg"文件打开，如图 11-35 所示。

步骤 02 执行"管理用户坐标系"命令（UCS），输入"O"，单击指定如图 11-36 所示的点，作为新的坐标原点。

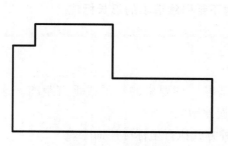

图 11-35　打开图形

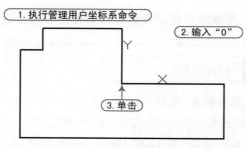

图 11-36　指定坐标原点

步骤 03 执行"坐标"命令（DOR），系统提示指定点坐标，如图 11-37 所示单击指定中间水平直线段的右端点，拖动鼠标的右边到适合位置，单击鼠标左键以确定标注尺寸的位置。

步骤 04 和前面同样的方式，按照如图 11-38 所示的操作过程，标注该图形的 X 向基准。

步骤 05 执行"坐标"命令（DOR），标注图形的最右下面的水平直线段的右端点，如图 11-39 所示。

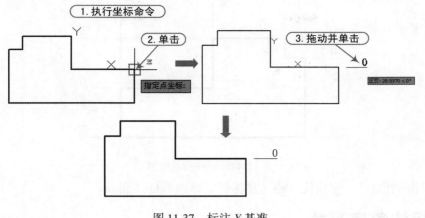

图 11-37　标注 Y 基准

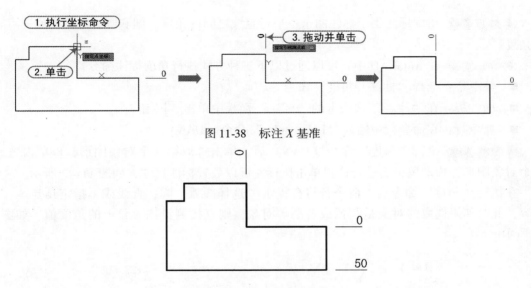

图 11-38　标注 X 基准

图 11-39　标注 Y 方向坐标

步骤 06 用基线标注的方式进行标注，执行"基线"命令（DBA），选择"选择"选项，单击 Y 基准的"0"基准，单击如图 11-40 所示的直线段的端点，坐标标注的基线标注就标注好了。

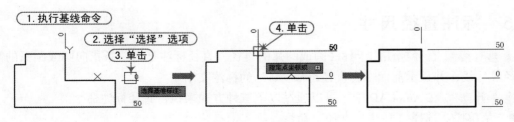

图 11-40　基线标注

步骤 07 采用上面介绍的两种方法，按照如图 11-41 所示的尺寸将图形继续进行坐标标注。

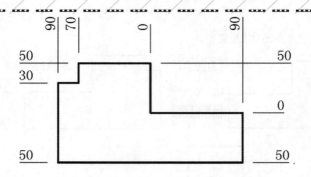

图 11-41　标注后的图形

步骤 08 单击"保存" 🖫 按钮，将文件保存，该图形标注完成。

11.4　标注角度尺寸

(知识要点) 角度标注用于标注两条不平行直线之间的角度、圆和圆弧的角度或三点之间的角度。

(执行方法) 在 AutoCAD 中，可以通过以下三种方式执行角度标注命令。

- 菜单栏：选择"标注 | 角度"命令。
- 面　板：在"注释"选项卡的"标注"面板中单击 △ 按钮。
- 命令行：在命令行中输入"Dimangular"命令（DAN）。

(操作实例) 执行"角度"命令（DAN）后，单击选取第一个对象图形，再单击选取第二个对象图形，拖动鼠标到适合位置单击鼠标左键以放置标注尺寸，如图 11-42 所示。

在执行"角度"命令后，命令行将会提示"选择圆弧、圆、直线或 < 指定顶点 > :"的内容，此时如果选取的对象是圆弧或者圆等对象，则直接测量该对象上的角度值，如图 11-43 所示。

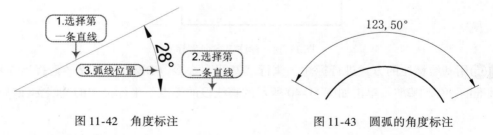

图 11-42　角度标注　　　　　　　　　　图 11-43　圆弧的角度标注

11.5　标注直径尺寸

(知识要点) 直径标注用于标注圆或圆弧的直径，直径标注是由一条指向圆或圆弧的箭头的直径尺寸线，并显示前面带有直径符号"ϕ"的标注文字。

(执行方法) 在 AutoCAD 中，可以通过以下三种方式来执行直径标注命令。

- 菜单栏：选择"标注 | 直径"命令。
- 面　板：在"注释"选项卡的"标注"面板中单击 ◎ 按钮。
- 命令行：在命令行中输入"Dimdiameter"命令（DDI）。

🔽操作实例 执行"直径"命令（DDI）后，提示选择圆或者圆弧，单击指定要标注的圆对象或者圆弧对象，拖动鼠标并单击鼠标左键放置标注文字，如图11-44所示。

技巧：编辑标注文字内容和角度

> 编辑标注文字内容，选择"多行文字（M）"或"文字（T）"选项，直径符号"φ"的输入为"%%C"。在括号内编辑或覆盖尖括号将修改或删除AutoCAD计算的标注值。通过在括号前后添加文字，可以在标注值前后附加文字。编辑标注文字角度，应选择"角度（A）"选项。

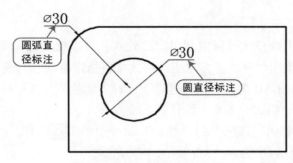

图11-44 直径标注

11.6 标注半径尺寸

🔽知识要点 半径标注用于标注圆或圆弧的半径。半径标注是由一条指向圆或圆弧的箭头的半径尺寸线组成，并显示前面带有半径符号（R）的标注文字。

🔽执行方法 在AutoCAD中，可以通过以下三种方式执行半径标注命令。

■ 菜单栏：选择"标注 | 半径"命令。

■ 面　板：在"注释"选项卡的"标注"面板中单击 ◎ 按钮。

■ 命令行：在命令行中输入"Dimradius"命令（DRA）。

🔽操作实例 执行"半径"命令（DRA）后，提示选择圆或者圆弧，单击指定要标注的圆对象或者圆弧对象，拖动鼠标并单击鼠标左键放置标注文字，如图11-45所示。

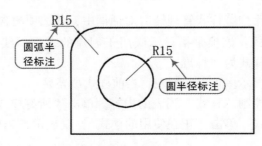

图11-45 半径标注

技巧：修改箭头符号

> 对于圆弧或圆对象的半径标注，其标注的箭头符号应为"实心闭合"箭头，这时可以选择该半径标注对象，再按【Enter＋1】键打开"特性"面板，修改箭头符号即可。

11.7　创建多重引线

利用引线标注可以创建带有一个或多个引线、多种格式的注释文字及多行旁注和说明等，还可以标注特定的尺寸，如圆角、倒角等。

11.7.1　多重引线样式

（↓知识要点）多重引线样式可以控制引线的外观。可以使用默认多重引线样式"STAND-ARD"，也可以创建多重引线样式。多重引线样式可以指定基线、引线、箭头和内容的格式。

（↓执行方法）在 AutoCAD 中，可以通过以下三种方式执行多重引线样式命令。

■　菜单栏：选择"格式｜多重引线样式"命令。

■　面　板：在"默认"选项卡的"注释"面板中单击 按钮。

■　命令行：在命令行中输入"Mleaderstyle"命令。

（↓操作实例）执行"多重引线样式"命令，将弹出"多重引线样式管理器"对话框，如图 11-46 所示。

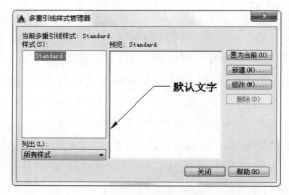

图 11-46　多重引线样式管理器对话框

（↓选项含义）在"多重引线样式管理器"对话框中，各选项的含义如下。

■　当前多重引线样式：该项是指显示应用于创建的多重引线的多重引线样式的名称。默认的多重引线样式为"标准"。

■　样式：该项是指显示多重引线列表。当前样式被亮显。

■　列出：该项是指控制"样式"列表的内容。单击"所有样式"，可显示图形中可用的所有多重引线样式。单击"正在使用的样式"，仅显示被当前图形中的多重引线参照的多重引线样式。

■　置为当前：该选项按钮是指将"样式"列表中选定的多重引线样式设定为当前样式。

所有新的多重引线都将使用此多重引线样式进行创建。

- 新建：该选项按钮是指显示"创建新的多重引线样式"对话框，从中可以定义新的多重引线样式。
- 修改：该选项按钮是指显示"修改多重引线样式"对话框，从中可以修改多重引线样式。
- 删除：该选项按钮是指删除"样式"列表中选定的多重引线样式。不能删除图形中正在使用的样式。

当弹出"多重引线样式管理器"对话框后，如果是要新建一个多重引线样式，单击"新建"按钮将弹出"创建新多重引线样式"对话框，在"新样式名"项中输入新的多重引线样式名称，单击"继续"按钮，打开"修改多重引线样式"对话框，如图11-47所示。

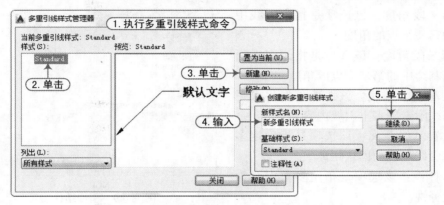

图 11-47 创建新多重引线样式对话框

11.7.2 引线格式选项卡

（↓知识要点）在"修改多重引线样式"对话框中，第一个选项卡是"引线格式"选项卡。在"引线格式"选项卡中，可以设置控制多重引线的引线和箭头的格式等内容，如图11-48所示。

（↓选项含义）在"引线格式"选项卡中，各选项的含义如下。

- 类型：该选项是指确定引线类型。可以选择直引线、样条曲线或无引线。
- 颜色：该选项是指确定引线的颜色。
- 线型：该选项是指确定引线的线型。
- 线宽：该选项是指确定引线的线宽。
- 符号：该选项是指设置多重引线的箭头符号。
- 大小：该选项是指显示和设置箭头的大小。

图 11-48 引线格式选项卡

■ 打断大小：该选项是指显示和设置选择多重引线后用于"DIMBREAK"命令的折断大小。

11.7.3 引线结构选项卡

（知识要点）在"修改多重引线样式"对话框中，第二个选项卡是"引线结构"选项卡。在"引线格式"选项卡中，可以设置控制多重引线的引线点数量、基线尺寸和比例等内容，如图 11-49 所示。

（选项含义）在"引线结构"选项卡中，各选项的含义如下。

■ 最大引线点数：该选项是指定引线的最大点数。

■ 第一段角度：该选项是指定引线中的第一个点的角度。

■ 第二段角度：该选项是指定多重引线基线中的第二个点的角度。

■ 自动包含基线：该选项是指将水平基线附着到多重引线内容。

■ 设置基线距离：该选项是指确定多重引线基线的固定距离。

■ 注释性：该选项是指定多重引线为注释性。

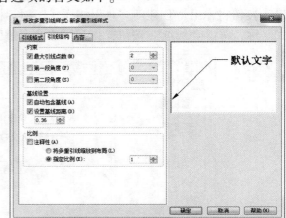

图 11-49　引线结构选项卡

■ 将多重引线缩放到布局：该选项是指根据模型空间视口和图纸空间视口中的缩放比例确定多重引线的比例因子。当多重引线不为注释性时，此选项可用。

■ 指定比例：该选项是指定多重引线的缩放比例。当多重引线不为注释性时，此选项可用。

11.7.4 内容选项卡

（知识要点）在"修改多重引线样式"对话框中，第三个选项卡是"内容"选项卡。在"内容"选项卡中，可以设置控制附着到多重引线的内容类型等内容，如图 11-50 所示。

（选项含义）在"内容"选项卡中，各选项的含义如下。

■ 多重引线类型：确定多重引线是包含文字还是包含块。此选择将影响此对话框中其他可用选项。

■ 默认文字：设定多重引线内容的默认

图 11-50　内容选项卡

文字。单击"…"按钮将启动多行文字在位编辑器。

- ■ 文字样式：列出可用的文本样式。单击"文字样式"按钮，将显示"文字样式"对话框，从中可以创建或修改文字样式。
- ■ 文字角度：指定多重引线文字的旋转角度。
- ■ 文字颜色：指定多重引线文字的颜色。
- ■ 文字高度：指定多重引线文字的高度。
- ■ 始终左对正：指定多重引线文字始终左对齐。
- ■ 文字加框：使用文本框对多重引线文字内容加框。通过修改基线间距设置，控制文字和边框之间的分离，如图 11-51 所示。
- ■ 连接位置-左：控制文字位于引线右侧时基线连接到多重引线文字的方式。
- ■ 连接位置-右：控制文字位于引线左侧时基线连接到多重引线文字的方式。
- ■ 基线间隙：指定基线和多重引线文字之间的距离。
- ■ 将引线延伸至文字：该选项是指将基线延伸至附着引线的文字行边缘（而不是多行文本框的边缘）处的端点。多行文本框的长度由文字的最长一行的长度而不是边框的长度来确定。

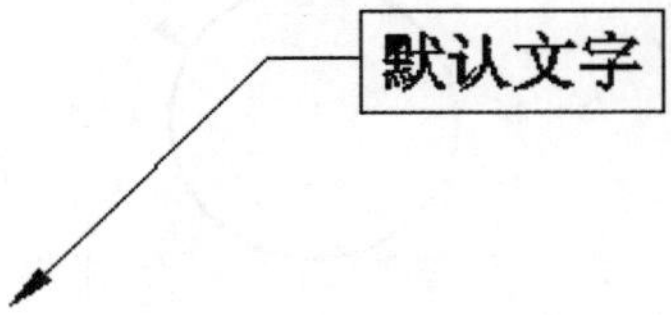

默认文字

图 11-51　文字边框

11.7.5　多重引线标注

（↓知识要点）多重引线对象包含箭头、水平基线、引线或曲线和多行文字对象或块。多重引线可创建为箭头优先、引线基线优先或内容优先。如果已使用多重引线样式，可以从该指定样式创建多重引线。

（↓执行方法）在 AutoCAD 中，可以通过以下三种方式执行多重引线标注命令。

- ■ 菜单栏：选择"标注 | 多重引线"命令。
- ■ 面　板：在"默认"选项卡的"注释"面板中单击⊣按钮。
- ■ 命令行：在命令行中输入"Mleader"命令（MLD）。

（↓操作实例）执行"多重引线"命令（MLD）后，单击指定多重引线箭头的位置，拖动鼠标并单击鼠标左键指定引线基线的位置，弹出文字编辑器，输入标注内容，单击"关闭文字编辑器"按钮，完成多重引线标注的操作，如图 11-52 所示。

11.7.6　添加引线

（↓知识要点）将引线添加至多重引线对象。

（↓执行方法）在 AutoCAD 中，可以通过以下三种方式执行添加引线标注命令。

- ■ 菜单栏：选择"修改 | 对象 | 多重引线"命令。
- ■ 面　板：在"默认"选项卡的"注释"面板中单击⁺ᵒ按钮。
- ■ 命令行：在命令行中输入"Mleaderedit"命令。

（↓操作实例）执行"添加引线"命令后，提示选择多重引线；单击选择已有的引线，单

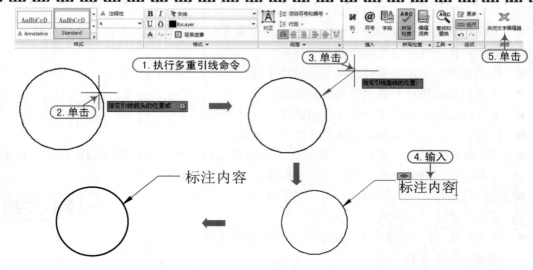

图 11-52　多重引线标注

击指定箭头的位置，按键盘上的"Esc"键退出添加引线命令，如图 11-53 所示。

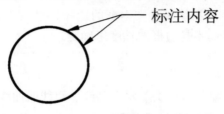

图 11-53　添加引线

11.7.7　删除引线

（↓知识要点）从多重引线对象中删除引线。

（↓执行方法）在 AutoCAD 中，可以通过以下三种方式执行删除引线标注命令。

■　菜单栏：选择"修改 | 对象 | 多重引线"命令。

■　面　板：在"默认"选项卡的"注释"面板中单击 按钮。

■　命令行：在命令行中输入"Mleaderedit"命令。

（↓操作实例）执行"删除引线"命令后，提示选择多重引线；单击选择已有的引线标注，单击选择要删除的引线，再确定，即可删除选择的引线，如图 11-54 所示。

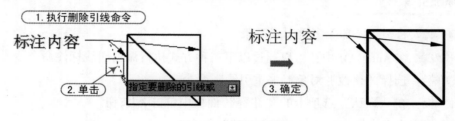

图 11-54　删除引线

11.7.8 对齐引线

(↓)(知)(识)(要)(点) 对齐并间隔排列选定的多重引线对象。

(↓)(执)(行)(方)(法) 在 AutoCAD 中，可以通过以下三种方式执行对齐引线标注命令。

■ 菜单栏：选择"修改 | 对象 | 多重引线"命令。
■ 面　板：在"默认"选项卡的"注释"面板中单击 ⊘ 按钮。
■ 命令行：在命令行中输入"Mleaderalign"命令。

(↓)(操)(作)(实)(例) 执行"对齐"命令后，提示选择多重引线，单击选择要对齐的引线标注对象，再确定，提示选择要对齐到的多重引线，单击选择要对齐的目标对象，移动鼠标并单击左键以确定对齐方向，如图 11-55 所示。

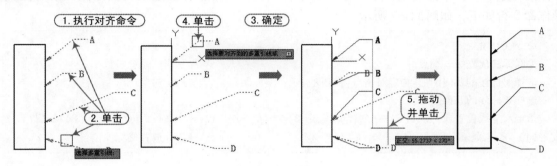

图 11-55　对齐引线

11.7.9 合并引线

(↓)(知)(识)(要)(点) 将包含块的选定多重引线整理到行或列中，并通过单引线显示结果。

(↓)(执)(行)(方)(法) 在 AutoCAD 中，可以通过以下三种方式执行合并引线标注命令。

■ 菜单栏：选择"修改 | 对象 | 多重引线"命令。
■ 面　板：在"默认"选项卡的"注释"面板中单击 ⊘ 按钮。
■ 命令行：在命令行中输入"Mleadercollect"命令。

(↓)(操)(作)(实)(例) 执行"对齐"命令后，提示选择多重引线，单击选择要对齐的引线标注对象，再确定，移动鼠标并单击左键确定合并后的引线标注位置，如图 11-56 所示。

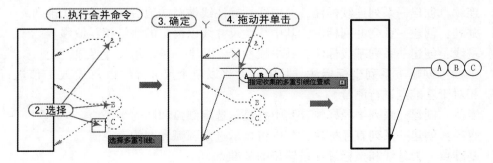

图 11-56　合并引线

11.8 快速标注

↓知识要点 快速标注是指从选定对象快速创建一系列标注，快速标注可以同时选择多个圆或圆弧标注直径或半径，也可以同时选择多个对象进行基线标注和连续标注。

↓执行方法 在 AutoCAD 中，可以通过以下三种方式执行快速标注命令。

■ 菜单栏：选择"标注 | 快速标注"命令。

■ 面　板：在"注释"选项卡的"标注"面板中单击 按钮。

■ 命令行：在命令行中输入"Qdim"命令（QDM）。

↓操作实例 执行"快速标注"命令（QDM）后，单击要标注的对象图形，或者框选要标注的对象图形，单击确定，拖动鼠标到适合位置，单击鼠标确定以放置标注文字的位置；操作命令行如下，如图 11-57 所示。

```
命令:QDIM                                          \\执行快速标注命令
关联标注优先级 = 端点                              \\提示当前系统参数
选择要标注的几何图形:指定对角点:找到 8 个         \\框选住对象
选择要标注的几何图形:
指定尺寸线位置或[连续(C)/并列(S)/基线(B)/坐标(O)/半径(R)/直径(D)/基准点(P)/编辑(E)/
设置(T)] <连续>:                                  \\确定并放置好标注位置
```

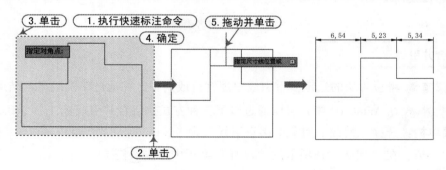

图 11-57　快速标注

↓选项含义 在"快速标注"的命令提示行中，提示如下的选项，各个选项含义如下。

■ 指定尺寸线位置：指定尺寸线的位置。

■ 连续：创建一系列连续标注，其中线性标注线端对端地沿同一条直线排列。

■ 并列：创建一系列并列标注，其中线性尺寸线以恒定的增量相互偏移。

■ 基线：创建一系列基线标注，其中线性标注共享一条公用尺寸界线。

■ 坐标：创建一系列坐标标注，其中元素将以单个尺寸界线以及 X 或 Y 值进行注释。相对于基准点进行测量。

■ 半径：创建一系列半径标注，其中将显示选定圆弧和圆的半径值。

■ 直径：创建一系列直径标注，其中将显示选定圆弧和圆的直径值。

■ 基准点：为基线和坐标标注设置新的基准点。

■ 编辑：在生成标注之前，删除出于各种考虑而选定的点位置。

■ 设置：为指定尺寸界线原点（交点或端点）设置对象捕捉优先级。

11.9 综合练习——标注调节杆尺寸

| 案例 | 调节杆.dwg | 视频 | 绘制调节杆.avi | 时长 | 17'28" |

↓ **实战要点**：①通过线性标注来标注零件的距离尺寸；②通过半径标注来标注零件的弧度尺寸；③通过角度标注来标注中心线角度尺寸。

↓ **操 作 步 骤**

步骤 01 正常启动 AutoCAD 2015 软件，选择"文件 | 打开"菜单命令，将"案例 \ 11 \ 调节杆.dwg"文件打开，如图 11-58 所示。

步骤 02 在"图层特性管理器"中将"尺寸与公差"图层切换到当前图层；执行"线性"命令（DLI），单击图形左下方的竖直中心线的下端点，单击图形右边第二条竖直中心线的下端点，拖动鼠标到图形下方适合位置，单击鼠标左键，放置好线性标注尺寸，如图 11-59 所示。

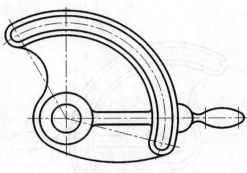

图 11-58 打开图形

步骤 03 同样，按照如图 11-60 所示的标注内容，标注好图形右边手柄处的距离尺寸。

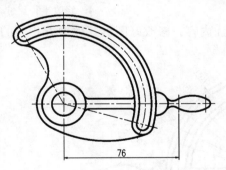

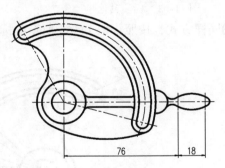

图 11-59 标注距离 1 　　　　　 图 11-60 标注距离 2

步骤 04 同样方式，按照如图 11-61 所示的标注内容，标注好图形中间加强筋处的厚度尺寸，标注后发现标注文字在加强筋中间，不便于观看，单击选中标注尺寸，选中编辑夹点，将标注文字拖动到适合位置。

步骤 05 执行"半径"命令（DRA），如图 11-62 所示单击选择图形相关的圆弧对象，拖动鼠标到图形下方适合位置，单击鼠标左键，放置好半径标注尺寸。

步骤 06 同样方式，按照如图 11-63 所示的标注内容，标注好图形其他地方相关的圆弧半径尺寸。

步骤 07 因为图形中有的地方是几个地方都是同样大小的圆弧半径值，并且在特征上有对称等联系，所以双击图形左上方的"R7"半径标注尺寸，弹出"文字格式"对话框及文本输入框，将文本输入框里的文字用"2-R7"代替，再单击"文字格式"对话框中的"确定"按钮 确定，如图 11-64 所示。

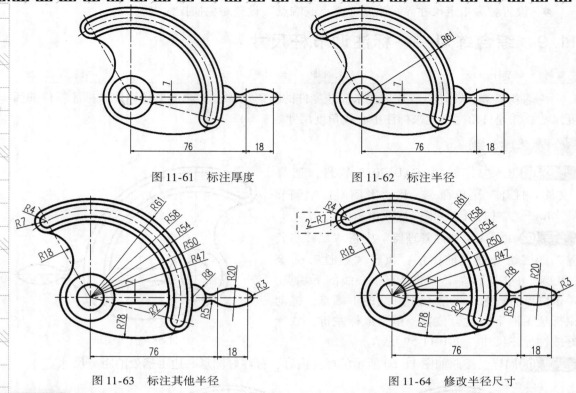

图 11-61　标注厚度　　　　　　　　图 11-62　标注半径

图 11-63　标注其他半径　　　　　　图 11-64　修改半径尺寸

步骤 08 同样方式，按照如图 11-65 所示的标注内容，修改好图形其他地方相关的圆弧半径尺寸。

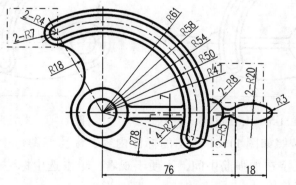

图 11-65　修改其他半径尺寸

步骤 09 执行"直径"命令（DDI），单击选择图形左下方的圆图形，拖动鼠标到图形下方适合位置，单击鼠标左键，放置好直径标注尺寸，如图 11-66 所示。

步骤 10 同样，按照如图 11-67 所示的标注内容，标注好图形其他地方相关的直径尺寸。

步骤 11 执行"角度"命令（DAN），单击选择图形左边的竖直中心线，单击选择左边的斜中心线，拖动鼠标到图形下方适合位置，单击鼠标左键，放置好角度标注尺寸，如图 11-68所示。

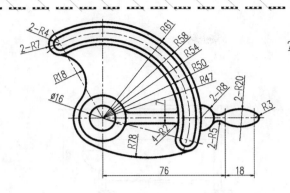

图 11-66 标注直径尺寸

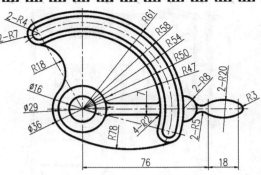

图 11-67 标注其他直径尺寸

步骤 12 同样，按照如图 11-69 所示的标注内容，标注好图形其他地方相关的角度尺寸。

步骤 13 单击"保存" 🖫 按钮，将文件保存，该调节杆图形标注完成。

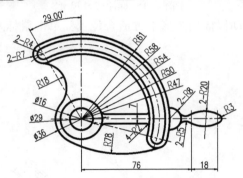

图 11-68 标注角度尺寸

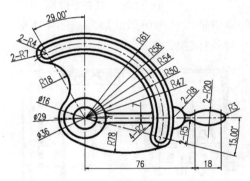

图 11-69 标注其他角度尺寸

11.10 综合练习——标注卫生间尺寸

案例	卫生间.dwg	视频	标注卫生间尺寸.avi	时长	17′28″

⬇ 实战要点：①通过线性标注来标注图形的距离尺寸；②通过半径标注来标注零件的弧度尺寸；③通过角度标注来标注中心线角度尺寸。

⬇ 操作步骤

步骤 01 正常启动 AutoCAD 2015 软件，选择"文件 | 打开"菜单命令，将"案例 \ 11 \ 卫生间-原始.dwg"文件打开，如图 11-70 所示。

步骤 02 在"图层特性管理器"中将"标注"图层切换到当前图层；将绘图区域移动到图形的右下方，执行"线性"命令（DLI），分别单击指定如图 11-71 所示的两条水平轴线的右端点，拖动鼠标到图形下方适合位置，单击鼠标左键，放置好线性标注尺寸。

步骤 03 同样的方式，执行"线性"命令（DLI），依照如图 11-72 所示的尺寸内容，对图形右边相关的部位进行线性标注。

步骤 04 将绘图区域移动到图形的左下方，执行"对齐"命令（DAL），单击指定如图 11-73

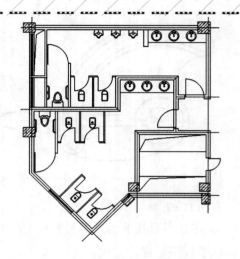

图 11-70　打开图形

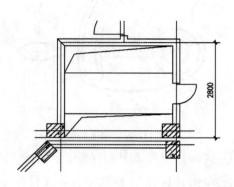

图 11-71　标注线性尺寸

所示的倾斜轴线和厕所里面隔断墙的中点处，拖动鼠标到图形下方适合位置，单击鼠标左键，放置好对齐标注尺寸。

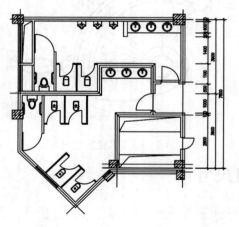

图 11-72　标注右面墙相关尺寸

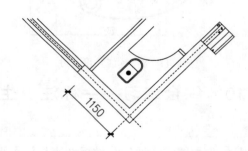

图 11-73　对齐标注

步骤 05 同样的方式，执行"对齐"命令（DAL），依照如图 11-74 所示的尺寸内容，对图形左下边相关的部位进行对齐标注。

步骤 06 综合运用执行"线性"命令（DLI）和执行"对齐"命令（DAL），按照提供的位置与标注尺寸，对卫生间平面图四周进行标注，如图 11-75 所示。

步骤 07 同样的方式，综合运用执行"线性"命令（DLI）和执行"对齐"命令（DAL），按照提供的位置与标注尺寸，对卫生间平面图建筑物里面的相关尺寸进行标注，如图 11-76 所示。

步骤 08 将绘图区域移到图形的上方，执行"引线标注"命令（LE），单击指定洗手盆旁边的隔断墙为第一个引线点，打开正交，拖动鼠标到正上方至适合位置，单击鼠标左键确定，拖动鼠标拖向正左方至适合位置，单击鼠标左键确定，输入文字宽度"0"，输入多行文字

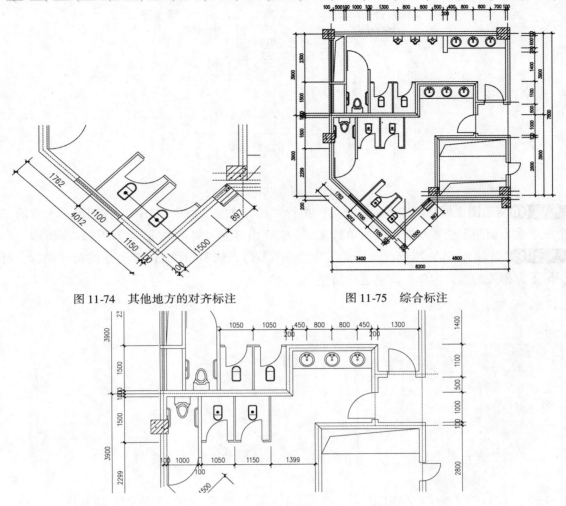

图 11-74　其他地方的对齐标注　　　　　图 11-75　综合标注

图 11-76　标注建筑物内部图形

"200 厚墙砌 1800 高"，按回车键确定，提示输入第二行文字，此时不需要输入第二行文字，直接按回车键确定，完成引线标注，如图 11-77 所示。

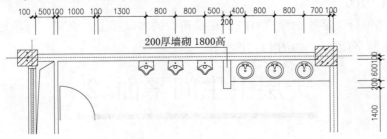

图 11-77　引线标注

步骤 09 同样的方式，执行"引线标注"命令（LE），依照如图 11-78 所示的尺寸内容，对图形建筑物内部相关的地方进行引线标注。

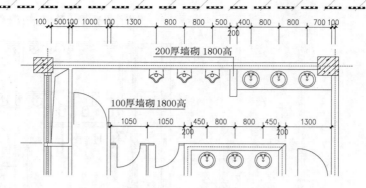

图 11-78　继续引线标注

步骤⑩ 将绘图区域移到图形的右上方，执行"单行文字"命令（DT），在图形右上方的三个洗手盆下面指定位置绘制相关的单行文字，文字内容为"男卫生间"，如图 11-79 所示。

步骤⑪ 同样的方式，执行"单行文字"命令（DT），依照如图 11-80 所示的尺寸内容，对图形下方相关的地方用单行文字进行描述。

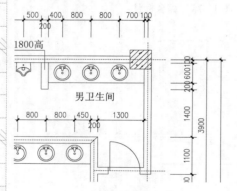

图 11-79　单行文字标注

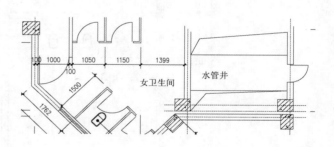

图 11-80　继续单行文字标注

步骤⑫ 执行"多段线"命令（PL），在图形的最下面的中间部位，绘制一条水平的多段线；执行"编辑多段线"命令（PE），选择绘制的多段线，点击确定按钮，选择"宽度"选项，输入宽度值"100"。

步骤⑬ 执行"单行文字"命令（DT），在编辑后的多段线上方绘制一行单行文字，文字内容为"一层卫生间平面 2"，如图 11-81 所示。

一层卫生间平面 2

图 11-81　输入单行文字

步骤⑭ 单击"保存" 🖫 按钮，将文件保存，该卫生间图形标注完成，最终效果图如图 11-82所示。

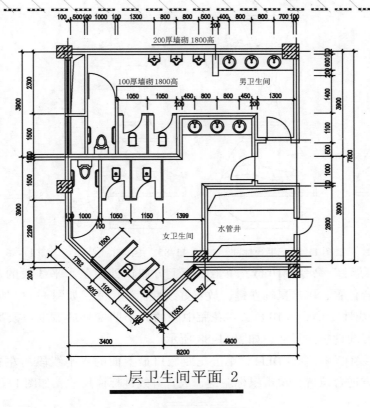

一层卫生间平面 2

图 11-82 最终效果图

11.11 综合练习——标注花瓶尺寸

案例	立面花瓶.dwg	视频	标注立面花瓶尺寸.avi	时长	17′28″

实战要点：①通过线性标注来标注图形的距离尺寸；②通过半径标注来标注零件的弧度尺寸；③通过角度标注来标注中心线角度尺寸。

操作步骤

步骤01 正常启动 AutoCAD 2015 软件，选择"文件 | 打开"菜单命令，将"案例 \ 11 \ 立面花瓶.dwg"文件打开，如图 11-83 所示。

步骤02 在"图层特性管理器"中将"尺寸与公差"图层切换到当前图层；执行"半径"命令（DRA），单击选择花瓶右上方的圆弧，拖动鼠标到图形下方适合位置，单击鼠标左键，放置好半径标注尺寸，如图 11-84 所示。

步骤03 同样方式，按照如图 11-85 所示的标注内容，标注好花瓶其他地方外形大圆弧相关的圆弧半径尺寸。

步骤04 将绘图区域移到图形的左边，继续执行"半径"命令（DRA），单击选择花瓶左边的小的凹槽处的圆弧，拖动鼠标到图形下方适合位置，单击鼠标左键，放置好半径标注尺寸；采用同样的方法，将其余凹槽处的圆弧进行标注，如图 11-86 所示。

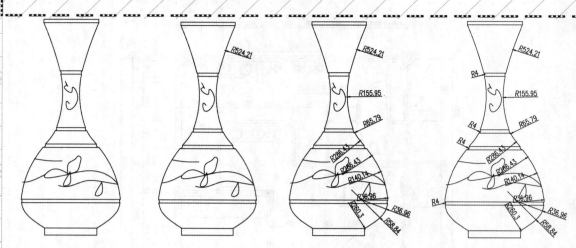

图 11-83 打开图形　　图 11-84 半径标注　　图 11-85 继续标注圆弧　　图 11-86 标注凹槽的圆弧

步骤 05 执行"线性"命令（DLI），单击图形上方瓶口处两条水平线段的左端点，拖动鼠标到图形下方适合位置，单击鼠标左键，放置好线性标注尺寸，如图 11-87 所示。

步骤 06 执行"线性"命令（DLI），对花瓶中间的几个凹槽处的宽度以及瓶底的厚度进行线性标注，放置好线性标注尺寸，如图 11-88 所示。

步骤 07 执行"线性"命令（DLI），单击花瓶瓶口最上面的水平线段的左右两个端点，拖动鼠标到图形下方适合位置，单击鼠标左键，放置好线性标注尺寸，如图 11-89 所示。

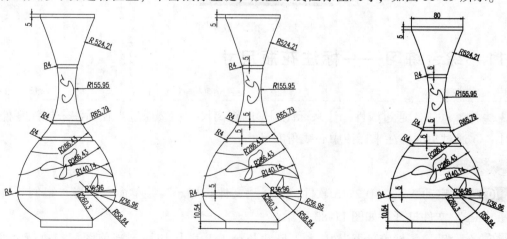

图 11-87 继续标注线性尺寸　　图 11-88 标注其他地方的线性尺寸　　图 11-89 标注线性尺寸

步骤 08 双击线性尺寸的标注文字，弹出文字编辑器，在文本输入框中输入"%%C80"，再单击空白处，则标注文字变成"Φ80"，如图 11-90 所示。

步骤 09 采用同样的方式，先对花瓶的瓶底处的直径进行标注，再双击标注尺寸，对标注进行修改操作，如图 11-91 所示。

步骤 10 执行"线性"命令（DLI），单击花瓶瓶口最上面的水平线段的右端点，单击花瓶瓶底最下面的水平线段的右端点，拖动鼠标到图形右方适合位置，放置好线性标注尺寸，如

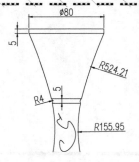

图 11-90　修改标注尺寸

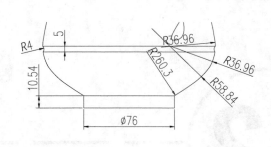

图 11-91　标注瓶底尺寸

图 11-92 所示。

步骤 ⑪ 执行"线性"命令（DLI），输入捕捉象限点的命令"QUA"，单击捕捉花瓶瓶身最大部分的圆弧的右边象限点，输入捕捉象限点的命令"QUA"，单击捕捉花瓶瓶身最大部分的圆弧的左边象限点，拖动鼠标到图形下方适合位置，单击鼠标左键，如图 11-93 所示。

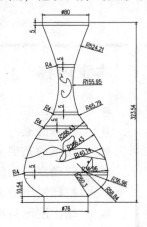

图 11-92　标注高度尺寸

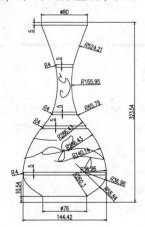

图 11-93　标注宽度尺寸

步骤 ⑫ 单击"保存" 🖫 按钮，将文件保存，该花瓶图形标注完成。

12

工程图的打印

本章导读

在AutoCAD中，可以将图形对象输出为其他对象，也可以将其他对象输入到AutoCAD中进行编辑。在打印图形对象之前，应设置好布局视口、打印绘图仪、打印样式和页面设置等，然后进行打印输出，以便符合要求。

本章内容

- 输出图形
- 输入图形
- 图纸的布局
- 浮动窗口的使用
- 打印输出的设置
- 输出图形与布局的综合练习

A-A (0.500)

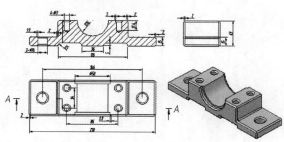

12.1　图形的输入和输出

　　AutoCAD 提供了图形输入与输出接口，除了可以保存为 dwg 格式的文件外，还可以导出其他格式的图形文件，或者把它们的信息传送给其他应用程序；除此之外，可以将在其他应用程序中处理好的数据传送给 AutoCAD，以显示其图形。

12.1.1　输出图形

　　（↓知识要点）输出图形就是指可以将图形文件（dwg 格式）以其他文件格式输出并保存。

　　（↓执行方法）在 AutoCAD 中，可以通过以下三种方式来调用输出命令。

- 菜单栏：选择"文件 | 输出"命令。
- 面　板：在"输出"选项卡的"输出为 DWF/PDF"面板中单击 按钮。
- 命令行：在命令行中输入"Export"命令（EXP）。

　　（↓操作实例）上面介绍的几种输出执行方法，所对应的对话框是不同的，例如，执行菜单命令"文件 | 输出"，将弹出"输出数据"对话框，如图 12-1 所示。

　　如果执行的是单击屏幕左上方的 CAD 软件图标 ，选择"输出"选项 ，则打开的对话框是输出为其他格式，如图 12-2 所示。

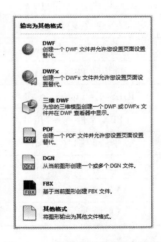

　　　　图 12-1　输出数据对话框　　　　　　　　　图 12-2　输出为其他格式对话框

　　如果执行的是"输出"选项卡的"输出为 DWF/PDF"面板中单击 按钮，则打开另存为 DWFx 对话框，如图 12-3 所示。

　　技巧：输出的文件格式

> 　　在"输出文件"对话框的"文件类型"下拉列表框中，列出了许多种可以输出的文件格式，如图 12-4 所示。每种文件类型所对应的的含义见表 12-1。

图 12-3 选项板所对应的对话框　　　　　　　图 12-4 输出文件类型

表 12-1　AutoCAD 中输出的文件格式

格式	相关命令	说明
三维 DWF（＊.dwf）3DDWFx（＊.dwfx）	3DDWF	Autodesk Web 图形格式
ACIS（＊.sat）	ACISOUT	ACIS 实体对象文件
位图（＊.bmp）	BMPOUT	与设备无关的位图文件
块（＊.dwg）	WBLOCK	图形文件
DXX 提取（＊.dxx）	ATTEXT	属性提取 DXF 文件
封装的 PS（＊.eps）	PSOUT	封装的 PostScript 文件
IGES（＊.iges；＊.igs）	IGESEXPORT	IGES 文件
FBX 文件（＊.fbx）	FBXEXPORT	Autodesk FBX 文件
平版印刷（＊.stl）	STLOUT	实体对象固化快速成型文件
图元文件（＊.wmf）	WMFOUT	Microsoft Windows 图元文件
V7 DGN（＊.dgn）	DGNEXPORT	MicroStation DGN 文件
V8 DGN（＊.dgn）	DGNEXPORT	MicroStation DGN 文件

实战练习：输出位图文件 bmp

| 案例 | 连接件.dwg | 视频 | 连接件的输出操作.avi | 时长 | 17′28″ |

本实例通过讲解如何运用输出图形工具命令快速选择具有同一属性的图形对象，从而提高绘图的速度。

实战要点："输出"命令的使用。

操作步骤

步骤01 正常启动 AutoCAD 2015 软件，选择"文件|打开"菜单命令，将"案例\12\连接件.dwg"文件打开，如图 12-5 所示。

步骤 02 执行菜单命令"文件 | 输出",将弹出"输出数据"对话框,在"保存于"选项中选择好相关的文件路径;在"文件类型"项中选择"位图(*.bmp)",在"文件名"项中输入"连接件",单击"保存"按钮,如图 12-6 所示。

图 12-5 打开文件 　　　　图 12-6 输出数据对话框操作

步骤 03 单击"保存"按钮后,退出"输出数据"对话框,提示选择对象,框选住整个连接件 3D 图形,单击回车键,完成图形输出操作,如图 12-7 所示。

步骤 04 退出 AutoCAD 软件,根据刚才所选择的路径找到前面所输出的位图文件。

步骤 05 单击"保存" 🖫 按钮,将文件保存,该位图文件输出完成。

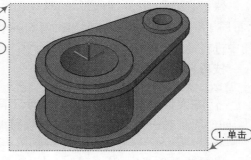

图 12-7 选择图形

12.1.2 输入图形

（↓知识要点） 输入图形就是指可以将其他格式文件输入到 AutoCAD 软件之中。

（↓执行方法） 在 AutoCAD 中,可以通过以下两种方式调用输入命令。

- 菜单栏:执行"文件 | 输入"菜单命令。
- 命令行:在命令行中输入"Import"命令(IMP)。

（↓操作实例） 例如,执行菜单命令"文件 | 输入",将弹出"输入数据"对话框,如图 12-8 所示。

技巧:输入的文件格式

在"输入文件"对话框的"文件类型"下拉列表框中,列出了许多种可以输入的文件格式,如图 12-9 所示。每种文件类型所对应的含义见表 12-1。

图 12-8 输入数据对话框　　　　　图 12-9 输入文件类型

12.2　图纸的布局

　　AutoCAD 软件中存在两个工作空间，即模型空间和布局空间，以满足绘图和打印出图的需要，它们分别用"模型"和"布局"选项卡表示。

12.2.1　模型空间

　　（↓知识要点）在新建或打开 DWG 图纸后，即可看到窗口下侧显示"模型""布局 1"和"布局 2"三个选项卡。在前面讲解的各个章节中，所绘制或打开的图形内容，都是在模型空间中进行的，其绘制的模型比例为 1:1。

　　技巧：模型的巧用

　　　　在大型或复杂的图形中，显示不同的视图可以缩短在单一视图中缩放或平移的时间，而且在一个视图中出现的错误可能会在其他视图中表现出来。

　　（↓操作实例）"模型"选项卡可以将绘图区域拆分成一个或多个相邻的矩形视图，称为模型空间视口，如图 12-10 所示。

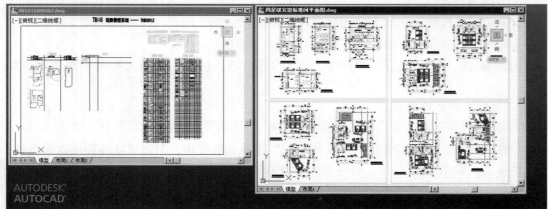

图 12-10 模型选项卡

提示：模型空间的特征

1）在模型空间中，可以绘制全比例的二维图形和三维模型，并带有尺寸标注。

2）模型空间中，每个视口都包含对象的一个视图。例如，设置不同的视口会得到俯视图、正视图、侧视图和立体图等。

3）用 VPORTS 命令创建视口和视口设置，并可以将其保存起来，以备后用。

4）视口是平铺的，它们不能重叠，总是彼此相邻。

5）在某一时刻只能有一个视口处于激活状态，十字光标只能出现在一个视口中，并且也只能编辑该活动的视口（平移、缩放等）。

6）只能打印活动的视口；如果 UCS 图标设置为 ON，该图标就会出现在每个视口中。

7）系统变量"MAXACTVP"决定了视口的范围是 2～64。

12.2.2　布局空间

（↓知识要点）在 AutoCAD 中，图纸空间是以布局的形式来使用的。一个图形文件可包含多个布局，每个布局代表一张单独的打印输出图纸，主要用于创建最终的打印布局，而不用于绘图或设计工作。

（↓操作实例）在绘图区域底部选择"布局"选项卡，就能查看相应的布局，也就是图纸空间，如图 12-11 所示。

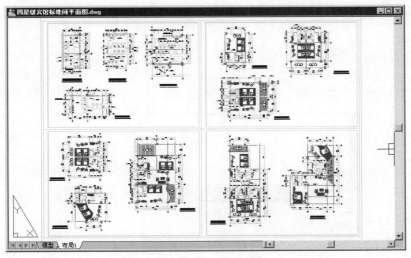

图 12-11　布局选项卡

提示：图纸空间的特征

1）VPORTS、PS、MS 和 VPLAYER 命令处于激活状态（只有激活了 MS 命令后，才可使用 PLAN、VPOINT 和 DVIEW 命令）。

2）视口的边界是实体，可以删除、移动、缩放、拉伸视口。

3）视口的形状没有限制。例如，可以创建圆形视口、多边形视口或对象等。

4）视口不是平铺的，可以用各种方法将它们重叠、分离。

5）每个视口都在创建它的图层上，视口边界与层的颜色相同，但边界的线型总是实线。出图时如不想打印视口，可将其单独置于一个图层上，冻结即可。

6）可以同时打印多个视口。

7）十字光标可以不断延伸，穿过整个图形屏幕，与每个视口无关。

8）可以通过 MVIEW 命令打开或关闭视口；用"SOLVIEW"命令创建视口或者用"VPORTS"命令恢复在模型空间中保存的视口。

9）在打印图形且需要隐藏三维图形的隐藏线时，可以使用"MVIEW"命令并选择"隐藏（H）"选项，然后拾取要隐藏的视口边界即可。

10）系统变量 MAXACTVP 决定了活动状态下的视口数是 64。

12.2.3 新建布局

（↓知识要点）在 AutoCAD 中，新建布局命令就是创建和修改图形布局。

（↓执行方法）在 AutoCAD 中，可以通过以下三种方式来执行新建布局命令。

- 菜单栏：选择"插入 | 布局 | 新建布局"命令。
- 面　板：在"布局"选项卡的"布局"面板中单击 按钮。
- 命令行：在命令行中输入"Layout"命令，选择"新建"选项。

（↓操作实例）执行"新建布局"命令后，将提示输入新建布局的名称，输入布局名称后，按回车键确定，将会新增一个布局，其操作命令行如下，如图 12-12 所示。

```
命令:_layout                                              \\执行新建布局命令
输入布局选项[复制(C)/删除(D)/新建(N)/样板(T)/重命名(R)/另存为(SA)/设置(S)/?]<设置>:_new
                                                          \\系统自动选择新建选项
输入新布局名<布局3>:新布局                                   \\输入新布局名称并确定
```

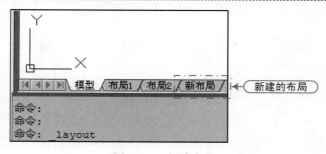

图 12-12　新建布局

（↓选项含义）：在执行新建布局的操作中，各主要选项的含义如下。

- 复制（C）：用来复制布局。如果不提供名称，则新布局以被复制布局的名称附带一个递增的数字（在括号中）作为布局名。
- 删除（D）：删除布局。不能删除"模型"选项卡，要删除"模型"选项卡上的所有几何图形，必须选项所有的几何图形，然后使用"ERASE"命令。

- 新建（N）：创建新的布局选项卡。在单个图形中可以创建最多 255 个布局，选项"新建"选项后，命令行提示"输入新布局名 < 布局 # >："。布局必须唯一，布局名最多可以包含 255 个字符，不区分大小写。布局选项卡上只显示最前面的 31 个字符。

技巧：新建选项的字符

> 布局选项卡上只显示最前面的 31 个字符。

- 样板（T）：基于样板"DWT"、图形"DWG"或图形交换"DXF"文件中出现的布局创建新布局选项卡。
- 重命名（R）：给布局重新命名。
- 另存为（SA）：将布局另存为图形样板（DWT）文件，而不保存任何未参照的符号表和块定义信息，可以使用该样板在图层中创建新的布局，而不必删除不必要的信息。
- 设置（S）：设置当前布局。
- "?"：列出图形中定义的所有布局。

12.2.4　使用样板创建布局

⬇知识要点　在 AutoCAD 中，使用样板创建布局就是可通过系统提供的样板来创建布局。它是基于样板、图形或图形交换文件中出现的布局去创建新的布局选项卡。

⬇执行方法　在 AutoCAD 中，可以通过以下三种方式来执行样板创建布局命令。

- 菜单栏：选择"插入 | 布局 | 来自样板的布局"命令。
- 面　板：在"布局"选项卡的"布局"面板中单击▣按钮。
- 命令行：在命令行中输入"Layout"命令，选择"样板"选项。

⬇操作实例　执行"来自样板的布局"命令后，将弹出"从文件选择样板"对话框，选择需要的样板文件，单击"打开"按钮，进入到"插入布局"按钮，在"布局"选项中选择所需要的布局名称，单击"确定"按钮，完成样板创建布局操作，如图 12-13 所示。

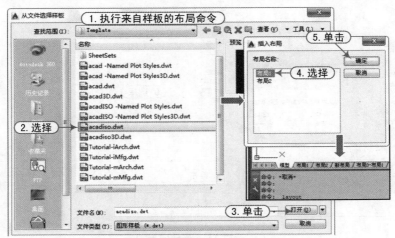

图 12-13　样板创建布局

12.2.5 使用布局向导创建布局

（↓知识要点）在 AutoCAD 中，使用布局向导创建布局就是创建新的布局选项卡并指定页面和打印设置。

（↓执行方法）在 AutoCAD 中，可以通过以下两种方式执行使用布局向导创建布局命令。

■ 菜单栏：选择"插入｜布局｜使用布局向导创建布局"命令。

■ 命令行：在命令行中输入"Layoutwizard"命令。

（↓操作实例）执行"使用布局向导创建布局"命令后，弹出"创建布局-开始"对话框，在"创建布局-开始"选项面板中输入新布局名；单击"下一步"按钮，打开"创建布局-打印机"对话框，如图 12-14 所示。

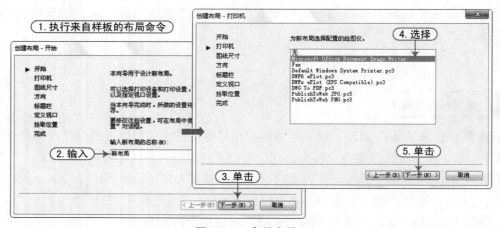

图 12-14　布局向导一

指定打印机类型后，单击"下一步"按钮，打开"创建布局-图纸尺寸"对话框；在该对话框中设置图纸的尺寸，在"图形单位"选项组中设置单位类型，单击"下一步"按钮，打开"创建布局-方向"对话框，如图 12-15 所示。

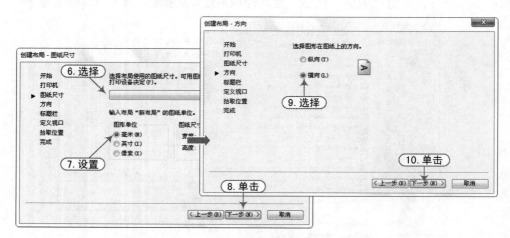

图 12-15　布局向导二

单击"下一步"按钮，打开"创建布局-标题栏"对话框，在该对话框中的"路径"列表框中选择需要的标题栏选项；单击"下一步"按钮，打开"创建布局-定义视口"对话框，如图 12-16 所示。

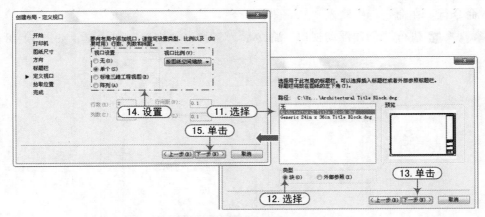

图 12-16 布局向导三

在该对话框中选择相应的视口设置和视口比例，单击"下一步"按钮，打开"创建布局-拾取位置"对话框；单击"选择位置"按钮，进入绘图区选择视口位置，单击"下一步"按钮，打开"创建布局-完成"对话框，单击"完成"按钮，布局向导设置完成，如图 12-17 所示。

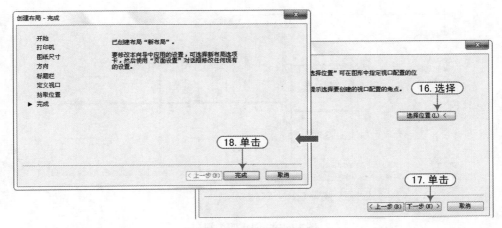

图 12-17 布局向导四

12.3 使用浮动窗口

在构造布局图时，可以将浮动视口视为图纸空间的图形对象，并对其进行移动和调整。浮动视口可以相互重叠或分离。在图纸空间中无法编辑模型空间中的对象，如果要编辑模型，必须激活浮动视口进入模型空间。

12.3.1 创建浮动视口

（↓知识要点）创建浮动视口就是指可以在图纸空间中创建视口，称为浮动视口。与平铺视口不同，浮动视口可以重叠，或对其进行编辑。

(↓)**执行方法** 在 AutoCAD 中，可以通过以下两种方式执行创建浮动视口命令。

■ 菜单栏：选择"视图 | 视口 | 新建视口"命令。

■ 命令行：在命令行中输入"Vports"命令。

(↓)**操作实例** 执行"创建浮动视口"命令后，将弹出"视口"对话框，如图 12-18 所示。

图 12-18　视口对话框

创建浮动视口还可以设置视口的数量及其布置方式，如创建四个视口，如图 12-19 所示。

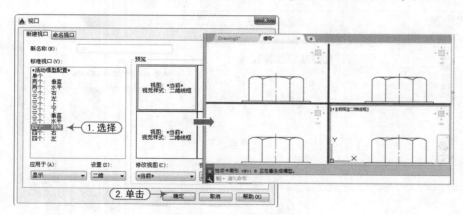

图 12-19　创建四个视口

12.3.2　比例缩放视图

(↓)**知识要点** 比例缩放视图就是指如果布局中使用了多个浮动视口，就可以为这些视口中的视图建立相同的缩放比例，这时可选择要修改其缩放比例的浮动视口。

(↓)**执行方法** 在"特性"面板的"标准比例"下拉列表框中选择某一比例，然后对其他的所有浮动视口执行同样的操作，就可以设置一个相同的比例值。

(↓)**操作实例** 例如，将已有的视口比例设置成 1∶10，单击选中视口，执行"特性"命令（MO），在根据图中的步骤进行设置，如图 12-20 所示。

提示：关于图纸空间比例缩放视图

> 在 AutoCAD 中，通过对齐两个浮动视口中的视图可以排列图形中的元素。若采用角度、水平和垂直对齐方式，可以相对一个视口中指定的基点平移另一个视口中的视图。

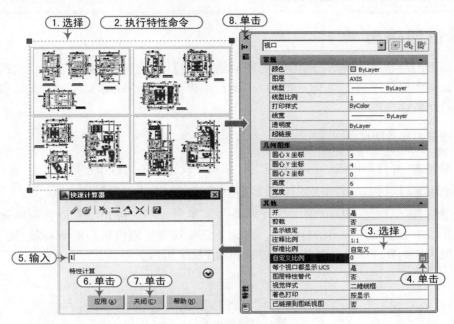

图 12-20　比例缩放视图

12.3.3　控制浮动视口中对象的可见性

（↓知识要点）控制浮动视口中对象的可见性就是指可以在浮动视口中，使用多种方法来控制对象的可见性，如消隐视口中的线条，打开或关闭浮动视口等。使用这些方法可以限制图形的重生成，突出显示或隐藏图形中的不同元素。

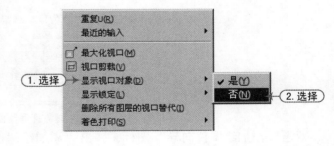

图 12-21　隐藏视口

（↓执行方法）单击选中要操作的视口，单击鼠标右键，在快捷菜单中根据需要选择相关的选项进行操作。

（↓操作实例）例如，隐藏已有的视口对象，单击选中视口，单击鼠标右键，选择"显示视口对象"，选择"否"选项，如图 12-21 所示。

技巧：旋转视口

> 在浮动视口中，执行 MvSetup 命令可以旋转整个视图；而"Rotate"命令只是旋转单个对象。

提示：隐藏视口与打印特性

　　视口对象的隐藏打印特性只影响打印输出，而不影响屏幕显示。打印布局时，在"页面设置"对话框中选中"隐藏图纸空间对象"复选框，可以只消隐图纸空间的几何图形，对视口中的几何图形无效。

12.4　打印输出

　　完成图形的绘制后，剩下的操作便是图形输出和打印了，使用 AutoCAD 强大的打印输出功能，可以将图形输出到图纸上，也可以将图形输出为其他格式的文件，并支持多种类型的绘图仪和打印机。

12.4.1　设置打印绘图仪

　　⬇ 知识要点　要打印图纸，则需要根据打印机来设置相关的打印参数。

　　⬇ 执行方法　执行"文件｜绘图仪管理器"菜单命令即可设置打印参数。

　　⬇ 操作实例　执行"文件｜绘图仪管理器"菜单命令后，将弹出资源管理器窗口。打印机的设置主要决定于用户选用的打印机，因此，只要安装了随机销售的驱动软件，该打印机的图标即被添加到列表中。资源管理器窗口如图 12-22 所示。

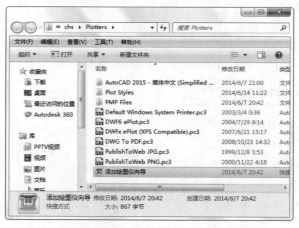

图 12-22　资源管理器窗口

　　双击"添加绘图仪向导"图标，弹出"添加绘图仪-简介"对话框；单击"下一步"按钮，弹出"添加绘图仪-开始"对话框，如图 12-23 所示。

提示：开始对话框的三个选项

　　在该对话框中有三个单选按钮：选择"我的电脑"单选按钮可以将"DWG"文件输出为其他类型的文件，以供其他软件使用；"网络绘图仪服务器"选项适用于多台计算机共用一台打印机的工作环境；"系统打印机"选项适用于打印机直接链接在计算机上的个人用户。

　　根据打印机的型号、工作需要等条件来设置剩下的打印绘图仪参数，如图 12-24 所示。

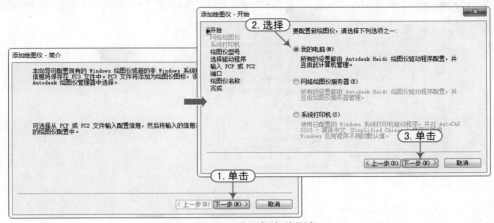

图 12-23　　设置打印绘图仪一

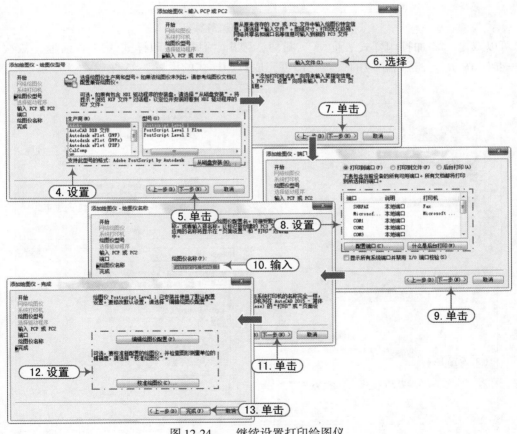

图 12-24　　继续设置打印绘图仪

12.4.2　设置打印样式

（知识要点）同样，根据使用的要求不同，也需要将打印的样式进行设置，通过该设置可以添加新的打印样式表，包含并可定义能够指定给对象的打印样式。

（执行方法）执行"文件|打印样式管理器"菜单命令即可设置打印参数。

⬇操作实例 执行"文件 | 打印样式管理器"菜单命令后，将弹出资源管理器窗口，如图 12-25 所示。

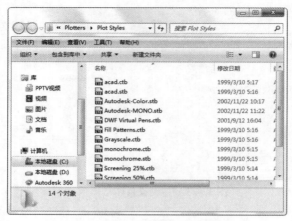

图 12-25　资源管理器窗口

可以双击"添加打印样式表向导"图标，弹出"添加打印样式表"对话框，依次单击"下一步"按钮，并进行相应的设置，即可完成打印样式的设置，如图 12-26 所示。

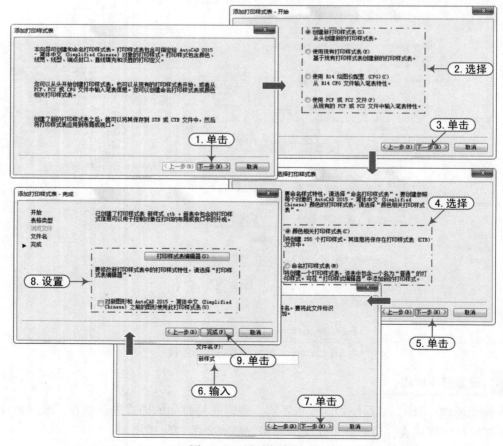

图 12-26　设置打印样式

12.4.3　编辑打印样式

（知识要点）当设置好打印样式之后，可以根据实际情况对已经设置好的打印样式进行修改编辑操作。

（执行方法）双击已经建立好的打印样式，进入到"打印样式编辑器"对话框中进行编辑。

（操作实例）对建立的"新样式"打印样式进行编辑操作，执行"文件 | 打印样式管理器"菜单命令，弹出资源管理器，双击"新样式"打印样式，弹出"打印样式表编辑器"对话框，如图 12-27 所示。

图 12-27　打印样式表编辑器对话框

在"打印样式编辑器"对话框中，有三个选项卡，分别为"常规"选项卡、"表述图"选项卡和"表格视图"选项卡，在该对话框可以显示和设置打印样式表的说明文字等基本信息，以及全部打印样式的设置参数，"表述图"选项卡和"表格视图"选项卡如图 12-28 所示。

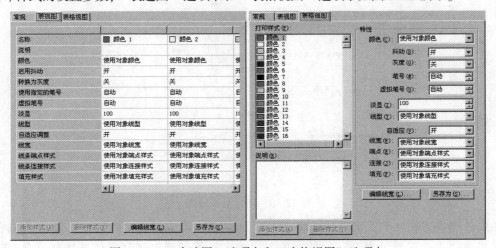

图 12-28　"表述图"选项卡和"表格视图"选项卡

12.4.4 打印页面的设置

↓知识要点 打印页面设置是指控制每个新建布局的页面布局、打印设备、图纸尺寸和其他设置。页面设置是打印设备和其他用于确定最终输出的外观和格式的设置的集合。这些设置存储在图形文件中，可以修改并应用于其他布局。

↓执行方法 执行"文件 | 页面设置管理器"菜单命令即可。

↓操作实例 执行"文件 | 页面设置管理器"菜单命令后，将弹出"页面设置管理器"对话框，如图 12-29 所示。

弹出"页面设置管理器"对话框之后便可以根据实际情况来设置所需要的页面参数了，具体的操作过程如图 12-30 所示。

如果需要对已经创建好的页面设置参数进行修改，则在"页面设置管理器"对话框单击"修改"按钮，弹出"页面设置-＊＊"对话框，从中可以编辑所选页面设置的设置。

图 12-29　页面设置管理器对话框

图 12-30　新建页面设置

如果已经有了相关的页面设置模板文件，只需要导入该模板文件即可，这样将节省设置的时间，在"页面设置管理器"对话框单击"输入"按钮弹出"从文件选择页面设置"对话框，如图 12-31 所示。

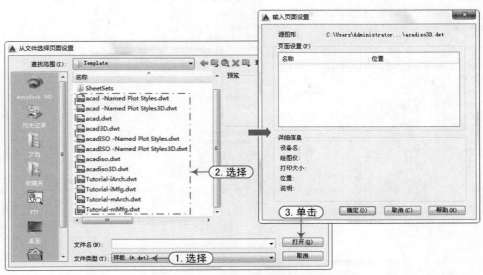

图 12-31 从文件选择页面设置对话框

12.4.5 打印输出操作

（↓知识要点）打印就是将数据文件打印在图纸上，可互换用于 CAD 输出。以前，打印机仅生成文字，绘图仪生成矢量图形。随着打印机越来越强大，并且可以生成高质量矢量数据的光栅图像，大多数差别已经消失。

（↓执行方法）AutoCAD 可以有两种不同的工作环境，即模型空间和图纸空间，在这两种环境中都可以进行打印。选择"文件 | 打印"菜单命令，即可进入"打印"对话框进行设置，然后便可以打印。

- 模型空间打印：把图形放在"模型"选项卡内打印图纸的模式，在模型空间中只能打印一个视口内的图形。
- 图纸空间打印：把图形放置在某一"布局"中进行打印的模式，在图纸空间中可以打印多个视口中的图形。

（↓操作实例）例如，现在对图形对象进行打印操作，执行菜单命令"文件 | 打印"，弹出"打印"对话框，操作过程如图 12-32 所示。

提示：打印透明对象

> 出于性能原因考虑，打印透明对象在默认情况下被禁用。若要打印透明对象，则需要选中"使用透明度打印"选项。此设置可由"PLOTTRANSPARENCYOVER-RIDE"系统变量替代。默认情况下，该系统变量会使用"页面设置"和"打印"对话框中的设置。

如果想要预览打印效果，单击"打印"对话框左下角的"预览"按钮，则将会对所选取的图形进行打印预览，如图 12-33 所示。退出预览按键盘上的"Esc"键即可。

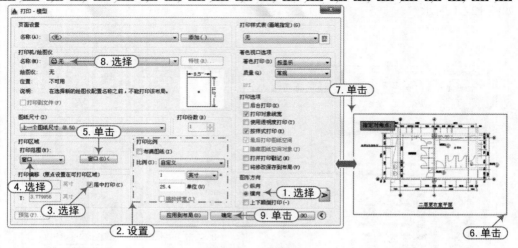

图 12-32　打印设置

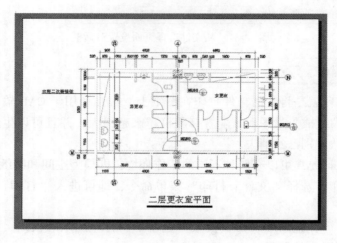

图 12-33　预览效果

技巧：纹理压缩

　　打开"纹理压缩"后，打印图形中的图像时，其质量会有所降低。"纹理压缩"不影响渲染的视口。要识别是否已启用"纹理压缩"，请输入"3DCONFIG"，单击"手动调节"。在"手动性能调节"对话框中查看硬件效果列表。

技巧：去除 Autodesk 教育版产品制作的方法

　　1）先将文件存储为 dxf 格式，再重新打开 CAD，打开刚保存的 dxf 格式文件，另存为 dwg 格式，即可去除打印时的 Autodesk 教育版制作标记。
　　2）用其他的 dwg 版本转换工具（如 AcmeCADConverter）转换成 R14。
　　3）存为 dwt 模板文件，打开后再存回 dwg 文件也可解决。

12.5　综合练习——轴承座的布局

案例	轴承座.dwg	视频	轴承座的布局方法.avi	时长	17′28″

　**实战要点**：①使用"创建视图"命令绘制表格；②使用表"线性""对齐"等命令进行尺寸标注。

操作步骤

步骤01 正常启动 AutoCAD 2015 软件，选择"文件｜打开"菜单命令，将"案例\12\轴承座.dwg"文件打开，如图 12-34 所示。

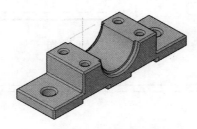

图 12-34　轴承座图形

步骤02 单击"布局"选项卡，在"创建视图"面板中单击"基点\从模型空间"工具按钮，选择"整个模型（E）"选项，选择"布局1"选项，选择"方向"选项，选择"俯视"方向，选择"比例"选项，输入比例"0.5"，然后在视图适当位置放置好"基础视图"，如图 12-35 所示。选择"退出"选项，按回车键退出绘制，如图 12-36 所示。

```
命令:_VIEWBASE                                              \\执行创建视图命令
指定模型源[模型空间(M)/文件(F)]<模型空间>:_M               \\选择模型空间选项
选择对象或[整个模型(E)]<整个模型>:E                         \\选择整个模型选项
输入要置为当前的新的或现有布局名称或[?]<布局1>:           \\选择布局1
正在重生成布局。                                            \\重生成布局
类型=基础和投影　隐藏线=可见线和隐藏线(I)　比例=1:2         \\提示当前设置
指定基础视图的位置或[类型(T)/选择(E)/方向(O)/隐藏线(H)/比例(S)/可见性(V)]<类型>:O
                                                           \\选择方向选项
选择方向[当前(C)/俯视(T)/仰视(B)/左视(L)/右视(R)/前视(F)/后视(BA)/西南等轴测(SW)/东
南等轴测(SE)/东北等轴测(NE)/西北等轴测(NW)]<前视>:T         \\选择俯视选项
指定基础视图的位置或[类型(T)/选择(E)/方向(O)/隐藏线(H)/比例(S)/可见性(V)]<类型>:S
                                                           \\选择比例选项
输入比例<0.25>:0.5                                          \\输入比例
指定基础视图的位置或[类型(T)/选择(E)/方向(O)/隐藏线(H)/比例(S)/可见性(V)]<类型>:
                                                           \\指定视图位置
选择选项[选择(E)/方向(O)/隐藏线(H)/比例(S)/可见性(V)/移动(M)/退出(X)]<退出>:X
                                                           \\选择退出选项
指定投影视图的位置或<退出>:                                 \\退出
已成功创建基础视图。                                        \\系统提示已创建视图
```

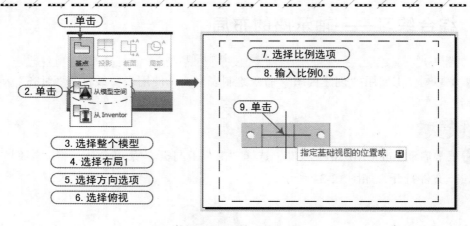

图 12-35 插入俯视图

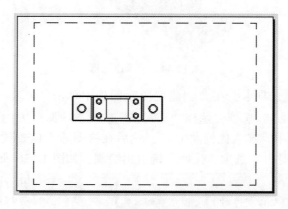

图 12-36 插入后的图形

步骤 03 单击"创建视图"选项卡中的"截面"选项,弹出下拉菜单,选择"偏移"选项,提示选择俯视图,单击选择插入的俯视图,按照如图 12-37 所示的次序分别单击如图12-37所示的选取点,拖动鼠标到正上方,单击鼠标左键放置阶梯剖视图。选择"退出"选项,则阶梯剖视图创建完成,如图 12-38 所示。

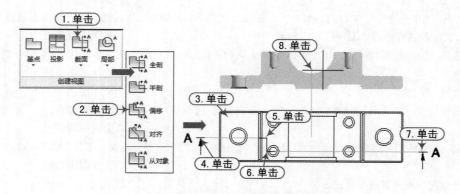

图 12-37 插入阶梯剖视图步骤

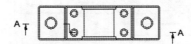

图 12-38 阶梯剖最终图形

步骤 04 单击"创建视图"选项卡中的"投影"选项，提示选择俯视图，单击选择上一步绘制的阶梯剖图形，再拖动鼠标到右边，单击鼠标左键放置左视图，如图 12-39 所示。选择"退出"选项，则左视图创建完成，如图 12-40 所示。

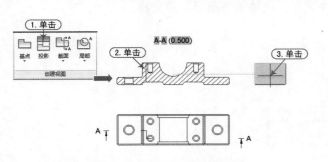

图 12-39 添加投影视图步骤

图 12-40 添加的左视图

步骤 05 单击"创建视图"选项卡中的"投影"选项，提示选择俯视图，单击选择绘制的左视图形，拖动鼠标到右下边，单击鼠标左键放置三维模型视图，选择"退出"选项，则模型视图创建完成，如图 12-41 所示。

步骤 06 单击"布局"选项卡中，在"修改视图"面板中单击"编辑视图"工具按钮，选择绘制的"模型视图"，选择"隐藏线"选项，选择"带可见线着色"选项，选择"退出"选项，如图 12-42 所示。

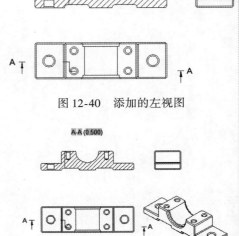

图 12-41 添加模型视图

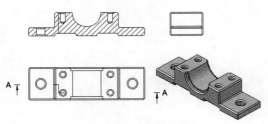

图 12-42 修改视图

步骤 **07** 执行"线性"命令（DLI），执行"对齐"命令（DAL）等，对图形进行标注，如图 12-43 所示。

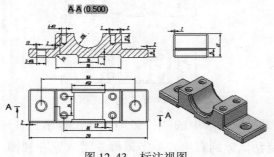

图 12-43　标注视图

步骤 **08** 单击"保存" 🔲 按钮，将文件保存，该轴承座图形布局完成。

第4篇 施工图绘制篇

13

建筑总平面图的绘制

本章导读

现在通过绘制住宅小区总平面图来讲解总平面图的相关知识；建筑总平面图是表明新建房屋所在基础有关范围内的总体布置，它反映新建、拟建、原有和拆除的房屋、构筑物等的位置和朝向，室外场地、道路、绿化等的布置，地形、地貌、标高等以及原有环境的关系和邻界情况等。

本章内容

- 建筑总平面图的概述
- 建筑总平面图的内容
- 建筑总平面图的特点
- 设置绘图环境
- 绘制建筑总平面图的综合练习

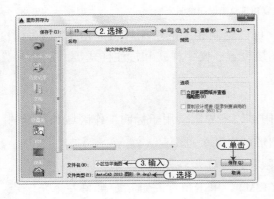

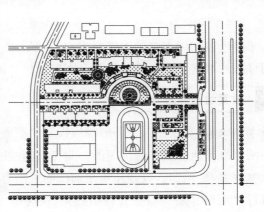

13.1　住宅小区总平面图的概述

总平面图是建筑图纸中重要的图纸之一，现在来介绍它的内容、特点等相关知识。

知识要点 建筑总平面图是表明新建房屋所在基础有关范围内的总体布置，它反映新建、拟建、原有和拆除的房屋、构筑物等的位置和朝向，室外场地、道路、绿化等的布置，地形、地貌、标高等以及原有环境的关系和邻界情况等，如图 13-1 所示。

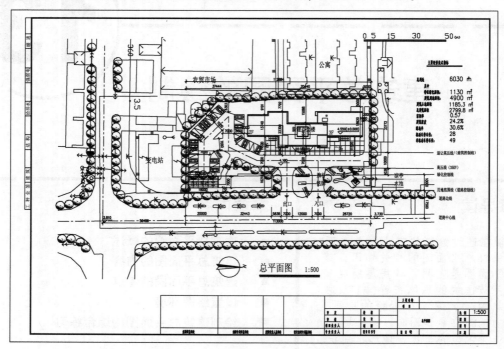

图 13-1　建筑总平面图

建筑总平面图也是房屋及其他设施施工的定位、土方施工以及绘制水、暖、电等管线总平面图和施工总平面图的依据。

13.2　建立绘图环境

案例	建筑总平面图.dwt	视频	设置建筑总平面图绘图模板.avi	时长	17′28″

为了使绘制相同类型的图纸能提高绘图效率，可以绘制相关的绘图样板。建筑总平面图的绘图样板一般需要设置图形界限、图形单位、图层设置、文字样式和标注样式等。

13.2.1　设置绘图界限

知识要点 在绘图时，一般都应设置绘图界限，绘图界限是用于标明工作区域和图纸的边界。便于准确地绘制和输出图形，避免绘制的图形超出某个范围。

操作实例 例如，设置建筑平面图的绘图界限，其操作步骤如下。

执行"图形界限"命令（LIMITS），快捷键（LIM），单击鼠标左键指定屏幕左下角一点作为图形界限左下角点；拖动鼠标的右上方，输入绘图界限数据"42000，29700"，图形界限便设置完成。

命令:LIMITS	\\执行图形界限命令
重新设置模型空间界限:	\\系统提示
指定左下角点或[开(ON)/关(OFF)] <0.0000,0.0000>:	\\指定界限对角线起点
指定右上角点 <420.0000,297.0000>:42000,29700	\\输入界限宽度数据

13.2.2 设置图形单位

（↓知识要点）在设置好相关的绘图界限之后，接着设置相关的单位参数，可以通过"图形单位"来设置，"图形单位"是指设置显示坐标、距离和角度时要使用的格式、精度及其他约定。

（↓操作实例）例如，设置建筑平面图的图形单位，其操作步骤如下。

步骤 01 执行"单位"命令（UNITS），快捷键（UN），弹出"图形单位"对话框。

步骤 02 在"长度"选项中的"类型"项中选择"小数"；在"精度"项中选择"0.0"。

步骤 03 在"角度"选项中的"类型"项中选择"十进制度数"；在"精度"项中选择"0.0"。

步骤 04 在"插入时的缩放单位"选项中选择"毫米"；单击"确定"按钮完成图形单位的设置，如图13-2所示。

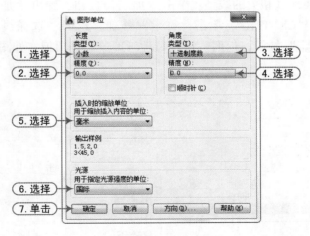

图13-2 图形单位对话框

13.2.3 图层的设置

（↓知识要点）设置好了图形界限和图形单位，接着设置图层相关的内容，将不同的线型归于不同的图层，能给绘图带来很大的方便。根据图线画法及示例的相关知识来设置该样板文件的图层。

↓操作实例 例如，进行建筑平面图的图层设置，其操作步骤如下。

步骤 **01** 执行 "图层特性管理器" 命令（LAYER），快捷键（LA），弹出 "图层特性管理器" 选项板。

步骤 **02** 单击 "新建图层" 按钮，在名称栏输入新建图层的名称 "轴线"。

步骤 **03** 单击 "颜色" 项，弹出 "选择颜色" 对话框，在 "索引颜色" 选项卡中，选择 "红色"，单击 "确定" 按钮，返回 "图层特性管理器" 选项板，如图 13-3 所示。

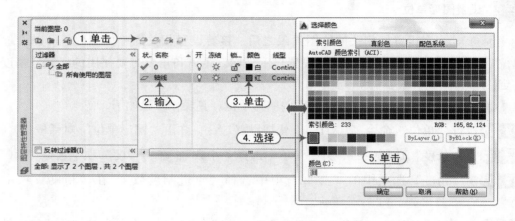

图 13-3　设置颜色

步骤 **04** 单击 "线型" 项，弹出 "选择线型" 对话框，默认线型为连续的直线，而需要的是 "细点画线"，需要加载相关的线型；单击 "加载" 按钮，弹出 "加载或重载线型" 对话框，选择需要的线型 "CENTER"，单击 "确定" 按钮，返回 "选择线型" 对话框，选择加载的线型，单击 "确定" 按钮，返回 "图层特性管理器" 选项板，如图 13-4 所示。

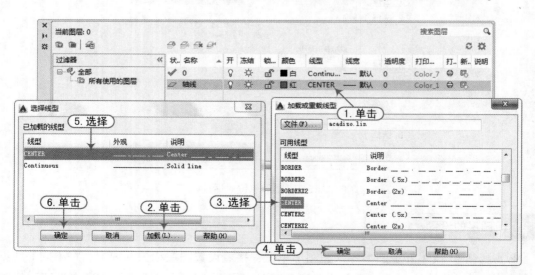

图 13-4　设置线型

步骤 **05** 采用建立 "轴线" 图层的方法，根据需要新建平面图的其他图层，如图 13-5 所示。

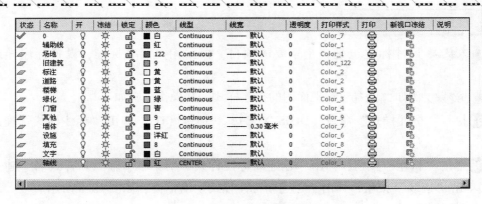

图 13-5 设置其他图层

在设置"墙体"图层时，将会设置线宽，单击"线宽"项，弹出"线宽"对话框，选择相关的线宽参数，单击"确定"按钮返回，如图 13-6 所示。

13.2.4 设置文字样式

（↓知识要点）在设置好绘图单位之后，就可以设置文字相关的参数了。

（↓操作实例）例如，设置建筑平面图的文字样式，其操作步骤如下。

步骤 01 执行"文字样式"命令（STYLE），快捷键（ST），弹出"文字样式"对话框。

步骤 02 单击"新建"按钮，弹出"新建文字样式"对话框，输入样式名"平面图"，单击"确定"按钮，返回"文字样式"对话框。

图 13-6 设置线宽

步骤 03 单击"字体"下拉菜单按钮，选择"gbeitc. shx"文字样式；勾选上"使用大字体"选项，单击"大字体"下拉菜单按钮，选择"gbcbig. shx"文字样式；在"宽度因子"中输入 0.7000，单击"应用"按钮，单击"置为当前"按钮，单击"关闭"按钮，完成文字样式的创建，如图 13-7 所示。

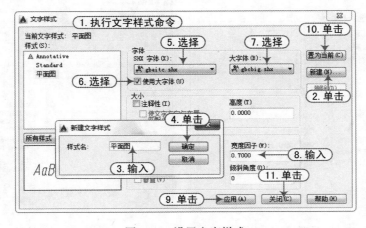

图 13-7 设置文字样式

271

13.2.5 设置标注样式

↓ 知识要点 尺寸标注也是一个重要的项目，根据相关国家标准，设置标注样式相关参数。

↓ 操作实例 例如，设置建筑平面图的标注样式，其操作步骤如下。

步骤 01 执行"标注样式"命令（DIMSTYLE），快捷键（D），弹出"标注样式管理器"对话框。

步骤 02 单击"新建"按钮，弹出"创建新标注样式"对话框，输入新样式名"建筑总平面图"，单击"继续"按钮，弹出"创建新标注样式"对话框，如图13-8所示。

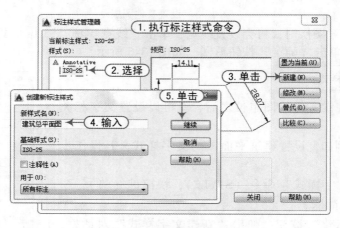

图13-8　创建新标注样式

步骤 03 单击"线"选项卡，在"尺寸线"选项和"尺寸界线"选项中按照如图13-9所示的参数进行设置。

步骤 04 单击"符号和箭头"选项卡，在"箭头"选项将箭头设置成"建筑标记"，将箭头大小设置成"1.5"，将其余几个选项按照如图13-10所示的参数进行设置。

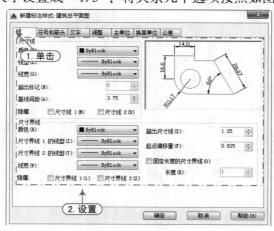

图13-9　设置线选项卡

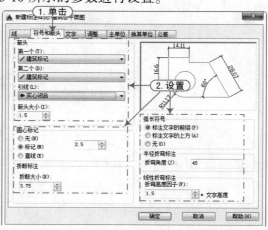

图13-10　设置符号和箭头选项卡

步骤 ⑤ 单击"文字"选项卡，按照如图 13-11 所示的参数进行设置。

步骤 ⑥ 单击"调整"选项卡，按照如图 13-12 所示的参数进行设置，注意，使用全局比例时，一般是根据图注比来设置，例如做 1:500 的设置。

步骤 ⑦ 单击"主单位"选项卡，在"线性标注"选项中设置"精度"为"0.0"；在"角度标注"选项中单击"精度"后面的下拉菜单按钮，选择"0.0"，如图 13-13 所示。其他两个选项卡保持默认状态，在实际使用过程中，根据需要新建其他标注样式或者调整相关参数。

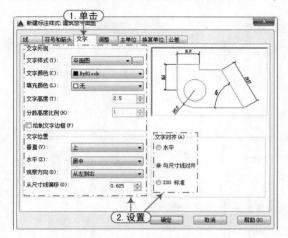

图 13-11　设置文字选项卡　　　　图 13-12　设置调整选项卡

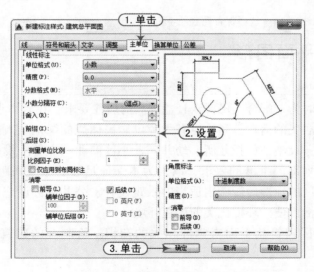

图 13-13　设置主单位选项卡

步骤 ⑧ 单击"确定"按钮，返回标注样式管理器"对话框，单击"置为当前"按钮，单击"关闭"按钮，完成标注样式的设置。

13.2.6　保存样板文件

🔽 **知识要点** 前面设置好了样板文件的基本绘图环境，可以将它保存在所需要的目录下，便于以后需要的时候直接调用。

⬇️**操作实例** 例如，将样板文件保存在目标文件下，其操作步骤如下。

步骤 01 在"快速访问"工具栏中，单击"另存为" 🖫 按钮，弹出"图形另存为"对话框，在"文件类型"选项中选择"AutoCAD 图形样板（＊.dwt）"，选择要保存的目录路径，在"文件名"选项中输入"机械样板"，单击"保存"按钮，如图 13-14 所示。

步骤 02 弹出"样板选项"对话框，采用默认选项，单击"确定"按钮，完成样板文件的创建，如图 13-15 所示。

图 13-14　选择保存路径

图 13-15　样板选项对话框

13.3　绘制总平面图形

案例	小区总平面图.dwg	视频	绘制小区总平面图.avi	时长	17′28″

居住小区在设计时为了配合人民群众日益提高的居住要求，在居住小区除建设住宅以外，还要考虑停车用地及居民的活动空间，应有大片供居民休憩的绿地及人造景观，还有室内活动的会所及相关的服务设施，如托儿所、幼儿园、小区商业网点等。设计时既要考虑开发商的要求，又要遵守规划部门批准的要求，以人为本保证足够的房屋间距、道路和绿地面积。因此设计时可结合小区的地形地貌做出适当的景观设计、公共服务设施以及交通道路，营造出一种居住舒适、生活方便、环境优美的居住环境。

通过绘制住宅小区建筑总平面来掌握相关的知识，绘制好的建筑总平面图如图 13-16 所示。

13.3.1　调入绘图环境

⬇️**知识要点** 前面设置了相关的建筑总平面图的样板文件，直接调用即可。

步骤 01 正常启动 AutoCAD 2015 软件，选择"文件 | 打开"菜单命令，将"案例 \ 13 \ 建筑总平面图.dwt"文件打开，在菜单浏览器下选择"另存为 | 图形"命令，将弹出"图形另存为"对话框，在"文件类型"选项中选择"＊.dwg"文件类型，在"文件名"选项中输

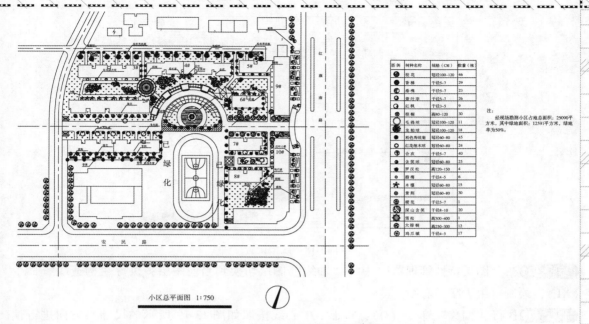

图 13-16　住宅小区建筑总平面图效果

入"小区总平面图",单击"保存"按钮,如图 13-17 所示。

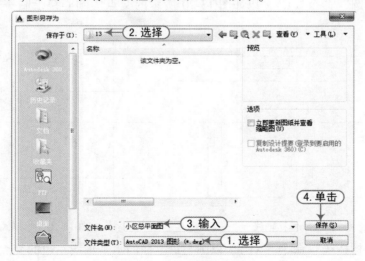

图 13-17　样板另存为

步骤 02 执行"线型管理器"命令(LT),弹出"线型管理器"对话框,单击"显示细节"按钮,展开细节相关选项,在"全局比例因子"项中输入"100",单击"确定"按钮,完成线型的设置,如图 13-18 所示。

13.3.2　绘制定位轴线

知识要点 前面调入了相关的绘图样板,接着就是绘制小区道路相关的定位轴线,从而在整体上对建筑物进行规划。

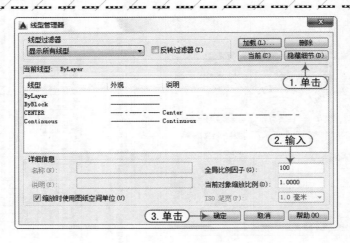

图 13-18　线型设置

步骤 01 在"图层特性管理器"中将"轴线"图层切换到当前图层；执行"构造线"命令（XL），绘制一组十字中心线。

步骤 02 执行"偏移"命令（O），将十字中心线按照如图 13-19 所示的尺寸与方向进行偏移操作。

步骤 03 执行"圆"命令（C），以如图 13-20 所示的交点为圆心，绘制一个直径为 225400 的圆图形。

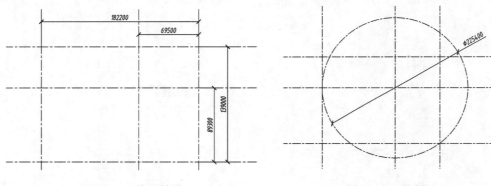

图 13-19　偏移轴线　　　　　　　　　　　　　　图 13-20　绘制圆

步骤 04 执行"构造线"命令（XL），以圆与最上面的水平轴线左边的交点为放置点，绘制一个角度为 63.8°的构造线，如图 13-21 所示。

步骤 05 执行"修剪"命令（TR），执行"删除"命令（E），对绘制的轴线进行修剪、删除操作，如图 13-22 所示。

13.3.3　绘制主道路

🔽知识要点　前面绘制了小区总平面图的定位轴线，根据这些轴线绘制道路相关的图形。

步骤 01 执行"偏移"命令（O），将轴线按照如图 13-23 所示的尺寸及方向进行偏移操作，并将偏移后的线转换到"道路"图层。

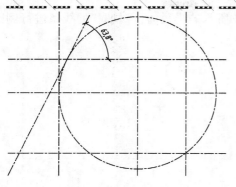

图 13-21 绘制构造线

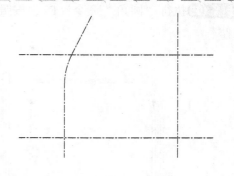

图 13-22 修剪图形

步骤 02 执行"圆角"命令（F），按照如图 13-24 所示的半径值，对道路连接处进行倒圆角操作。

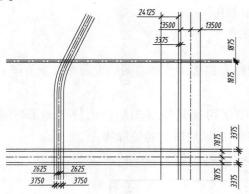

图 13-23 偏移操作

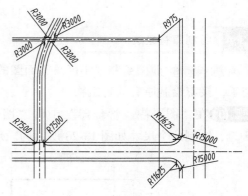

图 13-24 圆角操作

步骤 03 执行"倒角"命令（CHA），对图形左下方的道路转角处进行倒斜角操作，执行"修剪"命令（TR），如图 13-25 所示。

步骤 04 绘制主道路绿化带，执行"偏移"命令（O），将右边的轴线按照如图 13-26 所示的尺寸及方向进行偏移操作，并将偏移后的线转换到"设施"图层。

图 13-25 斜角操作

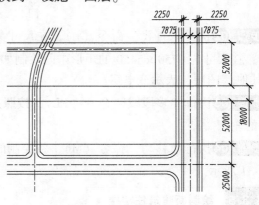

图 13-26 偏移操作

步骤 **05** 执行"圆角"命令（F），按照如图 13-27 所示的半径值，对偏移的线条进行倒圆角操作。

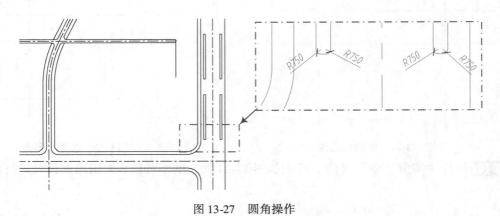

图 13-27　圆角操作

13.3.4　绘制原有建筑

（↓知识要点）前面绘制了小区总平面图的主道路，那么该总平面图的大致布局就有了一定规划了，接着绘制原有的建筑物。

步骤 **01** 在"图层特性管理器"中将"墙体"图层切换到当前图层；执行"矩形"命令（REC），绘制几个尺寸如图 13-28 所示的矩形，用以表示建筑物的轮廓线。

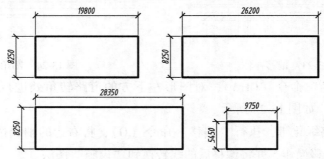

图 13-28　绘制矩形

步骤 **02** 执行"直线"命令（L），在尺寸为 26200×8250 的矩形中间绘制两条竖直的直线段；在尺寸为 9750×5450 的矩形中间绘制如图 13-29 所示的三条斜线段，并将斜线段转换到"其他"图层，表示变电房。

步骤 **03** 执行"多段线"命令（PL），按照如图 13-30 所示的形状及尺寸绘制一座已有建筑物的轮廓。

步骤 **04** 执行"移动"命令（M），将绘制的几个已有建筑的图形移动到图形的上方，如图 13-31 所示。

13.3.5　绘制新建筑住宅楼

（↓知识要点）前面绘制了小区总平面图原有建筑物，接着绘制该小区新建筑物轮廓。

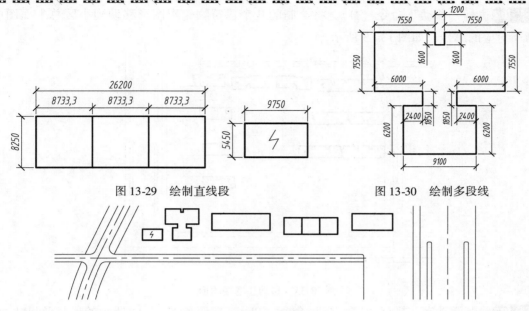

图 13-29 绘制直线段　　　　　图 13-30 绘制多段线

图 13-31 移动图形

步骤 01 采用前面绘制旧建筑物的方法，执行"多段线"命令（PL），按照如图 13-32 所示的形状及尺寸绘制几座住宅楼的轮廓图形。

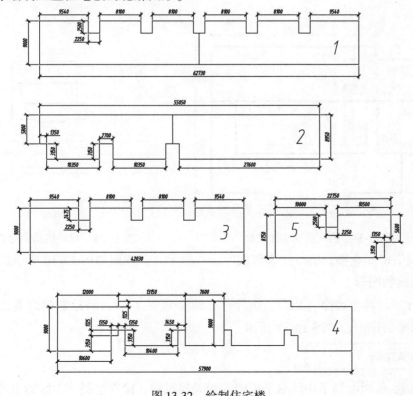

图 13-32 绘制住宅楼

步骤 **02** 执行"移动"命令（M），将绘制的几个建筑物轮廓图形移动到小区总平面图中，注意所对应的编号，如图 13-33 所示。

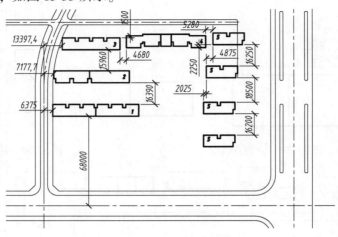

图 13-33　移动住宅楼图形

步骤 **03** 绘制活动室，执行"多段线"命令（PL），按照如图 13-34 所示的形状及尺寸绘制活动室建筑轮廓图形。

步骤 **04** 执行"移动"命令（M），将绘制的活动室建筑物图形移动到小区总平面图中，如图 13-35 所示。

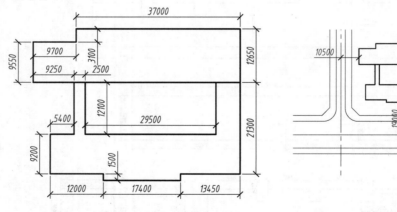

图 13-34　绘制活动室建筑物　　　　　　图 13-35　移动活动室建筑物

步骤 **05** 绘制沿街商业楼，执行"多段线"命令（PL），按照如图 13-36 所示的形状及尺寸绘制商业楼建筑物图形。

步骤 **06** 执行"旋转"命令（RO），执行"移动"命令（M），将绘制的商业楼建筑物图形移动到小区总平面图中，如图 13-37 所示。

13.3.6　绘制篮球场

🔽知识要点 前面绘制了小区总平面图的相关建筑物，接着绘制该小区的运动场所，小区常见的运动场所就是篮球场。

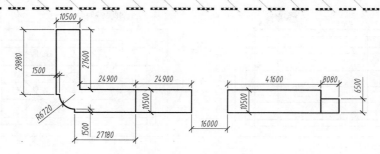

图 13-36　绘制商业楼建筑物

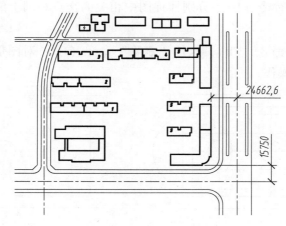

图 13-37　移动商业楼建筑物

步骤 01 在"图层特性管理器"中将"场所"图层切换到当前图层；执行"矩形"命令（REC），绘制一个尺寸为 32000×19000 的矩形，如图 13-38 所示。

步骤 02 执行"偏移"命令（O），将绘制的矩形向内进行偏移操作，偏移尺寸为 2000，如图 13-39 所示。

步骤 03 执行"直线"命令（L），分别连接里面矩形的四条边的中点，形成中心辅助线，如图 13-40 所示。

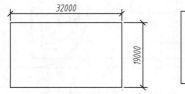

图 13-38　绘制矩形

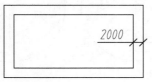

图 13-39　偏移矩形

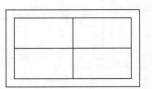

图 13-40　绘制直线

步骤 04 执行"偏移"命令（O），将绘制的直线段按照如图 13-41 所示的尺寸与方向进行偏移操作。

步骤 05 执行"圆"命令（C），以如图 13-42 所示的几条直线段的交点为圆心，绘制几个圆图形。

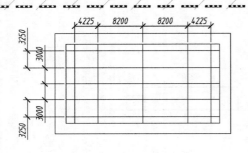
图 13-41　偏移操作

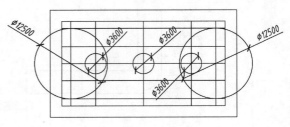
图 13-42　绘制圆

步骤 06 执行"直线"命令（L），分别捕捉图中相关的交点和圆上的象限点，绘制四条斜线段，如图 13-43 所示。

步骤 07 执行"修剪"命令（TR），执行"删除"命令（E），对图形按照如图 13-44 所示的形状进行修剪、删除操作。

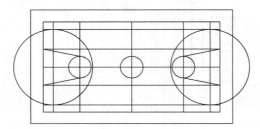
图 13-43　绘制斜线段

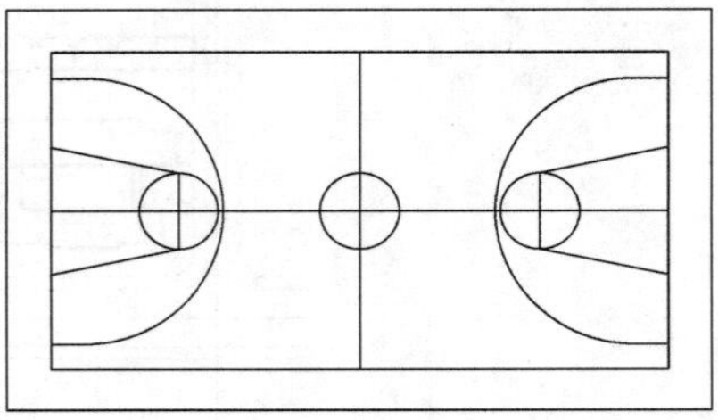

图 13-44　修剪操作

步骤 08 执行"圆"命令（C），分别以图形最外面的矩形短边的中点为圆心，绘制两个直径为 23000 的圆，如图 13-45 所示。

步骤 09 执行"直线"命令（L），绘制两条直线段，分别连接绘制圆的上下几个象限点，如图 13-46 所示。

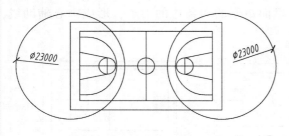
图 13-45　绘制圆图形

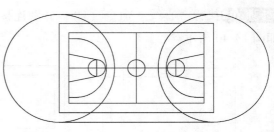
图 13-46　绘制直线段

步骤 10 执行"修剪"命令（TR），对图形进行修剪操作；执行"合并"命令（J），将修剪后的两段圆弧及两条直线段合并成一条多段线，如图 13-47 所示。

步骤 11 执行"偏移"命令（O），将合并后的多段线向外偏移操作，偏移尺寸为 3800，如图 13-48 所示。

步骤 12 执行"矩形"命令（REC），绘制一个尺寸为 50000 × 3800 的矩形；执行"移动"

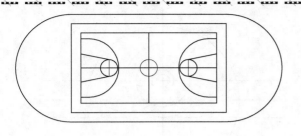
图 13-47　修剪图形

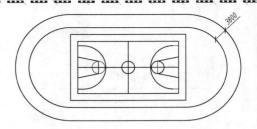
图 13-48　偏移操作

命令（M），将该矩形移动到如图 13-49 所示的位置上；执行"修剪"命令（TR），对矩形进行修剪操作。

步骤13 执行"旋转"命令（RO），执行"移动"命令（M），将篮球场图形移动到小区总平面图中，如图 13-50 所示。

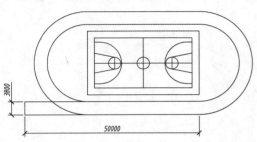
图 13-49　绘制矩形

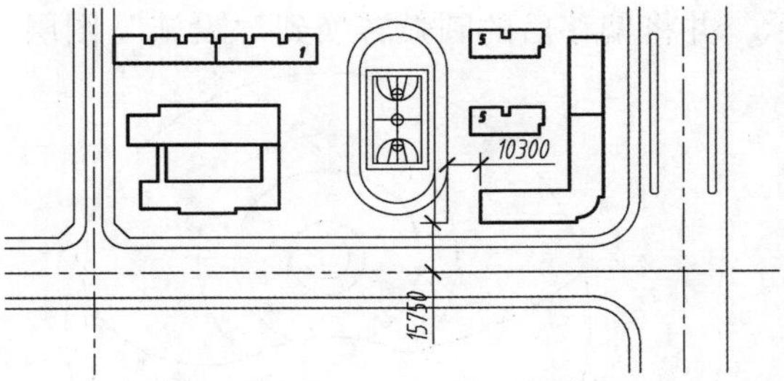

图 13-50　移动篮球场

13.3.7　绘制大广场

知识要点 前面绘制了篮球场，现在来绘制大广场，广场既能作为健身场所，又能作为绿化景观。

步骤01 执行"构造线"命令（XL），绘制一组十字交叉构造中心线。

步骤02 执行"偏移"命令（O），将绘制的构造线按照如图 13-51 所示的方向和尺寸进行偏移操作。

图 13-51　偏移线段

步骤03 执行"圆"命令（C），以图中相关的交点为圆心，绘制如图 13-52 所示的几个圆，并将最外面的圆转换到"道路"图层。

步骤04 执行"样条曲线"命令（SPL），绘制如图 13-53 所示的一条样条曲线。

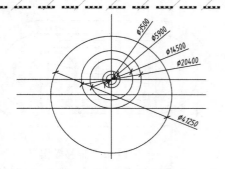

图 13-52 绘制圆

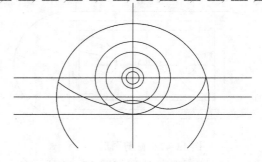

图 13-53 绘制样条曲线

步骤 05 执行"修剪"命令（TR），执行"删除"命令（E），对图形按照如图 13-54 所示的形状进行修剪、删除操作。

步骤 06 执行"偏移"命令（O），将最外面的圆弧向里面偏移操作，偏移尺寸如图 13-55 所示，并将偏移后的圆弧转换到"设施"图层。

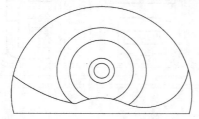

图 13-54 修剪图形

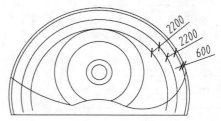

图 13-55 偏移线段

步骤 07 执行"构造线"命令（XL），以图中小圆的圆心为放置点，绘制一条水平的构造线，如图 13-56 所示。

步骤 08 执行"阵列"命令（AR），选择绘制的构造线为阵列对象，选择极轴阵列方式，以小圆圆心为阵列点，进行阵列操作，阵列项目为 32 个，如图 13-57 所示。阵列后再执行"分解"命令（X），将阵列后的图形进行分解操作。

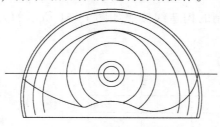

图 13-56 绘制构造线

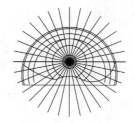

图 13-57 阵列操作

步骤 09 将阵列后的线条转换到"设施"图层，执行"修剪"命令（TR），执行"删除"命令（E），将阵列后的线条按照如图 13-58 所示的形状进行修剪、删除操作。

步骤 10 执行"构造线"命令（XL），选择角度选项，以小圆圆心为放置点，绘制两组斜度构造线，角度分别为 18° 和 30°，如图 13-59 所示。

步骤 11 将绘制的构造线转换到"道路"图层，执行"修剪"命令（TR），将四条斜度构造

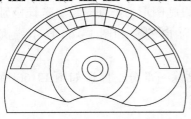

图 13-58　修剪图形

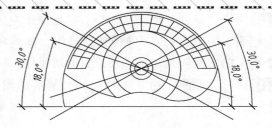

图 13-59　绘制构造线

线按照如图 13-60 所示的形状进行修剪操作。

步骤 12 执行"偏移"命令（O），将最外面的圆弧向外偏移操作，偏移尺寸如图 13-61 所示，并将偏移后的圆弧转换到"设施"图层。

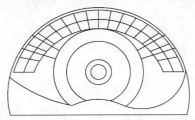

图 13-60　修剪图形

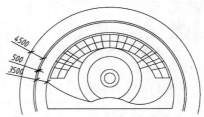

图 13-61　偏移圆弧

步骤 13 执行"构造线"命令（XL），选择角度选项，以大圆的圆心为放置点，绘制如图 13-62 所示的几条斜度构造线，角度分别为 14°、16°、24° 和 26°，并将绘制的构造线转换到"设施"图层。

步骤 14 执行"修剪"命令（TR），将图形按照如图 13-63 所示的形状进行修剪操作。

步骤 15 执行"偏移"命令（O），将图形左边的几条线段向内偏移操作，偏移尺寸如图 13-64 所示，执行"修剪"命令（TR），将偏移后的线条进行修剪操作。

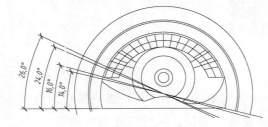

图 13-62　绘制构造线

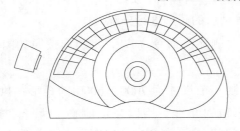

图 13-63　修剪图形

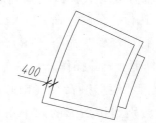

图 13-64　偏移操作

步骤 ⑯ 执行"阵列"命令（AR），选择图形左边的设施图形为阵列对象，选择极轴阵列方式，以大圆圆心为阵列点，进行阵列操作，阵列项目为 12 个，如图 13-65 所示。执行"分解"命令（X），将阵列后的图形进行分解操作。

步骤 ⑰ 执行"删除"命令（E），将分解后的图形删除一部分，保留如图 13-66 所示的四个图形。

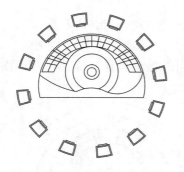
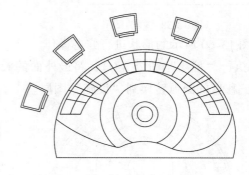

图 13-65 阵列图形　　　　　　　　　　图 13-66 删除操作

步骤 ⑱ 执行"偏移"命令（O），将最外面的道路图层圆弧向外偏移操作，偏移尺寸如图 13-67 所示，并将偏移后的圆弧转换到"设施"图层。

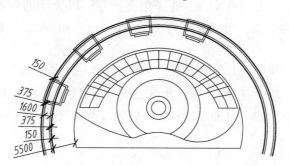

图 13-67 偏移圆弧

步骤 ⑲ 执行"构造线"命令（XL），以图中大圆的圆心为放置点，绘制一条水平的构造线，并将该构造线转换到"设施"图层；执行"阵列"命令（AR），选择该构造线为阵列对象，选择极轴阵列方式，以大圆圆心为阵列点，进行阵列操作，阵列项目为 98 个，如图 13-68 所示。执行"分解"命令（X），将阵列后的图形进行分解操作。

步骤 ⑳ 执行"修剪"命令（TR），执行"删除"命令（E），将图形按照如图 13-69 所示的形状进行修剪、删除操作。

步骤 ㉑ 执行"矩形"命令（REC），绘制一个尺寸为 7000 × 6000 的矩形；执行"直线"命令（L），分别连接矩形的四个角点，形成对角线，用以表示凉亭；执行"旋转"命令（RO），将绘制的图形旋转 −40°；执行"复制"命令（CO），以图形对角线的交点为复制基点，复制到图形的右边的角点上；执行"移动"命令（M），将凉亭图形移动到广场图形中；

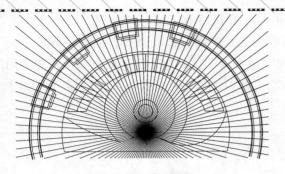

图 13-68　阵列操作

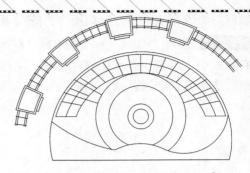

图 13-69　修剪操作

执行"修剪"命令（TR），执行"删除"命令（E），将图形按照如图 13-70 所示的形状进行修剪、删除操作。

步骤 22 执行"偏移"命令（O），将最外面的道路圆弧向外偏移操作，偏移尺寸如图 13-71 所示，执行"构造线"命令（XL），以大圆的圆心为放置点，绘制一条角度为 –40° 的构造线。

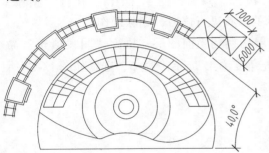

图 13-70　绘制凉亭

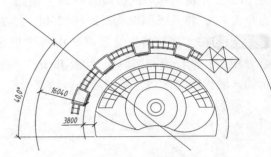

图 13-71　偏移圆弧和绘制构造线

步骤 23 执行"圆"命令（C），以左上方的圆弧和构造线的交点为圆心，绘制几个同心圆，如图 13-72 所示。

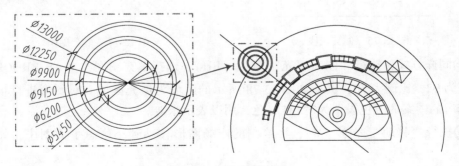

图 13-72　绘制同心圆

步骤 24 执行"圆"命令（C），以同心圆的圆心为圆心，绘制一个直径为 800 的圆图形；执行"移动"命令（M），将绘制的 800 圆向上进行移动操作，移动距离为 3837.5，如图 13-73所示。

步骤 25 执行"阵列"命令（AR），选择 800 圆为阵列对象，选择极轴阵列方式，以同心圆的圆心为阵列点，进行阵列操作，阵列项目为 14 个，如图 13-74 所示。

步骤 26 执行"直线"命令（L），以同心圆圆心为起点，向右拖动鼠标，捕捉最外面圆的右象限点，绘制一条水平的直线段；执行"阵列"命令（AR），选择绘制的直线段为阵列对象，选择极轴阵列方式，以同心圆圆心为阵列点，进行阵列操作，阵列项目为 14 个，如图 13-75 所示。

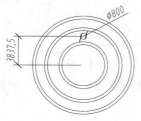

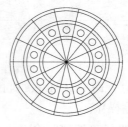

图 13-73　绘制圆　　　　　图 13-74　阵列圆　　　　　图 13-75　阵列直线

步骤 27 执行"偏移"命令（O），将前面所绘制的 −40° 构造线向两边进行偏移，偏移距离为 1000，并将偏移后的线段转换到"道路"图层；执行"修剪"命令（TR），执行"删除"命令（E），将三条斜度构造线按照如图 13-76 所示的形状进行修剪、删除操作。

步骤 28 在"图层特性管理器"中将"填充"图层切换到当前图层；执行"图案填充"命令（BH），选择填充图案为"AR-B816"，选择填充角度为 45°，比例为 5，选择如图 13-77 所示的区域为填充区域，对图形进行填充操作。

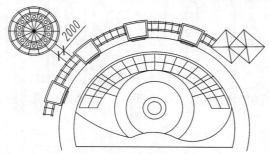

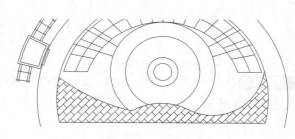

图 13-76　偏移线段　　　　　　　　　　图 13-77　填充操作

步骤 29 同样方式，执行"图案填充"命令（BH），选择填充图案为"AR-RROOF"，选择填充角度为 0°，比例为 50，选择如图 13-78 所示的区域为填充区域，对图形进行填充操作，并将填充后的图案的颜色设置为"151"色，用以表示水池。

步骤 30 执行"移动"命令（M），将绘制的广场图形移动到小区总平面图中，如图 13-79 所示。

13.3.8　绘制小区道路

⬇ 知识要点 前面绘制了小区里的广场，小区内各个主要建筑、设施和场所都已经完成，接着绘制小区道路相关的图形。

步骤 01 在"图层特性管理器"中将"道路"图层切换到当前图层；执行"偏移"命令

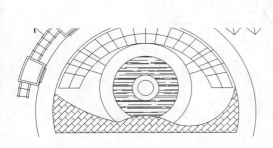

图 13-78 水池填充操作

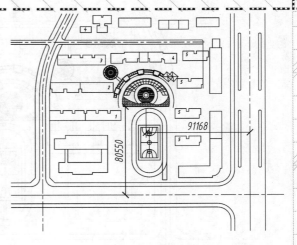

图 13-79 移动图形

（O），将最下面的轴线向上进行偏移操作，偏移尺寸如图 13-80 所示，并将偏移后的线段转换到"道路"图层。

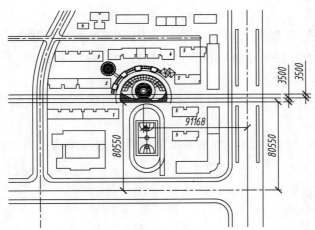

图 13-80 偏移线段

步骤 02 执行"圆角"命令（F），执行"修剪"命令（TR），对偏移后的道路线段进行倒圆角和修剪操作，如图 13-81 所示。

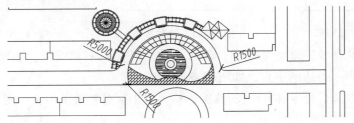

图 13-81 修剪图形

步骤 03 采用同样的方法，对小区内其他的道路进行绘制，绘制的小区道路最终图形如图 13-82 所示。

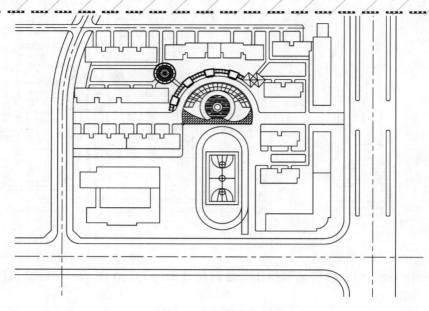

图 13-82　绘制其他道路

步骤 04 在"图层特性管理器"中将"设施"图层切换到当前图层；执行"矩形"命令（REC），绘制一个尺寸为 6500×6500 的矩形；执行"分解"命令（X），将绘制的矩形进行分解操作，如图 13-83 所示。

步骤 05 执行"偏移"命令（O），将分解后的矩形的四条边向里偏移操作，偏移距离为 800，如图 13-84 所示。

步骤 06 执行"直线"命令（L），分别捕捉里面矩形的四个角点，绘制两条斜线段，如图 13-85 所示。

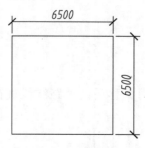

图 13-83　绘制矩形

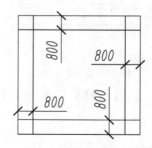

图 13-84　偏移操作

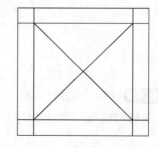

图 13-85　绘制对角线

步骤 07 执行"多边形"命令（POL），输入边数"4"，以对角线交点为圆心，选"内接于圆"，捕捉里面矩形一条边的中点，如图 13-86 所示。

步骤 08 执行"移动"命令（M），将该图形移动至小区总平面图中，如图 13-87 所示。

13.3.9　绘制大门

🔽 知识要点　前面绘制了小区里的道路，现在对道路相关的入口进行绘制。

步骤 01 在"图层特性管理器"中将"墙体"图层切换到当前图层；执行"偏移"命令

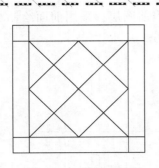

图 13-86 绘制多边形

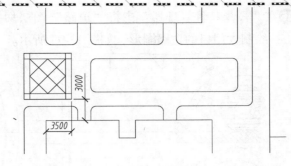

图 13-87 移动图形

（O），将相关的轴线按照如图 13-88 所示的尺寸进行偏移操作。

步骤 02 执行"圆"命令（C），以偏移的线段的交点为圆心，绘制两个同心圆，直径分别为 78000 和 85500，如图 13-89 所示。

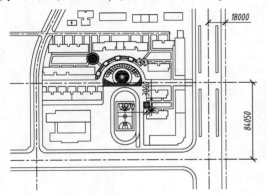

图 13-88 偏移线段

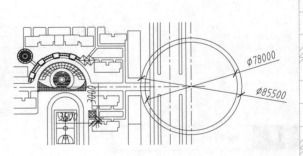

图 13-89 绘制圆

步骤 03 执行"构造线"命令（XL），以同心圆的圆心为放置点，绘制两条斜度构造线，角度分别为 18°和 –18°，如图 13-90 所示。

步骤 04 执行"修剪"命令（TR），将图形按照如图 13-91 所示的形状进行修剪操作。

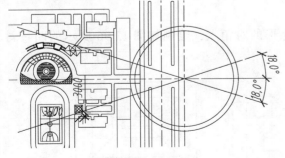

图 13-90 绘制构造线

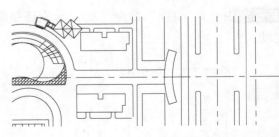

图 13-91 修剪图形

步骤 05 执行"矩形"命令（REC），绘制一个尺寸为 2300×2300 的矩形；执行"直线"命令（L），分别连接矩形的对角点；执行"旋转"命令（RO），执行"移动"命令（M），将其移动到大门图形的下方；执行"镜像"命令（MI），镜像到上方，如图 13-92 所示。

步骤 06 在"图层特性管理器"中将"道路"图层切换到当前图层；采用前面绘制小区道路的方法，绘制大门口的道路图形，如图 13-93 所示。

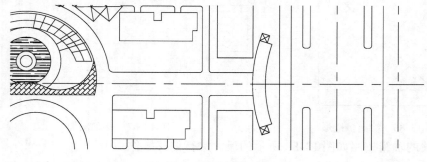

图 13-92　绘制矩形

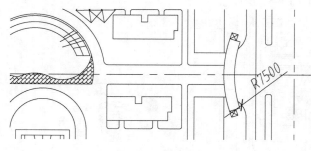

图 13-93　绘制道路

13.3.10　绘制岗亭

（知识要点）前面绘制了小区大门口建筑，现在绘制路口的岗亭相关设施。

步骤 01 在"图层特性管理器"中将"设施"图层切换到当前图层；执行"矩形"命令（REC），绘制一个尺寸为 4500×3500 的矩形，如图 13-94 所示。

步骤 02 执行"偏移"命令（O），将绘制的矩形向里面偏移操作，偏移尺寸分别为 600、750、350，如图 13-95 所示。

步骤 03 执行"直线"命令（L），分别连接矩形的对角点，绘制如图 13-96 所示的四条斜线段。

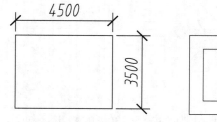

图 13-94　绘制矩形

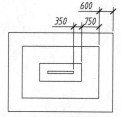

图 13-95　偏移矩形

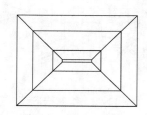

图 13-96　绘制直线段

步骤 04 执行"圆"命令（C），将该岗亭图形复制至小区总平面图中，具体位置如图 13-97 所示。

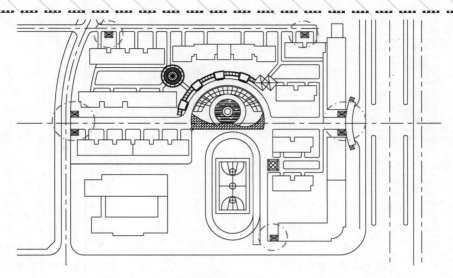

图 13-97　移动图形

13.3.11　绘制花坛

知识要点 接着绘制道路边的花坛图形。

步骤 01 执行"矩形"命令（REC），在图形右边的主干道的左边道路旁边绘制几个矩形图形，如图 13-98 所示。

步骤 02 执行"样条曲线"命令（SPL），绘制如图 13-99 所示的两条样条曲线，贯穿绘制的几个矩形图形。

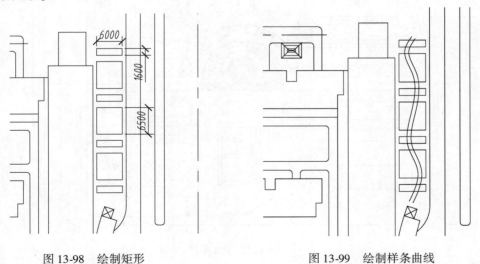

图 13-98　绘制矩形　　　　　　　　　　图 13-99　绘制样条曲线

步骤 03 执行"修剪"命令（TR），将图形按照如图 13-100 所示的形状进行修剪操作。

步骤 04 同样方式，在图形的右下方相对应的位置也绘制这样的花坛图形，如图 13-101 所示。

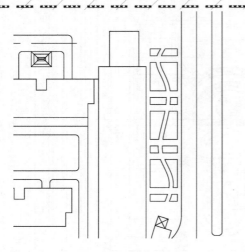

图 13-100 修剪图形

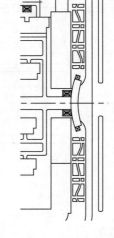

图 13-101 绘制下方图形

13. 3. 12 插入植物

↓知识要点 接着绘制道路边的花坛图形。

步骤 **01** 在"图层特性管理器"中将"绿化"图层切换到当前图层；执行"图案填充"命令（BH），选择填充图案为"GRASS"，选择填充角度为 0°，比例为 100，选择如图 13-102 所示的区域为填充区域，对图形进行填充操作。

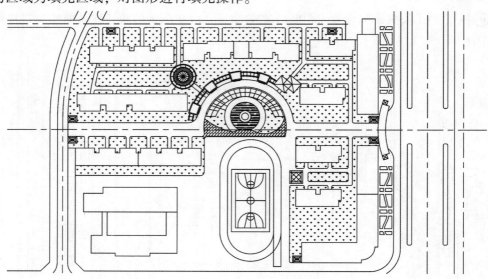

图 13-102 填充草坪

步骤 **02** 执行"插入"命令（I），弹出"插入"对话框，选择所对应的文件夹里面的"桂花"图形，将其插入到如图 13-103 所示的位置。

步骤 **03** 执行"插入"命令（I），插入其他相关的植物图形；执行"复制"命令（CO），将插入的这些植物图形复制到其他地方，如图 13-104 所示。

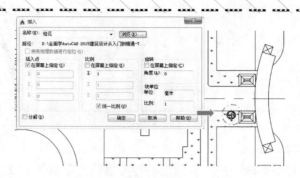

图 13-103　插入植物图形

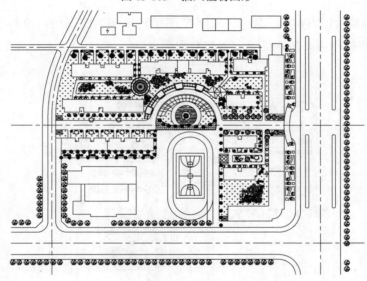

图 13-104　插入其他植物图形

13.4　各种标注和文字说明

前面绘制了小区总平面图中的图形，但并不是每一处都是通过图形能表达清楚的，所以就需要进行文字标注和文字说明。

13.4.1　绘制指北针

⬇知识要点　接着绘制该小区建筑总平面图的指北针。

步骤 01 将绘图区域移至图形的右下角处，在"图层特性管理器"中将"标注"图层切换到当前图层；执行"圆"命令（C），绘制一个直径为 16000 的圆，如图 13-105 所示。

步骤 02 执行"多段线"命令（PL），指定绘制的圆的上象限点为起点，选择"宽度"选项，设置宽度为"0"，指定端点宽度为"1600"，捕捉圆的下象限点，该指北针的箭头绘制完成，如图 13-106 所示。

步骤 03 执行"旋转"命令（RO），将整个指北针图形以圆的圆心为基点，顺时针旋转18°，如图 13-107 所示。

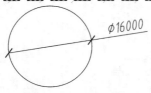

图 13-105　绘制圆 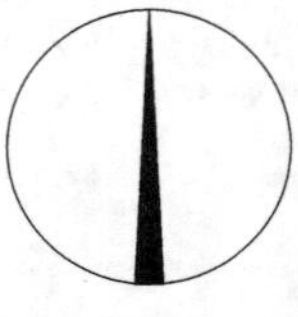　　　　图 13-106　绘制多段线 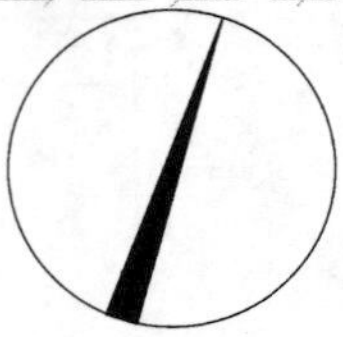　　　图 13-107　旋转图形

13.4.2　文字标注

↓知识要点 通过对图形的一些不太清楚的地方进行文字描述和文字标注来进一步表达设计者的意图。

步骤 01 在"图层特性管理器"中将"文字"图层切换到当前图层；执行"单行文字"命令（DT），按照如图 13-108 所示的文字描述对图形进行标注。

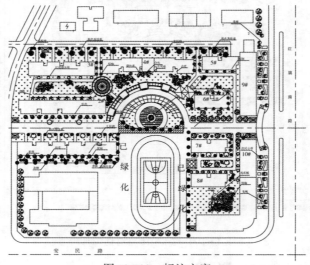

图 13-108　标注文字

步骤 02 执行菜单"绘图｜表格"命令，绘制如图 13-109 所示的表格，并在表格中按照如图 13-109 所示的文字进行文本编辑。

图例	树种名称	规格（cm）	数量（株）
✿	桂花	冠径100~120	46
✿	香樟	干径5~7	29
✿	垂槐	干径5~7	23
✿	紫叶李	干径5~7	26
✿	红枫	干径3~5	9
✿	棕榈	高80~120	30
✿	毛鹃球	冠径100~120	11
✿	龙柏球	冠径100~120	18
●	粉色秀线菊	冠径60~80	45
○	红花继木球	冠径60~80	24
✿	合欢	干径5~7	6
✿	含笑球	冠径60~80	25
●	罗汉松	高120~150	4
○	腊梅	干径4~5	6
✿	木槿	冠径60~80	15
✿	紫荆	冠径60~80	30
✿	樱花	干径5~7	1
✿	深山含笑	干径8~10	20
✿	雪松	高300~400	1
✿	大棕榈	高250~300	12
✿	鸡爪槭	干径4~5	17

注：
经现场勘测小区占地总面积：25090m²，
其中绿地面积：12591m²，绿地率为50%。

图 13-109　绘制表格

步骤 03 执行"多段线"命令（PL），执行"单行文字"命令（DT），绘制如图13-110所示的图名。

小区总平面图　　1：750

图 13-110　绘制图名

步骤 04 单击"保存" 🖫 按钮，将文件保存，该住宅小区总平面图图形绘制完成。

14

建筑平面图的绘制

本章导读

　　对于一些高层住宅，各住宅楼层的建筑结构是一致的。在绘制好了标准层建筑平面图时，首先对其绘图环境进行设置，以此创建建筑平面图的样板文件，调用并修改，然后依据建筑平面图的要求，依次绘制轴网、墙体、门窗、柱子、阳台、楼梯以及其他设备构件，最后进行轴号、尺寸及文字注释。

本章内容

- 掌握建筑平面图绘图环境的设置
- 掌握建筑轴网、墙体、门窗的绘制方
- 掌握建筑柱子、阳台、楼梯的绘制方
- 掌握建筑其他附属构件设施的绘制方
- 掌握建筑轴号、尺寸及文字的标注方

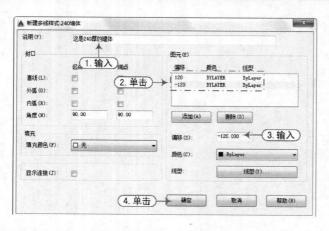

14.1　住宅标准层平面图的概述

高层建筑是在一定场地条件下实行竖向空间拓展，争取获得更多楼层建筑面积和总建筑面积的一种建筑途径。这种按竖向空间积层的相同楼层即构成高层建筑的标准层。即楼层上下户型都是按照统一标准设计，一样的户型，如图 14-1 所示。

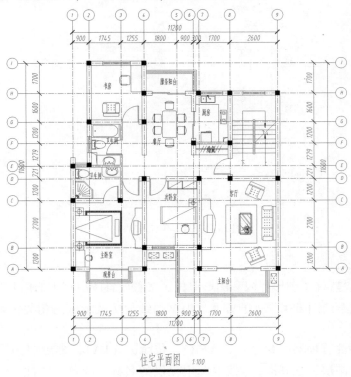

图 14-1　住宅标准层平面图

高层建筑塔楼空间由重叠的水平空间与垂直空间两部分构成。标准层平面布局和空间组织是高层建筑的设计重点，它不但占有高层建筑主体大部分乃至绝大部分面积，还决定着高层建筑形体的造型艺术效果。所以，标准层是高层建筑的本质载体，是高层建筑设计的核心问题。

14.2　设置绘图环境

案例	建筑平面图.dwt	视频	设置建筑平面图绘图模板.avi	时长	17′28″

同绘制总平面图一样，绘制建筑平面图也要绘制相关的绘图样板。建筑平面图的绘图样板和建筑总平面图的样板有点类似，绘图步骤也差不多。

14.2.1　设置绘图界限及单位

（知识要点）首先设置绘图界限及单位，来标明工作区域边界和绘制的单位。

（步骤）01 执行"图形界限"命令（LIMITS），快捷键（LIM），单击鼠标左键指定屏幕左下角一点作为图形界限左下角点；拖动鼠标的右上方，输入绘图界限数据"42000，29700"，图形界限便设置完成。

步骤 02 执行"单位"命令（UNITS），快捷键（UN），弹出"图形单位"对话框，按照数据参数进行设置，如图 14-2 所示。

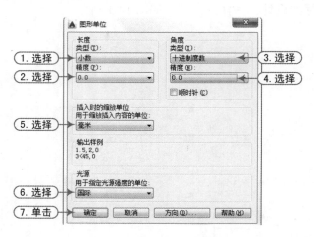

图 14-2　图形单位对话框

14.2.2　图层的设置

（知识要点）设置好了图形界限和图形单位，接着设置图层相关的内容，将不同的线型归于不同的图层，能给绘图带来很大的方便。根据图线画法及示例的相关知识设置该样板文件的图层。

执行"图层特性管理器"命令（LAYER），快捷键（LA），弹出"图层特性管理器"选项板，单击"新建图层"按钮 ，按照图中提供的名称、颜色、线性、线宽等参数来设置相关的图层，如图 14-3 所示。

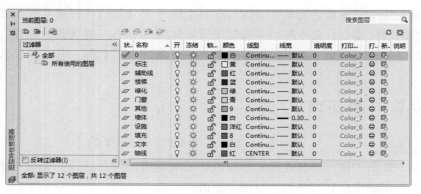

图 14-3　图层特性管理器选项板

14.2.3　设置文字样式

（知识要点）在设置好绘图单位之后，接着就可以设置文字相关的参数了。

步骤 01 执行"文字样式"命令（STYLE），快捷键（ST），弹出"文字样式"对话框。

步骤 02 单击"新建"按钮，弹出"新建文字样式"对话框，输入样式名"建筑平面图"，单击"确定"按钮，返回"文字样式"对话框，如图 14-4 所示。

步骤 03 按照图形中提供的数据进行设置相关的文字样式，如图 14-5 所示。

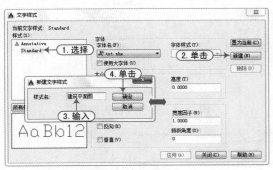

图 14-4　新建文字样式

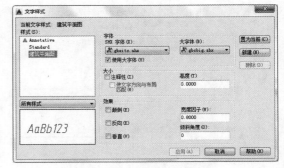

图 14-5　文字样式参数

14.2.4　设置标注样式

知识要点 尺寸标注也是一个重要的项目，根据相关国家标准，设置标注样式相关参数。

步骤 01 执行"标注样式"命令（D），弹出"标注样式管理器"对话框。

步骤 02 单击"新建"按钮，弹出"创建新标注样式"对话框，输入新样式名"建筑平面图"，单击"继续"按钮，弹出"创建新标注样式"对话框，如图 14-6 所示。

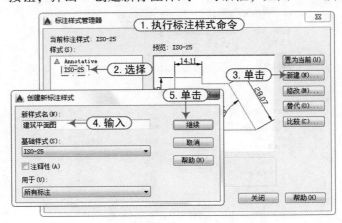

图 14-6　新建标注样式

步骤 03 按照图形中提供的数据对新标注样式的各个选项卡进行设置，线选项卡如图 14-7 所示，符号和箭头选项卡如图 14-8 所示，文字选项卡如图 14-9 所示，调整选项卡如图 14-10 所示，主单位选项卡如图 14-11 所示。

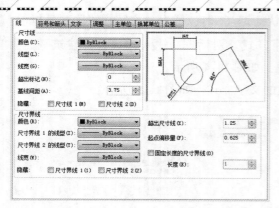

图 14-7　线选项卡

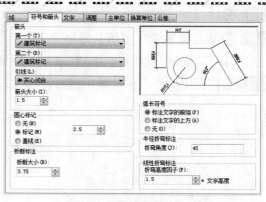

图 14-8　符号和箭头选项卡

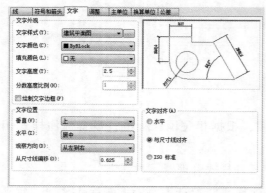

图 14-9　文字选项卡

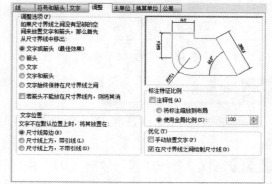

图 14-10　调整选项卡

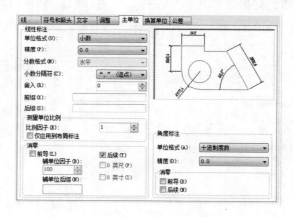

图 14-11　主单位选项卡

14.2.5　保存样板文件

（↓）知识要点　前面设置好了样板文件的基本绘图环境，现在将它保存在需要的目录下，便于以后需要的时候直接调用。

步骤 01 在"快速访问"工具栏中，单击"另存为" 📋 按钮，弹出"图形另存为"对话框，在"文件类型"选项中选择"AutoCAD 图形样板（＊.dwt）"，选择要保存的目录路径，在"文件名"选项中输入"建筑平面图"，单击"保存"按钮，如图 14-12 所示。

图 14-12　图形另存为对话框

步骤 02 弹出"样板选项"对话框，采用默认选项，单击"确定"按钮，完成样板文件的创建，如图 14-13 所示。

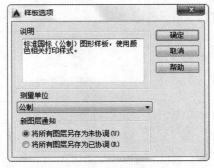

图 14-13　样板选项对话框

14.3　调入绘图环境

| 案例 | 住宅标准层平面图.dwg | 视频 | 调入绘图环境.avi | 时长 | 17′28″ |

通过绘制住宅标准层平面图来掌握相关的知识，绘制好的住宅标准层建筑平面图如图 14-14 所示。

要绘制相关的柱子建筑平面图，可以调用前面设置好的相关的样板文件，这样可节省不少时间。

步骤 01 正常启动 AutoCAD 2015 软件，选择"文件 | 打开"菜单命令，将"案例 \ 14 \ 建筑平面图.dwt"文件打开，在菜单浏览器下选择"另存为 | 图形"命令，将弹出"图形另存为"对话框，在"文件类型"选项中选择"＊.dwg"文件类型，在"文件名"选项中输入"住宅标准层平面图"，单击"保存"按钮，如图 14-15 所示。

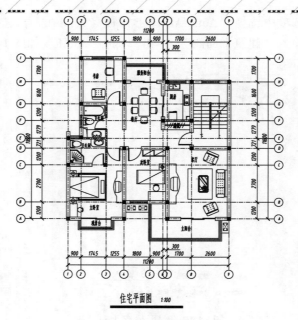

住宅平面图 1:100

图 14-14　住宅标准层建筑平面图

步骤02 执行"线型管理器"命令（LT），弹出"线型管理器"对话框，单击"显示细节"按钮，展开细节相关选项，在"全局比例因子"项中输入"10"，单击"确定"按钮，完成线型的设置，如图 14-16 所示。

图 14-15　样板另存为

图 14-16　线型设置

14.4　绘制定位轴线

| 案例 | 住宅标准层平面图.dwg | 视频 | 绘制定位轴线.avi | 时长 | 17′28″ |

　　当调入了相关的绘图样板后，接着绘制定位轴线，从而对墙体的间距做一个布局。定位轴线是用以确定主要结构位置的线，如确定建筑的开间或柱距，进深或跨度的线称为定位轴线。

步骤01 在"图层特性管理器"中将"轴线"图层切换到当前图层；执行"构造线"命令（XL），绘制一组十字中心线。

步骤 02 执行"偏移"命令（O），将绘制的十字中心线按照如图 14-17 所示的尺寸与方向进行偏移操作。

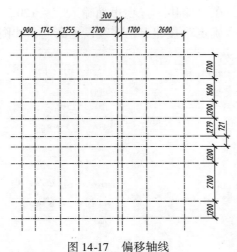

图 14-17　偏移轴线

14.5　绘制墙体

| 案例 | 住宅标准层平面图.dwg | 视频 | 绘制墙体.avi | 时长 | 17'28" |

　　绘制了相关的定位轴线，接着就是根据这些轴线来绘制墙体。墙体是建筑物的重要组成部分。它的作用是承重、围护或分隔空间。墙体按墙体受力情况和材料分为承重墙和非承重墙，按墙体构造方式分为实心墙，烧结空心砖墙，空斗墙，复合墙。

步骤 01 执行菜单命令"格式 | 多线样式"菜单命令 ⬚，弹出"多线样式"对话框，单击"新建"按钮，输入样式名称"240 墙"，如图 14-18 所示。

图 14-18　设置多线样式

步骤 02 单击"继续"按钮，进入到"新建多线样式"对话框，在"说明"栏中输入"这是 240 厚的墙体"，单击"图元"里面的"0.5"数值，在"偏移"选项里面输入"120"，同样，单击"-0.5"数值，在"偏移"选项里面输入"-120"，单击"确定"按钮，返回"多线样式"对话框，单击"确定"按钮退出多线设置命令，如图 14-19 所示。

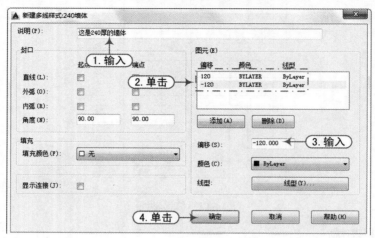

图 14-19 设置 240 多线样式参数

步骤 03 采用同样的方法，建立一个厚度为 120 的墙体多线样式，如图 14-20 所示。

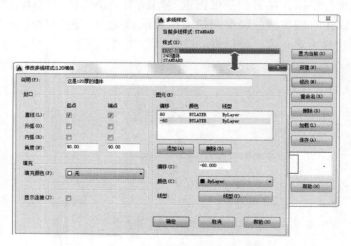

图 14-20 设置 120 多线样式参数

步骤 04 在"图层特性管理器"中将"粗实线"图层切换到当前图层；执行"多线"命令（ML），根据命令行提示，选择"对正"选项，选择无对正模式；选择"比例"选项，输入比例因子为"1"；选择"样式"选项，输入当前样式为"240 墙"，捕捉相应的轴线交点来绘制 240 墙体，如图 14-21 所示。

步骤 05 同样，选择"120 墙体"多线样式，来绘制相关的 120 墙体，如图 14-22 所示。

步骤 06 双击相关的多线，弹出"多线编辑工具"对话框，将绘制的 240 墙体多线按照如图 14-23 所示的形状进行修剪操作。

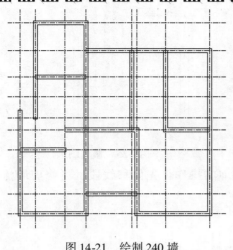

图 14-21   绘制 240 墙

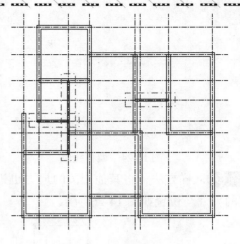

图 14-22   绘制 120 墙

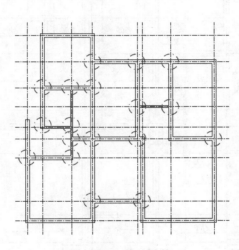

图 14-23   修改墙体

14.6   绘制门窗洞口

| 案例 | 住宅标准层平面图 . dwt | 视频 | 绘制门窗洞口 . avi | 时长 | 17′28″ |

前面绘制了相关的墙体，但是有的墙体绘制好后是一个封闭的区域，因此需要开启相关的门洞来使其与外界联系起来。并且因为住宅是居住的地方，因此还需要根据要求来开启相关的窗洞。

步骤 01 执行"偏移"命令（O），将图形中从左往右数第二根竖直轴线向右进行偏移操作，偏移距离为 750 和 1500，如图 14-24 所示。

步骤 02 执行"修剪"命令（TR），以偏移的两条中心线为修剪边界，将 240 墙体进行修剪操作；执行"删除"命令（E），将两条辅助中心线进行删除操作，如图 14-25 所示，该窗洞图形开启完成。

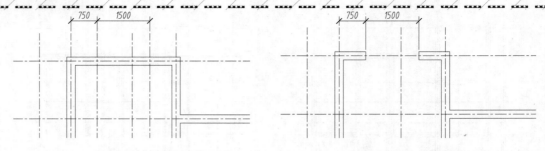

图 14-24　偏移线段　　　　　　　　　　图 14-25　修剪图形

步骤 03 同样方法，将其他相关的地方也进行类似的操作，先偏移线段，再修剪墙体多线，相关的尺寸与位置如图 14-26 所示。

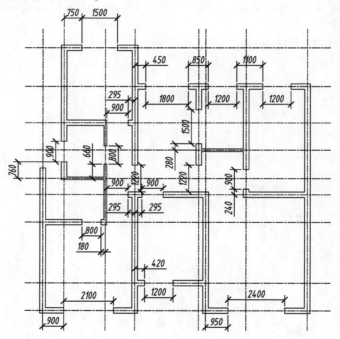

图 14-26　开启其他门窗洞

提示：开启门窗洞口后的墙体修改

　　在墙体开启门窗洞口后，因为墙体的相关修剪操作，有的墙体出现断开现象，有的墙体转角处有交叉线段，需要再次进行多线编辑，将墙体修改好。

14.7　绘制门窗

案例	住宅标准层平面图.dwg	视频	绘制门窗.avi	时长	17′28″

　　门窗是建筑物的主要结构配件，它的基本作用是通风、防风、采光、隔声、隔热，同时对建筑物的外观造型和室内外环境也有很大影响。

14.7.1 绘制门图形

（↓知识要点）门是指建筑物的出入口或安装在出入口能开关的装置，门是分割有限空间的一种实体，它的作用是可以连接和关闭两个或多个空间的出入口。

（步骤 01）首先来绘制推拉门。在"图层特性管理器"中将"0"图层切换到当前图层；执行"矩形"命令（REC），绘制如图 14-27 所示的一个矩形。

（步骤 02）执行"复制"命令（CO），将该矩形进行复制操作，使其总长度为 2100，如图 14-28 所示。

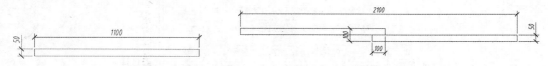

图 14-27　绘制矩形　　　　　　　　　　　　　图 14-28　复制矩形

（步骤 03）采用前面同样的方法，绘制下面三组矩形，如图 14-29 所示。

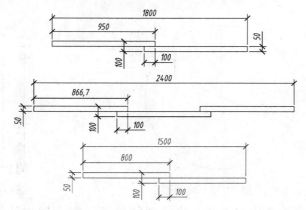

图 14-29　绘制其他矩形

（步骤 04）执行"写块"命令（W），弹出"写块"对话框，单击"选择对象"按钮，选择 2100 长的矩形图形，单击"确定"按钮，返回"写块"对话框；单击"拾取点"按钮，指定如图 14-30 所示的点为拾取点，返回"写块"对话框，在"文件名和路径"项中选择好保存路径以及块的名称"TL-2100"；在"插入单位"项中选择"毫米"选项，单击"确定"按钮，完成块的创建。

（步骤 05）采用前面同样的方法，将剩下的两扇推拉门图形也保存为外部块，名称分别为"TL-1800""TL-2400"和"TL-1500"。

（步骤 06）绘制单开门。执行"矩形"命令（REC），绘制如图 14-31 所示的一个矩形。

（步骤 07）执行"圆"命令（C），以矩形的左下角角点为圆心，绘制一个直径为 2000 的圆，如图 14-32 所示。

（步骤 08）执行"修剪"命令（TR），将中心线圆图形按照如图 14-33 所示的形状进行修剪操作。

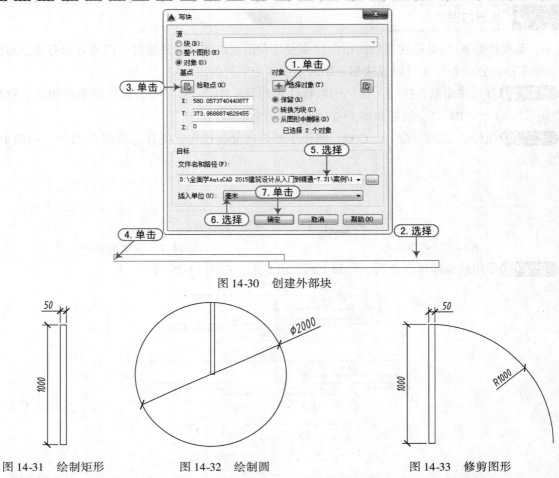

图 14-30　创建外部块

图 14-31　绘制矩形　　　　　图 14-32　绘制圆　　　　　　图 14-33　修剪图形

步骤 09 采用前面创建外部块的方式，将绘制的单开门图形创建外部块操作，块名称为"门-1000"。

步骤 10 在"图层特性管理器"中将"门窗"图层切换到当前图层；执行"插入"命令（I），弹出"插入"对话框，单击"名称"项后面的按钮，选择保存的"门-1000"块图形；在"比例"的"X"项中输入"0.9"，使其在插入图块时形成 900 宽的门图形；在"旋转"的"角度"项中输入"90"；单击"确定"按钮；将该图块插入进户门口处的 900 门洞处，操作过程如图 14-34 所示。

步骤 11 采用前面插入 900 门的方式，将其他单开门的地方，根据相应的门洞宽度，将"门-1000"图块进行缩放后插入，如图 14-35 所示。

步骤 12 采用前面插入 900 门的方式，根据推拉门的门洞宽度，将创建好的推拉门图块插入到图形中，如图 14-36 所示。

14.7.2　绘制窗图形

🔽知识要点 窗是建筑构造物之一。窗扇的开启形式应方便使用，安全，易于清洁，高层

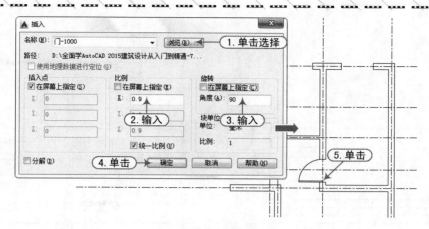

图 14-34　插入门图形

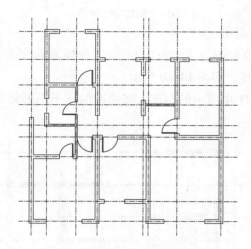

图 14-35　插入其他单开门图形　　　　　　　图 14-36　插入推拉门图形

建筑宜采用推拉窗，当采用外开窗时应有牢固窗扇的措施。开向公共走道的窗扇，其底面高度应不低于 2m，窗台低于 0.8m 时应采取保护措施。

步骤 01 执行"格式 | 多线样式"菜单命令 ，弹出"多线样式"对话框，创建两组尺寸如图 14-37 所示的多线样式，分别为"240 窗体"和"200 窗体"。

步骤 02 执行"多线"命令（ML），根据命令行提示，选择"对正"选项，选择无对正模式；选择"比例"选项，输入比例因子为"1"；选择"样式"选项，输入当前样式为"240 窗体"，捕捉相应的窗洞起点和端点，绘制 240 窗体，如图 14-38 所示。

14.8　绘制柱子

案例	住宅标准层平面图 . dwg	视频	绘制柱子 . avi	时长	17′28″

柱子是建筑物中用以支承栋梁桁架的长条形构件。在工程结构中主要承受压力，有时也同时承受弯矩的竖向杆件，用以支承梁、桁架、楼板等。

步骤 01 在"图层特性管理器"中将"墙体"图层切换到当前图层；执行"矩形"命令

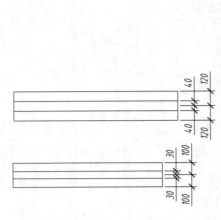

图 14-37　创建多线样式　　　　　图 14-38　创建 240 窗体

（REC），绘制一个 240×240 的矩形，如图 14-39 所示。

步骤 02 执行"图案填充"命令（BH），选择填充图案为"SOLID"，选择填充角度为 0°，选择绘制的矩形为填充区域，对图形进行填充操作，如图 14-40 所示。

步骤 03 执行"复制"命令（CO），按照图 14-41 中所示的标记，将绘制的柱子图形复制到平面图中。

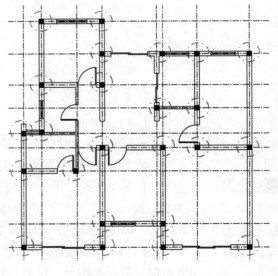

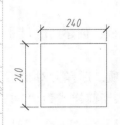

图 14-39　绘制矩形　　　图 14-40　图案填充　　　　图 14-41　复制柱子图形

14.9　绘制阳台

案例	住宅标准层平面图.dwg	视频	绘制阳台.avi	时长	17′28″

　　阳台是供居住者进行室外活动、晾晒衣物等的空间。阳台是建筑物室内的延伸，是居住者呼吸新鲜空气、晾晒衣物、摆放盆栽的场所，其设计需要兼顾实用与美观的原则。

步骤 **01** 执行"偏移"命令（O），按照如图 14-42 所示的尺寸与方向将图形左下方的相关轴线进行偏移操作。

步骤 **02** 在"图层特性管理器"中将"窗体"图层切换到当前图层；执行"多线"命令（ML），根据命令行提示，选择"对正"选项，选择无对正模式；选择"比例"选项，输入比例因子为"1"；选择"样式"选项，输入当前样式为"200 窗体"，捕捉偏移轴线的相关交点，来绘制阳台，如图 14-43 所示。

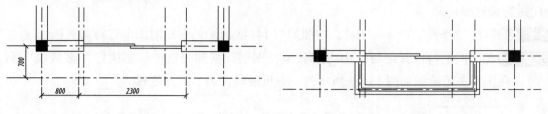

图 14-42 偏移轴线 图 14-43 绘制主卧阳台

步骤 **03** 采用绘制阳台的方法，先偏移轴线，再绘制 200 窗体，绘制图形右下方的阳台，如图 14-44 所示。

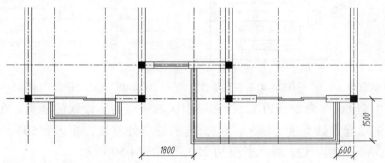

图 14-44 绘制客厅阳台

步骤 **04** 先偏移轴线，再绘制 200 窗体，绘制图形上方的阳台，如图 14-45 所示。

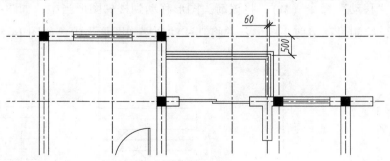

图 14-45 绘制餐厅阳台

14.10 绘制楼梯

案例	住宅标准层平面图.dwg	视频	绘制楼梯.avi	时长	17′28″

楼梯是建筑物中作为楼层间垂直交通的构件。用于楼层之间和高差较大时的交通联系。

楼梯按梯段可分为单跑楼梯、双跑楼梯和多跑楼梯。梯段的平面形状有直线的、折线的和曲线的。

步骤 01 在"图层特性管理器"中将"楼梯"图层切换到当前图层；执行"矩形"命令（REC），绘制一个 2360×3240 的矩形，如图 14-46 所示。执行"分解"命令（X），将绘制的矩形进行分解操作。

步骤 02 执行"偏移"命令（O），将分解后的矩形相关的边按照如图 14-47 所示的尺寸与方向进行偏移操作。

步骤 03 执行"修剪"命令（TR），按照如图 14-48 所示的形状对图形进行修剪操作。

步骤 04 在"图层特性管理器"中将"其他"图层切换到当前图层；执行"多段线"命令（PL），在图形右边绘制如图 14-49 所示的一条折线段，表示断开位置。

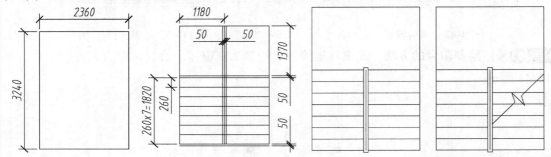

图 14-46 绘制矩形　　图 14-47 偏移操作　　图 14-48 修剪图形　　图 14-49 绘制多段线

步骤 05 执行"多段线"命令（PL），指定空白区域一点为多段线的起点，在命令行中选择"宽度"选项，提示起点处宽度，输入"0"，提示端点处宽度，输入"50"，按"F8"键打开正交模式，拖动鼠标到下边，输入长度值 250，如图 14-50 所示。

步骤 06 用前面同样的方法，先设定起点处宽度为 0，端点处宽度也为 0，拖动鼠标到下边，输入长度为 1200，如图 14-51 所示。

步骤 07 执行"移动"命令（M），将该箭头图形移动到楼梯图形当中，如图 14-52 所示。

步骤 08 同样，绘制另一组剪头图形；并将其移动到楼梯图形当中，如图 14-53 所示。

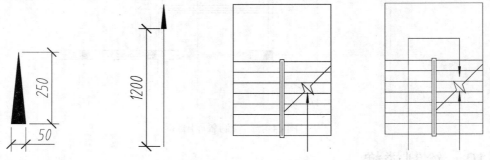

图 14-50 绘制箭头　　图 14-51 绘制多段线　　图 14-52 移动图形　　图 4-53 绘制另一组剪头

步骤 09 执行"编组"命令（G），将绘制的楼梯图形进行编组操作；执行"移动"命令（M），将编组后的楼梯图形移动到平面图中，如图 14-54 所示。

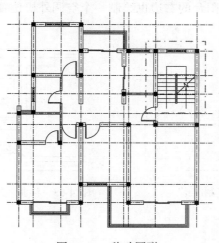

图 14-54 移动图形

14.11 绘制其他设施

案例	住宅标准层平面图.dwg	视频	绘制其他设施.avi	时长	17′28″

前面绘制了平面图中常见的建筑设施，但建筑平面图千变万化，每一副图不尽相同，因此，针对该平面图的特征，还需要绘制一些其他相关的设施。

14.11.1 绘制空调外机位置

↓知识要点 空调外机位置通常考虑太阳的照射、周围障碍、外机出来的冷热风对他人的影响、对下方行人是否造成威胁等因素。

步骤 01 将绘图区域移至图形下方的中间，在次卧室的窗外位置执行"矩形"命令（REC），绘制一个尺寸为 1580×600 的矩形，如图 14-55 所示。

步骤 02 执行"矩形"命令（REC），绘制一个尺寸为 550×300 的矩形；执行"直线"命令（L），分别连接矩形的对角点，绘制两条对角线；将该矩形及对角线转换成"Center"线型，如图 14-56 所示。

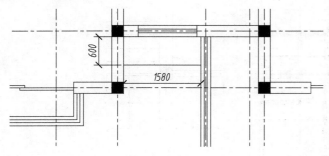

图 14-55 绘制矩形

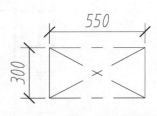

图 14-56 绘制空调示意图

步骤 03 执行"复制"命令（CO），将绘制的矩形及对角线复制到 1580×600 的矩形中，复制两份，如图 14-57 所示。

步骤 **04** 在图形右下方客厅阳台的右边也绘制一个空调外机位置，如图 14-58 所示。

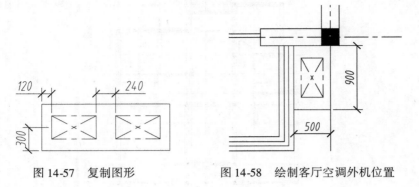

图 14-57　复制图形　　　　　图 14-58　绘制客厅空调外机位置

14.11.2　绘制管道井

知识要点 管道井是建筑物中用于布置竖向设备管线的竖向井道。它是走各种管道的空间，有垂直的，也有水平的，有贯通的，也有分隔的。

步骤 **01** 执行"矩形"命令（REC），绘制一个尺寸为 250×250 的矩形，如图 14-59 所示。

步骤 **02** 执行"多段线"命令（PL），在矩形内部绘制两段如图 14-60 所示的多段线。

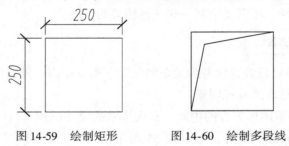

图 14-59　绘制矩形　　　　　图 14-60　绘制多段线

步骤 **03** 执行"移动"命令（M），将该管道图形移动到平面图上方的厨房的右下角，如图 14-61 所示。

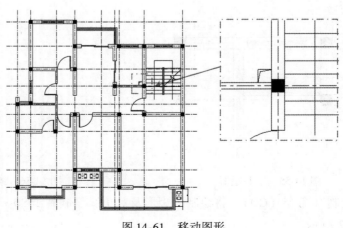

图 14-61　移动图形

步骤 **04** 执行"矩形"命令（REC），绘制一个尺寸为 300×700 的矩形；执行"多段线"命令（PL），绘制两条多段线；执行"移动"命令（M），将其移动到图形左边的卫生间的左下角，如图 14-62 所示。

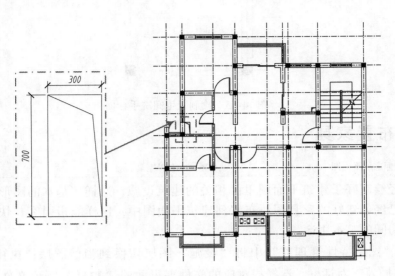

图 14-62　绘制卫生间管道

14.11.3　绘制壁柜及其他

知识要点　壁柜或者说是内嵌壁柜，是住宅套内与墙壁结合而成的落地或悬挂储藏空间。壁橱是墙体上留出空间而成的橱，也称为壁柜。

步骤 **01** 将绘图区域移至厨房位置，执行"多段线"命令（PL），按照图 14-63 中提供的尺寸来绘制几条多段线。

步骤 **02** 执行"多段线"命令（PL），在进户门的过道边也绘制一条多段线，如图 14-64 所示。

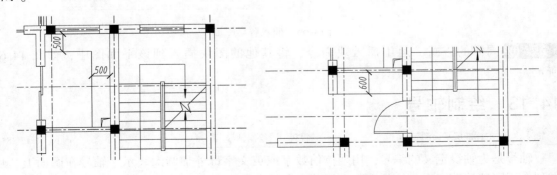

图 14-63　绘制厨房壁柜　　　　　图 14-64　绘制进户门处的壁柜

步骤 **03** 将绘图区域移至卫生间处，执行"多段线"命令（PL），绘制几条多段线；执行"圆角"命令（F），对相关的多段线倒圆角处理，表示卫生间的洗手台面，如图 14-65 所示。

1

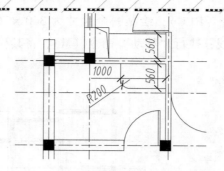

图 14-65　绘制卫生间洗手台面

14.12　布置家具

案例	住宅标准层平面图 . dwt	视频	布置家具 . avi	时长	17′28″

前面已经绘制好了建筑平面图里面相关的建筑设施，这样，基本的图形已经绘制完毕，接着就是将已经创建好的家具图块布置到建筑平面图中，这样能指引客户快速地阅读图纸，明确每一个房间的基本用途。

步骤 **01** 在"图层特性管理器"中将"设施"图层切换到当前图层；执行"插入"命令（I），弹出"插入"对话框，选择相对应的文件夹里面的"餐桌"图形文件；单击"确定"按钮，退出对话框，将该餐桌图形插入到平面图上方的餐厅里面，如图 14-66 所示。

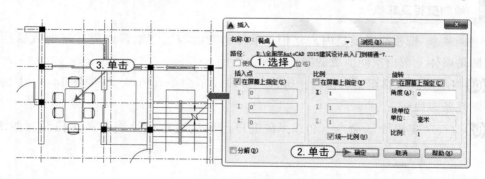

图 14-66　插入餐桌图形

步骤 **02** 同样的方式，运用插入块命令，将其他的图块插入到该平面图中，如图 14-67 所示。

14.13　绘制轴号

案例	住宅标准层平面图 . dwt	视频	绘制轴号 . avi	时长	17′28″

轴号是为轴线定义的编号，用阿拉伯数字或英文字母外加圆圈表示。轴号在图面上，从左到右用阿拉伯数字表示；从下到上用英文字母表示。

步骤 **01** 在"图层特性管理器"中将"0"图层切换到当前图层；执行"圆"命令（C），绘制一个直径为 600 的圆，如图 14-68 所示。

步骤 **02** 执行"直线"命令（L），以圆的上象限点为起点，竖直向上绘制一条长 800 的直

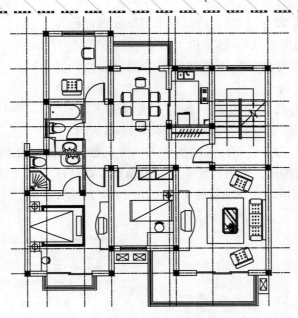

图 14-67 插入其他图块

线段，如图 14-68 所示。

步骤 **03** 执行"属性定义"命令（ATT），弹出"属性定义"对话框，在"属性"选项中填入标记"1"、提示"输入竖向轴号"、默认"1"；在"文字"选项中选择对正"居中"、文字样式选择"建筑平面图"，填入文字高度"250"，单击"确定"按钮，完成属性定义操作，如图 14-69 所示。

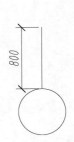

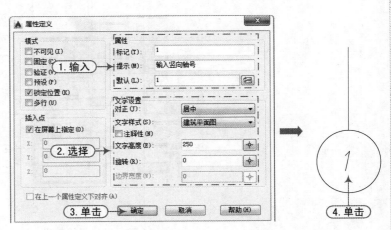

图 14-68 绘制圆和直线

图 14-69 属性定义

步骤 **04** 执行"圆"命令（C），绘制一个直径为 600 的圆；执行"多段线"命令（PL），绘制一条水平的直线段；执行"属性定义"命令（ATT），标记"A"，提示"输入横向向轴号"、默认"A"；在"文字"选项中选择对正"居中"、文字样式选择"建筑平面图"，填入文字高度"250"，单击"确定"按钮，完成属性定义操作，如图 14-70 所示。

步骤 05 执行 "写块" 命令（W），将这两个图形分别进行写块操作，块的名称分别为 "轴号-竖" 和 "轴号-横"。

步骤 06 在 "图层特性管理器" 中将 "标注" 图层切换到当前图层；执行 "插入" 命令（I），选择 "轴号-竖" 图块，单击 "确定" 按钮，单击选择左边第一条竖直轴线的下端点，提示输入轴号，输入 "1"，按回车键确定，如图 14-71 所示。

图 14-70 绘制横向轴号

步骤 07 执行 "复制" 命令（CO），选择插入的竖向轴号，分别复制到每条竖直的轴号上面；双击复制后的轴号图形，弹出 "增强属性编辑器" 对话框，在 "值" 选项中输入对应的轴号，单击 "确定" 按钮，完成轴号的更改，如图 14-72 所示。

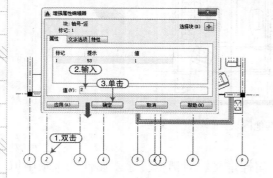

图 14 – 71 标注竖直轴号

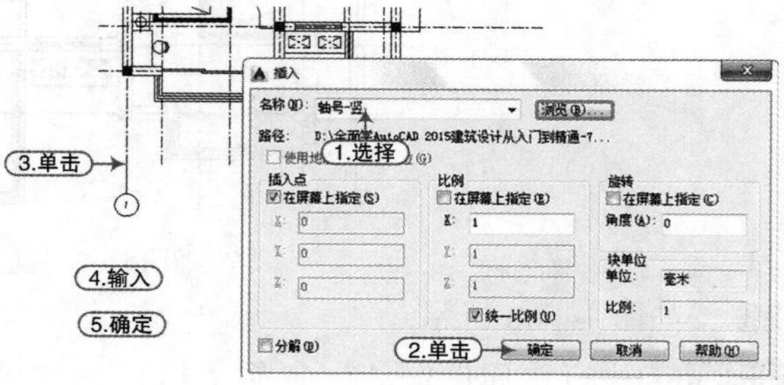

图 14-72 更改竖直轴号图

步骤 08 采用标注竖直轴号的方法，来标注其他三面的轴号，如图 14-73 所示。

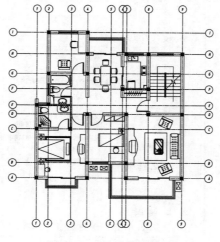

图 14-73 轴号最终效果

14.14 尺寸标注及文字说明

案例	住宅标准层平面图.dwt	视频	尺寸及文字标注说明.avi	时长	17'28"

前面相关的图形和轴号已经绘制完成，接着就是对图形进行标注，并绘制图名相关的文

字说明。

步骤 01 在"图层特性管理器"中将"标注"图层切换到当前图层；执行"线性"命令（DLI），对图形下方的相关尺寸进行线性标注，如图 14-74 所示。

步骤 02 同样的方式，对该住宅建筑平面图的其他三面也进行线性标注，如图 14-75 所示。

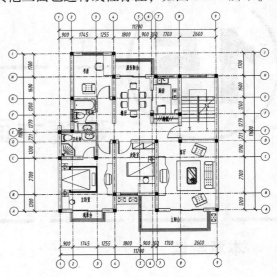

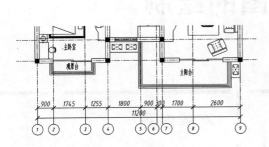

图 14-74　标注尺寸

图 14-75　尺寸标注最终效果

步骤 03 在"图层特性管理器"中将"文字"图层切换到当前图层；执行"单行文字"命令（DT），按照如图 14-76 所示的文字描述对图形进行标注。

步骤 04 将绘图区域移至图形的下方，执行"多段线"命令（PL），设置宽度为 100，绘制一条水平长 5000 的多段线，如图 14-76 所示。

步骤 05 执行"单行文字"命令（DT），在多段线的上方输入文字"住宅平面图"和"1:100"，并将"住宅平面图"文字比例缩放一倍，如图 14-77 所示。

步骤 06 单击"保存" 🔲 按钮，将文件保存，该住宅平面图图形绘制完成。

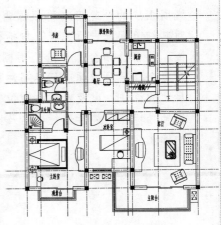

图 14-76　文字标注效果

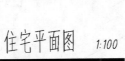

图 14-77　标注文字

15

建筑立面图的绘制

本章导读

　　建筑立面图的绘制，它是在平面图的相关轮廓点投影出来的轮廓线所围成的外轮廓，再根据需要，对其细节部分进行完善，包括楼层线、门窗、阳台、台阶、雨棚等，对每个楼层及屋顶进行标高注释及尺寸的标注，以及对其关键位置进行轴号标注，最后进行图名及比例的标注。

本章内容

- 建筑立面图的概述
- 建筑立面图绘制环境的调用
- 建筑立面图基本轮廓线的绘制
- 立面墙体及装饰线的绘制
- 屋顶装饰及屋顶轮廓的绘制
- 立面老虎窗及阳台的绘制
- 立面台阶、雨棚和门窗的绘制
- 立面图标高、轴号、尺寸及文字注释

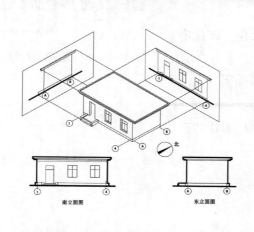

南立面图　　　　　东立面图

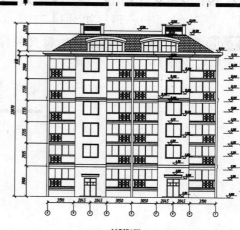

住宅楼建筑立面图 1:100

15.1 建筑楼立面图的概述

建筑立面图是建筑物各个方向的外墙面以及可见的构配件的正投影图，简称为立面图。如图 15-1 所示就是一栋建筑的两个立面图。

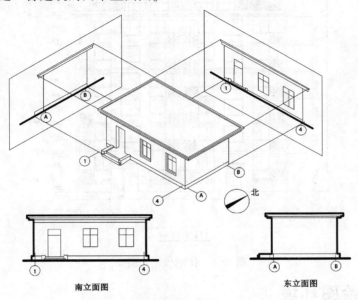

图 15-1 建筑立面图的形成

其中反映主要出入口或比较显著地反映出房屋外貌特征的那一面的立面图，称为正立面图，其余的立面图相应地称为背立面图和侧立面图。通常也按房屋的朝向来命名，如南立面图、北立面图、东立面图和西立面图等。有时也按轴线编号来命名，如①~⑨立面图或Ⓐ~Ⓕ立面图等，如图 15-2 所示。

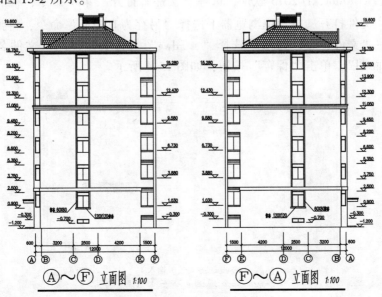

图 15-2 轴号命名立面图

通过绘制某住宅楼正立面图，来掌握相关建筑立面的知识，绘制好的住宅楼正立面图如图 15-3 所示。

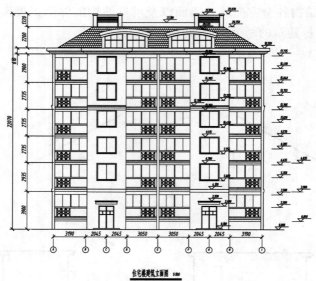

图 15-3　住宅楼正立面图

15.2　调入绘图环境

案例	住宅楼建筑立面图 . dwg	视频	调入绘图环境 . avi	时长	17′28″

在绘制建筑立面图之前，也需要有一个完善的绘图环境。在本章中，事先已经准备好了一个建筑立面图的样板文件，打开并另存为新的 dwg 文件即可，这样可节省不少的时间。

步骤 01 正常启动 AutoCAD 2015 软件，选择"文件 | 打开"菜单命令，将"案例 \ 15 \ 建筑立面图 . dwt"文件打开，在菜单浏览器下选择"另存为 | 图形"命令，将弹出"图形另存为"对话框，在"文件类型"选项中选择"＊.dwg"文件类型，在"文件名"选项中输入"住宅楼建筑立面图"，单击"保存"按钮，如图 15-4 所示。

图 15-4　图形另存为

步骤 02 执行 "线型管理器" 命令 (LT), 弹出 "线型管理器" 对话框, 单击 "显示细节" 按钮, 展开细节相关选项, 在 "全局比例因子" 项中输入 "10", 单击 "确定" 按钮, 完成线型的设置, 如图 15-5 所示。

图 15-5　线型设置

15.3　绘制基本轮廓线

案例	住宅楼建筑立面图.dwg	视频	绘制基本轮廓线.avi	时长	17′28″

　　设置好相关的参数后, 就可以绘制建筑立面图的图形了, 首先来绘制建筑立面图的基本轮廓线。

步骤 01 在 "图层特性管理器" 中将 "地坪线" 图层切换到当前图层; 执行 "直线" 命令 (L), 绘制一条水平长 37000 的直线段。

步骤 02 在 "图层特性管理器" 中将 "墙体" 图层切换到当前图层; 执行 "构造线" 命令 (XL), 以地坪线的中点为放置点, 绘制一条竖直的构造线; 执行 "偏移" 命令 (O), 按照如图 15-6 所示的尺寸与方向进行偏移操作, 并将相关的线段转换到 "墙体" 图层。

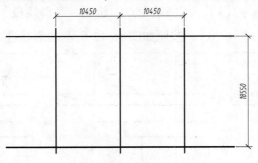

图 15-6　绘制基本轮廓线

15.4　绘制墙体及墙体装饰线

案例	住宅楼建筑立面图.dwg	视频	绘制墙体及墙体装饰线.avi	时长	17′28″

　　基本的轮廓线绘制好后, 就可以根据这些基本的轮廓线来绘制该住宅立面图的墙体图

形了。

步骤 01 执行 "偏移" 命令（O），将左右两边的竖直墙体线段向里面进行偏移操作，偏移尺寸如图 15-7 所示。

步骤 02 执行 "修剪" 命令（TR），执行 "删除" 命令（E），将图形按照如图 15-8 所示的形状进行修剪、删除操作。

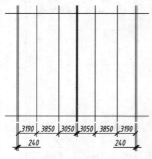

图 15-7　偏移操作

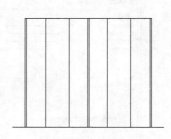

图 15-8　修剪操作

步骤 03 将绘图区域移至图形的右上方，执行 "偏移" 命令（O），按照如图 15-9 所示的尺寸与方向将相关线段进行偏移操作。

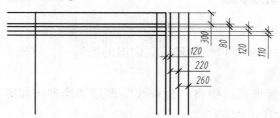

图 15-9　偏移操作

步骤 04 执行 "延伸" 命令（EX），将线段进行延伸操作；执行 "修剪" 命令（TR），将图形按照如图 15-10 所示的形状进行修剪操作。

步骤 05 执行 "直线" 命令（L），连接两个点，绘制一条斜线段，如图 15-11 所示。

步骤 06 执行 "修剪" 命令（TR），按照如图 15-12 所示的形状进行修剪操作。

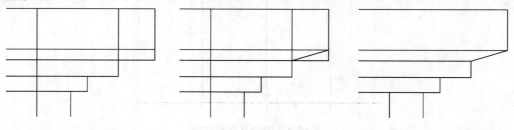

图 15-10　修剪操作　　　　图 15-11　绘制斜线段　　　　图 15-12　修剪操作

步骤 07 执行 "复制" 命令（CO），选择绘制的屋顶装饰线线条，然后以下方线段的下端点为基点，将其复制到如图 15-13 所示的地方，执行 "修剪" 命令（TR），将其按照如图15-13所示的形状进行修剪操作。

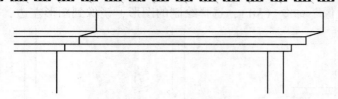

图 15-13　复制操作

步骤 08 执行"复制"命令（CO），选择绘制的屋顶装饰线线条，以下方线段的下端点为基点，将其复制到墙体另一处转折处，并执行"修剪"命令（TR），将其按照如图 15-14 所示的形状进行修剪操作。

图 15-14　复制操作

步骤 09 执行"镜像"命令（MI），选择三处装饰线折线，将它们镜像到左边；执行"修剪"命令（TR），将其按照如图 15-15 所示的形状进行修剪操作。

图 15-15　镜像操作

步骤 10 执行"偏移"命令（O），将屋顶的水平线段向下进行偏移操作，将竖直的墙线向外进行偏移操作，如图 15-16 所示。

步骤 11 执行"修剪"命令（TR），将偏移的线段按照如图 15-17 所示的形状进行修剪操作。

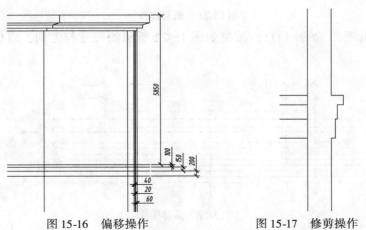

图 15-16　偏移操作　　　　　图 15-17　修剪操作

步骤 12 执行"镜像"命令（MI），选择绘制的图形，镜像到图形左边，如图 15-18 所示。

步骤 13 将绘图区域移到下方，采用前面同样的方式，继续绘制墙体装饰线，具体相关的尺寸如图 15-19 所示。

步骤 14 执行"镜像"命令（MI），选择绘制的图形，镜像到图形左边，如图 15-20 所示。

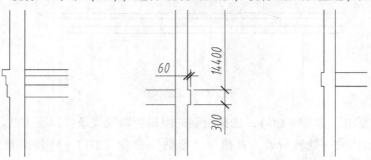

图 15-18　镜像操作　　　　图 15-19　继续绘制装饰线　　　图 15-20　镜像操作

15.5　绘制屋顶装饰

| 案例 | 住宅楼建筑立面图 . dwg | 视频 | 绘制屋顶装饰 . avi | 时长 | 17′28″ |

接着绘制屋顶相关的建筑装饰，绘制该建筑装饰多以偏移命令为主。

步骤 01 执行"偏移"命令（O），将左右两边的竖直墙体线段按照如图 15-21 所示的尺寸进行偏移操作，执行"延伸"命令（EX），将竖直线段延伸到上面的线段上。

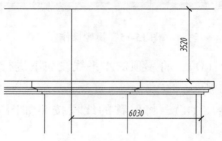

图 15-21　偏移操作

步骤 02 执行"偏移"命令（O），按照如图 15-22 所示的尺寸与方向，将偏移的线段再次进行偏移操作。

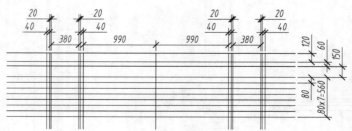

图 15-22　偏移操作

步骤 03 执行"修剪"命令（TR），执行"删除"命令（E），将图形按照如图 15-23 所示的形状进行修剪、删除操作。

步骤 04 执行"镜像"命令（MI），将修剪后的图形镜像到图形的左边，如图 15-24 所示。

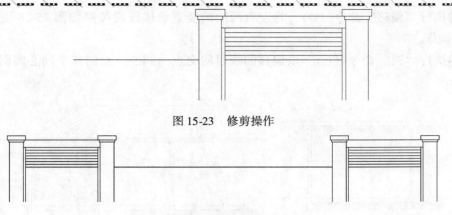

图 15-23 修剪操作

图 15-24 镜像操作

15.6 绘制屋顶

| 案例 | 住宅楼建筑立面图.dwg | 视频 | 绘制屋顶.avi | 时长 | 17′28″ |

前面绘制好了相关的建筑屋顶装饰图形，接着绘制屋顶相关的图形。

步骤 01 执行 "偏移" 命令 （O），将左右两边的竖直墙体线段按照如图 15-25 所示的尺寸进行偏移操作。

步骤 02 执行 "直线" 命令 （L），分别连接偏移的线段与以前线段的交点，从而绘制一条斜线段；执行 "修剪" 命令 （TR），将图形按照如图 15-26 所示的形状进行修剪操作。

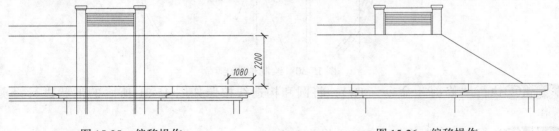

图 15-25 偏移操作   图 15-26 偏移操作

步骤 03 执行 "镜像" 命令 （MI），将修剪后的图形镜像到图形的左边，如图 15-27 所示。

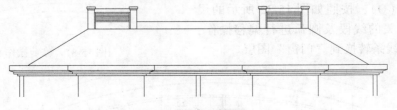

图 15-27 镜像操作

15.7 绘制老虎窗

| 案例 | 住宅楼建筑立面图.dwg | 视频 | 绘制老虎窗.avi | 时长 | 17′28″ |

前面绘制好了相关的建筑屋顶装饰图形，接着绘制屋顶相关的图形。

步骤 **01** 执行"偏移"命令（O），将左右两边的竖直墙体线段按照如图 15-28 所示的尺寸进行偏移操作。

步骤 **02** 执行"圆"命令（C），以偏移的线段的交点为圆心，绘制几个同心圆图形，如图 15-29 所示。

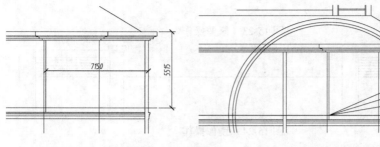

图 15-28　偏移操作　　　　　　　　　　图 15-29　绘制圆

步骤 **03** 执行"构造线"命令（XL），以同心圆圆心为放置点，绘制两条斜度构造线，角度分别为 70°和 –70°，如图 15-30 所示。

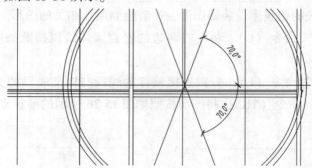

图 15-30　绘制构造线

步骤 **04** 执行"修剪"命令（TR），将圆和构造线按照如图 15-31 所示的形状进行修剪操作。

步骤 **05** 执行"延伸"命令（EX），将前面所偏移的竖直直线段延伸到上面的圆弧上；执行"偏移"命令（O），按照如图 15-32 所示的尺寸与方向将相关的线段及圆弧进行偏移操作，并将偏移后的线条转换到"门窗"图层。

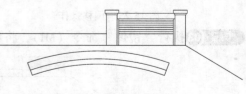

图 15-31　修剪操作

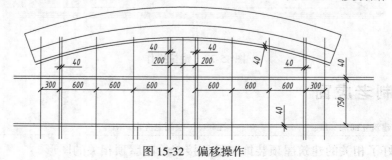

图 15-32　偏移操作

步骤 06 执行"修剪"命令（TR），将图形按照如图 15-33 所示的形状进行修剪操作。

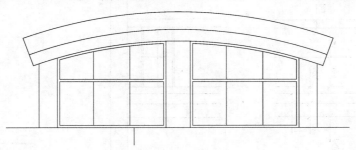

图 15-33 修剪操作

步骤 07 执行"镜像"命令（MI），将修剪后的图形镜像到图形的左边，如图 15-34 所示。

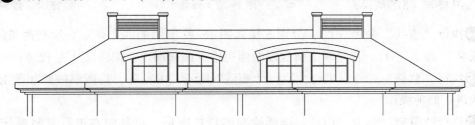

图 15-34 镜像操作

步骤 08 在"图层特性管理器"中将"填充"图层切换到当前图层；执行"图案填充"命令（BH），选择填充图案为"AR-B88"，填充角度为"0°"，填充比例为"1"，对如图 15-35 所示的区域进行图案填充操作，表示屋顶瓦片。

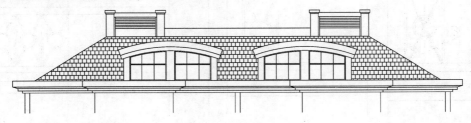

图 15-35 绘制地坪线

15.8 绘制阳台

案例	住宅楼建筑立面图 . dwg	视频	绘制阳台 . avi	时长	17′28″

屋顶相关的图形已经绘制完成，接着就是细化墙体上相关的建筑图形。

步骤 01 在"图层特性管理器"中将"墙体"图层切换到当前图层；执行"偏移"命令（O），将左右两边的竖直墙体线段按照如图 15-36 所示的尺寸进行偏移操作。

步骤 02 执行"修剪"命令（TR），将图形按照如图 15-37 所示的形状进行修剪操作。

步骤 03 执行"圆"命令（C），以如图 15-38 所示的点为圆心，绘制两个同心圆图形，直径分别为 230 和 280。

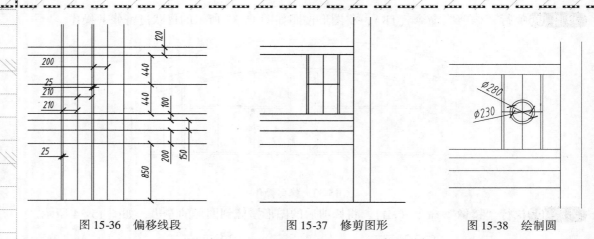

图 15-36　偏移线段　　　　　　　图 15-37　修剪图形　　　　　　　图 15-38　绘制圆

步骤 04 执行"直线"命令（L），分别连接如图 15-39 所示的四个端点，绘制两条斜线段；执行"偏移"命令（O），将绘制的斜线段向两边进行偏移操作，偏移尺寸为 12.5。

步骤 05 执行"修剪"命令（TR），执行"删除"命令（E）等，将图形按照如图 15-40 所示的形状进行修剪操作。

步骤 06 执行"复制"命令（CO），选择绘制的栏杆图形，将其向左进行复制操作，如图 15-41 所示。

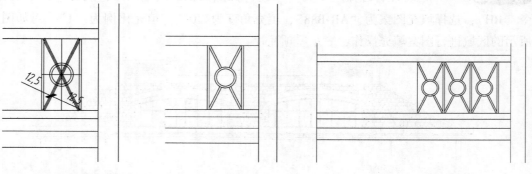

图 15-39　绘制斜线段并偏移操作　　图 15-40　修剪操作　　　　图 15-41　复制操作

步骤 07 执行"复制"命令（CO），执行"镜像"命令（MI），将栏杆图形整体向左镜像和复制操作，如图 15-42 所示。

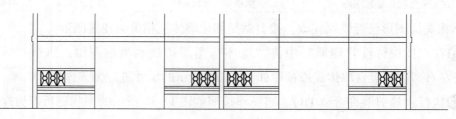

图 15-42　复制镜像操作

步骤 08 执行"复制"命令（CO），将栏杆图形整体向上进行复制操作，如图15-43所示。

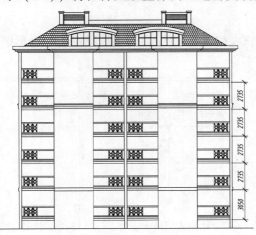

图15-43　复制操作

15.9　绘制台阶及雨棚

案例	住宅楼建筑立面图.dwg	视频	绘制台阶及雨棚.avi	时长	17′28″

绘制该住宅的出入口相关的建筑图形，首先绘制台阶以及出入口大门的雨棚。

步骤 01 执行"矩形"命令（REC），绘制如图15-44所示的几个矩形图形；执行"移动"命令（M），将这几个矩形按照如图15-44所示的尺寸进行移动操作。

步骤 02 执行"复制"命令（CO），将移动后的矩形再按照如图15-45所示的尺寸复制到住宅立面图中。

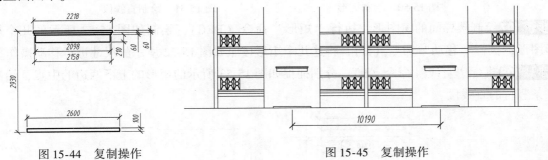

图15-44　复制操作　　　　　图15-45　复制操作

15.10　绘制门窗

案例	住宅楼建筑立面图.dwg	视频	绘制门窗.avi	时长	17′28″

步骤 01 绘制出入口大门，在"图层特性管理器"中将"0"图层切换到当前图层；执行"矩形"命令（REC），绘制如图15-46所示的两个矩形图形；执行"移动"命令（M），将这两个矩形按照如图15-46所示的尺寸进行移动操作。

步骤 02 执行"矩形"命令（REC），绘制如图15-47所示的几个矩形图形；执行"移动"命令（M），将这几个矩形按照如图15-47所示的尺寸进行移动操作。

步骤 03 执行"直线"命令（L），分别捕捉如图15-48所示的矩形的上下两边的中点，绘制一条竖直的直线段。

步骤 04 执行"镜像"命令（MI），将绘制的直线段左边的矩形镜像到直线段的右边，如图15-49所示。

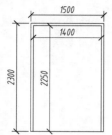

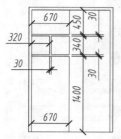

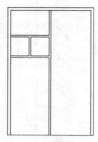

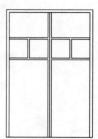

图15-46 绘制门框矩形　　图15-47 绘制大门格子矩形　　图15-48 绘制直线段　　图15-49 镜像操作

步骤 05 绘制阳台上的窗图形，执行"矩形"命令（REC），绘制如图15-50所示的几个矩形图形；执行"移动"命令（M），将这几个矩形按照如图15-50所示的尺寸进行移动操作。

步骤 06 执行"直线"命令（L），分别捕捉如图15-51所示的矩形的上下两边的中点，绘制一条竖直的直线段。

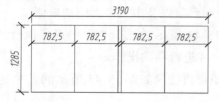

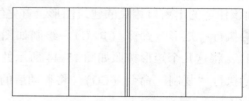

图15-50 绘制矩形　　　　　　　　图15-51 绘制直线段

步骤 07 绘制楼梯间的窗图形，执行"矩形"命令（REC），绘制如图15-52所示的几个矩形图形；执行"移动"命令（M），将这几个矩形按照如图15-52所示的尺寸进行移动操作。

步骤 08 执行"直线"命令（L），分别捕捉如图15-53所示的矩形的上下两边的中点，绘制一条竖直的直线段。

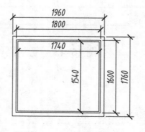

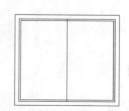

图15-52 绘制矩形　　　　图15-53 绘制直线段

步骤 09 执行"写块"命令（W），将绘制的图形分别写块为"门""窗-1"和"窗-2"。

步骤 10 在"图层特性管理器"中将"门窗"图层切换到当前图层；执行"插入"命令（I），选择创建的"门"块图形，将其插入到大门口处；执行"复制"命令（CO），将插入的门图形复制到另外一处大门口处，如图15-54所示。

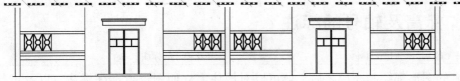

图 15-54　插入门图形

步骤 ⑪ 执行"插入"命令（I），选择创建的"窗-1"块图形，将其插入到阳台处；执行"复制"命令（CO），将插入的"窗-1"图形复制到其他阳台相对应的地方，如图 15-55 所示。

图 15-55　插入窗-1 图形

步骤 ⑫ 执行"插入"命令（I），选择创建的"窗-2"块图形，将其插入到楼梯间处；执行"复制"命令（CO），将插入的"窗-2"图形复制到其他楼梯间相对应的地方，如图15-56 所示。

图 15-56　插入窗-2 图形

全面学 AutoCAD 2015 建筑设计从入门到提高

15.11 标高及轴号的标注

| 案例 | 住宅楼建筑立面图 . dwg | 视频 | 标高及轴号的标注 . avi | 时长 | 17′28″ |

当所有的图形都绘制完成之后，就可以对该住宅立面图进行标高标注，以及进行轴号的标注。在本节，直接调用事先准备好的"标高"和"轴号"图块，并修改属性值即可。

步骤 01 将"标注"图层切换到当前图层；执行"插入"命令（I），选择"标高"图块，单击"确定"按钮，提示输入插入点，单击选择地坪线上的一点，提示输入标高值，输入"0.000"，按回车键确定，地坪线的标高标注完成，如图 15-57 所示。

图 15-57 地坪线的标高标注

步骤 02 采用标注地坪线标高的标注方法，按照如图 15-58 所示的位置对其他需要进行高度标注的地方进行标高标注。

步骤 03 执行"插入"命令（I），选择"轴号"图块，单击"确定"按钮，单击选择左边第一条竖直轴线的下端点，提示输入轴号，输入"A"，按回车键确定，轴号标注完成，如图 15-59 所示。

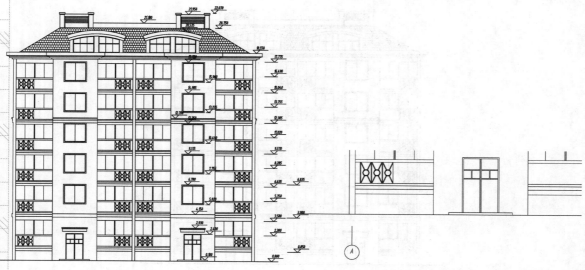

图 15-58 标高标注效果   图 15-59 插入轴号

336

步骤 04 执行"复制"命令（CO），选择插入的竖向轴号，分别复制到每条竖直的轴号上面；双击复制后的轴号图形，弹出"增强属性编辑器"对话框，在"值"选项中输入对应的轴号，单击"确定"按钮，完成轴号的更改，如图15-60所示。

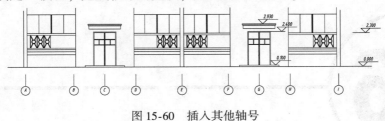

图15-60　插入其他轴号

15.12　尺寸及图名标注

案例	住宅楼建筑立面图.dwg	视频	尺寸及图名标注.avi	时长	17′28″

前面相关的图形和轴号已经绘制完成，接着就是对图形进行标注，并绘制图名相关的文字说明。

步骤 01 将"标注"图层切换到当前图层；执行"线性"命令（DLI），对图形下方的相关尺寸进行线性标注，如图15-61所示。

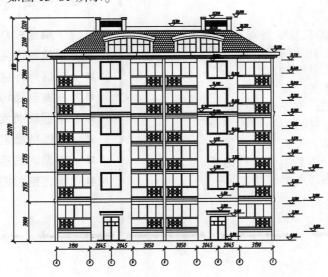

图15-61　标注尺寸

步骤 02 将绘图区域移至图形的下方，执行"多段线"命令（PL），设置宽度为"100"，绘制一条水平长5000的多段线。

步骤 03 在"图层特性管理器"中将"文字"图层切换到当前图层；执行"单行文字"命令（DT），在多段线的上方输入文字"住宅平面图图"和"1：100"，将"住宅楼建筑立面图"文字比例缩放一倍，如图15-62所示。

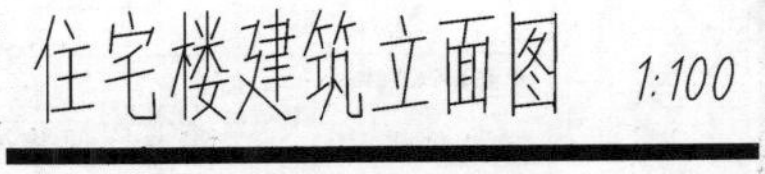

住宅楼建筑立面图 _1:100_

图15-62　标注文字

步骤 04 单击"保存" 🖫 按钮，将文件保存，该住宅楼建筑立面图图形绘制完成。

16

建筑剖面图的绘制

本章导读

　　建筑剖面图反映了房屋内部垂直方向的高度、分层情况，楼地面和屋顶结构形式及各构配件在垂直方向的相互关系等。在本章中所绘制的建筑剖面图，首先调用绘图环境，在此基础上来进行地坪线、轴网、墙体、楼梯、女儿墙、屋顶、门窗等的绘制，然后对其进行标高、轴号、尺寸、图名的标注等。

本章内容

- 了解建筑剖面图的概述
- 建筑剖面图绘图环境的调用及修改
- 掌握地坪线及轴网结构的绘制
- 掌握剖面墙体、楼梯的绘制
- 掌握剖面女儿墙、屋顶的绘制
- 掌握剖面老虎窗、门窗的绘制
- 掌握剖面墙体及楼板的填充
- 掌握剖面图标高、轴号、尺寸及图名

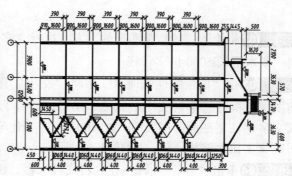

16.1　建筑剖面图的概述

建筑剖面图是房屋的竖直剖视图，也就是用一个或多个假想的平行于正立投影面或侧立投影面的竖直剖切面剖切房屋，移去剖切平面某一侧的形体部分，将留下的形体部分按剖视方向向投影面做正投影所得到的图样称为剖面图，如图16-1所示。

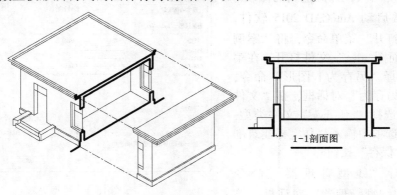

1-1剖面图

图 16-1　剖面图

根据建筑物的实际情况，剖面图通常有横剖面图和纵剖面图。沿着建筑物宽度方向剖开，即为横剖；沿着建筑物长度方向剖开，即为纵剖。当需要使用多个剖面图来表示时，其剖面图应按照剖切号来表示，如"1-1 剖面图""2-2 剖面图"等。

通过绘制某住宅楼剖面图，来掌握相关建筑剖面的知识，绘制好的住宅楼建筑剖面图如图16-2 所示。

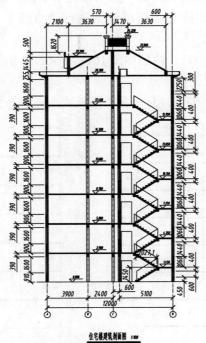

住宅楼建筑剖面图 1:100

图 16-2　住宅楼建筑剖面图

16.2 调入绘图环境

案例	住宅楼建筑剖面图.dwg	视频	调入绘图环境.avi	时长	17′28″

同绘制建筑立面图一样，将事先准备好的绘图环境调入，并做适当的修改。

步骤 01 正常启动 AutoCAD 2015 软件，选择"文件 | 打开"菜单命令，将"案例 \ 16 \ 建筑立面图.dwt"文件打开，在菜单浏览器下选择"另存为 | 图形"命令，将弹出"图形另存为"对话框，在"文件类型"选项中选择"＊.dwg"文件类型，在"文件名"选项中输入"住宅楼建筑剖面图"，单击"保存"按钮。

步骤 02 执行"线型管理器"命令（LT），弹出"线型管理器"对话框，单击"显示细节"按钮，展开细节相关选项，在"全局比例因子"项中输入"10"，单击"确定"按钮，完成线型的设置，如图 16-3 所示。

图 16-3　线型设置

16.3 绘制地坪线及轴网

案例	住宅楼建筑剖面图.dwg	视频	绘制地坪线及轴网.avi	时长	17′28″

剖面图都有其地坪线，绘制好地坪线，然后以此来绘制剖面图的其他轴线。

步骤 01 将"地坪线"图层切换到当前图层；执行"直线"命令（L），绘制一条水平长 14000 的直线段。

步骤 02 执行"偏移"命令（O），按照如图 16-4 所示的尺寸与方向进行偏移操作，并将偏移后的线段转换到"墙板"图层。

步骤 03 执行"修剪"命令（TR），对偏移的楼板线条进行修剪操作，如图 16-5 所示。

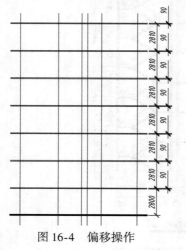

图 16-4　偏移操作

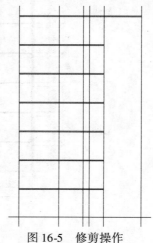

图 16-5　修剪操作

16.4　绘制剖面墙体

案例	住宅楼建筑剖面图.dwg	视频	绘制剖面墙体.avi	时长	17′28″

借助前面所绘制好的辅助轴线，然后在此基础上绘制剖面墙体。

步骤01 执行菜单命令"格式 | 多线样式"菜单命令 ✎，弹出"多线样式"对话框，单击"新建"按钮，输入样式名称"240墙"，如图16-6所示。

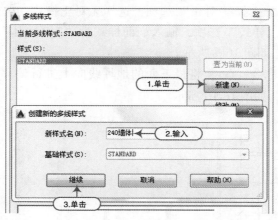

图16-6　设置多线样式

步骤02 单击"继续"按钮，进入到"新建多线样式"对话框，在"说明"栏中输入"这是240厚的墙体"，单击"图元"里面的"0.5"数值，在"偏移"选项里面输入"120"，同样，单击"-0.5"数值，在"偏移"选项里面输入"-120"，单击"确定"按钮，返回"多线样式"对话框，单击"确定"按钮退出多线设置命令，如图16-7所示。

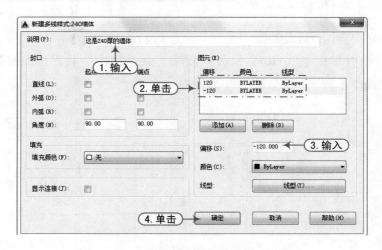

图16-7　设置240厚墙体多线样式参数

步骤03 同样的方式，按照图16-8中提供的数据，设置一个名称为"240窗体"的多线样式。

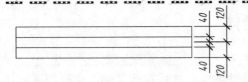

图 16-8　创建窗体多线样式

步骤 **04** 在"图层特性管理器"中将"墙体"图层切换到当前图层；执行"多线"命令（ML），根据命令行提示，选择"对正"选项，选择无对正模式；选择"比例"选项，输入比例因子为"1"；选择"样式"选项，输入当前样式为"240 墙体"，捕捉相应的窗洞起点和端点，绘制 240 墙体，如图 16-9 所示。

步骤 **05** 执行"偏移"命令（O），将最下面的地坪线向上进行偏移操作，并将偏移后的线段转换到"墙板"图层，如图 16-10 所示。

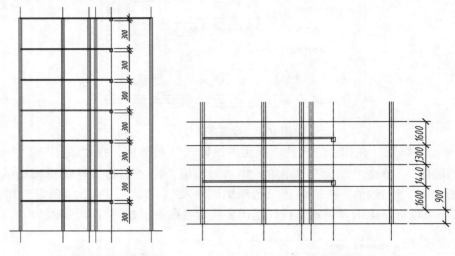

图 16-9　创建 240 墙体　　　　　　　　图 16-10　偏移操作

步骤 **06** 执行"修剪"命令（TR），执行"删除"命令（E），将图形按照如图 16-11 所示的形状进行修剪操作。

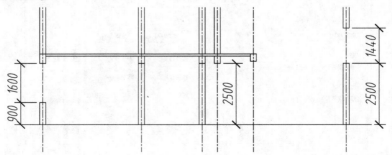

图 16-11　修剪操作

步骤 **07** 根据图 16-12 中提供的数据对墙体其他地方进行开启门窗洞操作。

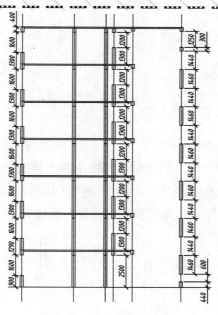

图 16-12 开启门窗洞操作

16.5 绘制剖面楼梯

案例	住宅楼建筑剖面图.dwg	视频	绘制剖面楼梯.avi	时长	17′28″

墙体已经绘制好了，下面绘制楼梯相关的设施，从而使每一层的楼层连接起来。

步骤 01 将"楼梯"图层切换到当前图层；执行"偏移"命令（O），将图形最右边的竖直轴线向左进行偏移；将最下面的地坪线向上进行偏移操作，并将偏移后的线条转换到"楼梯"图层，操作过程如图 16-13 所示。

步骤 02 执行"修剪"命令（TR），执行"删除"命令（E），将图形按照如图 16-14 所示的形状进行修剪操作。

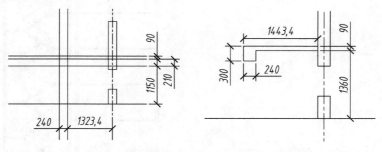

图 16-13 偏移操作   图 16-14 修剪图形

步骤 03 执行"多段线"命令（PL），按照如图 16-15 所示的尺寸绘制楼梯台阶图形线条。

步骤 04 执行"构造线"命令（XL），以台阶下面的两个顶点为放置点，绘制一条斜度构造线；执行"偏移"命令（O），将绘制的斜度构造线向下偏移90；执行"修剪"命令（TR），将图形按照如图 16-16 所示的形状进行修剪操作。

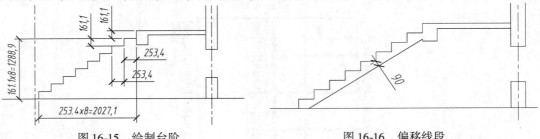

图 16-15　绘制台阶　　　　　　　　　图 16-16　偏移线段

步骤 05 采用绘制楼梯的同样方式，绘制该段楼梯连接到二楼的另一段楼梯，如图 16-17 所示。

步骤 06 在"图层特性管理器"中将"栏杆"图层切换到当前图层；执行"直线"命令（L），在楼梯的起步和结束处绘制三条竖直的直线段，长度为 900，如图 16-18 所示。

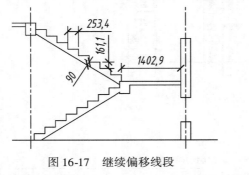

图 16-17　继续偏移线段

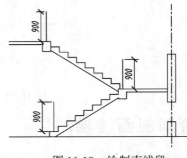

图 16-18　绘制直线段

步骤 07 执行"多段线"命令（PL），分别连接绘制的直线段的上端点，形成栏杆的扶手示意图，如图 16-19 所示。

步骤 08 执行"复制"命令（CO），选择绘制的楼梯图形，将它们复制到每一层楼梯间处，如图 16-20 所示。

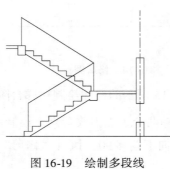

图 16-19　绘制多段线

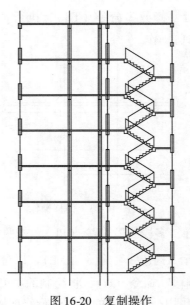

图 16-20　复制操作

16.6　绘制女儿墙

案例	住宅楼建筑剖面图.dwg	视频	绘制女儿墙.avi	时长	17′28″

　　女儿墙是指建筑物屋顶外围的矮墙，主要作用除维护安全外，也会在底处施作防水压砖收头，以避免防水层渗水或是屋顶雨水漫流。

步骤 01 在"图层特性管理器"中将"墙体"图层切换到当前图层；执行"偏移"命令（O），将图形最上面的水平楼板线段向上和向下进行偏移操作，并将最右边的竖直轴线段向外进行偏移，将偏移后的线段转换到"墙体"图层，如图16-21所示。

步骤 02 执行"修剪"命令（TR），将图形按照如图16-22所示的形状进行修剪操作。

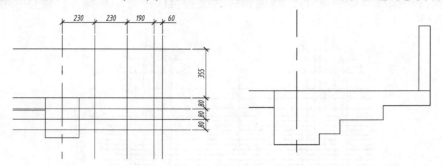

图 16-21　偏移操作　　　　　　　　　　图 16-22　修剪操作

步骤 03 执行"直线"命令（L），连接如图16-23所示的两点，绘制一条斜线段；执行"偏移"命令（O），将绘制的斜线段向左上方进行偏移操作，偏移距离为80。

步骤 04 执行"修剪"命令（TR），将图形按照如图16-24所示的形状进行修剪操作。

步骤 05 采用以上的绘图步骤与方法，在屋顶左边也绘制类似的女儿墙图形，如图16-25所示。

图 16-23　绘制斜线段　　　图 16-24　修剪操作　　　图 16-25　绘制左侧图形

16.7　绘制剖面屋顶

案例	住宅楼建筑剖面图.dwg	视频	绘制剖面屋顶.avi	时长	17′28″

　　屋顶是建筑的普遍构成元素之一，其主要目的是防水。屋顶有平顶和坡顶之分，干旱地区房屋多用平顶，多雨地区多用坡顶且屋顶坡度较大。坡顶又分为单坡、双坡、四坡等。

步骤 01 执行"偏移"命令（O），将图形最上面的水平楼板线段向上进行偏移操作，并将

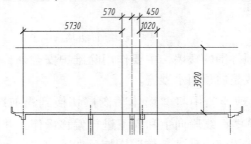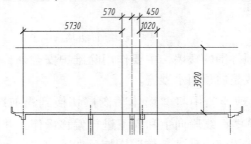

最左边的竖直轴线段向右进行偏移，将偏移后的线段转换到"墙体"图层，如图 16-26 所示。

图 16-26　偏移操作

步骤 02 执行"偏移"命令（O），将偏移后的线条再次进行偏移操作，偏移尺寸和方向如图 16-27 所示。

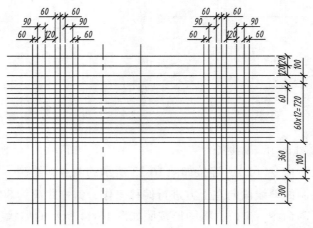

图 16-27　偏移线段

步骤 03 执行"修剪"命令（TR），执行"删除"命令（E），将图形按照如图 16-28 所示的形状进行修剪删除操作。

步骤 04 执行"偏移"命令（O），将图形最上面的水平楼板线段向上进行偏移操作，并将最右边的竖直轴线段向左进行偏移，将偏移后的线段转换到"墙体"图层，如图 16-29 所示。

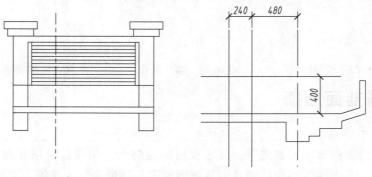

图 16-28　修剪操作　　　　图 16-29　偏移操作

步骤 05 执行"直线"命令（L），连接如图 16-30 所示的两点，绘制一条斜线段；执行"偏移"命令（O），将绘制的斜线段向左上方进行偏移操作，偏移距离为100。

步骤 06 执行"修剪"命令（TR），执行"删除"命令（E），将图形按照如图16-31所示的形状进行修剪删除操作。

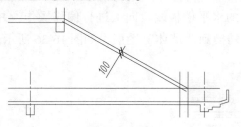

图16-30　绘制直线段　　　　　　　　　　　图16-31　修剪操作

步骤 07 执行"镜像"命令（MI），选择绘制的屋顶斜坡图形，将其镜像到左边，执行"修剪"命令（TR），对图形进行修剪，如图16-32所示。

步骤 08 执行"多线"命令（ML），根据命令行提示，选择"对正"选项，选择无对正模式；选择"比例"选项，输入比例因子为"1"；选择"样式"选项，输入当前样式为"240墙体"，捕捉图形中与屋顶顶部相连的轴线上的点，绘制240墙体，如图16-33所示。

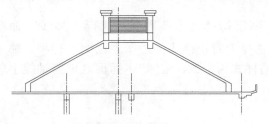

图16-32　镜像操作　　　　　　　　　　　图16-33　绘制多线

步骤 09 执行"偏移"命令（O），将图形最上面的水平楼板线段向上进行偏移操作，并将中间的竖直轴线段向右进行偏移，将偏移后的线段转换到"墙体"图层，如图16-34所示。

步骤 10 执行"修剪"命令（TR），执行"删除"命令（E），将图形按照如图16-35所示的形状进行修剪删除操作。

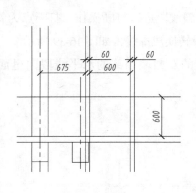
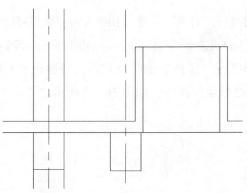

图16-34　偏移操作　　　　　　　　　　　图16-35　修剪操作

16.8　绘制剖面老虎窗

| 案例 | 住宅楼建筑剖面图.dwg | 视频 | 绘制剖面老虎窗.avi | 时长 | 17′28″ |

步骤 01 执行"偏移"命令（O），将图形最上面的水平楼板线段向上进行偏移操作，并将中间的竖直轴线段向左进行偏移，将偏移后的线段转换到"墙体"图层，如图 16-36 所示。

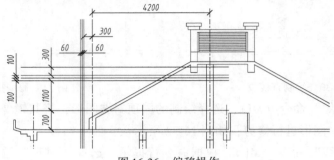

图 16-36　偏移操作

步骤 02 执行"修剪"命令（TR），执行"删除"命令（E），将图形按照如图 16-37 所示的形状进行修剪删除操作。

步骤 03 在"图层特性管理器"中将"门窗"图层切换到当前图层；执行"多线"命令（ML），根据命令行提示，选择"对正"选项，选择无对正模式；选择"比例"选项，输入比例因子为"1"；选择"样式"选项，输入当前样式为"240 窗体"，捕捉老虎窗轴线上相关的点，来绘制 240 窗体，如图 16-38 所示。

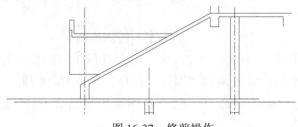

图 16-37　修剪操作

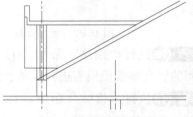

图 16-38　绘制窗体

步骤 04 执行"打断"命令（BR），将屋顶斜坡的两条斜线段进行打断操作，打断点为斜线段与老虎窗顶部的两条水平线段的交点；将下面的两段斜线段转换成虚线，如图 16-39 所示。

步骤 05 执行"延伸"命令（EX），将屋顶左右两边的女儿墙顶部的水平线段向里面相关的墙体线段进行延伸操作，如图 16-40 所示。

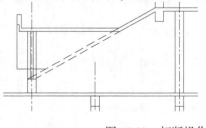

图 16-39　打断操作

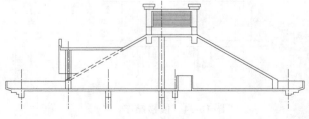

图 16-40　延伸线段

16.9　绘制剖面门窗

| 案例 | 住宅楼建筑剖面图.dwg | 视频 | 绘制剖面门窗.avi | 时长 | 17′28″ |

步骤 01 执行"多线"命令（ML），根据命令行提示，选择"对正"选项，选择无对正模式；选择"比例"选项，输入比例因子为"1"；选择"样式"选项，输入当前样式为"240窗体"，捕捉墙体上相关的点，绘制240窗体，如图16-41所示。

步骤 02 执行"矩形"命令（REC），绘制一个尺寸为1000×2100的矩形，用以表示门图形；执行"复制"命令（CO），将门图形复制到各楼层如图16-42所示的地方。

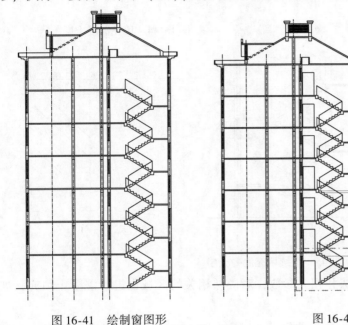

图16-41　绘制窗图形　　　　　　　　　图16-42　绘制门图形

16.10　图案填充

| 案例 | 住宅楼建筑剖面图.dwg | 视频 | 剖面图案填充.avi | 时长 | 17′28″ |

对相关的地方进行填充操作，比如对楼板相关区域进行填充，对钢筋混凝土相关区域进行填充等，不同的填充区域表示不同的结构性质。

步骤 01 在"图层特性管理器"中将"楼板"图层切换到当前图层；执行"图案填充"命令（BH），选择填充图案为"SOLID"，选择填充角度为0°，比例为100，选择楼板相关的区域为填充区域，对图形进行填充操作，如图16-43所示。

步骤 02 在"图层特性管理器"中将"填充"图层切换到当前图层；执行"图案填充"命令（BH），选择填充图案为"ANSI31"，选择填充角度为0°，比例为20，选择过梁区域为填充区域，对图形进行填充操作，如图16-44所示。

步骤 03 执行"图案填充"命令（BH），选择填充图案为"AR-CONC"，选择填充角度为0°，比例为1，选择过梁区域为填充区域，对图形进行填充操作，如图16-45所示。

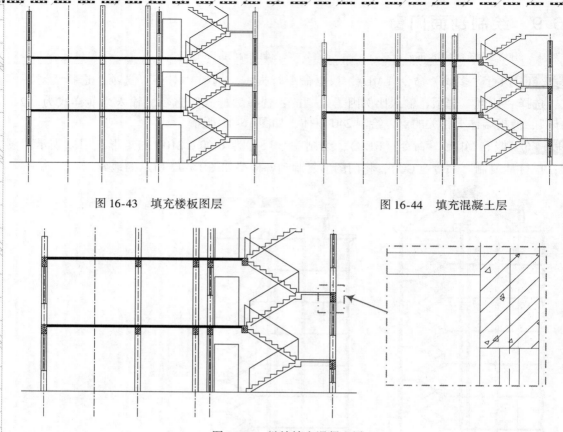

图 16-43　填充楼板图层　　　　　　　　图 16-44　填充混凝土层

图 16-45　继续填充混凝土层

步骤 04 采用填充钢筋混凝土的方法和相关参数，对楼梯相关的区域也进行混凝土填充，如图 16-46 所示。

步骤 05 执行"图案填充"命令（BH），选择填充图案为"ANSI31"，选择填充角度为90°，比例为20，选择墙体其他区域为填充区域，对图形进行填充操作，用以表示砖结构，如图 16-47 所示。

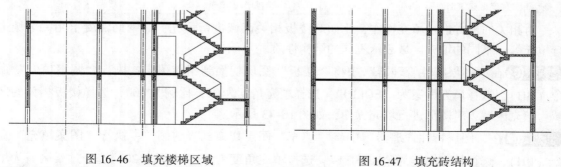

图 16-46　填充楼梯区域　　　　　　　　图 16-47　填充砖结构

步骤 06 移动绘图区域至屋顶部分，采用前面所使用的方法，按照图 16-48 中的形状对相关区域进行图案填充操作。

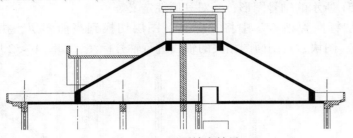

图 16-48 屋顶填充效果

16.11 剖面标高标注

案例	住宅楼建筑剖面图.dwg	视频	剖面标高标注.avi	时长	17′28″

当所有的图形都绘制完成之后，就可以对该住宅剖面图进行标高标注。

步骤 01 在"图层特性管理器"中将"标注"图层切换到当前图层；执行"插入"命令（I），选择"标高"图块，单击"确定"按钮，提示输入插入点，单击选择地坪线上的一点，提示输入标高值，输入"0.000"，按回车键确定，地坪线的标高标注完成，如图 16-49 所示。

步骤 02 采用前面标注地坪线标高的标注方法，按照如图 16-50 所示的位置对其他需要进行高度标注的地方进行标高标注。

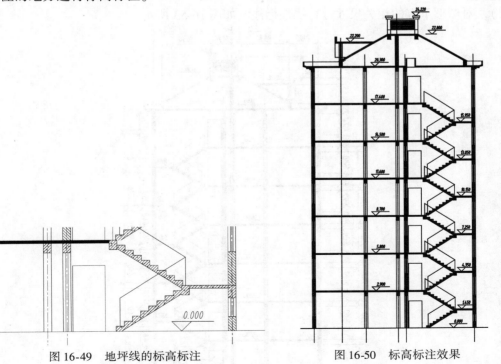

图 16-49 地坪线的标高标注　　　　　　图 16-50 标高标注效果

16.12 轴号标注

案例	住宅楼建筑剖面图.dwg	视频	轴号标注.avi	时长	17′28″

步骤 01 在"图层特性管理器"中将"0"图层切换到当前图层；采用前面章节所用过的方

法，绘制如图 16-51 所示的轴号图形，并对其属性定义。

步骤 02 在"图层特性管理器"中将"标注"图层切换到当前图层；执行"插入"命令 (I)，选择"轴号"图块，对剖面图相关的轴线进行轴号标注，如图 16-52 所示。

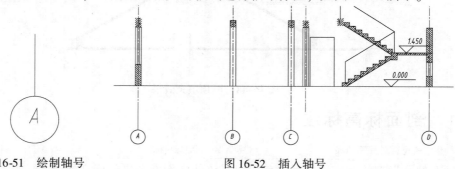

图 16-51　绘制轴号　　　　　　　　　　图 16-52　插入轴号

16.13　尺寸及文字标注

案例	住宅楼建筑剖面图.dwg	视频	尺寸及文字标注.avi	时长	17′28″

前面相关图形和轴号已经绘制完成，下面对图形进行尺寸及图名标注。

步骤 01 在"图层特性管理器"中将"标注"图层切换到当前图层；执行"线性"命令 (DLI)，对图形下方的相关尺寸进行线性标注，如图 16-53 所示。

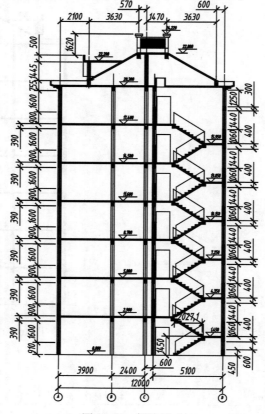

图 16-53　标注尺寸

步骤 02 将绘图区域移至图形的下方，执行"多段线"命令（PL），设置宽度为100，绘制一条水平长5000的多段线。

步骤 03 在"图层特性管理器"中将"文字"图层切换到当前图层；执行"单行文字"命令（DT），在多段线的上方输入文字"住宅平面图图"和"1:100"，并将"住宅平面图"文字比例缩放一倍，如图16-54所示。

住宅楼建筑剖面图 *1:100*

图16-54 标注文字

步骤 04 单击"保存" ▣ 按钮，将文件保存，该住宅楼建筑剖面图绘制完成。

17

建筑详图的绘制

本章导读

在建筑施工图中，对房屋的一些细部构造，如形状、层次、尺寸、材料和做法等，由于建筑平面、立面、剖视图通常采用1:100、1:200等较小的比例绘制，无法完全表达清楚。因此，在施工图设计过程中，常常按实际需要在建筑平面、立面、剖视图中另外绘制详细的图形来表现施工图样。

本章内容

- 建筑详图的概述
- 绘制楼梯建筑详图
- 绘制屋檐大样图
- 绘制罗马柱大样图

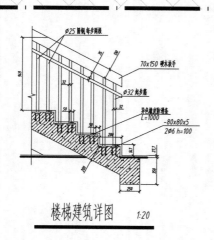

楼梯建筑详图　　　1:20

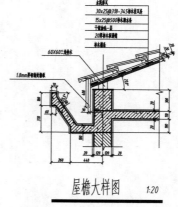

屋檐大样图　　　1:20

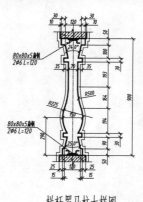

栏杆罗马柱大样图　　　1:20

17.1　建筑详图的概述

在绘图的过程中，建筑平面图、立面图、剖面图表达建筑的平面布置、外部形状和主要尺寸，因反映的内容范围大、比例小，对建筑的细部构造难以表达清楚，为了满足施工要求，对建筑的细部构造用较大的比例详细地表达出来，这样的图称为建筑详图，有时也称为大样图，如图 17-1 所示。

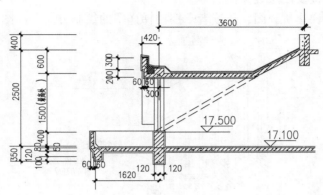

图 17-1　建筑详图

详图的特点是比例大，反映的内容详尽，常用的比例有 1:50、1:20、1:10、1:5、1:2、1:1 等，一副建筑详图应该包括以下内容。

- 表示局部构造的详图，如外墙身详图、楼梯详图、阳台详图等。
- 表示房屋设备的详图，如卫生间、厨房、实验室内设备的位置及构造等。
- 表示房屋特殊装修部位的详图，如吊顶、花饰等。

详图要求图示的内容详尽清楚，尺寸标准齐全，文字说明详尽。一般应表达出构配件的详细构造；所用的各种材料及其规格；各部分的构造连接方法及相对位置关系；各部位、各细部的详细尺寸；有关施工要求、构造层次及制作方法说明等。同时，建筑详图必须加注图名（或详图符号），详图符号应与被索引的图样上的索引符号相对应，在详图符号的右下侧注写比例。对于套用标准图或通用图的建筑构配件和节点，只需注明所套用图集的名称、型号、页次，可不必另画详图，如图 17-2 所示。

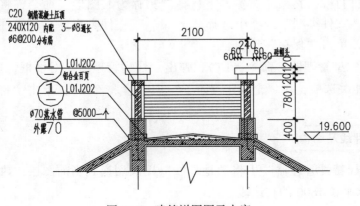

图 17-2　建筑详图图示内容

17.2　绘制楼梯建筑详图

案例	楼梯建筑详图.dwg	视频	绘制楼梯建筑详图.avi	时长	17′28″

楼梯节点详图主要包括楼梯踏步、扶手、栏杆（或栏板）等详图。常选用建筑构造通用图集中的节点做法，与详图索引符号对照可查阅有关标准图集，得到它们的断面形式、细部尺寸、用料、构造连接及面层装修做法等。

本节中，绘制楼梯建筑详图，让读者掌握楼梯详图的绘制方法，如图 17-3 所示。

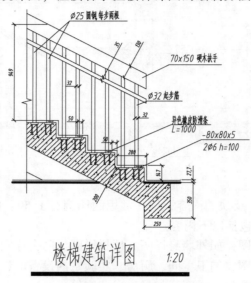

图 17-3　楼梯建筑详图

17.2.1　调入绘图环境

前面设置了建筑详图的绘图环境，可以调用前面设置好了的相关的样板文件，这样可节省不少的时间。

步骤 01 正常启动 AutoCAD 2015 软件，选择"文件丨打开"菜单命令，将"案例 \ 17 \ 建筑详图.dwt"文件打开，在菜单浏览器下选择"另存为丨图形"命令，将弹出"图形另存为"对话框，在"文件类型"选项中选择" * .dwg"文件类型，在"文件名"选项中输入"楼梯建筑详图"，单击"保存"按钮。

步骤 02 执行"线型管理器"命令（LT），弹出"线型管理器"对话框，单击"显示细节"按钮，展开细节相关选项，在"全局比例因子"项中输入"10"，单击"确定"按钮，完成线型的设置。

17.2.2　绘制地坪线及结构

步骤 01 在"图层特性管理器"中将"地坪线"图层切换到当前图层；执行"直线"命令（L），绘制一条水平长 1600 的直线段。

步骤 02 将"楼梯"图层切换到当前图层；执行"构造线"命令（XL），绘制一条竖直的构造线；执行"偏移"命令（O），按照如图 17-4 所示的尺寸与方向将绘制的构造线和水平的地坪线进行偏移操作，并将偏移后的线段转换到"楼梯"图层。

步骤 03 执行"修剪"命令（TR），对刚才所偏移的楼梯线条进行修剪操作，修剪后的效果如图 17-5 所示。

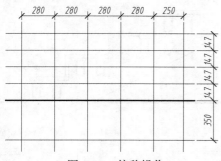

图 17-4　偏移操作

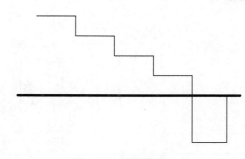

图 17-5　修剪操作

步骤 04 执行"构造线"命令（XL），以台阶左下角的两个角点为放置点，绘制一条斜度构造线；并执行"偏移"命令（O），将所绘制的构造线向左下方进行偏移操作，如图 17-6 所示。

步骤 05 执行"修剪"命令（TR），对刚才所偏移的楼梯线条进行修剪操作，修剪后的效果如图 17-7 所示。

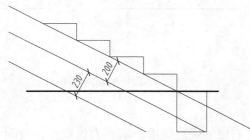

图 17-6　绘制斜线段

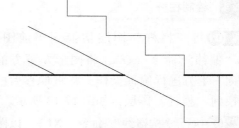

图 17-7　修剪操作

步骤 06 执行"偏移"命令（O），按照如图 17-8 所示的尺寸与方向，将地坪线以及相关的楼梯线条进行偏移操作，偏移尺寸为 22，并将偏移后的线转换到"墙面"图层。

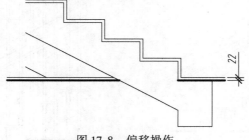

图 17-8　偏移操作

17.2.3　绘制钢筋

步骤 01 在"图层特性管理器"中将"其他"图层切换到当前图层；执行"矩形"命令

（REC），绘制一个尺寸为 70×18 的矩形，如图 17-9 所示。

步骤 02 执行"多段线"命令（PL），在矩形的下方绘制如图 17-10 所示的几段多段线；执行"镜像"命令（MI），将所绘制的多段线镜像到另一边。

步骤 03 执行"复制"命令（CO），将绘制的图形复制到楼梯图形当中，如图 17-11 所示。

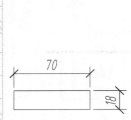

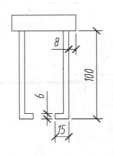

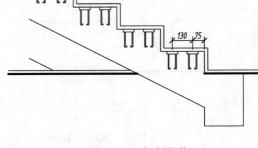

图 17-9　绘制矩形　　　　图 17-10　绘制多段线　　　　　　　图 17-11　复制操作

步骤 04 执行"矩形"命令（REC），绘制一个尺寸为 50×10 的矩形，表示防滑条，执行"复制"命令（CO），将其按照如图 17-12 所示的尺寸复制到楼梯图形中。

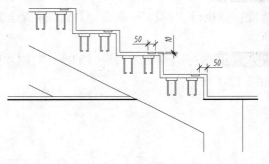

17.2.4　绘制栏杆

步骤 01 将"栏杆"图层切换到当前图层；执行"偏移"命令（O），将图形左下方的斜线段向右上方进行偏移操作，并将偏移后的线段转换到"栏杆"图层，如图 17-13 所示。

图 17-12　绘制防滑条

步骤 02 执行"构造线"命令（XL），以图形最右边的竖直线段的端点为放置点，绘制一条竖直的构造线，执行"偏移"命令（O），将构造线向左进行偏移操作，偏移尺寸如图 17-14 所示。

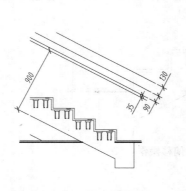

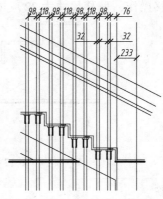

图 17-13　偏移线段　　　　　　　图 17-14　绘制竖直构造线

步骤 03 执行"修剪"命令（TR），对偏移的楼梯线条进行修剪，如图 17-15 所示。

步骤 04 在"图层特性管理器"中将"其他"图层切换到当前图层；执行"多段线"命令（PL），绘制一条如图 17-16 所示的多段线，用以表示打断。

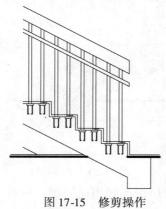 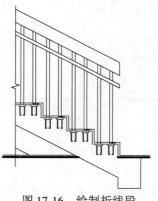

图 17-15　修剪操作　　　　　　图 17-16　绘制折线段

17.2.5　图案填充

步骤 01 在"图层特性管理器"中将"填充"图层切换到当前图层；执行"图案填充"命令（BH），选择填充图案为"ANSI31"，选择填充角度为 0°，比例为 10，选择过梁区域为填充区域，对图形进行填充操作，如图 17-17 所示。

步骤 02 执行"图案填充"命令（BH），选择填充图案为"AR-CONC"，选择填充角度为 0°，比例为 0.5，选择过梁区域为填充区域，对图形进行填充操作，如图 17-18 所示。

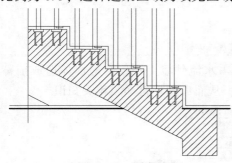 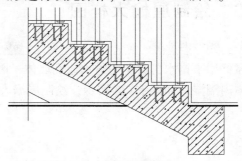

图 17-17　图案填充　　　　　　图 17-18　继续图案填充

17.2.6　尺寸标注及文字说明

对图形进行标注，并绘制图名相关的文字说明。

步骤 01 在"图层特性管理器"中将"标注"图层切换到当前图层；执行"线性"命令（DLI），对图形下方的相关尺寸进行线性标注，如图 17-19 所示。

步骤 02 在"图层特性管理器"中将"文字"图层切换到当前图层；执行"单行文字"命令（DT），按照如图 17-20 所示的文字描述对图形进行标注。

步骤 03 将绘图区域移至图形的下方，执行"多段线"命令（PL），设置宽度为 20，绘制一条水平长 1500 的多段线。

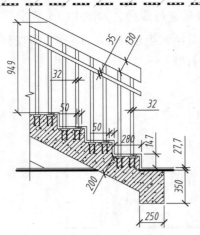

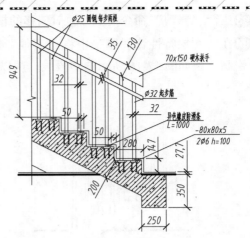

图 17-19　尺寸标注　　　　　　　　　图 17-20　文字标注

步骤 04 在"图层特性管理器"中将"文字"图层切换到当前图层；执行"单行文字"命令（DT），在多段线的上方输入文字"楼梯建筑详图"和"1：20"，并将"楼梯建筑详图"文字比例缩放一倍，如图 17-21 所示。

图 17-21　标注文字

步骤 05 单击"保存" 🔲 按钮，将文件保存，该楼梯建筑详图绘制完成。

17.3　绘制屋檐大样图

案例	屋檐大样图 . dwg	视频	绘制屋檐大样图 . avi	时长	17′28″

　　屋檐用来排水，避免雨雪水流到墙体，因为雨雪水流到墙上不仅会对墙体造成损害，还会使屋内潮湿。如图 17-22 所示，绘制屋檐大样图，从而巩固建筑详图相关知识。

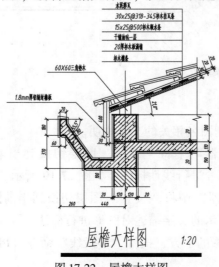

图 17-22　屋檐大样图

17.3.1 调入绘图环境

步骤 01 正常启动 AutoCAD 2015 软件，选择"文件 | 打开"菜单命令，将"案例 \ 17 \ 建筑详图 .dwt"文件打开，在菜单浏览器下选择"另存为 | 图形"命令，将弹出"图形另存为"对话框，在"文件类型"选项中选择"∗.dwg"文件类型，在"文件名"选项中输入"屋檐大样图"，单击"保存"按钮。

步骤 02 执行"线型管理器"命令（LT），弹出"线型管理器"对话框，单击"显示细节"按钮，展开细节相关选项，在"全局比例因子"项中输入"10"，单击"确定"按钮，完成线型的设置。

17.3.2 绘制墙体

步骤 01 在"图层特性管理器"中将"轴线"图层切换到当前图层；执行"构造线"命令（XL），绘制一条水平的构造线和一条竖直的构造线。

步骤 02 将"墙体"图层切换到当前图层；执行"偏移"命令（O），按照如图 17-23 所示的尺寸与方向将绘制的轴线进行偏移操作，并将偏移后的线段转换到"墙体"图层。

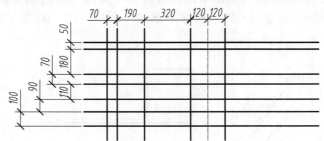

图 17-23 偏移构造线

步骤 03 执行"修剪"命令（TR），执行"删除"命令（E），将图形按照如图 17-24 所示的形状进行修剪操作。

步骤 04 执行"偏移"命令（O），将最左边的竖直线段向右偏移操作，偏移尺寸为 60，如图 17-25 所示。

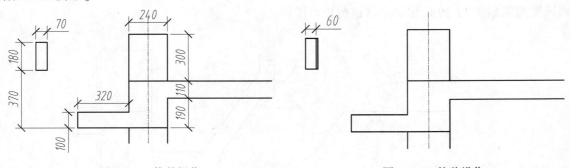

图 17-24 修剪操作　　　　　　　　图 17-25 偏移操作

步骤 05 执行"构造线"命令（XL），以如图 17-26 所示的两线段交点为放置点，绘制一条

角度为 -55.5°的构造线；执行"偏移"命令（O），将绘制的构造线向右上方进行偏移操作，偏移尺寸为80。

步骤 06 执行"修剪"命令（TR），执行"删除"命令（E），将图形按照如图 17-27 所示的形状进行修剪操作。

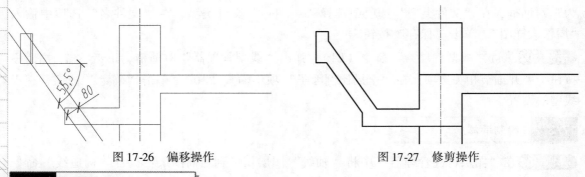

图 17-26 偏移操作　　　　　　　　　　图 17-27 修剪操作

17.3.3 绘制墙面

步骤 01 在"图层特性管理器"中将"墙面"图层切换到当前图层；执行"偏移"命令（O），将墙体的相关线段向外进行偏移操作，偏移尺寸为20，并将偏移后的线条转换到"墙面"图层；执行"修剪"命令（TR），执行"删除"命令（E），将图形按照如图 17-28 所示的形状进行修剪操作。

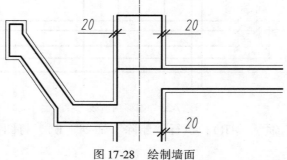

图 17-28 绘制墙面

步骤 02 执行"圆"命令（C），以如图 17-29 所示的墙面图形相关直线的端点绘制一个半径为 10 的圆；执行"移动"命令（M），将绘制的圆向右移动 30；执行"修剪"命令（TR），将图形按照如图 17-29 所示的形状进行修剪操作。

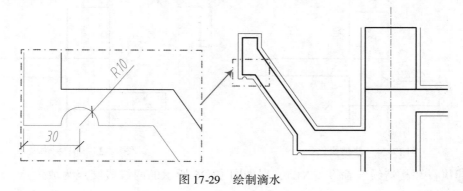

图 17-29 绘制滴水

步骤 03 执行"拉伸"命令（S），选择如图 17-30 所示的区域，打开正交，向上拉伸 15.5。

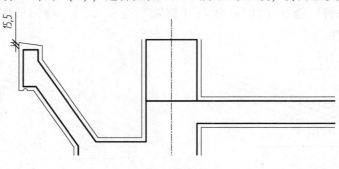

图 17-30　拉伸操作

17.3.4　绘制垫木

步骤 01 在"图层特性管理器"中将"其他"图层切换到当前图层；执行"偏移"命令（O），按照如图 17-31 所示的尺寸与方向将相关的线段进行偏移操作，并将偏移后的线段转换到"其他"图层。

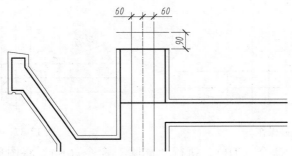

图 17-31　偏移操作

步骤 02 执行"构造线"命令（XL），以如图 17-32 所示的交点为放置点，绘制一条角度为 21°的构造线。

步骤 03 执行"修剪"命令（TR），执行"删除"命令（E），将图形按照如图 17-33 所示的形状进行修剪操作。

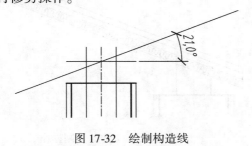

图 17-32　绘制构造线　　　　　　　图 17-33　修剪操作

17.3.5　绘制屋顶基层

步骤 01 执行"偏移"命令（O），按照如图 17-34 所示的尺寸与方向将相关的线段进行偏移操作。

步骤 02 执行"修剪"命令（TR），执行"删除"命令（E），将图形按照如图 17-35 所示的形状进行修剪操作。

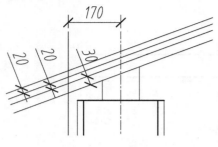

图 17-34　偏移操作

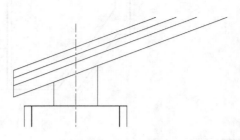

图 17-35　修剪操作

步骤 03 执行"构造线"命令（XL），绘制一条水平的构造线和一条竖直的构造线；执行"偏移"命令（O），将绘制的两条构造线按照如图 17-36 所示的尺寸进行偏移操作。

步骤 04 执行"圆"命令（C），以如图 17-37 所示的几个交点为圆心，绘制几个直径为 10 的圆图形。

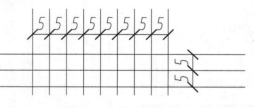

图 17-36　偏移操作

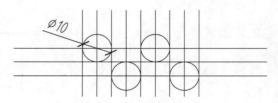

图 17-37　绘制圆图形

步骤 05 执行"修剪"命令（TR），执行"删除"命令（E），将图形按照如图 17-38 所示的形状进行修剪操作。

步骤 06 执行"旋转"命令（RO），将绘制的图形旋转 21°，依次复制到屋顶图形中，如图 17-39 所示。

图 17-38　修剪操作

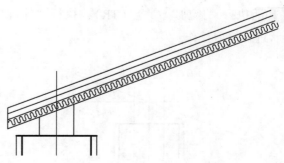

图 17-39　复制操作

步骤 07 执行"矩形"命令（REC），绘制一个尺寸为 100×20 的矩形；执行"图案填充"命令（BH），选择填充图案为"SOLID"，选择填充角度为 0°，比例为 1，选择矩形为填充区域，进行填充操作；执行"旋转"命令（RO），将绘制的图形旋转 21°；按照如图 17-40 所示的尺寸复制到屋顶图形中。

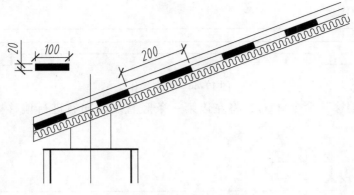

图 17-40　复制矩形图形

17.3.6　绘制屋顶瓦片

步骤 01 执行 "矩形" 命令（REC），绘制一个尺寸为 55×35 的矩形；执行 "复制" 命令（CO），复制一个矩形；执行 "旋转" 命令（RO），将一个矩形旋转 21°，另一个矩形旋转 111°，如图 17-41 所示。

步骤 02 执行 "复制" 命令（CO），将绘制的两个矩形按照如图 17-42 所示的尺寸进行复制操作。

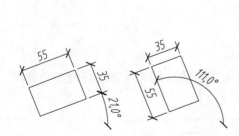

图 17-41　绘制矩形

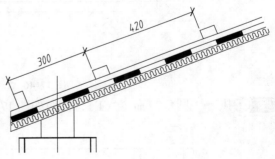

图 17-42　复制矩形

步骤 03 执行 "构造线" 命令（XL），绘制一条水平的构造线和一条竖直的构造线；执行 "偏移" 命令（O），将绘制的两条构造线按照如图 17-43 所示的尺寸进行偏移操作。

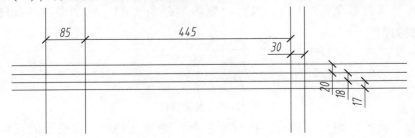

图 17-43　偏移操作

步骤 04 执行"修剪"命令（TR），执行"删除"命令（E），将图形按照如图 17-44 所示的形状进行修剪操作。

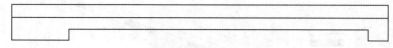

图 17-44　修剪操作

步骤 05 执行"偏移"命令（O），将左边第一条竖直线段向右进行偏移操作，如图 17-45 所示。

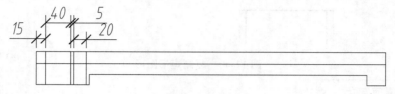

图 17-45　偏移操作

步骤 06 执行"构造线"命令（XL），分别捕捉如图 17-46 所示的几个交点，绘制几条斜度构造线。

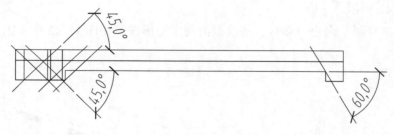

图 17-46　绘制构造线

步骤 07 执行"圆角"命令（F），按照如图 17-47 所示的形状对相关地方进行倒圆角处理。

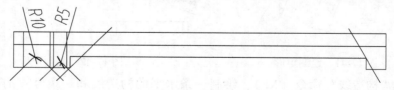

图 17-47　圆角操作

步骤 08 执行"修剪"命令（TR），执行"删除"命令（E），将图形按照如图 17-48 所示的形状进行修剪操作。

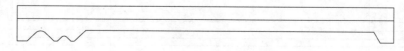

图 17-48　修剪操作

步骤 09 执行"旋转"命令（RO），执行"复制"命令（CO），将绘制的瓦片图形复制到如图 17-49 所示的位置上。

步骤⑩ 执行"矩形"命令（REC），绘制一个尺寸为 30×400 的矩形，表示封檐板；执行"移动"命令（M），将封檐板复制到如图 17-50 所示的位置。

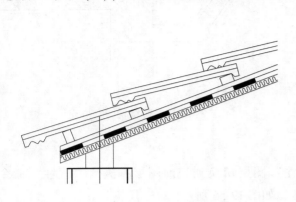

图 17-49 复制图形

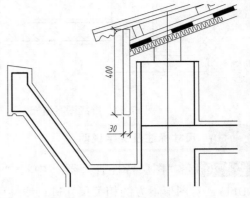

图 17-50 绘制封檐板

17.3.7 图案填充

步骤① 执行"多段线"命令（PL），在图形的右边绘制一条竖直的多段线，用以表示打断；在图形的下边也绘制一条水平的多段线；执行"修剪"命令（TR），对图形进行修剪操作，如图 17-51 所示。

步骤② 在"图层特性管理器"中将"填充"图层切换到当前图层；执行"图案填充"命令（BH），选择填充图案为"ANSI31"，选择填充角度为 0°，比例为 10，选择如图 17-52 所示的区域为填充区域，对图形进行填充操作。

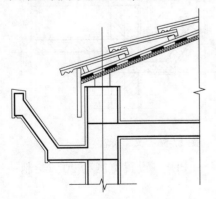

图 17-51 绘制多段线

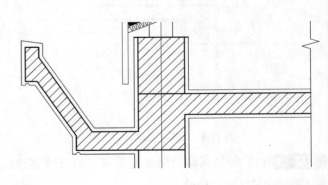

图 17-52 图案填充

步骤③ 执行"图案填充"命令（BH），选择填充图案为"AR-CONC"，选择填充角度为 0°，比例为 0.5，选择刚才所选择的区域为填充区域，对图形进行填充操作，用以表示混凝土结构，如图 17-53 所示。

步骤④ 执行"图案填充"命令（BH），选择填充图案为"ANSI31"，选择填充角度为 90°，比例为 10，选择如图 17-54 所示的区域为填充区域，对图形进行填充操作，用以表示砖结构。

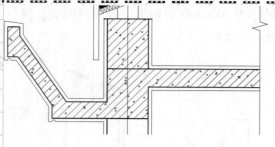

图 17-53　继续图案填充

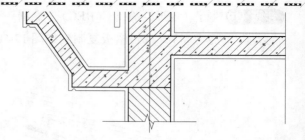

图 17-54　砖结构图案填充

17.3.8　尺寸标注及文字说明

步骤 01 在 "图层特性管理器" 中将 "标注" 图层切换到当前图层；执行 "线性" 命令（DLI），对图形下方的相关尺寸进行线性标注，如图 17-55 所示。

步骤 02 在 "图层特性管理器" 中将 "文字" 图层切换到当前图层；执行 "单行文字" 命令（DT），按照如图 17-56 所示的文字描述对图形进行标注。

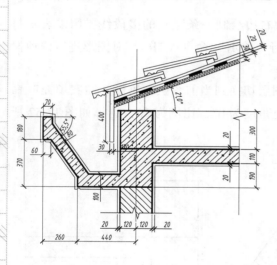

图 17-55　尺寸标注

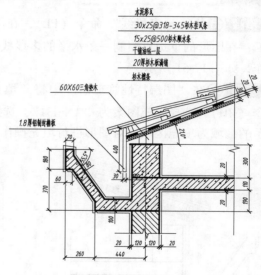

图 17-56　文字标注

步骤 03 将绘图区域移至图形的下方，执行 "多段线" 命令（PL），设置宽度为 20，绘制一条水平长 1500 的多段线。

步骤 04 在 "图层特性管理器" 中将 "文字" 图层切换到当前图层；执行 "单行文字" 命令（DT），在多段线的上方输入文字 "屋檐大样图" 和 "1：20"，并将 "屋檐大样图" 文字比例缩放一倍，如图 17-57 所示。

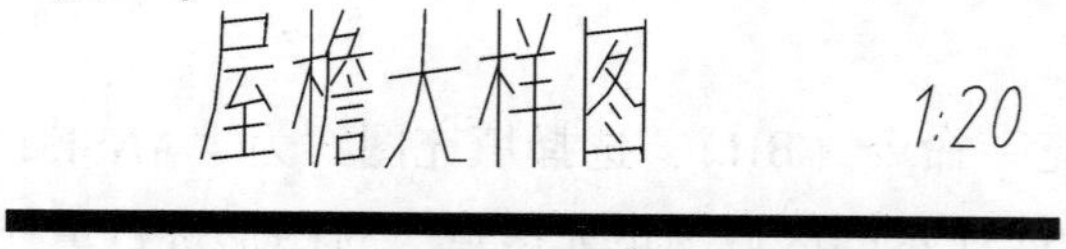

屋檐大样图　　　1:20

图 17-57　标注文字

步骤 05 单击 "保存" 🔲 按钮，将文件保存，该屋檐大样图绘制完成。

17.4　绘制栏杆罗马柱大样图

案例	栏杆罗马柱大样图.dwg	视频	绘制栏杆罗马柱大样图.avi	时长	17′28″

罗马柱是由柱和檐构成。柱可分为柱基、柱身、柱头（柱帽）三部分。由于各部分尺寸、比例、形状的不同，加上柱身处理和装饰花纹的各异，而形成各不相同的柱子样式。在本节中，以如图 17-58 所示的栏杆罗马柱大样图来进行绘制。

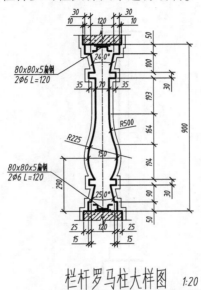

栏杆罗马柱大样图 1:20

图 17-58　栏杆罗马柱大样图

17.4.1　调入绘图环境

步骤 01 正常启动 AutoCAD 2015 软件，选择 "文件 | 打开" 菜单命令，将 "案例 \ 17 \ 建筑详图.dwt" 文件打开，在菜单浏览器下选择 "另存为 | 图形" 命令，将弹出 "图形另存为" 对话框，在 "文件类型" 选项中选择 " *.dwg" 文件类型，在 "文件名" 选项中输入 "栏杆罗马柱大样图"，单击 "保存" 按钮。

步骤 02 执行 "线型管理器" 命令（LT），弹出 "线型管理器" 对话框，单击 "显示细节" 按钮，展开细节相关选项，在 "全局比例因子" 项中输入 "10"，单击 "确定" 按钮，完成线型的设置。

17.4.2　绘制轮廓线

步骤 01 在 "图层特性管理器" 中将 "轴线" 图层切换到当前图层；执行 "构造线" 命令（XL），绘制一条水平的构造线和一条竖直的构造线。

步骤 02 在 "图层特性管理器" 中将 "墙体" 图层切换到当前图层；执行 "偏移" 命令

（O），按照如图 17-59 所示的尺寸与方向将绘制的轴线进行偏移操作，并将偏移后的线段转换到"墙体"图层。

步骤 03 执行"修剪"命令（TR），执行"删除"命令（E），将图形按照如图 17-60 所示的形状进行修剪操作。

步骤 04 移动绘图区域至图形的上方，执行"偏移"命令（O），如图 17-61 所示将相关的竖直线段向左进行偏移操作。

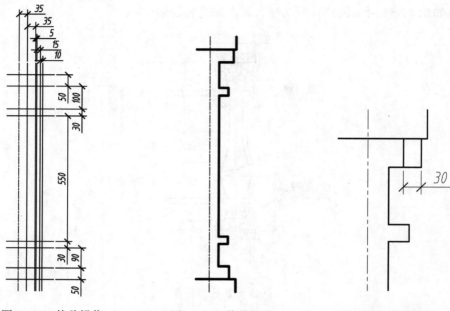

图 17-59　偏移操作　　　　图 17-60　修剪操作　　　　图 17-61　偏移线段

步骤 05 执行"构造线"命令（XL），如图 17-62 所示绘制一条斜度构造线，角度为 78°。

步骤 06 执行"修剪"命令（TR），执行"删除"命令（E），将图形按照如图 17-63 所示的形状进行修剪操作。

步骤 07 采用上面的同样方法，参照图 17-64 中提供的尺寸，在图形的下方也绘制一条斜线段。

步骤 08 移动绘图区域至图形的下方，执行"偏移"命令（O），如图 17-65 所示将相关的线段进行偏移操作。

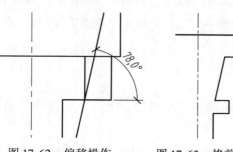
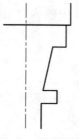
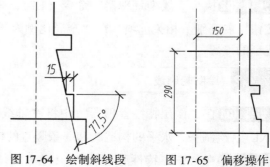

图 17-62　偏移操作　　　图 17-63　修剪操作　　　图 17-64　绘制斜线段　　　图 17-65　偏移操作

步骤 09 执行"圆"命令（C），以偏移的线段的交点为圆心，绘制一个半径为 225 的圆，如图 17-66 所示。

步骤 10 执行"修剪"命令（TR），执行"删除"命令（E），将图形按照如图 17-67 所示的形状进行修剪操作。

步骤 11 执行"圆角"命令（F），对如图 17-68 所示的地方进行倒圆角操作，圆角半径为 500。

步骤 12 执行"镜像"命令（MI），选择轴线右边的图形为镜像对象，镜像到轴线的左边；执行"修剪"命令（TR），执行"删除"命令（E），将图形按照如图 17-69 所示的形状进行修剪操作。

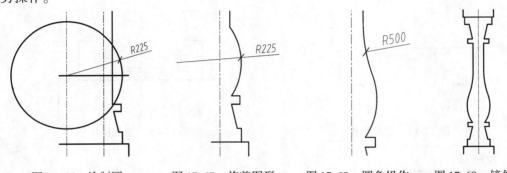

图 17-66 绘制圆　　　图 17-67 修剪图形　　　图 17-68 圆角操作　　　图 17-69 镜像操作

17.4.3 绘制扁钢

步骤 01 在"图层特性管理器"中将"其他"图层切换到当前图层；执行"矩形"命令（REC），参照图 17-70 中提供的尺寸，绘制几个矩形图形。

步骤 02 执行"分解"命令（X），对绘制的矩形进行分解操作，执行"修剪"命令（TR），执行"删除"命令（E），将图形按照如图 17-71 所示的形状进行修剪操作。

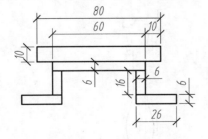

图 17-70 绘制矩形

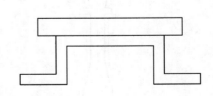

图 17-71 修剪操作

步骤 03 执行"圆角"命令（F），按照如图 17-72 所示圆角尺寸对相关的地方进行倒圆角操作。

步骤 04 在"图层特性管理器"中将"填充"图层切换到当前图层；执行"图案填充"命令（BH），选择填充图案为"ANSI31"，选择填充角度为 0°，比例为 1，选择如图 17-73 所示的区域为填充区域，对图形进行填充操作。

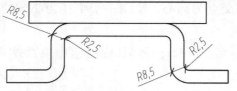

图 17-72　圆角操作

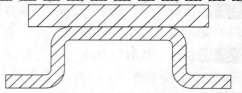

图 17-73　图案填充

步骤 05 执行"复制"命令（CO），选择绘制的图形，将其复制到罗马柱的上方，如图 17-74 所示。

步骤 06 执行"镜像"命令（MI），将复制后的扁钢图形镜像到罗马柱的下端，如图 17-75 所示。

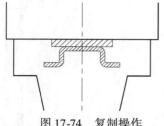

图 17-74　复制操作

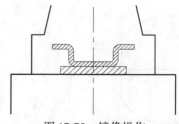

图 17-75　镜像操作

17.4.4　绘制墙面

步骤 01 将"墙面"图层切换到当前图层；执行"偏移"命令（O），将墙体的相关线段向外进行偏移操作，偏移尺寸为 20，并将偏移后的线条转换到"墙面"图层；执行"修剪"命令（TR），执行"删除"命令（E），将图形按照如图 17-76 所示的形状进行修剪操作。

步骤 02 在"图层特性管理器"中将"其他"图层切换到当前图层；执行"多段线"命令（PL），在图形的上方绘制一条水平的多段线，用以表示打断；在图形的下边也绘制一条水平的多段线；执行"修剪"命令（TR），对图形进行修剪操作，如图 17-77 所示。

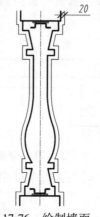

图 17-76　绘制墙面

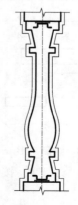

图 17-77　绘制多段线

17.4.5　图案填充

步骤 01 在"图层特性管理器"中将"填充"图层切换到当前图层；执行"图案填充"命

令（BH），选择填充图案为"ANSI31"，选择填充角度为0°，比例为5，选择如图17-78所示的区域为填充区域，对图形进行填充操作。

步骤 02 执行"图案填充"命令（BH），选择填充图案为"AR－CONC"，选择填充角度为0°，比例为0.2，选择刚才所选择的区域为填充区域，对图形进行填充操作，用以表示混凝土结构，如图17-79所示。

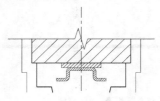 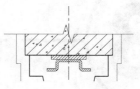

图17-78 图案填充　　　　　图17-79 继续图案填充

步骤 03 同样方式，对罗马柱下面相对应的地方也进行图案填充，图案、参数和上面部分相同，如图17-80所示。

17.4.6 尺寸标注及文字说明

步骤 01 将"标注"图层切换到当前图层；执行"线性"命令（DLI），对图形下方的相关尺寸进行线性标注，如图17-81所示。

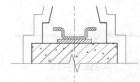

步骤 02 将"文字"图层切换到当前图层；执行"单行文字"命令（DT），按照如图17-82所示的文字描述对图形进行标注。

图17-80 填充罗马柱下端

步骤 03 将绘图区域移至图形的下方，执行"多段线"命令（PL），设置宽度为20，绘制一条水平长1500的多段线。

步骤 04 在"图层特性管理器"中将"文字"图层切换到当前图层；执行"单行文字"命令（DT），在多段线的上方输入文字"栏杆罗马柱大样图"和"1:20"，并将"栏杆罗马柱大样图"文字比例缩放一倍，如图17-83所示。

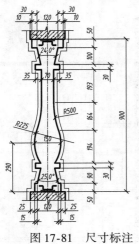 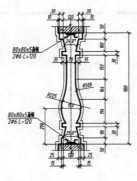

栏杆罗马柱大样图 1:20

图17-81 尺寸标注　　　图17-82 文字标注　　　图17-83 标注文字

第5篇 案例实战篇

18

别墅施工图的绘制

本章导读

　　施工图是表示工程项目总体布局，建筑物的外部形状、内部布置、结构构造、内外装修、材料做法以及设备、施工等要求的图样。

　　建筑施工图大体上包括以下部分：图纸目录，门窗表，建筑设计总说明，一层至屋顶的平面图，东、南、西、北立面图，剖面图，节点大样图，门窗大样图，楼梯大样图等。

本章内容

- ■ 图纸目录的绘制
- ■ 门窗表的绘制
- ■ 设计总说明的绘制
- ■ 绘制别墅建筑平面图
- ■ 绘制别墅建筑立面图
- ■ 绘制别墅建筑剖面图
- ■ 绘制别墅建筑详图

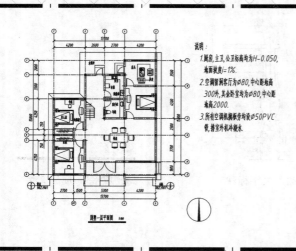

说明：
1. 厨房、主卫标高均为H-0.050，地面坡度i=1%。
2. 空调室洞客厅为∅80，中心距地高300外，其余卧室均为∅80，中心距地高2000。
3. 所有空调机搁板旁均设∅50PVC管，排室外机冷凝水。

别墅一层平面图 1:100

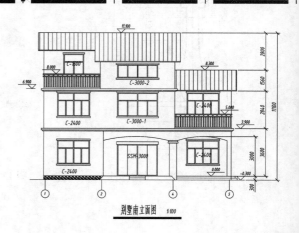

别墅南立面图 1:100

18.1　图纸目录的绘制

案例	图纸目录 . dwg	视频	绘制图纸目录 . avi	时长	17′28″

　　图纸目录是了解整个建筑设计整体情况的目录，从中可以知道图纸数量及出图大小和工程号，还有建筑单位及整个建筑物的主要功能，如果图纸目录与实际图纸有出入，必须与建筑核对情况。

步骤 01 正常启动 AutoCAD 2015 软件，选择"文件｜打开"菜单命令，将"案例 \ 18 \ 建筑平面图 . dwt"文件打开，在菜单浏览器下选择"另存为｜图形"命令，将弹出"图形另存为"对话框，在"文件类型"选项中选择"＊. dwg"文件类型，在"文件名"选项中输入"图纸目录"，单击"保存"按钮。

步骤 02 执行"绘图｜表格"菜单命令，弹出"插入表格"对话框，根据需要，创建一个如图 18-1 所示的表格样式。

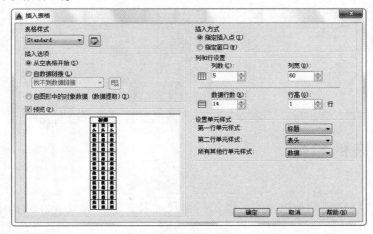

图 18-1　创建表格样式

步骤 03 在绘图区域单击鼠标左键确定，绘制的表格如图 18-2 所示。

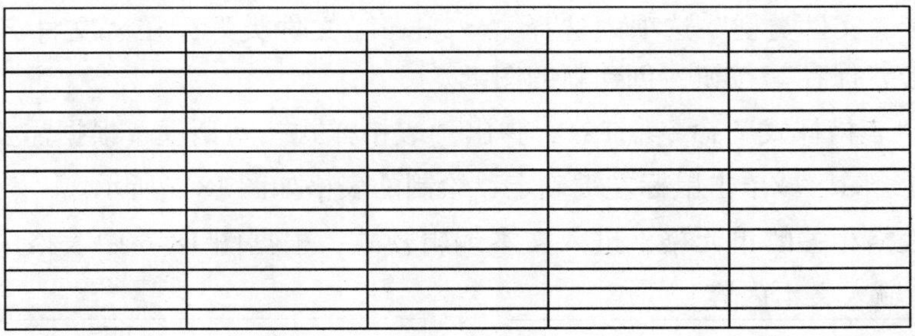

图 18-2　绘制表格

步骤 04 双击表格第一行的单元格，进入文本编辑模式，输入文本内容"别墅施工图纸目录表"，如图 18-3 所示。

步骤 05 同样方式，按照图 18-4 中提供的文本内容，在对应的单元格中输入相关的文本。

别墅施工图纸目录表				

图 18-3　输入文本

别墅施工图纸目录表				
序号	图纸编号	图纸名称	图幅	备注
1	Bs-1	图纸目录	A4	
2	Bs-2	门窗表	A4	
3	Bs-3	设计总说明	A4	
4	Bs-4	一层平面图	A0	
5	Bs-5	二层平面图	A0	
6	Bs-6	三层平面图	A0	
7	Bs-7	屋顶平面图	A0	
8	Bs-8	南立面图	A0	
9	Bs-9	北立面图	A0	
10	Bs-10	东立面图	A0	
11	Bs-11	剖面图	A0	
12	Bs-12	门窗图	A0	
13	Bs-13	建筑详图	A0	
14	Bs-14	楼梯详图	A0	

图 18-4　继续输入文本

步骤 06 单击 "保存" 🖫 按钮，将文件保存，该图纸目录图形绘制完成。

18.2　门窗表的绘制

案例	门窗表 . dwg	视频	绘制门窗表 . avi	时长	17′28″

绘制门窗表。门窗表就是门窗编号以及门窗尺寸及做法，设计者在结构中计算荷载是必不可少的。

步骤 01 正常启动 AutoCAD 2015 软件，选择 "文件 | 打开" 菜单命令，将 "案例 \ 18 \ 建筑平面图 . dwt" 文件打开，在菜单浏览器下选择 "另存为 | 图形" 命令，将弹出 "图形另存为" 对话框，在 "文件类型" 选项中选择 " ∗ . dwg" 文件类型，在 "文件名" 选项中输入 "门窗表"，单击 "保存" 按钮，创建新的图纸。

步骤 02 执行 "表格样式" 命令（TS），弹出 "表格样式" 对话框，根据需要，创建一个新的表格样式。在绘图区域单击鼠标左键确定，绘制的表格如图 18-5 所示。

步骤 03 双击表格相关的单元格，进入文本编辑模式，根据图 18-6 中表格中的内容，在相对应的单元格中输入文本内容。

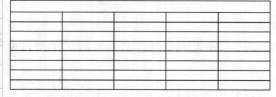

门窗表				
名称	门洞高度	门洞宽度	材质	备注
MC-1	1800	1500	塑钢	
MC-2	1800	3000	木质门	
MC-3	1800	2400	木质门	
LC-1	1800	2400	铝合金	
LC-2	1800	1500	塑钢	
LC-3	1200	900	塑钢	
LC-4	1000	3000	塑钢	

图 18-5　绘制表格　　　　　　　　　　图 18-6　输入文本

步骤 04 单击“保存”按钮，将文件保存，该门窗表图形绘制完成。

18.3　设计总说明的绘制

案例	设计总说明 . dwg	视频	绘制设计总说明 . avi	时长	17′28″

建筑设计总说明对结构设计是非常重要的，因为建筑设计总说明中会提到很多做法及许多结构设计中要使用的数据，比如：建筑物所处位置（结构中用以确定设防列度及风载雪载），黄海标高（用以计算基础大小及埋深桩顶标高等），墙体做法、地面做法、楼面做法等（用以确定各部分荷载），总之看建筑设计说明时不能草率，这是结构设计正确与否非常重要的一个环节。

步骤 01 正常启动 AutoCAD 2015 软件，选择“文件 | 打开”菜单命令，将“案例 \ 18 \ 建筑平面图 . dwt”文件打开，在菜单浏览器下选择“另存为 | 图形”命令，将弹出“图形另存为”对话框，在“文件类型”选项中选择“＊. dwg”文件类型，在“文件名”选项中输入“设计总说明”，单击“保存”按钮，创建新的图纸。

步骤 02 执行“单行文字”命令（DT），参照所对应文件夹里面的“设计总说明 . TXT”，书写如图 18-7 所示的结构设计总说明。

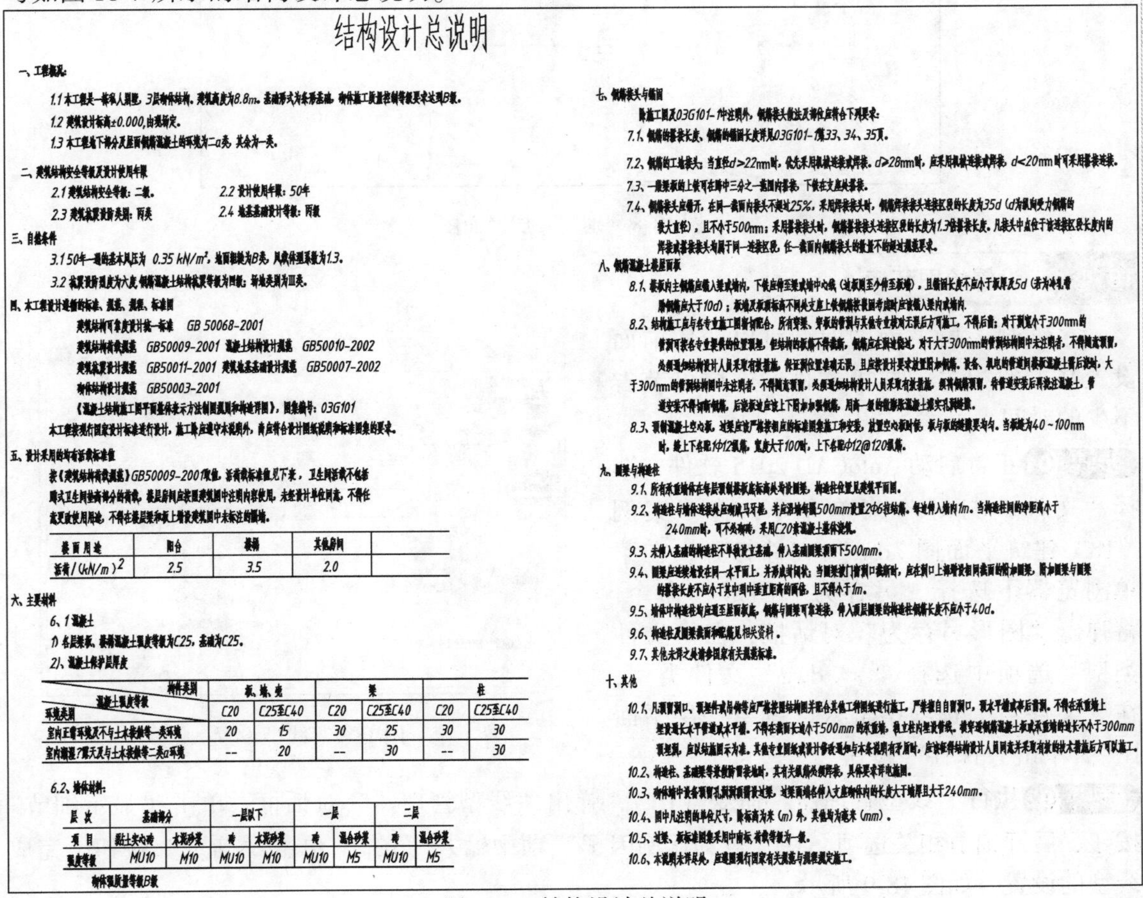

结构设计总说明

一、工程概况：

1.1 本工程是一栋私人别墅，3层砌体结构，建筑高度为8.8m。基础形式为条形基础，砌体施工质量控制等级要求达到B级。

1.2 建筑设计标高±0.000,由现场定。

1.3 本工程地下部分及屋面钢筋混凝土的环境为二a类，其余为一类。

二、建筑结构安全等级及设计使用年限

2.1 建筑结构安全等级：二级。　　2.2 设计使用年限：50年

2.3 建筑抗震设防类别：丙类　　2.4 地基基础设计等级：丙级

三、自然条件

3.1 50年一遇的基本风压为 0.35 kN/m²，地面粗糙为B类，风载体型系数为1.3。

3.2 抗震设防烈度为六度，钢筋混凝土结构抗震等级为四级；场地类别为Ⅲ类。

四、本工程设计遵循的标准、规范、规程、标准图

建筑结构可靠度设计统一标准　GB 50068-2001

建筑结构荷载规范　GB50009-2001　混凝土结构设计规范　GB50010-2002

建筑抗震设计规范　GB50011-2001　建筑地基基础设计规范　GB50007-2002

砌体结构设计规范　GB50003-2001

《混凝土结构施工图平面整体表示方法制图规则和构造详图》，图集编号：03G101

本工程按现行国家设计标准进行设计，施工除应遵守本说明外，尚应符合设计图纸说明和标准图集的要求。

五、设计采用的均布活载标准值

按《建筑结构荷载规范》GB50009-2001取值，活荷载标准值见下表，卫生间活载不包括蹲式卫生间垫高部分的荷载，楼层房间应按照建筑图中注明内容使用，未经设计单位同意，不得任意更改使用用途，不得在楼层梁和板上增设建筑图中未标注的隔墙。

楼面用途	阳台	楼梯	其他房间	
活荷 / (kN/m)²	2.5	3.5	2.0	

六、主要材料

6、1 混凝土

1) 各层梁板、楼梯混凝土强度等级为C25，基础为C25。

2)、混凝土保护层厚度

构件类别 / 混凝土强度等级 / 环境类别	板、墙、壳		梁		柱	
	C20	C25至C40	C20	C25至C40	C20	C25至C40
室内正常环境及不与土木接触等一类环境	20	15	30	25	30	30
室内潮湿?露天及与土木接触等二类a环境	--	20	--	30	--	30

6.2、墙体材料：

层次	基础部分		一层以下		一层		二层	
项目	黏土实心砖	水泥砂浆	砖	水泥砂浆	砖	混合砂浆	砖	混合砂浆
强度等级	MU10	M10	MU10	M10	MU10	M5	MU10	M5

砌体强质量等级B级

七、钢筋接头与锚固

除施工图及03G101-1中注明外，钢筋接头做法及部位应符合下列要求：

7.1、钢筋的搭接长度、钢筋的锚固长度详见03G101-1第33、34、35页。

7.2、钢筋的工地接头：当直径d>22mm时，优先采用机械连接或焊接。d≥28mm时，应采用机械连接或焊接，d<20mm时可采用搭接连接。

7.3、一般梁板的上铁可在跨中三分之一范围内搭接，下铁在支座处搭接。

7.4、钢筋接头应错开，在同一截面内接头不超过25%，采用焊接接头时，钢筋焊接接头连接区段的长度为35d（d为纵向受力钢筋的较大直径），且不小于500mm；采用搭接接头时，钢筋搭接接头连接区段的长度为1.3倍搭接长度，凡接头中点位于该连接区段长度内的焊接或搭接接头均属于同一连接区段，任一截面内钢筋接头的数量不能超过规范要求。

八、钢筋混凝土楼屋面板

8.1、楼板内主钢筋应锚入梁或墙内，下铁应伸至梁或墙中心线（边板则至少伸至板端），且锚固长度不应小于板厚及5d（若为冷轧带肋钢筋应大于10d）；板端及板顶标高不同处支座上铁钢筋按锚固考虑时应该锚入梁内或墙内。

8.2、结构施工应与各专业施工图密切配合，所有穿梁、穿板的管洞与其他专业核对无误后方可施工，不得后凿；对于洞宽小于300mm的管洞可按各专业提供的位置预埋，但结构的板筋不得截断，钢筋应在洞边绕过，对于大于300mm的管洞结构图中未注明者，不得随意预留，必须通知结构设计人员采取有效措施，保证洞位置准确无误，且应按设计要求放置附加钢筋。设备、机电的管道间楼板混凝土需后浇时，大于300mm的管洞结构图中未注明者，不得随意预留，必须通知结构设计人员采取有效措施，须将钢筋预留，待管道安装后再浇注混凝土，管道安装不得切断钢筋，后浇板边应设上下附加加强钢筋，用高一级的微膨胀混凝土灌实孔洞缝隙。

8.3、预制混凝土空心板，过梁应该严格按相应的标准图集施工和安装，放置空心板时候，板与板的缝隙要均匀。当板缝为40～100mm时，缝上下各配1Φ12纵筋，宽度大于100时，上下各配Φ12@120纵筋。

九、圈梁与构造柱

9.1、所有承重墙体在每层预制楼板底标高处均设圈梁，构造柱位置见建筑平面图。

9.2、构造柱与墙体连接处应砌成马牙槎，并应沿墙每隔500mm设置2Φ6拉结筋，每边伸入墙内1m。当构造柱间的净距离小于240mm时，可不必砌砖，采用C20素混凝土整体浇筑。

9.3、未伸入基础的构造柱不单独设立基础，伸入基础圈梁顶面下500mm。

9.4、圈梁应连续地设在同一水平面上，并形成封闭状；当圈梁被门窗洞口截断时，应在洞口上部增设相同截面的附加圈梁，附加圈梁与圈梁的搭接长度不应小于其中到中垂直距离的两倍，且不得小于1m。

9.5、墙体中构造柱均应通至屋面板底，钢筋与圈梁可靠连接，伸入顶层圈梁的构造柱钢筋长度不应小于40d。

9.6、构造柱及圈梁截面和配筋见相关资料。

9.7、其他未详之处请参国家有关规范标准。

十、其他

10.1、凡预留洞口、预埋件或吊钩等应严格按照结构图并配合其他工种图纸进行施工，严禁擅自留洞口，现水平槽或事后凿洞。不得在承重墙上埋设通长水平管道或水平槽。不得在截面长边小于500mm的承重墙，独立柱内埋设管线。横穿过钢筋混凝土板或承重墙的边长不小于300mm预埋洞，应以结施图示为准。其他专业图纸或设计修改通知与本条说明有矛盾时，应该征得结构设计人员同意并采取有效的技术措施后方可以施工。

10.2、构造柱、基础梁等兼做防雷接地时，其有关纵筋必须焊接，具体要求详电施图。

10.3、砌体墙中设备预留孔洞洞顶需设过梁，过梁两端各伸入支座砌体内的长度大于墙厚且大于240mm。

10.4、图中凡注明的单位尺寸，除标高为米（m）外，其他均为毫米（mm）。

10.5、过梁、板标准图集采用中南标，荷载等级为一级。

10.6、本说明未详尽处，应遵照现行国家有关规范与规程规定施工。

图 18-7　结构设计总说明

步骤 03 单击"保存" 🔲 按钮，将文件保存，该设计总说明图形绘制完成。

18.4　绘制一层平面图

案例	别墅一层平面图.dwg	视频	绘制别墅一层平面图.avi	时长	17′28″

　　一层平面图是在做基础时使用，作为设计师在看平面图的同时，需要考虑建筑的柱网布置是否合理。本节中绘制的别墅一层平面图如图 18-8 所示。

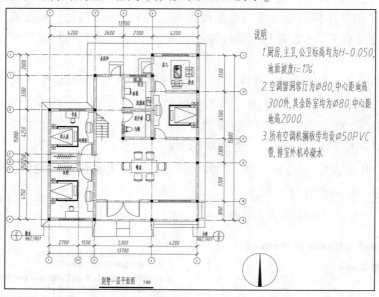

说明:

1.厨房,主卫,公卫标高均为H-0.050,地面坡度i=1%。

2.空调留洞客厅为Ø80,中心距地高300外,其余卧室均为Ø80,中心距地高2000。

3.所有空调机搁板旁均设Ø50PVC管,排室外机冷凝水。

图 18-8　别墅一层平面图

18.4.1　设置绘图环境

　　在绘制一层平面图时，可以调用前面设置好了的相关的样板文件，这样可节省不少的时间。

　　步骤 01 正常启动 AutoCAD 2015 软件，选择"文件 | 打开"菜单命令，将"案例 \18\ 建筑平面图.dwt"文件打开，在菜单浏览器下选择"另存为 | 图形"命令，将弹出"图形另存为"对话框，在"文件类型"选项中选择"*.dwg"文件类型，在"文件名"选项中输入"别墅一层平面图"，单击"保存"按钮。

图 18-9　线型设置

　　步骤 02 执行"线型管理器"命令（LT），弹出"线型管理器"对话框，单击"显示细节"按钮，展开细节相关选项，在"全局比例因子"项中输入"10"，单击"确定"按钮，完成线型的设置，如图 18-9 所示。

18.4.2 绘制定位轴线

当调入了相关的绘图样板后，接着就是绘制定位轴线，从而对墙体的间距做一个布局。定位轴线是用以确定主要结构位置的线，如确定建筑的开间或柱距，进深或跨度的线称为定位轴线。

步骤 01 将"轴线"图层切换到当前图层；执行"构造线"命令（XL），绘制一组十字中心线。

步骤 02 执行"偏移"命令（O），将前面所绘制的十字中心线按照如图 18-10 所示的尺寸与方向进行偏移操作。

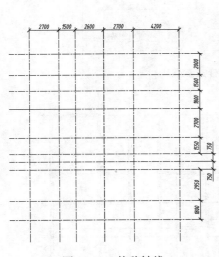

图 18-10 偏移轴线

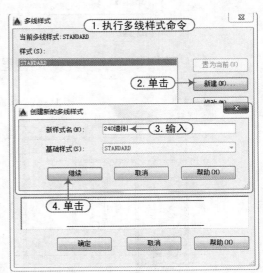

图 18-11 设置多线样式

18.4.3 绘制墙体

前面绘制了相关的定位轴线，根据这些轴线绘制墙体。

步骤 01 执行菜单命令"格式 | 多线样式"菜单命令，弹出"多线样式"对话框，单击"新建"按钮，输入样式名称"240 墙"，如图 18-11 所示。

步骤 02 单击"继续"按钮，进入到"新建多线样式"对话框，在"说明"栏中输入"这是 240 厚的墙体"，单击"图元"里面的"0.5"数值，在"偏移"选项里面输入"120"，同样，单击"-0.5"数值，在"偏移"选项里面输入"-120"，单击"确定"按钮，返回"多线样式"对话框，单击"确定"按钮退出多线设置命令，如图 18-12 所示。

步骤 03 在"图层特性管理器"中将"粗实线"图层切换到当前图层；执行"多线"命令（ML），根据命令行提示，选择"对正"选项，选择无对正模式；选择"比例"选项，输入比例因子为 1；选择"样式"选项，输入当前样式为"240 墙"，捕捉相应的轴线交点来绘制240 墙体，如图 18-13 所示。

步骤 **04** 双击相关的多线，弹出"多线编辑工具"对话框，根据前面所学过的知识，将所绘制的 240 墙体多线按照如图 18-14 所示的形状进行修剪操作。

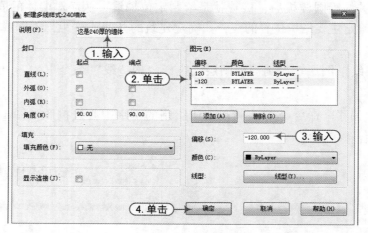

图 18-12 设置 240 多线样式参数

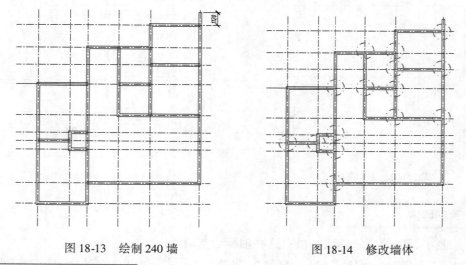

图 18-13 绘制 240 墙   图 18-14 修改墙体

18.4.4 绘制门窗洞口

开启相关的门洞使其与外界联系起来，同时还需要根据要求开启相关的窗洞。

步骤 **01** 移动绘图区域至图形的左下角，执行"偏移"命令（O），将如图 18-15 所示的竖直轴线向右进行偏移操作，偏移距离为 900 和 2400。

步骤 **02** 执行"修剪"命令（TR），以偏移的两条中心线为修剪边界，将 240 墙体进行修剪操作；执行"删除"命令（E），将用过的两条辅助中心线进行删除操作，如图 18-16 所示，该窗洞图形开启完成。

步骤 **03** 同样方法，将其他相关的地方也进行类似的操作，先偏移线段，再修剪墙体多线，相关的尺寸与位置如图 18-17 所示。

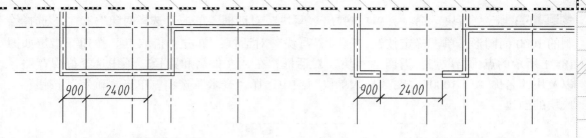

图 18-15　偏移线段　　　　　　　　　　　　图 18-16　修剪图形

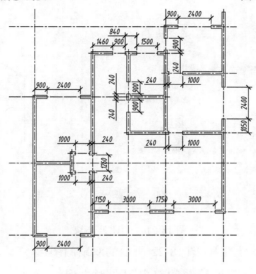

图 18-17　开启其他门窗洞

18.4.5　绘制门图形

当开启门窗洞之后，就可以根据需要来绘制相关的门图形了。

步骤 01执行"矩形"命令（REC），绘制如图 18-18 所示的一个矩形。

步骤 02执行"圆"命令（C），以矩形的左下角角点为圆心，绘制一个直径为 2000 的圆，如图 18-19 所示。

步骤 03执行"修剪"命令（TR），将中心线圆图形按照如图 18-20 所示的形状进行修剪操作。

图 18-18　绘制矩形

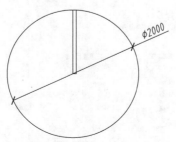

图 18-19　绘制圆

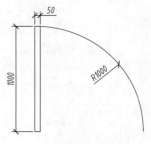

图 18-20　修剪图形

步骤 04 执行"写块"命令（W），弹出"写块"对话框，单击"选择对象"按钮，选择绘制的1000门图形，单击确定按钮，返回"写块"对话框；单击"拾取点"按钮，指定如图18-21所示的点为拾取点，返回"写块"对话框，在"文件名和路径"项中选择好保存路径以及块的名称"门-1000"；在"插入单位"项中选择"毫米"选项，单击"确定"按钮，完成块的创建。

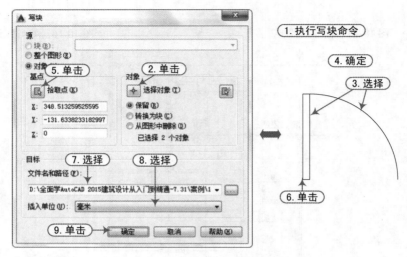

图 18-21　创建外部块

步骤 05 采用前面的方法，绘制如图18-22所示的双扇门图形。

步骤 06 采用前面的方法，将所绘制的双扇门图形也保存为外部块，名称命名为"SSM-3000"。

步骤 07 在"图层特性管理器"中将"门窗"图层切换到当前图层；执行"插入"命令（I），弹出"插入"对话框，单击"名称"项后面的按钮，选择"门-1000"块图形；在"比例"的"X"项中输入0.9，使其在插入图块时形成900宽的门图形；在"旋转"的"角度"项中输入

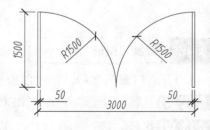

图 18-22　绘制双扇门

90；单击"确定"按钮；将该图块插入进户门口处的900门洞处，操作过程如图18-23所示。

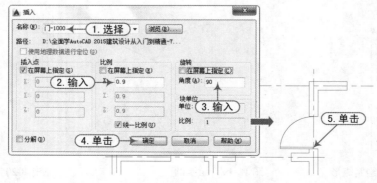

图 18-23　插入门图形

步骤 08 采用前面插入 900 门的方式，将其他单开门的地方，根据相应的门洞宽度，将"门-1000"图块进行缩放后插入，并将"SSM-3000"双扇门插入到大门处，如图 18-24 所示。

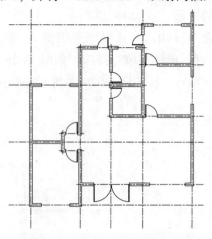

图 18-24　插入其他单开门图形

18.4.6　绘制窗图形

前面绘制该别墅底层平面图的门图形，接着就是绘制该平面图的窗图形。

步骤 01 执行菜单命令"格式 | 多线样式"菜单命令，弹出"多线样式"对话框，创建一组尺寸如图 18-25 所示的多线样式，名称为"240 窗体"。

步骤 02 执行"多线"命令（ML），根据命令行提示，选择"对正"选项，选择无对正模式；选择"比例"选项，输入比例因子为1；选择"样式"选项，输入当前样式为"240 窗体"，捕捉相应的窗洞起点和端点，来绘制 240 窗体，如图 18-26 所示。

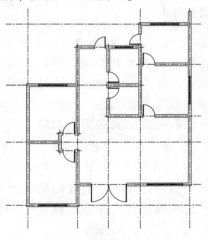

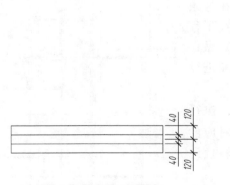

图 18-25　创建多线样式　　　　图 18-26　创建 240 窗体

18.4.7　绘制柱子

柱子也是建筑物中必不可少的结构，因此在该平面图中也需要在相关的地方绘制柱子图形。

步骤 **01** 在"图层特性管理器"中将"墙体"图层切换到当前图层；执行"矩形"命令（REC），绘制一个 240×240 的矩形，如图 18-27 所示。

步骤 **02** 执行"图案填充"命令（BH），选择填充图案为"SOLID"，选择填充角度为 0°，选择绘制的矩形为填充区域，对图形进行填充操作，如图 18-28 所示。

步骤 **03** 执行"复制"命令（CO），按照图 18-29 中所示的标记，将绘制的柱子图形复制到平面图中。

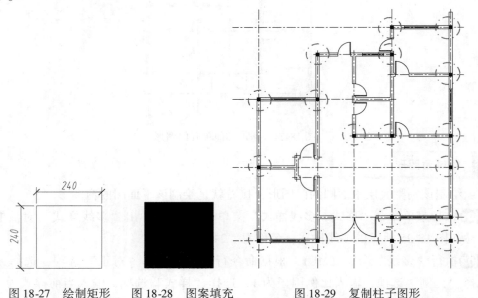

图 18-27 绘制矩形　　图 18-28 图案填充　　　　图 18-29 复制柱子图形

18.4.8 绘制散水

在外窗台板下边一般都会有一条凹形的线条，是为了防止雨水沿板流到墙里的设计，雨水在这条线外就会跌落，这个就是滴水线，适用于建筑工程中有阻断滴水要求的部位，一般滴水线（槽）做在窗过梁下口，若混凝土表面很光滑应对其表面进行"毛化处理"。

步骤 **01** 将"其他"图层切换到当前图层；执行"偏移"命令（O），将图形最外面的墙体所对应的轴线向外进行偏移操作，并将偏移后的线条转换到"其他"图层，如图 18-30 所示。

步骤 **02** 执行"修剪"命令（TR），将偏移的线条进行修剪操作；执行"直线"命令（L），分别连接散水线的交点和图形最外面的轴线交点，绘制三条

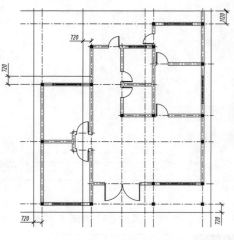

图 18-30 偏移线段

斜线段，如图18-31所示。

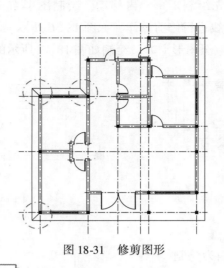

图18-31　修剪图形

18.4.9　绘制室外台阶

室外台阶与坡道是设在建筑物出入口的辅助配件，用来解决建筑物室内外的高差问题。一般建筑物多采用台阶，当有车辆通行或室内外底面高差较小时，可采用坡道。

步骤 01 在"图层特性管理器"中将"楼梯"图层切换到当前图层；执行"矩形"命令（REC），绘制一个尺寸为9500×1800的矩形；执行"移动"命令（M），将绘制的矩形移动到大门口处，如图18-32所示。

步骤 02 执行"矩形"命令（REC），绘制两个矩形，尺寸分别为5630×1500、1200×750；执行"移动"命令（M），将绘制的两个矩形按照如图18-33所示的位置与尺寸进行移动操作。

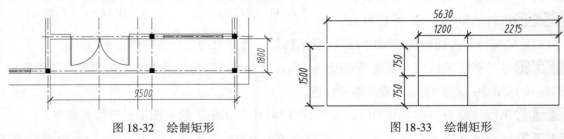

图18-32　绘制矩形　　　　　　　　　　　　　　　图18-33　绘制矩形

步骤 03 执行"直线"命令（L），按照如图18-34所示的尺寸，绘制两条斜线段。

步骤 04 执行"移动"命令（M），将绘制的图形移动到如图18-35所示的位置；执行"修剪"命令（TR），对滴水线进行修剪操作。

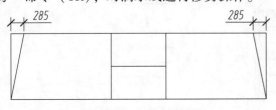

图18-34　绘制斜线段

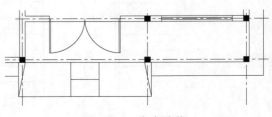

图18-35　移动图形

步骤 **05** 采用以上的方法，先绘制矩形，再移动，绘制图形右下角的室外台阶图形，执行"修剪"命令（TR），对滴水线进行修剪操作，如图 18-36 所示。

步骤 **06** 同样，移动绘图区域至图形上方，绘制如图 18-37 所示的两处室外台阶图形。

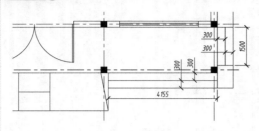

图 18-36　绘制屋前台阶

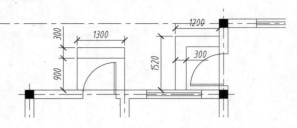

图 18-37　绘制屋后台阶

18.4.10　绘制楼梯图形

绘制室内的楼梯图形，因为绘制的图形为一层平面图，所以楼梯也是起步的图形，绘制时只需要绘制一部分即可。

步骤 **01** 将"楼梯"图层置为当前图层；执行"构造线"命令（XL），绘制一组十字构造线；执行"偏移"命令（O），将绘制的十字构造线按照如图 18-38 所示的方向与尺寸进行偏移操作。

图 18-38　偏移线段　　　图 18-39　修剪图形

步骤 **02** 执行"修剪"命令（TR），将分解后的矩形相关的边按照如图 18-39 所示的尺寸与方向进行修剪操作。

步骤 **03** 将"其他"图层切换到当前图层；执行"多段线"命令（PL），在图形右边绘制如图 18-40 所示的一条折线段，表示断开位置。

步骤 **04** 执行"修剪"命令（TR），按照如图 18-41 所示的形状对图形进行修剪操作。

步骤 **05** 执行"多段线"命令（PL），在楼梯图形中绘制一条箭头图形，如图 18-42 所示。

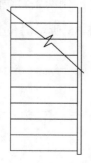
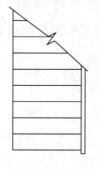
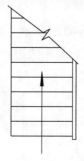

图 18-40　绘制折线　　　图 18-41　修剪图形　　　图 18-42　绘制箭头

步骤 **06** 执行"编组"命令（G），将绘制的楼梯图形进行编组操作；执行"移动"命令（M），将编组后的楼梯图形移动到平面图中，如图 18-43 所示。

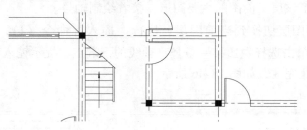

图 18-43 移动楼梯图形

18.4.11 绘制厨房壁橱及家具

前面绘制好了楼梯图形，接着绘制厨房里面的壁橱及家具图形。

步骤 **01** 将"设施"图层切换到当前图层；将绘图区域移至厨房位置，执行"多段线"命令（PL），按照图 18-44 中提供的尺寸来绘制几条多段线。

步骤 **02** 执行"插入"命令（I），弹出"插入"对话框，选择相对应的文件夹里面相对应的家具设施图形文件，按照如图 18-45 所示提供的位置，全部插入到平面图中。

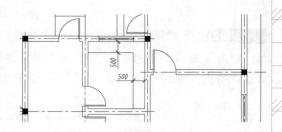

图 18-44 绘制厨房壁橱

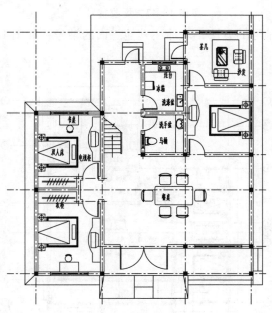

图 18-45 插入图块图形

18.4.12 绘制轴号

前面已经绘制好了该层平面图的主要图形，接着绘制轴号。

步骤 01 将"标注"图层切换到当前图层；执行"插入"命令（I），选择"轴号"图块，单击"确定"按钮，单击选择左边第一条竖直轴线的下端点，提示输入轴号，输入"A"，按回车键确定，轴号标注完成，如图 18-46 所示。

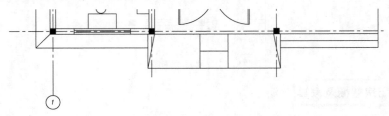

图 18-46 插入轴号

步骤 02 执行"复制"命令（CO），选择插入的竖向轴号，分别复制到每条竖直的轴号上面；双击复制后的轴号图形，弹出"增强属性编辑器"对话框，在"值"选项中输入对应的轴号，单击"确定"按钮，完成轴号的更改，如图 18-47 所示。

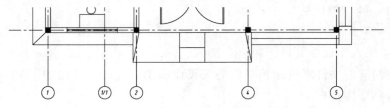

图 18-47 更改轴号

步骤 03 采用标注竖直轴号的方法，来标注其他三面的轴号，如图 18-48 所示。

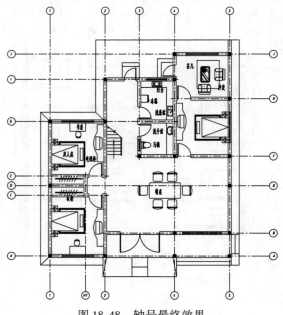

图 18-48 轴号最终效果

18.4.13　尺寸标注及文字说明

接着就是对图形进行标注和文字标注，并绘制图名相关的文字说明。

步骤 01 将"标注"图层切换到当前图层；执行"线性"命令（DLI），对图形下方的相关尺寸进行线性标注，如图 18-49 所示。

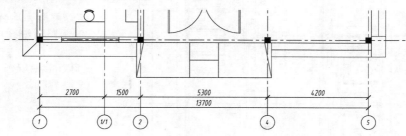

图 18-49　标注尺寸

步骤 02 同样，对该住宅建筑平面图的其他三面也进行线性标注，如图 18-50 所示。

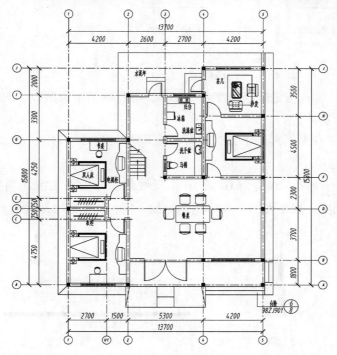

图 18-50　尺寸标注最终效果

步骤 03 将"文字"图层切换到当前图层；执行"单行文字"命令（DT），按照如图 18-51 所示的文字描述对图形进行标注。

步骤 04 将绘图区域移至图形的右下角处，在"图层特性管理器"中将"标注"图层切换到当前图层；执行"圆"命令（C），绘制一个直径为 3200 的圆。

步骤 05 执行"多段线"命令（PL），指定绘制的圆的上象限点为起点，选择"宽度"选

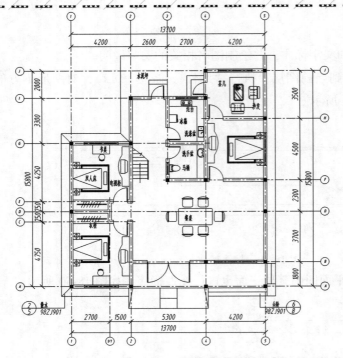

图 18-51　文字标注效果

项，设置宽度为"0"，再指定端点宽度为"320"，捕捉圆的下象限点，该指北针的箭头绘制完成，如图 18-52 所示。

步骤 06 将绘图区域移至图形的下方，执行"多段线"命令（PL），设置宽度为 100，绘制一条水平长 5000 的多段线。

步骤 07 执行"单行文字"命令（DT），在多段线的上方输入文字"别墅一层平面图"和"1:100"，并将"别墅一层平面图"文字比例缩放一倍，如图 18-53 所示。

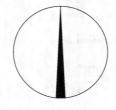

别墅一层平面图　1:100

图 18-52　绘制多段线　　　　　　图 18-53　标注文字

步骤 08 单击"保存" 🖫 按钮，将文件保存，该别墅一层平面图绘制完成。

18.5　绘制其他层平面图

前面绘制好了别墅的一层平面图，现在根据绘制一层平面图的方法，继续绘制该别墅的其他楼层的平面图，具体绘图步骤就不再详细描写，所绘制的各层平面图如图 18-54、图 18-55、图 18-56 所示。

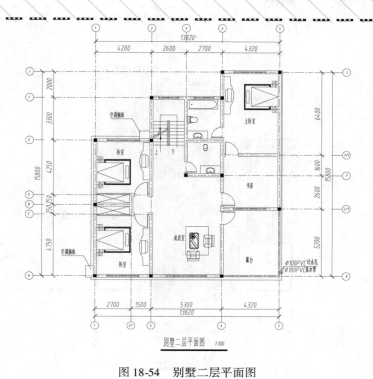

图 18-54　别墅二层平面图

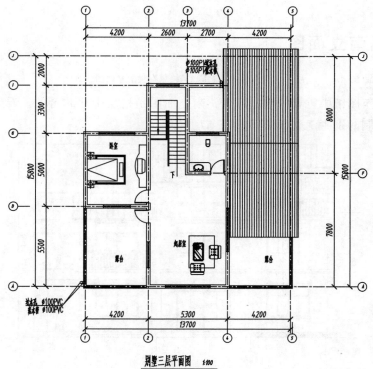

图 18-55　别墅三层平面图

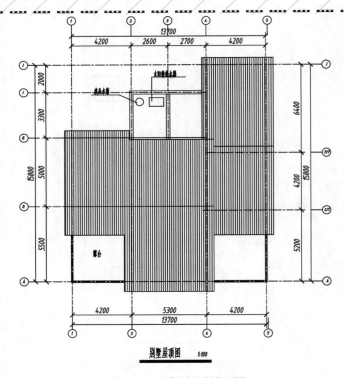

图 18-56　别墅屋顶平面图

18.6　绘制南立面图

| 案例 | 别墅南立面图.dwg | 视频 | 绘制别墅南立面图.avi | 时长 | 17′28″ |

立面图是建筑图纸中重要的组成部分，南立面图是指从南往北看的，看到的是房屋的南面立面情况。绘制的别墅南立面图如图 18-57 所示。

图 18-57　别墅南立面图

18.6.1 设置绘图环境

同绘制一层平面图一样，在绘制南立面图时，也可以调用前面设置好的相关的样板文件，这样可节省不少的时间。

步骤 01 正常启动 AutoCAD 2015 软件，选择"文件 | 打开"菜单命令，将"案例 \ 18 \ 建筑立面图 . dwt"文件打开，在菜单浏览器下选择"另存为 | 图形"命令，将弹出"图形另存为"对话框，在"文件类型"选项中选择"＊. dwg"文件类型，在"文件名"选项中输入"别墅南立面图"，单击"保存"按钮。

步骤 02 执行"线型管理器"命令（LT），弹出"线型管理器"对话框，单击"显示细节"按钮，展开细节相关选项，在"全局比例因子"项中输入"10"，单击"确定"按钮，完成线型的设置。

18.6.2 绘制基本轮廓线

当设置好相关的参数之后，接着就可以绘制建筑立面图的图形。

步骤 01 在"图层特性管理器"中将"地坪线"图层切换到当前图层；执行"直线"命令（L），绘制一条水平长 19600 的直线段。

步骤 02 在"图层特性管理器"中将"墙体"图层切换到当前图层；执行"构造线"命令（XL），以地坪线的中点为放置点，绘制一条竖直的构造线；执行"偏移"命令（O），按照如图 18-58 所示的尺寸与方向进行偏移操作，并将相关的线段转换到"墙体"图层。

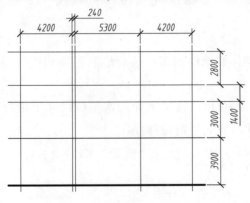

图 18-58 绘制基本轮廓线

18.6.3 绘制墙体装饰线

接着就可以根据这些基本的轮廓线来绘制南立面图的墙体图形了。

步骤 01 执行"偏移"命令（O），将左边的第一条竖直墙体线向左进行偏移操作，将从下往上数第二条水平墙体线向下进行偏移操作，偏移尺寸如图 18-59 所示。

步骤 02 执行"修剪"命令（TR），执行"删除"命令（E），将图形按照如图 18-60 所示的形状进行修剪删除操作。

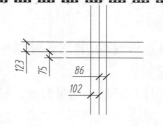

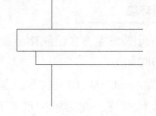

图 18-59　偏移操作　　　　　　　　　　图 18-60　修剪操作

步骤 03 采用前面的方法和尺寸，在如图 18-61 所示的位置绘制别墅其他地方的墙体装饰线；执行"修剪"命令（TR），对图形进行修剪操作。

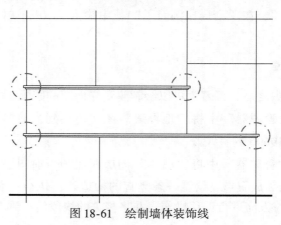

图 18-61　绘制墙体装饰线

18.6.4　绘制屋顶

前面绘制好了相关的墙体装饰线图形，接着绘制屋顶相关的图形，从而使该南立面图形成最初的轮廓图形。

步骤 01 执行"偏移"命令（O），将最上面的水平线段向下进行偏移操作，将竖直的线段按照如图 18-62 所示的尺寸与方向进行偏移操作。

步骤 02 执行"修剪"命令（TR），执行"删除"命令（E），将图形按照如图 18-63 所示的形状进行修剪删除操作。

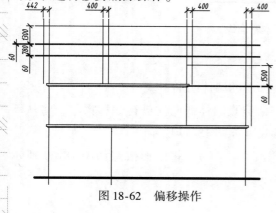

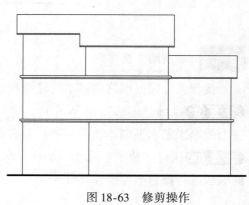

图 18-62　偏移操作　　　　　　　　　　图 18-63　修剪操作

18.6.5　绘制室外台阶

从前面的平面图可以看出，别墅的南面有室外台阶，因此在立面图中也要绘制出来。

步骤 01 在"图层特性管理器"中将"楼梯"图层切换到当前图层；执行"偏移"命令（O），按照如图 18-64 所示的尺寸将相关的线条进行偏移操作，并将偏移后的线段转换到"楼梯"图层。

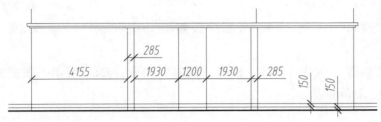

图 18-64　偏移操作

步骤 02 执行"直线"命令（L），分别捕捉如图 18-65 所示的四个交点，绘制两条斜线段。

步骤 03 执行"修剪"命令（TR），执行"删除"命令（E），将图形按照如图 18-66 所示的形状进行修剪删除操作。

图 18-65　绘制斜线段　　　　　　　　　图 18-66　修剪操作

步骤 04 将绘图区域移至图形的右下角，执行"矩形"命令（REC），绘制尺寸如图 18-67 所示的两个矩形；执行"移动"命令（M），将它们按照如图 18-67 所示的位置进行移动操作。

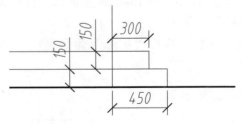

图 18-67　绘制矩形

18.6.6　绘制罗马柱

从前面的平面图可以看出，别墅的南面有室外台阶，因此在立面图中也要绘制出来。

步骤 01 在"图层特性管理器"中将"墙体"图层切换到当前图层；执行"偏移"命令（O），按照如图 18-68 所示的尺寸将相关的线条进行偏移操作，并将偏移后的线段转换到"墙体"图层。

步骤 02 执行"修剪"命令（TR），执行"删除"命令（E），将图形按照如图 18-69 所示的形状进行修剪、删除操作。

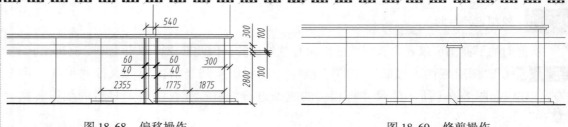

图 18-68　偏移操作　　　　　　　　　　　　　　图 18-69　修剪操作

步骤 03 执行"圆弧"命令（A），分别捕捉如图 18-70 所示的几个交点，绘制两段如图 18-70 所示的圆弧。

步骤 04 执行"修剪"命令（TR），执行"删除"命令（E），将图形按照如图 18-71 所示的形状进行修剪、删除操作。

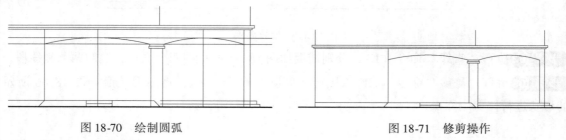

图 18-70　绘制圆弧　　　　　　　　　　　　　　图 18-71　修剪操作

18. 6. 7　绘制栏杆

接着绘制立面图中的栏杆图形。

步骤 01 在"图层特性管理器"中将"栏杆"图层切换到当前图层；将绘图区域移至二楼右侧，执行"偏移"命令（O），按照如图 18-72 所示的尺寸将相关的线条进行偏移操作，并将偏移后的线段转换到"栏杆"图层。

步骤 02 执行"修剪"命令（TR），执行"删除"命令（E），将图形按照如图 18-73 所示的形状进行修剪、删除操作。

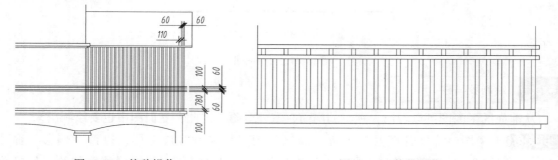

图 18-72　偏移操作　　　　　　　　　　　　　　图 18-73　修剪操作

步骤 03 采用绘制二楼栏杆的方法，移动绘图区域至三楼左侧，绘制一段类似的栏杆图形，如图 18-74 所示。

图 18-74　绘制三楼栏杆

18.6.8　绘制门窗

前面将墙面上的主要图形都绘制完成了，接着绘制门窗相关的立面图形了。

步骤 01 将"0"图层切换到当前图层；执行"矩形"命令（REC），执行"直线"命令（L），绘制如图 18-75 所示的几个门窗立面图形。

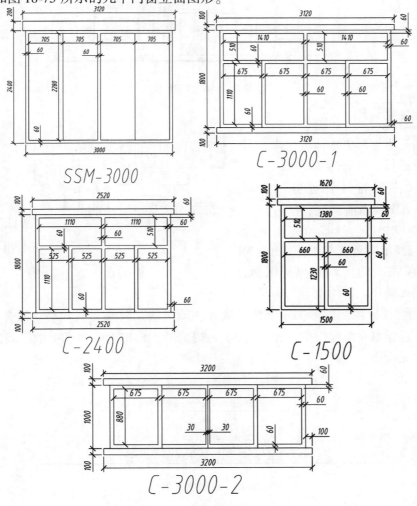

图 18-75　绘制门窗图形

步骤 **02** 执行"写块"命令（W），将绘制的几个门窗图形分别进行写块操作，块名称按照图 18-75 所提供的名称进行命名。

步骤 **03** 在"图层特性管理器"中将"门窗"图层切换到当前图层；执行"插入"命令（I），选择创建的各种门窗块图形，按照图 18-75 中提供的名称，插入到南立面图中；执行"修剪"命令（TR），将被栏杆挡住的部分进行修剪操作，如图 18-76 所示。

图 18-76　插入门图形

18.6.9　图案填充

为了使图形更加形象地体现出来，可以对一些区域进行简单的图案填充。

步骤 **01** 在"图层特性管理器"中将"填充"图层切换到当前图层；执行"图案填充"命令（BH），选择填充图案为"ANSI31"，选择填充角度为 45°，比例为100，选择屋顶相关的区域为填充区域，对图形进行填充操作，如图 18-77 所示。

图 18-77　填充屋顶图形

步骤 **02** 移动绘图区域至图形的左下角，执行"图案填充"命令（BH），选择填充图案为"GRAVEL"，选择填充角度为 0°，比例为 10，选择如图 18-78 所示的相关的区域为填充区域，对图形进行填充操作。

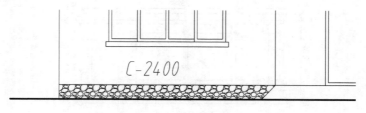

图 18-78　继续填充图形

18.6.10 　标高和轴号标注

现在就可以对该住宅立面图进行标高及轴号的标注。

步骤 01 将"标注"图层切换到当前图层；执行"插入"命令（I），选择"标高"图块，根据图形的相关尺寸，对图形进行标高标注，如图 18-79 所示。

图 18-79　标高标注

步骤 02 执行"插入"命令（I），将轴号图块图形插入到图中，执行"复制"命令（CO），将插入的轴号进行复制操作；双击复制后的轴号图形，弹出"增强属性编辑器"对话框，在"值"选项中输入对应的轴号，单击"确定"按钮，完成轴号的更改，如图 18-80 所示。

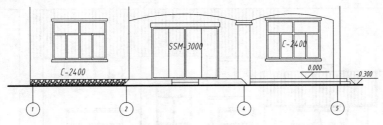

图 18-80　插入轴号

18.6.11 　尺寸标注及文字说明

对图形进行标注和文字标注，并绘制图名相关的文字说明。

步骤 01 在"图层特性管理器"中将"标注"图层切换到当前图层；执行"线性"命令（DLI），对图形下方的相关尺寸进行线性标注，如图 18-81 所示。

步骤 02 将绘图区域移至图形的下方，执行"多段线"命令（PL），绘制一条长 5000，宽度为 100 的多段线；在"图层特性管理器"中将"文字"图层切换到当前图层；执行"单行文字"命令（DT），在多段线的上方输入文字"别墅南立面图"和"1∶100"，并将"别墅南立面图"文字比例缩放一倍，如图 18-82 所示。

步骤 03 单击"保存" 🖫 按钮，将文件保存，该别墅南立面图绘制完成。

图 18-81 尺寸标注

别墅南立面图 1:100

图 18-82 标注文字

18.7 绘制其他立面图

前面绘制好了别墅的南立面图，而对别墅其他立面图的绘制，就不再详细描述，绘制的各方向立面图如图 18-83、图 18-84 所示。

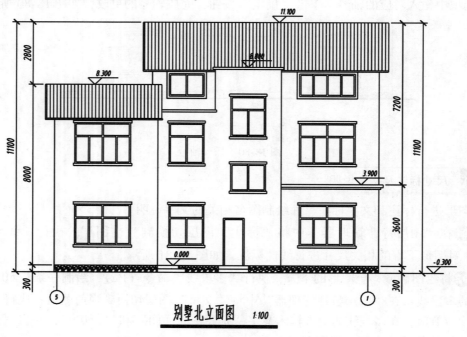

别墅北立面图 1:100

图 18-83 别墅北立面图

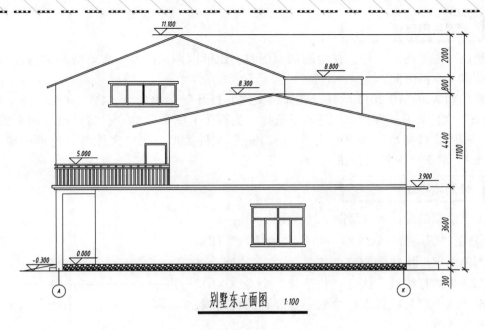

别墅东立面图 1:100

图 18-84 别墅东立面图

18.8 绘制剖面图

| 案例 | 别墅剖面图.dwg | 视频 | 绘制别墅剖面图.avi | 时长 | 17′28″ |

建筑立面图只表达了建筑物外墙上的特征图形，里面的具体结构需要通过剖面图来表达，选择剖切位置时，需要选择表达内容全面的地方。绘制的别墅剖面图如图 18-85 所示。

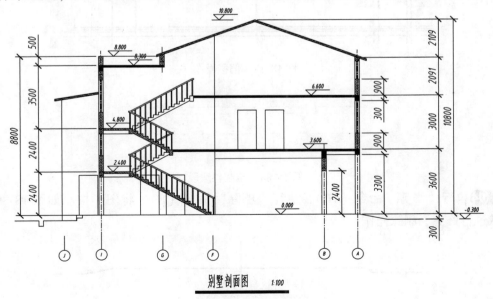

别墅剖面图 1:100

图 18-85 别墅建筑剖面图

18.8.1 设置绘图环境

同绘制一层平面图一样，在绘制剖面图时，也可以调用前面设置好的相关的样板文件，这样可节省不少的时间。

正常启动 AutoCAD 2015 软件，选择"文件｜打开"菜单命令，将"案例 \ 18 \ 建筑立面图.dwt"文件打开，在菜单浏览器下选择"另存为｜图形"命令，将弹出"图形另存为"对话框，在"文件类型"选项中选择"＊.dwg"文件类型，在"文件名"选项中输入"别墅剖面图"，单击"保存"按钮。

18.8.2 绘制地坪线

根据该别墅的设计要求绘制地坪线图形。

步骤 01 在"图层特性管理器"中将"地坪线"图层切换到当前图层；执行"直线"命令（L），绘制一条水平长 22000 的直线段；执行"构造线"命令（XL），以水平地坪线中点为放置点，绘制一条竖直的构造线，如图 18-86 所示。

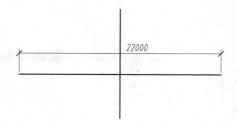

图 18-86　绘制地坪线

步骤 02 执行"偏移"命令（O），将相关的线段按照如图 18-87 所示的尺寸与方向进行偏移操作。

步骤 03 执行"直线"命令（L），在图形的右边，分别连接如图 18-88 所示的两个交点，绘制一条斜线段。

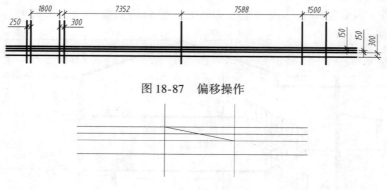

图 18-87　偏移操作

图 18-88　绘制斜线段

步骤 04 执行"修剪"命令（TR），执行"删除"命令（E），将图形按照如图 18-89 所示的形状进行修剪、删除操作。

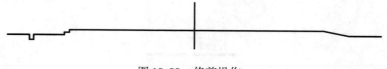

图 18-89　修剪操作

18.8.3 绘制轴线

根据前面所学过的知识，在绘制墙体之前，则需要绘制相关的轴线。

步骤 01 将"轴线"图层切换到当前图层；执行"偏移"命令（O），按照如图 18-90 所示的尺寸与方向将中间的竖直线段进行偏移操作，并将偏移后的线段转换到"轴线"图层。

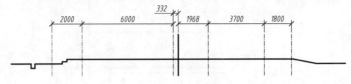

图 18-90 偏移操作

步骤 02 在"图层特性管理器"中将"楼板"图层切换到当前图层；执行"构造线"命令（XL），绘制一条和屋内地面的地坪线重合的构造线；执行"偏移"命令（O），将绘制的构造线向上进行偏移操作，如图 18-91 所示。

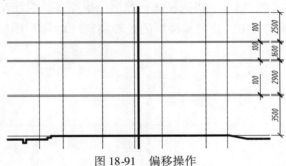

图 18-91 偏移操作

18.8.4 绘制墙体

前面绘制了轴线和楼板，根据轴线和楼板线的相关交点来绘制墙体图形。

步骤 01 执行菜单命令"格式 | 多线样式"菜单命令，设置两个参数如图 18-92 所示的多线样式，分别命名为"墙体 240"和"窗体 240"。

步骤 02 在"图层特性管理器"中将"墙体"图层切换到当前图层；执行"多线"命令（ML），根据命令行提示，选择"对正"选项，选择无对正模式；选择"比例"选项，输入比例因子为 1；选择"样式"选项，输入当前样式为"240 墙体"，捕捉相应的轴线和楼板的交点，绘制 240 墙体，如图 18-93 所示。

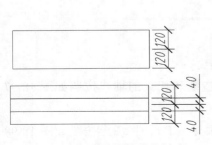

图 18-92 创建窗体多线样式

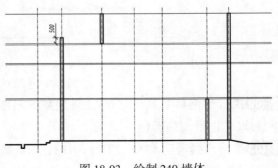

图 18-93 绘制 240 墙体

步骤 **03** 执行 "偏移" 命令（O），将最上面的水平线段向下进行偏移操作；执行 "修剪" 命令（TR），执行 "删除" 命令（E），以偏移的线段为修剪边界，对墙体进行修剪、删除操作，如图 18-94 所示。

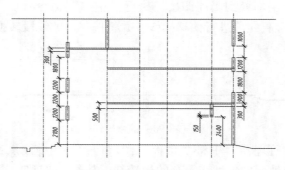

图 18-94　修剪墙体

步骤 **04** 执行 "偏移" 命令（O），将从左往右数第一根竖直轴线往左偏移 120，将从左往右数第四根竖直轴线往右偏移 120，并将偏移后的线转换到 "墙体" 图层，如图 18-95 所示。

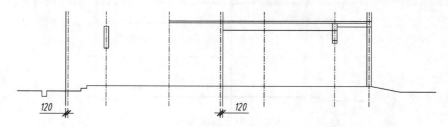

图 18-95　偏移操作

18.8.5　绘制屋顶

根据平面图的结构以及尺寸，绘制屋顶图形。

步骤 **01** 执行 "构造线" 命令（XL），以图形上方如图 18-96 所示的轴线和楼板线交点为放置点，绘制两条斜度构造线，角度分别为 20°和 −20°。

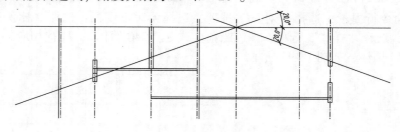

图 18-96　绘制构造线

步骤 **02** 执行 "偏移" 命令（O），将绘制的斜度构造线和相关的轴线按照如图 18-97 所示的方向与尺寸进行偏移操作。

步骤 **03** 执行 "修剪" 命令（TR），执行 "删除" 命令（E），将图形按照如图 18-98 所示的形状进行修剪、删除操作。

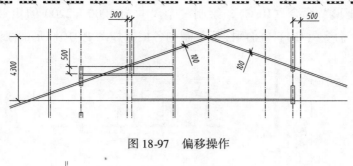

图 18-97　偏移操作

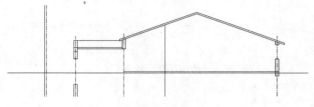

图 18-98　修剪操作

步骤 **04** 执行"构造线"命令（XL），以图形左边如图 18-99 所示的交点为放置点，绘制一条角度为9°的构造线；执行"偏移"命令（O），将绘制的构造线向下偏移 100；执行"修剪"命令（TR），执行"删除"命令（E），将图形按照如图 18-99 所示的形状进行修剪、删除操作。

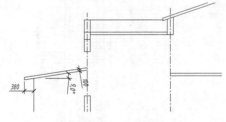

图 18-99　修剪操作

18.8.6　绘制门窗

门窗结构是住宅必不可少的一部分，接着绘制该别墅的门窗结构图形。

步骤 **01** 将"门窗"图层切换到当前图层；执行"多线"命令（ML），根据命令行提示，选择"对正"选项，选择无对正模式；选择"比例"选项，输入比例因子为1；选择"样式"选项，输入当前样式为"240 窗体"，捕捉墙体上相关的点，绘制 240 窗体，如图 18-100 所示。

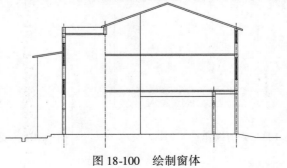

图 18-100　绘制窗体

步骤 **02** 执行"矩形"命令（REC），绘制一个尺寸为 1000×2200 的矩形，用以表示门图形；执行"复制"命令（CO），将门图形复制到各楼层如图 18-101 所示的地方。

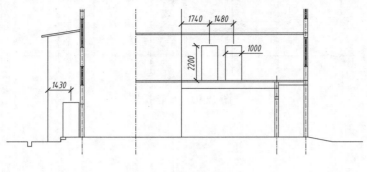

图 18-101　绘制门

18.8.7　绘制楼梯

绘制楼梯相关的设施，从而使每一层的楼层连接起来。

步骤 **01** 将"楼梯"图层切换到当前图层；执行"偏移"命令（O），如图 18-102 所示将相关的线段进行偏移操作，并将偏移后的线条转换到"楼梯"图层。

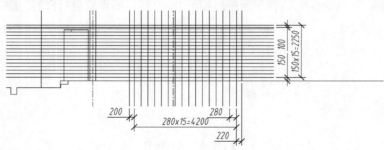

图 18-102　偏移操作

步骤 **02** 执行"修剪"命令（TR），执行"删除"命令（E），将图形按照如图 18-103 所示的形状进行修剪操作。

步骤 **03** 执行"构造线"命令（XL），以台阶下面的两个顶点为放置点，绘制一条斜度构造线；执行"偏移"命令（O），将绘制的斜度构造线向下偏移 100；执行"修剪"命令（TR），将图形按照如图 18-104 所示的形状进行修剪操作。

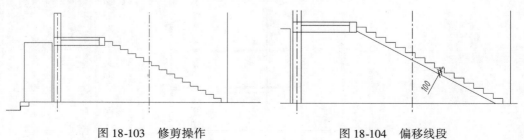

图 18-103　修剪操作　　　　　　　　　图 18-104　偏移线段

步骤 04 采用绘制楼梯的方法，绘制该段楼梯连接到二楼的另一段楼梯，如图18-105所示。

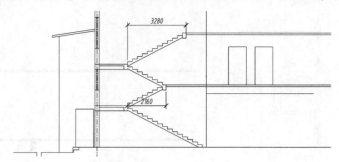

图18-105　绘制其他楼梯

步骤 05 在"图层特性管理器"中将"栏杆"图层切换到当前图层；执行"偏移"命令（O），将楼梯底层的斜线段向上进行偏移操作；将地坪线向上进行偏移操作；将如图18-106所示的墙体竖直线段向左进行偏移操作，并将偏移后的线段转换到"楼梯"图层。

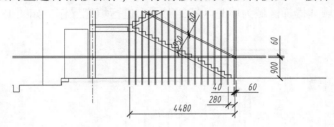

图18-106　偏移操作

步骤 06 执行"修剪"命令（TR），执行"删除"命令（E），将图形按照如图18-107所示的形状进行修剪操作。

步骤 07 采用前面同样的方法，绘制楼梯其他段的栏杆图形，如图18-108所示。

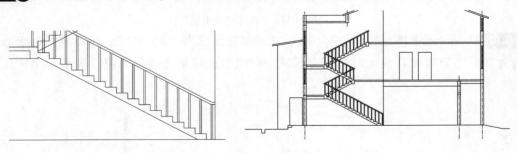

图18-107　修剪操作　　　　　　　　　图18-108　绘制其他栏杆

18.8.8　图案填充

对相关的地方进行填充操作，比如对楼板相关区域进行填充，对钢筋混凝土相关区域进行填充等，不同的填充区域以表示不同的结构性质。

步骤 01 在"图层特性管理器"中将"楼板"图层切换到当前图层；执行"图案填充"命令（BH），选择填充图案为"SOLID"，选择填充角度为0°，比例为100，选择楼板相关的区域为填充区域，对图形进行填充操作，如图 18-109 所示。

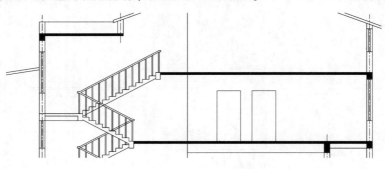

图 18-109　填充楼板图层

步骤 02 将"填充"图层切换到当前图层；执行"图案填充"命令（BH），选择填充图案为"ANSI31"，选择填充角度为 0°，比例为 20，选择过梁区域和楼梯区域为填充区域，对图形进行填充操作；执行"图案填充"命令（BH），选择填充图案为"AR-CONC"，选择填充角度为 0°，比例为 1，选择过梁区域和楼梯区域为填充区域，对图形进行填充操作，如图 18-110 所示。

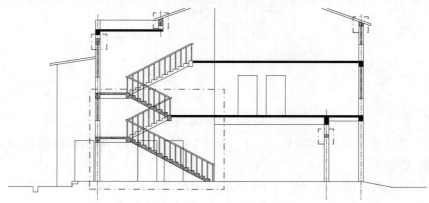

图 18-110　填充混凝土层

步骤 03 执行"图案填充"命令（BH），选择填充图案为"ANSI31"，选择填充角度为 90°，比例为 20，选择墙体其他区域为填充区域，对图形进行填充操作，用以表示砖结构，如图 18-111 所示。

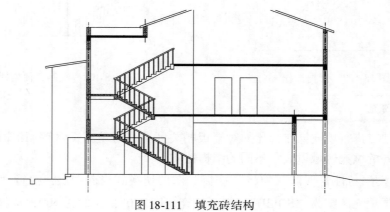

图 18-111　填充砖结构

步骤 **04** 移动绘图区域至屋顶部分，执行"图案填充"命令（BH），选择填充图案为"ANGLE"，选择填充角度为0°，比例为10，选择如图18-112所示的区域进行图案填充操作。

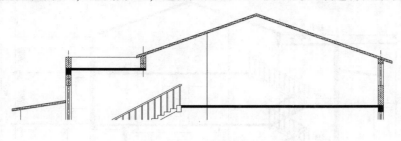

图18-112 屋顶填充

18.8.9 标高及轴号标注

步骤 **01** 在"图层特性管理器"中将"标注"图层切换到当前图层；执行"插入"命令（I），选择"标高"图块，根据图形的相关尺寸，对图形进行标高标注，如图18-113所示。

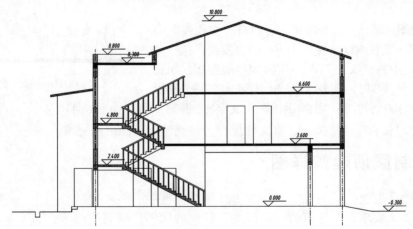

图18-113 标高标注

步骤 **02** 执行"插入"命令（I），将轴号图块图形插入到图中，执行"复制"命令（CO），将插入的轴号进行复制操作；双击复制后的轴号图形，弹出"增强属性编辑器"对话框，在"值"选项中输入对应的轴号，单击"确定"按钮，完成轴号的更改，如图18-114所示。

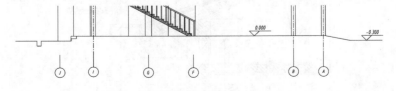

图18-114 插入轴号

18.8.10 尺寸标注及文字说明

对图形进行标注和文字标注，并绘制图名相关的文字说明。

步骤 01 执行"线性"命令（DLI），对图形下方的相关尺寸进行线性标注，如图 18-115 所示。

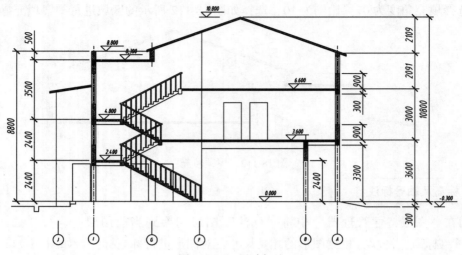

图 18-115　尺寸标注

步骤 02 将绘图区域移至图形的下方，执行"多段线"命令（PL），绘制一条长 5000，宽度为 100 的多段线；在"图层特性管理器"中将"文字"图层切换到当前图层；执行"单行文字"命令（DT），在多段线的上方输入文字"别墅剖面图"和"1:100"，并将"别墅剖面图"文字比例缩放一倍，如图 18-116 所示。

别墅剖面图　1:100

图 18-116　标注文字

步骤 03 单击"保存" 🖫 按钮，将文件保存，该别墅剖面图绘制完成。

18.9　绘制屋顶建筑详图

案例	屋顶建筑详图.dwg	视频	绘制屋顶建筑详图.avi	时长	17′28″

　　为了满足施工要求，对建筑的细部构造用较大的比例详细表达出来，需要绘制相关的建筑详图。绘制的屋顶建筑详图如图 18-117 所示。

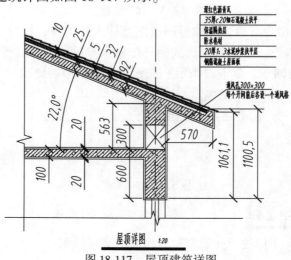

图 18-117　屋顶建筑详图

18.9.1　设置绘图环境

在绘制建筑详图之前，为了节省时间，可以调用以前设置好的相关的绘图环境。

正常启动 AutoCAD 2015 软件，选择"文件 | 打开"菜单命令，将"案例 \ 18 \ 建筑详图.dwt"文件打开，在菜单浏览器下选择"另存为 | 图形"命令，将弹出"图形另存为"对话框，在"文件类型"选项中选择"＊.dwg"文件类型，在"文件名"选项中输入"屋顶建筑详图"，单击"保存"按钮。

18.9.2　绘制轴线及墙体

步骤 01 在"图层特性管理器"中将"轴线"图层切换到当前图层；执行"构造线"命令（XL），绘制一条水平的构造线和一条竖直的构造线，如图 18-118 所示。

步骤 02 将"墙体"图层切换到当前图层；执行"偏移"命令（O），按照如图 18-119 所示的尺寸与方向将绘制的轴线进行偏移操作，并将偏移后的线段转换到"墙体"图层。

图 18-118　绘制构造线　　　　　图 18-119　偏移操作

步骤 03 执行"修剪"命令（TR），执行"删除"命令（E），将图形按照如图 18-120 所示的形状进行修剪操作。

步骤 04 执行"直线"命令（L），在如图 18-121 所示的地方绘制两条斜线段，表示通风格。

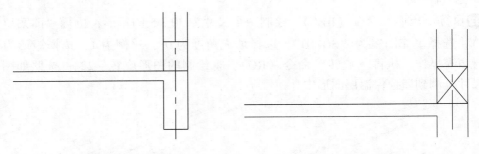

图 18-120　修剪操作　　　　　图 18-121　绘制通风格

18.9.3　绘制屋顶基层

步骤 01 执行"偏移"命令（O），将如图 18-122 所示的水平线段向上进行偏移操作，偏移距离为 563。

步骤 **02** 执行"构造线"命令（XL），以偏移的线段和竖直轴线的交点为放置点，绘制一条角度为 –22°的构造线和一条角度为 68°的构造线，如图 18-123 所示。

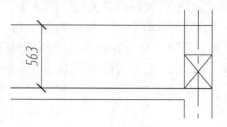

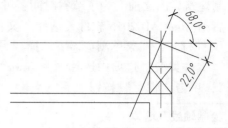

图 18-122　偏移操作　　　　　　　　　图 18-123　绘制构造线

步骤 **03** 执行"偏移"命令（O），将绘制的两条构造线和竖直轴线按照如图 18-124 所示的尺寸与方向进行偏移操作。

步骤 **04** 执行"修剪"命令（TR），执行"删除"命令（E），将图形按照如图 18-125 所示的形状进行修剪操作。

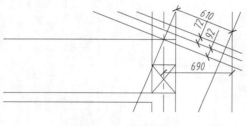

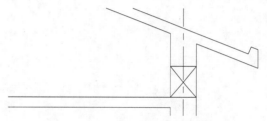

图 18-124　偏移操作　　　　　　　　　图 18-125　修剪操作

18.9.4　绘制保温层

步骤 **01** 在"图层特性管理器"中将"其他"图层切换到当前图层；执行"偏移"命令（O），将 –22°斜线段向右上进行偏移操作，偏移距离如图 18-126 所示，并将偏移后的线条转换到"其他"图层。

步骤 **02** 执行"矩形"命令（REC），绘制一个尺寸为 30 × 5 的矩形；执行"图案填充"命令（BH），选择填充图案为"SOLID"，选择填充角度为 0°，比例为 1，选择矩形为填充区域，进行填充操作；执行"旋转"命令（RO），将绘制的图形旋转 –22°；按照如图 18-127 所示的尺寸复制到屋顶保温层图形中。

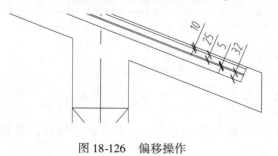

图 18-126　偏移操作　　　　　　　　　图 18-127　复制图形

步骤 03 执行"矩形"命令（REC），绘制一个尺寸为 30×25 的矩形；执行"直线"命令（L），绘制两条矩形的对角线；执行"旋转"命令（RO），将绘制的图形旋转 −22°；按照如图 18-128 所示的尺寸复制到屋顶保温层图形中。

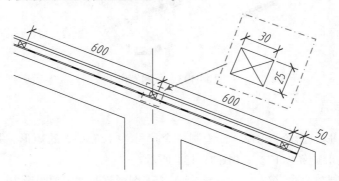

图 18-128　绘制矩形

步骤 04 执行"构造线"命令（XL），绘制一条水平的构造线和一条竖直的构造线；执行"偏移"命令（O），将绘制的两条构造线按照如图 18-129 所示的尺寸进行偏移操作。

步骤 05 执行"圆环"命令（DO），指定内径为 0，指定外径为 5，指定如图 18-130 所示的线段交点为圆环圆心绘制圆环。

图 18-129　偏移操作

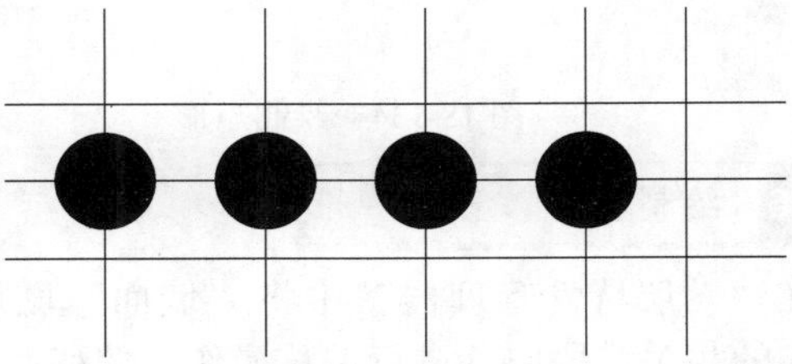

图 18-130　绘制圆环

步骤 06 执行"圆"命令（C），以圆环圆心为绘制圆的圆心，绘制直径为 8 的圆，如图 18-131 所示。

步骤 07 执行"修剪"命令（TR），执行"删除"命令（E），将图形按照如图 18-132 所示的形状进行修剪操作。

步骤 08 执行"旋转"命令（RO），将绘制的图形旋转 −22°，复制到屋顶保温层图形中，如图 18-133 所示。

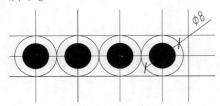

图 18-131　绘制圆

图 18-132　修剪操作

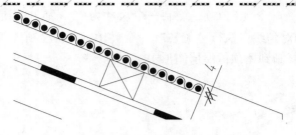

图 18-133　复制操作

18.9.5　绘制屋顶瓦片

步骤 01 执行"矩形"命令（REC），绘制一个尺寸为 125×10 的矩形；执行"旋转"命令（RO），将绘制的矩形旋转 −17°，如图 18-134 所示。

步骤 02 执行"复制"命令（CO），将旋转后的矩形图形复制到屋顶图形中，如图 18-135 所示。

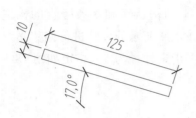

图 18-134　绘制矩形

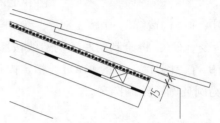

图 18-135　复制操作

18.9.6　绘制墙面

在"图层特性管理器"中将"墙面"图层切换到当前图层；执行"偏移"命令（O），将墙体的相关线段向外进行偏移操作，偏移尺寸为 20，并将偏移后的线条转换到"墙面"图层；执行"修剪"命令（TR），执行"删除"命令（E），将图形按照如图 18-136 所示的形状进行修剪操作。

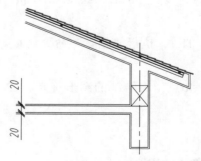

图 18-136　绘制墙面

18.9.7　绘制窗

步骤 01 在"图层特性管理器"中将"门窗"图层切换到当前图层；执行"多线"命令（ML），根据命令行提示，选择"对正"选项，选择无对正模式；选择"比例"选项，输入比例因子为 1；选择"样式"选项，输入当前样式为"240 窗体"，捕捉相应的窗洞起点和端点，绘制 240 窗体，如图 18-137 所示。

步骤 02 在"图层特性管理器"中将"其他"图层切换到当前图层；执行"多段线"命令（PL），在图形的左边绘制一条竖直的多段线，用以表示打断；在图形的下边也绘制一条水平的多段线；执行"修剪"命令（TR），对图形进行修剪操作，如图 18-138 所示。

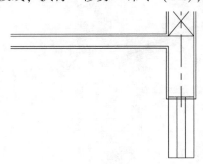

图 18-137　绘制窗体

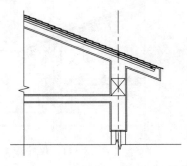

图 18-138　绘制多段线

18.9.8　图案填充

步骤 01 在"图层特性管理器"中将"填充"图层切换到当前图层；执行"图案填充"命令（BH），选择填充图案为"ANSI31"，选择填充角度为 0°，比例为 10，选择过梁区域和楼梯区域为填充区域，对图形进行填充操作；执行"图案填充"命令（BH），选择填充图案为"AR-CONC"，选择填充角度为 0°，比例为 0.5，选择过梁区域和楼梯区域为填充区域，对图形进行填充操作，如图 18-139 所示。

步骤 02 执行"图案填充"命令（BH），选择填充图案为"ANSI37"，选择填充角度为 0°，比例为 5，选择墙体其他区域为填充区域，对如图 18-140 所示的区域进行填充操作，用以表示保温层材料。

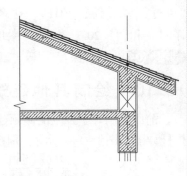

图 18-139　图案填充

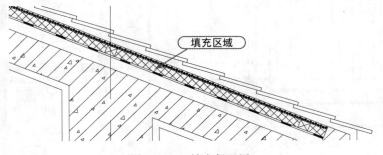

图 18-140　填充保温层

18.9.9　尺寸标注及文字说明

对图形进行标注和文字标注，并绘制图名相关的文字说明。

步骤 **01** 在"图层特性管理器"中将"标注"图层切换到当前图层；执行"线性"命令（DLI），对图形下方的相关尺寸进行线性标注，如图 18-141 所示。

步骤 **02** 在"图层特性管理器"中将"文字"图层切换到当前图层；执行"单行文字"命令（DT），按照如图 18-142 所示的文字描述对图形进行标注。

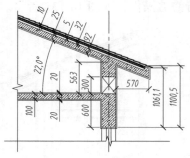

图 18-141 尺寸标注

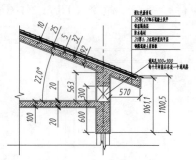

图 18-142 文字标注

步骤 **03** 将绘图区域移至图形的下方，执行"多段线"命令（PL），绘制一条长 1000，宽度为 20 的多段线；在"图层特性管理器"中将"文字"图层切换到当前图层；执行"单行文字"命令（DT），在多段线的上方输入文字"屋顶详图"和"1：20"，并将"屋顶详图"文字比例缩放一倍，如图 18-143 所示。

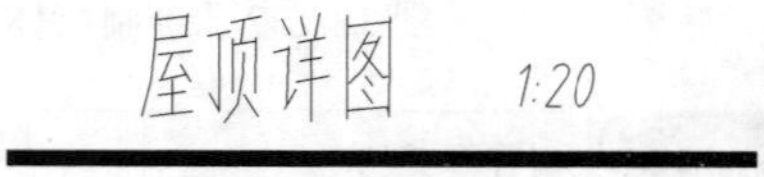

屋顶详图 1:20

图 18-143 标注文字

步骤 **04** 单击"保存" 按钮，将文件保存，该屋顶详图绘制完成。

18.10 绘制其他建筑详图

前面绘制好了别墅的屋顶建筑图，根据该别墅实际的需要，来绘制其他的建筑详图，别墅栏杆详图如图 18-144 所示，别墅卫生间详图如图 18-145 所示，别墅门窗详图如图 18-146 所示。

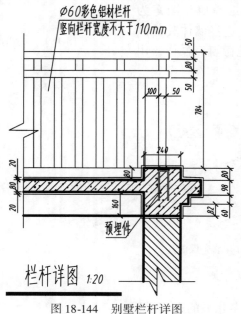

图 18-144 别墅栏杆详图

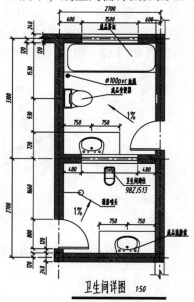

图 18-145 别墅卫生间详图

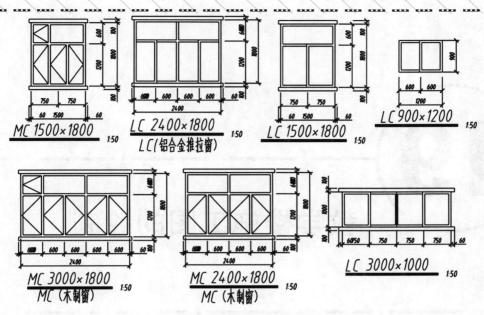

图 18-146 别墅门窗详图

19

教学楼施工图的绘制

本章导读

　　学校的建筑设计，除了在定额、指标、规范和标准方面要遵守国家有关法规外，在总体环境的规划布置、教学楼的平面与空间组合形式，以及材料、结构、构造、施工技术和设备的选用等方面，还要恰当地处理好功能、技术与艺术三者的关系。同时要考虑青少年活泼好动、好奇和缺乏经验等特点，充分注意安全问题。

本章内容

- 绘制图纸目录
- 绘制门窗表
- 绘制设计总说明
- 绘制教学楼平面图
- 绘制教学楼立面图
- 绘制教学楼剖面图
- 绘制教学楼建筑详图

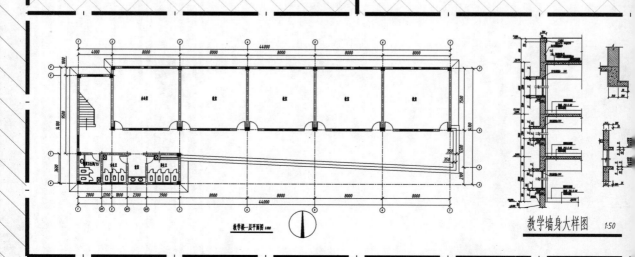

教学楼一层平面图

教学墙身大样图 1:50

19.1 图纸目录的绘制

案例	图纸目录.dwg	视频	绘制图纸目录.avi	时长	17′28″

和前面绘制别墅施工图一样，首先绘制一张该教学楼所有施工图的图纸目录表，这样方便阅读者快速找到需要的图纸，并且也便于管理。

步骤 01 正常启动 AutoCAD 2015 软件，选择"文件 | 打开"菜单命令，将"案例 \ 19 \ 建筑平面图.dwt"文件打开；在菜单浏览器下选择"另存为 | 图形"命令，将弹出"图形另存为"对话框；在"文件类型"选项中选择"*.dwg"文件类型，并在"文件名"选项中输入"图纸目录"，然后单击"保存"按钮。

步骤 02 执行"表格样式"命令（TS），创建一个如图 19-1 所示的表格；按照图中提供的文本内容，在对应的单元格中输入相关的文本。

教学楼施工图纸目录表				
序号	图纸编号	图纸名称	图幅	备注
1	JX-1	图纸目录	A4	
2	JX-2	门窗表	A4	
3	JX-3	设计总说明	A4	
4	JX-4	一层平面图	A0	
5	JX-5	二层平面图	A0	
6	JX-6	三层平面图	A0	
7	JX-7	四层平面图	A0	
8	JX-8	屋顶平面图	A0	
9	JX-9	南立面图	A0	
10	JX-10	北立面图	A0	
11	JX-11	东立面图	A0	
12	JX-12	西立面图	A0	
13	JX-13	剖面图	A0	
14	JX-14	楼梯详图	A0	
15	JX-15	卫生间详图	A0	
16	JX-16	墙身大样图	A0	
17	JX-17	楼梯大样图	A0	
18	JX-18	栏杆大样图	A0	

图 19-1　创建图纸目录表格

步骤 03 单击"保存" 🔲 按钮，将文件保存，该图纸目录表图形绘制完成。

19.2 门窗表的绘制

案例	门窗表.dwg	视频	绘制门窗表.avi	时长	17′28″

门窗表就是门窗编号以及门窗尺寸及做法，这对设计者在结构中计算荷载是必不可少的。

步骤 01 正常启动 AutoCAD 2015 软件，选择"文件 | 打开"菜单命令，将"案例 \ 19 \ 建筑平面图.dwt"文件打开；在菜单浏览器下选择"另存为 | 图形"命令，将弹出"图形另存为"对话框；在"文件类型"选项中选择"*.dwg"文件类型，并在"文件名"选项中输入"门窗表"，然后单击"保存"按钮，创建新的图纸。

步骤 02 执行"表格样式"命令（TS），弹出"表格样式"对话框，根据需要创建一个新的表格样式。双击表格相关的单元格，进入文本编辑模式，然后根据表格中的内容，在相对应的单元格中输入文本内容，如图 19-2 所示。

门窗表				
名称	高度	宽度	数量	材质
M-1	3000	1000	33	胶合板
M-2	3000	900	12	胶合板
M-3	2400	1200	1	塑钢
M-4	2400	900	1	塑钢
M-5	3000	1500	2	塑钢
C-1	2100	1500	34	塑钢
C-2	2100	1500	32	塑钢
C-3	2700	2800	4	塑钢
C-4	2200	2800	2	塑钢
C-5	13800	1800	1	塑钢组合
C-6	1200	2100	8	塑钢
C-6a	1200	1500	8	塑钢

图 19-2 创建门窗表

步骤 03 单击“保存” 按钮，将文件保存，该门窗表图形绘制完成。

19.3 设计总说明的绘制

案例 设计总说明 . dwg　　视频 绘制设计总说明 . avi　　时长 17′28″

根据该教学楼的实际情况，绘制该教学楼设计总说明书。

步骤 01 正常启动 AutoCAD 2015 软件，选择“文件 | 打开”菜单命令，将“案例 \ 19 \ 建筑平面图 . dwt”文件打开；在菜单浏览器下选择“另存为 | 图形”命令，将弹出“图形另存为”对话框；在“文件类型”选项中选择“＊. dwg”文件类型，并在“文件名”选项中输入“设计总说明”，然后单击“保存”按钮，创建新的图纸。

步骤 02 执行“单行文字”命令（DT），参照所对应文件夹里面的“设计总说明 . txt”，书写如图 19-3 所示的设计总说明。

建筑设计说明

一、本工程建筑面积2061.72m².
二、建筑物室内地坪设计标高±0.00相当于黄海高程系绝对标高6.000m.
建筑场地原地坪标高,相当于黄海高程系绝对标高5.400m.
图纸中未注明单位尺寸:标高以m计,其余以mm计.
三、本设计所用材料规格、质量检验标准和施工要求等除已注明外,均应按现行“建筑安装工程施工及验收规范”执行.
四、所有建筑结构，有关预留洞，埋设件及水、暖、电等预埋管道应结合相应图纸，施工时与有关单位密切配合施工.
五、墙体工程
1. 所有砖砌体,除图纸内注明外,均在室内地坪以下一皮砖处做20mm厚1:2水泥砂浆(加3~5%防水剂)防潮层.架空地面防潮层做在铺板下.
2. 在设计室内地坪以下部位及室内±0.000以下的墙体(包括架空地面下的墙体)的墙面,花池内侧的墙面，均粉20厚1:2.5水泥砂浆(加3~5%防水剂).
3. 钢筋混凝土柱和砖墙连接部位,在柱内设水平插筋2Ø6竖向@500外伸L与砖墙连接.(砖混结构L=1000;框架结构L=700,遇门窗截断即可).
当外墙体长大于5m时中设构造柱.
当墙体高大于4m时中设圈梁 240X120,内配4Ø12,Ø6@200.
4. 构造柱未注详者,断面为240x240,配筋4Ø12,Ø6@200,与圈梁交接处上下各500范围内箍筋加密为Ø6@100
七、门外坡道,踏步尺寸见平面图,除注明外一般做法为素土夯实,150mm厚片石灌砂夯实垫层,100mm厚C15混凝土20厚1:2水泥砂浆面层.注:坡道表面做锯齿形抹灰面层.
八、散水坡900mm宽，向外放坡10%.做法:素土夯实，150厚片石灌砂夯实垫层80mm厚C10混凝土,10厚1:1水泥砂浆随捣随抹.（注:靠墙和沿长度）10m做分格缝.缝宽20mm沥青灌缝.
九、铝合金窗采用90系列，灰白色框，灰白玻璃，窗为5mm厚玻璃，门为6mm厚玻璃.
十、木门采用乳白色醇酸调和漆两度，铁件的内油为红丹漆两度，外油银灰色度.
十一、非承重墙，门洞预制过梁见结构说明.
十二、其他补充说明
1. 本工程建筑耐久年限为50年，耐火等级二级，地下室耐火等级一级，
2. 施工过程如需要设计修改时,应事先征得设计单位同意,凭文字依据施工,不得擅自修改.
3. 外墙砖花岗石等有色彩的装饰材料,须提供样品,经同意后方可使用.
4. 每个楼梯间均设消防箱一个,每个楼梯间均设邮政信箱一个.
5. 屋顶均设三级防雷措施.
6. 窗台设80mm厚C20细石混凝土,内配3Ø8,Ø6@100L=L_0+250x2,窗台高度低于900mm均应内设栏杆,
7. 给水排水管采用PPR管
8. 阳台、外走廊、室外平台及厕所、洗漱室和可能积水的房间，均应较相邻室内低20~50mm,并做出泛水，坡向地漏或出水口和集水坑.
9. 卫生间及出屋面楼梯间四周墙体采用C20混凝土上翻150mm高,宽度同墙厚.女儿墙四周墙体采用C20混凝土上翻150mm高
11. 所有檐口、窗顶、窗台挑出部分、女儿墙压顶、雨篷及其他挑出墙面部分，均须做滴水线.
12. 楼梯挡水线:其构造除注明外，均做80mm宽15mm高（厚）1:2水泥砂浆挡水线.
13. 多层阳台栏杆净高不低于1050mm,高层阳台栏杆净高不低于1100mm,栏杆水平段净高不低于1050mm,栏杆离地面或屋面0.10m高度内不应留空
14. 垃圾道做法详见建筑设计资料集第十集.
15. 底层外窗和阳台门，下沿低于2m且紧邻走廊或公用上人屋面上的窗和门应采取防卫错施（甲方自理）。

图 19-3 设计总说明

步骤 03 单击"保存" 🖫 按钮，将文件保存，该设计总说明绘制完成。

19.4　绘制一层平面图

案例	教学楼一层平面图.dwg	视频	绘制教学楼一层平面图.avi	时长	17′28″

　　同绘制别墅平面图一样，首先要绘制建筑物的一层平面图，然后绘制建筑物楼上的其他平面图。绘制的教学楼一层平面图如图19-4所示。

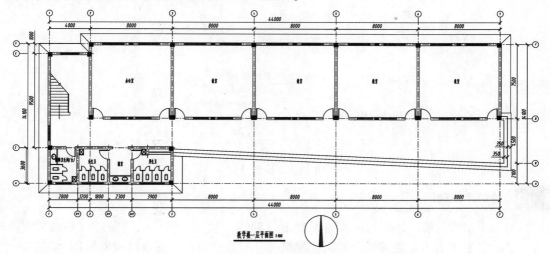

图 19-4　教学楼一层平面图

19.4.1　设置多线样式

　　在绘制一层平面图时，可以调用前面设置好的相关的样板文件，这样可节省不少的时间。

步骤 01 正常启动 AutoCAD 2015 软件，选择"文件 | 打开"菜单命令，将"案例 \ 19 \ 建筑平面图.dwt"文件打开；在菜单浏览器下选择"另存为 | 图形"命令，将弹出"图形另存为"对话框；在"文件类型"选项中选择"*.dwg"文件类型，并在"文件名"选项中输入"教学楼一层平面图"，然后单击"保存"按钮，如图19-5所示。

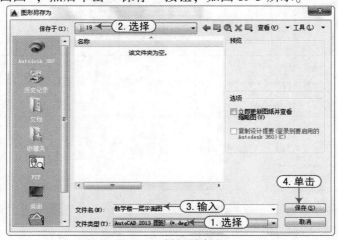

图 19-5　样板另存为

步骤 02 执行"线型管理器"命令（LT），弹出"线型管理器"对话框，然后单击"显示细节"按钮，展开细节相关选项；在"全局比例因子"项中输入"10"，最后单击"确定"按钮，完成线型的设置，如图 19-6 所示。

图 19-6　线型设置

19.4.2　绘制定位轴线

当调入了相关的绘图样板后，接着绘制定位轴线，从而对墙体的间距进行布局。定位轴线是用以确定主要结构位置的线，如确定建筑的开间或柱距；进深或跨度的线称为定位轴线。

步骤 01 在"图层特性管理器"中将"轴线"图层切换到当前图层；执行"构造线"命令（XL），绘制一组十字中心线。

步骤 02 执行"偏移"命令（O），将绘制的十字中心线按照如图 19-7 所示的尺寸与方向进行偏移操作。

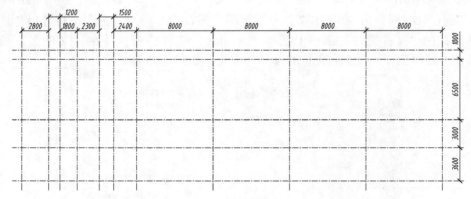

图 19-7　偏移轴线

19.4.3　绘制墙体

步骤 01 执行菜单命令"格式丨多线样式"菜单命令 ，设置两个参数如图 19-8 所示的多线样式，分别命名为"墙体 240"和"窗体 240"。

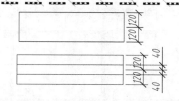

图 19-8 创建墙体、窗体多线样式

步骤 **02** 将 "墙体" 图层切换到当前图层；执行 "多线" 命令 (ML)，根据命令行提示，选择 "对正" 选项，再选择无对正模式；选择 "比例" 选项，输入比例因子为 1；选择 "样式" 选项，输入当前样式为 "240 墙体"，然后捕捉相关的交点，绘制 240 墙体，如图 19-9 所示。

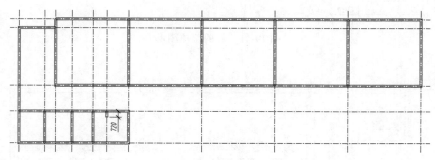

图 19-9 绘制 240 墙体

步骤 **03** 双击相关的多线，弹出 "多线编辑工具" 对话框，根据前面所学过的知识，将所绘制的 240 墙体多线按照如图 19-10 所示的形状进行修剪操作。

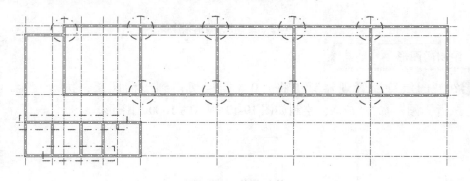

图 19-10 修改墙体

19.4.4 绘制门窗洞口

步骤 **01** 执行 "偏移" 命令 (O)，将相关的轴线按照如图 19-11 所示的尺寸进行偏移操作；执行 "修剪" 命令 (TR)，以偏移的轴线为修剪边界，将 240 墙体进行修剪操作；执行 "删除" 命令 (E)，将辅助轴线进行删除操作。

步骤 **02** 同样的方式，先创建一个宽度为 30 的墙体多线样式，按照如图 19-12 所示的尺寸在厕所位置绘制相关的隔间墙体，并按照图中提供的尺寸进行修剪墙体操作。

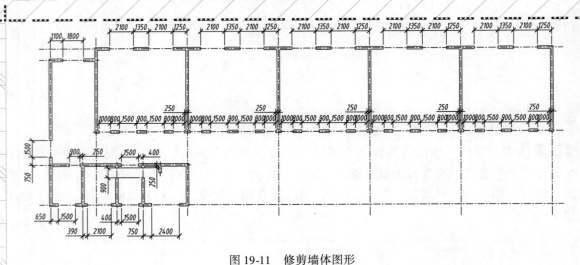

图 19-11　修剪墙体图形

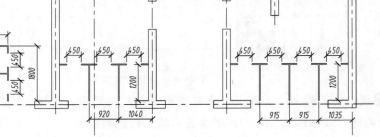

图 19-12　绘制厕所墙体图形

19.4.5　绘制门图形

步骤 **01** 在"图层特性管理器"中将"0"图层切换到当前图层；执行"矩形"命令（REC），执行"圆"命令（C），绘制如图 19-13 所示的 1000 门图形。

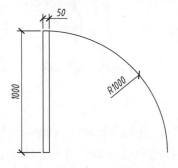

图 19-13　绘制门图形

步骤 **02** 执行"写块"命令（W），将绘制的门图形保持为块文件，块名称命名为"门-1000"。

步骤 03 在"图层特性管理器"中将"门窗"图层切换到当前图层；执行"插入"命令（I），弹出"插入"对话框，然后选择"门-1000"块文件。操作过程如图 19-14 所示。

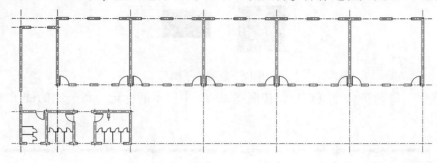

图 19-14　插入门图形

19.4.6　绘制窗图形

步骤 01 执行菜单命令"格式 | 多线样式"菜单命令 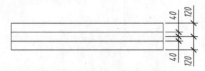，弹出"多线样式"对话框，创建一组尺寸如图 19-15 所示的多线样式，名称为"240 窗体"。

图 19-15　创建多线样式

步骤 02 执行"多线"命令（ML），根据命令行提示，选择"对正"选项，再选择无对正模式；选择"比例"选项，输入比例因子为1；选择"样式"选项，输入当前样式为"240窗体"，然后捕捉相应的窗洞起点和端点，绘制 240 窗体，如图 19-16 所示。

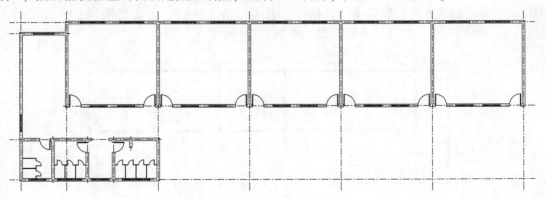

图 19-16　创建 240 窗体

19.4.7　绘制柱子

步骤 01 将"墙体"图层切换到当前图层；执行"矩形"命令（REC），绘制两个矩形，尺寸为 400×400 和 400×240；执行"图案填充"命令（BH），选择填充图案为"SOLID"，选择填充角度为0°，再选择绘制的矩形为填充区域，对图形进行填充操作，如图 19-17 所示。

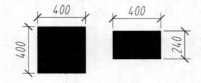

图 19-17　绘制柱子图形

步骤 02 执行"复制"命令（CO），按照图 19-18 中所示的标记，将绘制的柱子图形复制到平面图中。

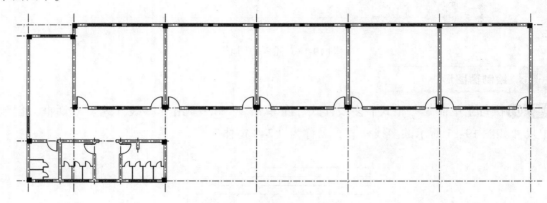

图 19-18　复制柱子图形

19.4.8　绘制散水

将"其他"图层切换到当前图层；执行"偏移"命令（O），将图形最外面的墙体所对应的轴线向外进行偏移操作，并将偏移后的线条转换到"其他"图层；执行"修剪"命令（TR），将偏移的线条进行修剪操作；执行"直线"命令（L），分别连接散水线的交点和图形最外面的轴线交点，绘制几条斜线段，如图 19-19 所示。

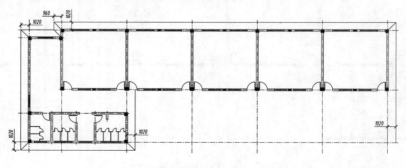

图 19-19　绘制散水图形

19.4.9　绘制室外台阶

步骤 01 在"图层特性管理器"中将"楼梯"图层切换到当前图层；执行"偏移"命令（O），将相关的轴线按照如图 19-20 所示的尺寸与方向进行偏移操作。

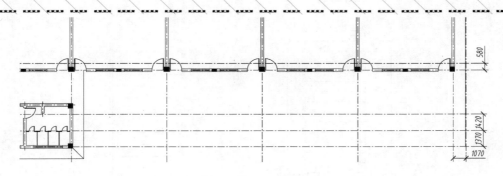

图 19-20　偏移轴线

步骤 02 执行"多段线"命令（PL），分别捕捉如图 19-21 所示的相关交点，绘制几条多段线。

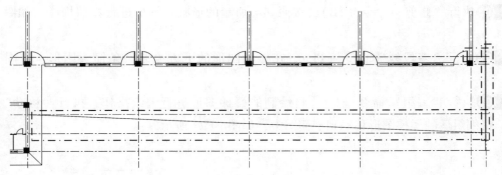

图 19-21　绘制多段线

步骤 03 执行"偏移"命令（O），将绘制的多段线向内进行偏移操作，偏移尺寸为 350，偏移两条；执行"修剪"命令（TR），按照如图 19-22 所示的形状对图形进行修剪操作。

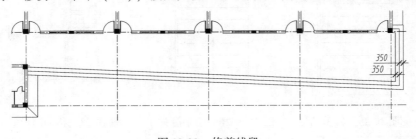

图 19-22　修剪线段

19.4.10　绘制楼梯图形

步骤 01 执行"矩形"命令（REC），绘制几个尺寸如图 19-23 所示的矩形图形；执行"移动"命令（M），然后执行"复制"命令（CO），将这几个矩形按照如图 19-23 所示的位置进行组合。

步骤 02 在"图层特性管理器"中将"其他"图层切换到当前图层；执行"多段线"命令（PL），在图形上方绘制如图 19-24 所示的一条折线段，表示断开位置。

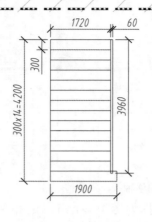
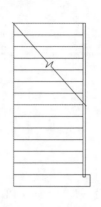

图 19-23　绘制矩形　　　　　　　图 19-24　绘制折线

步骤 03 执行"修剪"命令（TR），按照如图所示的形状对图形进行修剪操作，如图 19-25 所示。

步骤 04 执行"多段线"命令（PL），在楼梯图形的下方绘制一条箭头图形，如图 19-26 所示。

步骤 05 执行"编组"命令（G），将绘制的楼梯图形进行编组操作；执行"移动"命令（M），将编组后的楼梯图形移动到平面图中，如图 19-27 所示。

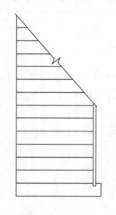
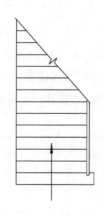
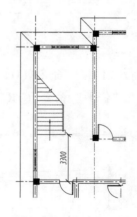

图 19-25　修剪图形　　　图 19-26　绘制箭头　　　图 19-27　移动图形

19. 4. 11　绘制管道井

步骤 01 在"图层特性管理器"中将"设施"图层切换到当前图层；执行"矩形"命令（REC），绘制一个尺寸为 450×600 的矩形；执行"偏移"命令（O），将矩形向内进行偏移操作，偏移尺寸为 50，如图 19-28 所示。

步骤 02 执行"直线"命令（L），捕捉里面矩形的四个交点，绘制两条斜线段；执行"圆"命令（C），以对角线交点为圆心，绘制一个直径为 100 的圆；执行"修剪"命令（TR），对图形进行修剪操作，如图 19-29 所示。

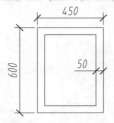
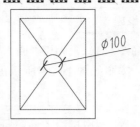

图 19-28　绘制矩形　　　　图 19-29　绘制斜线段和圆

步骤 03 执行 "编组" 命令（G），将绘制的管道井图形进行编组操作；执行 "移动" 命令（M），将编组后的管道井图形移动到平面图中，如图 19-30 所示。

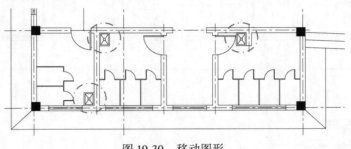

图 19-30　移动图形

19.4.12　绘制其他设施

步骤 01 执行 "偏移" 命令（O），按照如图 19-31 所示的尺寸与方向，将相关的轴线进行偏移操作，并将偏移后的线段转换到 "设施" 图层。

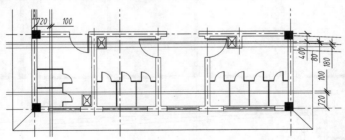

图 19-31　偏移操作

步骤 02 执行 "修剪" 命令（TR），按照如图 19-32 所示的形状对图形进行修剪操作。

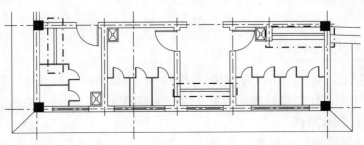

图 19-32　修剪操作

19.4.13 插入卫生设施

执行"插入"命令（I），弹出"插入"对话框，然后选择相对应的文件夹里面相对应的家具设施图形文件，按照如图 19-33 所示提供的位置，全部插入到平面图中。

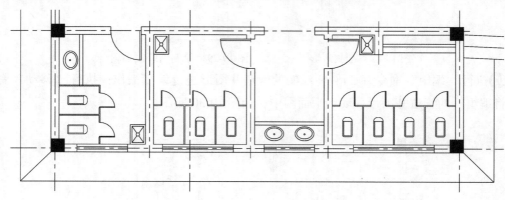

图 19-33　插入卫生设施

19.4.14 绘制轴号

将"标注"图层切换到当前图层；执行"插入"命令（I），按照如图 19-34 所示的形状，对教学楼相关的轴线进行轴号标注。

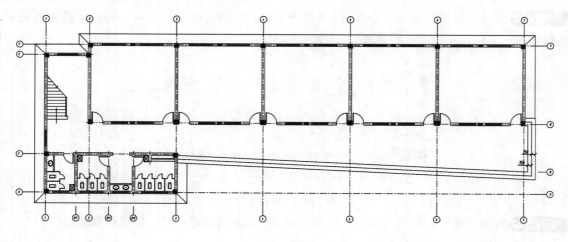

图 19-34　插入轴号

19.4.15 尺寸标注及文字说明

步骤 01 执行"线性"命令（DLI），对图形相关的尺寸进行线性标注，如图 19-35 所示。

步骤 02 将"文字"图层切换到当前图层；执行"单行文字"命令（DT），按照如图 19-36 所示的文字描述对图形进行标注。

步骤 03 将绘图区域移至图形的右下角处，在"图层特性管理器"中将"标注"图层切换到当前图层；执行"圆"命令（C），绘制一个直径为 3200 的圆，如图 19-37 所示。

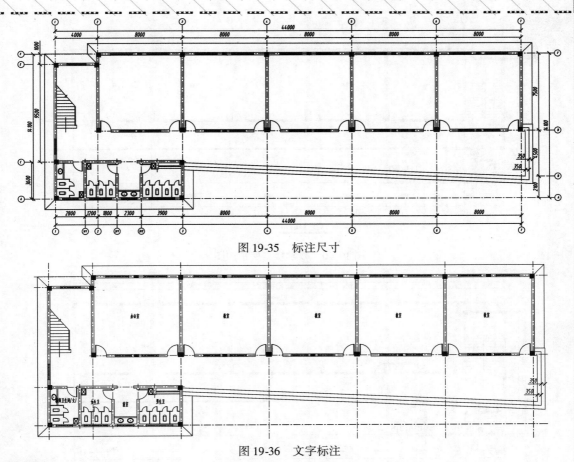

图 19-35　标注尺寸

图 19-36　文字标注

步骤 04 执行"多段线"命令（PL），指定所绘制的圆的上象限点为起点，选择"宽度"选项，设置宽度为"0"；指定端点宽度为"300"，然后捕捉圆的下象限点，该指北针的箭头绘制完成，如图 19-38 所示。

图 19-37　绘制圆　　　图 19-38　绘制多段线

步骤 05 将绘图区域移至图形的下方，执行"多段线"命令（PL），设置宽度为 100，绘制一条水平长 5000 的多段线。

步骤 06 执行"单行文字"命令（DT），在多段线的上方输入文字"教学楼一层平面图"和"1:100"，并将"教学楼一层平面图"文字比例缩放一倍，如图 19-39 所示。

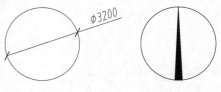

步骤 07 单击"保存" 🖫 按钮，将文件保存，该教学楼一层平面图绘制完成。

图 19-39　标注文字

19.5　绘制其他层平面图

　　根据绘制一层平面图的方法绘制该教学楼的其他楼层的平面图。具体绘图步骤就不再详细描写，绘制的各层平面图如图 19-40 ～ 图 19-43 所示。

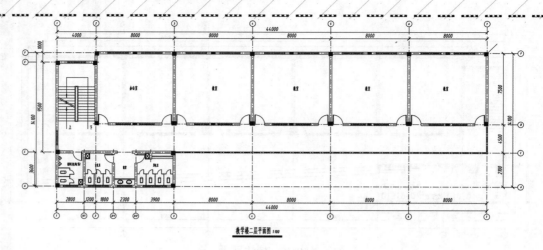

图 19-40　教学楼二层平面图

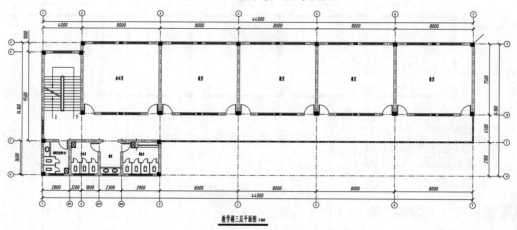

图 19-41　教学楼三层平面图

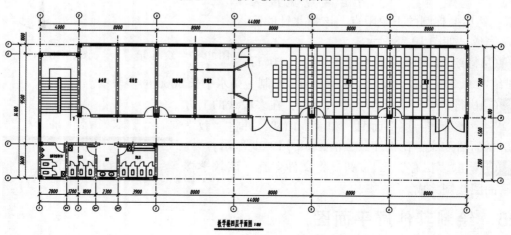

图 19-42　教学楼四层平面图

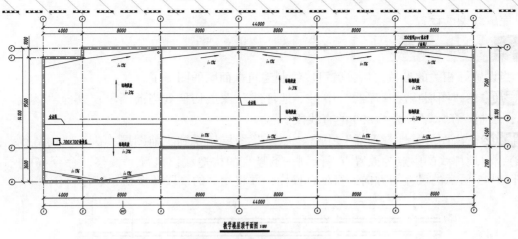

图 19-43　教学楼屋顶平面图

19.6　绘制南立面图

案例	教学楼南立面图.dwg	视频	绘制教学楼南立面图.avi	时长	17′28″

绘制该教学楼的南立面图，绘图方式、步骤和绘制别墅南立面图类似，绘制的教学楼南立面图如图 19-44 所示。

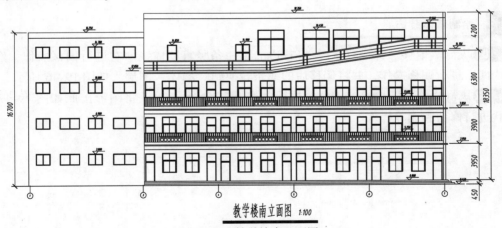

图 19-44　教学楼南立面图

19.6.1　设置绘图环境

同绘制一层平面图一样，在绘制南立面图时，也可以调用前面设置好的相关的样板文件，这样可节省不少的时间。

步骤 01 正常启动 AutoCAD 2015 软件，选择"文件 | 打开"菜单命令，将"案例 \ 19 \ 建筑立面图.dwt"文件打开；在菜单浏览器下选择"另存为 | 图形"命令，将弹出"图形另存为"对话框；在"文件类型"选项中选择"*.dwg"文件类型，并在"文件名"选项中输入"教学楼南立面图"，然后单击"保存"按钮。

步骤 02 执行"线型管理器"命令（LT），弹出"线型管理器"对话框，然后单击"显示细节"按钮，展开细节相关选项；在"全局比例因子"项中输入"10"，然后单击"确定"按钮，完成线型的设置。

19.6.2 绘制基本轮廓线

当设置好相关的参数之后，就可以绘制建筑立面图的图形了。

步骤 01 在"图层特性管理器"中将"地坪线"图层切换到当前图层；执行"直线"命令（L），绘制一条水平长为 51800 的直线段。

步骤 02 在"图层特性管理器"中将"墙体"图层切换到当前图层；执行"构造线"命令（XL），以地坪线的中点为放置点，绘制一条竖直的构造线；执行"偏移"命令（O），按照如图 19-45 所示的尺寸与方向进行偏移操作，并将相关的线段转换到"墙体"图层。

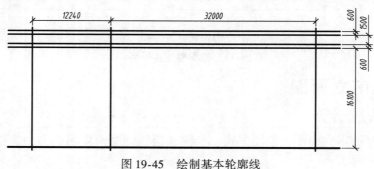

图 19-45　绘制基本轮廓线

19.6.3 绘制墙体装饰线

步骤 01 执行"偏移"命令（O），将右边的第一条竖直墙体线向右进行偏移操作，然后将地坪线向上进行偏移操作，并将偏移后的线条转换到"墙体"图层，如图 19-46 所示。

步骤 02 执行"修剪"命令（TR），执行"删除"命令（E），将图形按照如图 19-47 所示的形状进行修剪和删除操作。

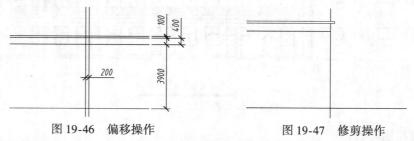

图 19-46　偏移操作　　　　　　　　图 19-47　修剪操作

步骤 03 采用前面的方法和尺寸，在如图 19-48 所示的位置绘制教学楼其他地方的墙体装饰线；执行"修剪"命令（TR），对图形进行修剪操作。

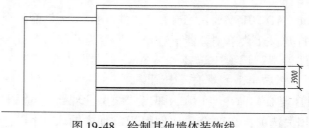

图 19-48　绘制其他墙体装饰线

19.6.4　绘制室外台阶

步骤 01 在"图层特性管理器"中将"楼梯"图层切换
到当前图层；将绘图区域移至图形的右下方；执行"偏
移"命令（O），按照如图 19-49 所示的尺寸将相关的线条
进行偏移操作，并将偏移后的线段转换到"楼梯"图层。

步骤 02 执行"修剪"命令（TR），然后执行"删除"
命令（E），将图形按照如图 19-50 所示的形状进行修剪和
删除操作。

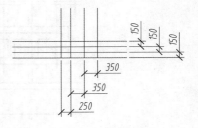

图 19-49　偏移操作

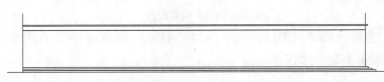

图 19-50　修剪操作

19.6.5　绘制栏杆

步骤 01 将"墙体"图层切换到当前图层；执行"矩形"命令（REC），绘制尺寸如图19-51
所示的几个矩形；执行"移动"命令（M），将这几个矩形按照如图 19-51 所示的位置进行
移动。

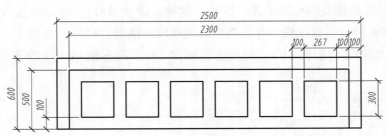

图 19-51　绘制矩形

步骤 02 执行"复制"命令（CO），按如图 19-52 所示提供尺寸进行复制操作。

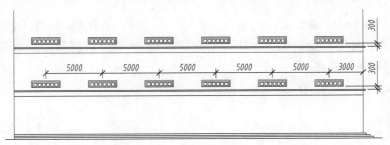

图 19-52　复制操作

步骤 03 将"栏杆"图层切换到当前图层；执行"偏移"命令（O），将相关的线段进行偏

移操作，尺寸和方向如图 19-53 所示，并将偏移后的线段转换到"栏杆"图层。

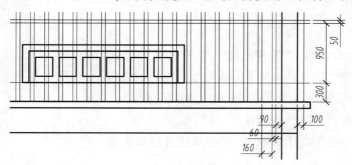

图 19-53 偏移操作

步骤 04 执行"修剪"命令（TR），然后执行"删除"命令（E），将图形按照如图 19-54 所示的形状进行修剪和删除操作。

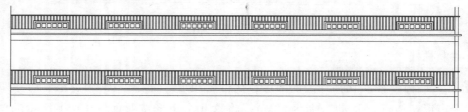

图 19-54 修剪操作

步骤 05 将绘图区域移至图形的上方，执行"偏移"命令（O），将相关线段按照如图19-55 所示的尺寸与方向进行偏移操作，并将偏移后的线段转换到"栏杆"图层。

步骤 06 执行"直线"命令（L），分别连接如图 19-56 所示的两个线段交点，绘制一条斜线段。

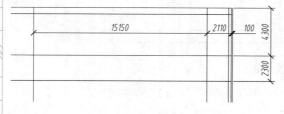

图 19-55 偏移操作

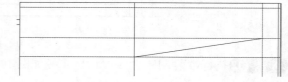

图 19-56 绘制斜线段

步骤 07 执行"修剪"命令（TR），执行"删除"命令（E），将图形按照如图 19-57 所示的形状进行修剪和删除操作。

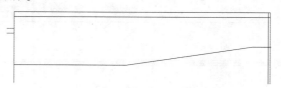

图 19-57 修剪操作

步骤 08 执行"偏移"命令（O），将相关线段按照如图 19-58 所示的尺寸与方向进行偏移操作，并将偏移后的线段转换到"栏杆"图层。

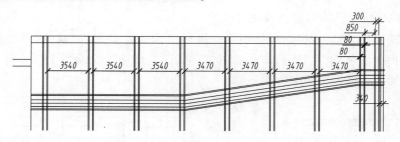

图 19-58　偏移操作

步骤 09 执行"修剪"命令（TR），然后执行"删除"命令（E），将图形按照如图 19-59
所示的形状进行修剪和删除操作。

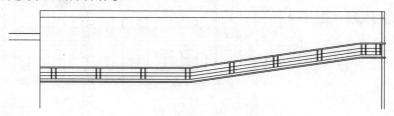

图 19-59　修剪操作

19.6.6　绘制门窗

步骤 01 将"0"图层切换到当前图层；执行"矩形"命令（REC），然后执行"直线"命
令（L），绘制如图 19-60 所示的几个门窗立面图形。

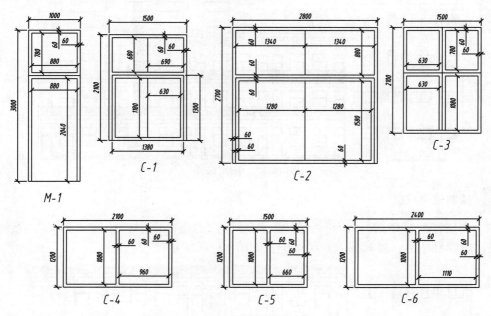

图 19-60　绘制门窗图形

步骤 **02** 执行"写块"命令（W），将前面所绘制的几个门窗图形分别进行写块操作，块名称按照如图 19-60 所提供的名称进行命名。

步骤 **03** 将"门窗"图层切换到当前图层；执行"插入"命令（I），选择创建的各种门窗块图形，按照提供的名称，插入到南立面图中；执行"修剪"命令（TR），将被栏杆挡住的部分进行修剪操作，如图 19-61 所示。

图 19-61　插入门图形

19.6.7　绘制标高符号

将"标注"图层切换到当前图层；执行"插入"命令（I），选择"标高"图块，根据图形的相关尺寸，对图形进行标高标注，如图 19-62 所示。

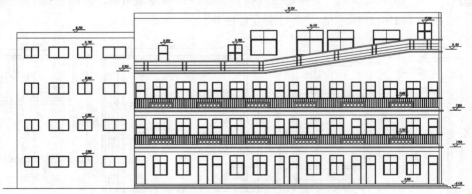

图 19-62　标高标注

19.6.8　绘制轴号

在"图层特性管理器"中将"标注"图层切换到当前图层；执行"插入"命令（I），选择创建的轴号图形，将其插入到图形中，如图 19-63 所示。

图 19-63　插入轴号

19.6.9 尺寸标注及文字说明

对图形进行标注和文字标注，并绘制图名相关的文字说明。

步骤 01 将"标注"图层切换到当前图层；执行"线性"命令（DLI），对图形下方的相关尺寸进行线性标注，如图 19-64 所示。

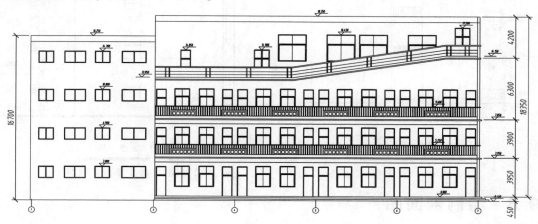

图 19-64 尺寸标注

步骤 02 将绘图区域移至图形的下方，执行"多段线"命令（PL），绘制一条长 5000、宽度为 100 的多段线；在"图层特性管理器"中将"文字"图层切换到当前图层；执行"单行文字"命令（DT），在多段线的上方输入文字"别墅南立面图"和"1∶100"，并将"教学楼南立面图"文字比例缩放一倍。

步骤 03 单击"保存" 按钮，将文件保存，该教学楼南立面图绘制完成。

19.7 绘制其他立面图

前面绘制好了教学楼的南立面图，接着绘制该教学楼的其他方向的立面图。绘制的各方向的立面图如图 19-65 ～ 图 19-67 所示。

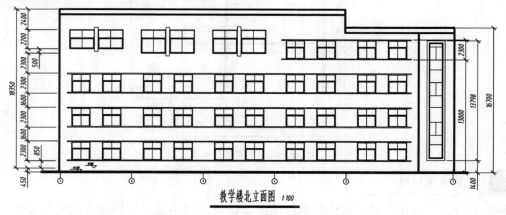

教学楼北立面图 1:100

图 19-65 教学楼北立面图

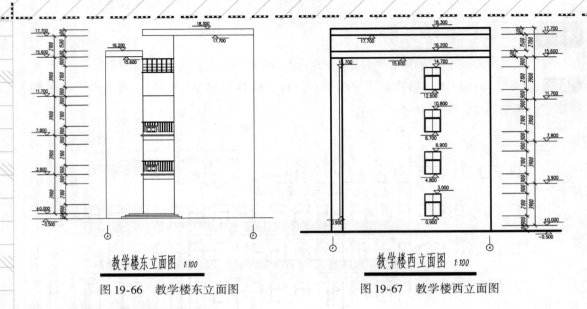

图 19-66　教学楼东立面图　　　　　　　图 19-67　教学楼西立面图

19.8　绘制剖面图

| 案例 | 教学楼剖面图.dwg | 视频 | 绘制教学楼剖面图.avi | 时长 | 17′28″ |

　　为了表达清楚立面的结构，接着绘制该教学楼的剖面图，绘制的教学楼剖面图如图 19-68 所示。

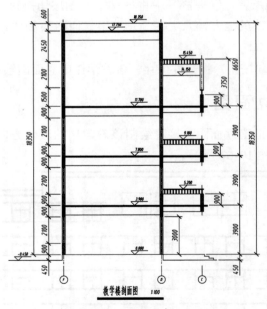

图 19-68　教学楼剖面图

19.8.1　设置绘图环境

　　同绘制一层平面图一样，在绘制剖面图时，也可以调用设置好的相关的样板文件，这样可节省不少的时间。

正常启动 AutoCAD 2015 软件，选择"文件 | 打开"菜单命令，将"案例 \ 19 \ 建筑立面图.dwt"文件打开；在菜单浏览器下选择"另存为 | 图形"命令，将弹出"图形另存为"对话框；在"文件类型"选项中选择"*.dwg"文件类型，然后在"文件名"选项中输入"教学楼剖面图"，最后单击"保存"按钮。

19.8.2　绘制地坪线

步骤 01 在"图层特性管理器"中将"地坪线"图层切换到当前图层；执行"直线"命令（L），绘制一条水平长 16000 的直线段；执行"构造线"命令（XL），以水平地坪线中点为放置点，绘制一条竖直的构造线，如图 19-69 所示。

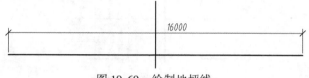

图 19-69　绘制地坪线

步骤 02 执行"偏移"命令（O），将相关的线段按照如图 19-70 所示的尺寸与方向进行偏移操作。

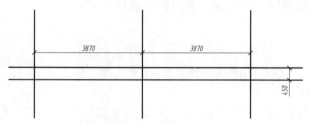

图 19-70　偏移操作

步骤 03 执行"修剪"命令（TR），执行"删除"命令（E），将图形按照如图 19-71 所示的形状进行修剪和删除操作。

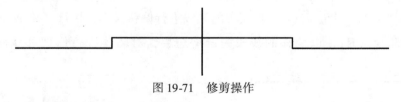

图 19-71　修剪操作

19.8.3　绘制轴线

步骤 01 将"轴线"图层切换到当前图层；执行"偏移"命令（O），按照如图 19-72 所示的尺寸与方向将中间的竖直线段进行偏移操作，并将偏移后的线段转换到"轴线"图层。

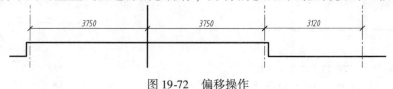

图 19-72　偏移操作

步骤 02 将"楼板"图层切换到当前图层；执行"构造线"命令（XL），绘制一条和屋内地面的地坪线重合的构造线；执行"偏移"命令（O），将绘制的构造线向上进行偏移操作，如图 19-73 所示。

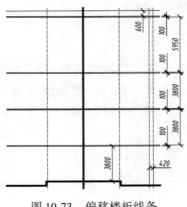

图 19-73　偏移楼板线条

19.8.4　绘制墙体

前面绘制了轴线和楼板，根据轴线和楼板线的相关交点来绘制墙体图形。

步骤 01 执行菜单命令"格式 | 多线样式"菜单命令，设置两个参数如图 19-74 所示的多线样式，分别命名为"墙体 240"和"窗体 240"。

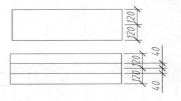

图 19-74　创建窗体多线样式

步骤 02 将"墙体"图层切换到当前图层；执行"多线"命令（ML），根据命令行提示，选择"对正"选项，选择无对正模式；选择"比例"选项，输入比例因子为 1；选择"样式"选项，输入当前样式为"240 墙体"，然后捕捉相应的轴线和楼板的交点，绘制 240 墙体，如图 19-75 所示。

步骤 03 执行"偏移"命令（O），将相关的轴线进行偏移操作；执行"修剪"命令（TR），执行"删除"命令（E），以偏移的线段为修剪边界，对墙体进行修剪和删除操作，如图 19-76所示。

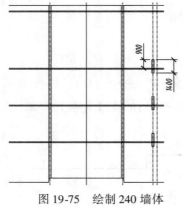

图 19-75　绘制 240 墙体

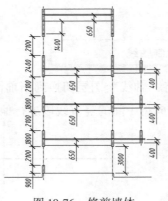

图 19-76　修剪墙体

19.8.5　绘制门窗

将"门窗"图层切换到当前图层；执行"多线"命令（ML），根据命令行提示，选择"对正"选项，选择无对正模式；选择"比例"选项，输入比例因子为1；选择"样式"选项，输入当前样式为"240窗体"，然后捕捉墙体上相关的点，绘制240窗体，如图19-77所示。

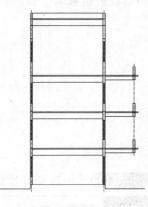

图19-77　绘制门窗

19.8.6　绘制室外台阶

步骤 01 在"图层特性管理器"中将"楼梯"图层切换到当前图层；将绘图区域移至图形的右下方，执行"偏移"命令（O），如图19-78所示将相关的线段进行偏移操作，并将偏移后的线条转换到"楼梯"图层。

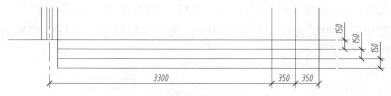

图19-78　偏移操作

步骤 02 执行"修剪"命令（TR），执行"删除"命令（E），将图形按照如图19-79所示的形状进行修剪操作。

图19-79　修剪操作

19.8.7　绘制栏杆

步骤 01 将"栏杆"图层切换到当前图层；将绘图区域移至二楼右侧，执行"偏移"命令（O），按照如图19-80所示的尺寸将相关的线条进行偏移操作，并将偏移后的线段转换到"栏杆"图层。

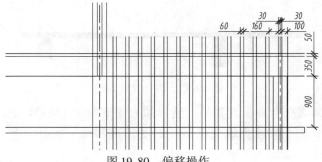

图19-80　偏移操作

步骤 02 执行"修剪"命令（TR），执行"删除"命令（E），将图形按照如图 19-81 所示的形状进行修剪、删除操作。

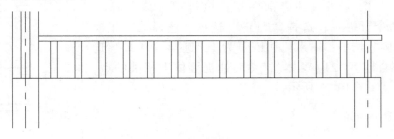

图 19-81　修剪操作

步骤 03 采用绘制二楼栏杆的方法，移动绘图区域至其他楼层，绘制类似的栏杆图形。

19.8.8　图案填充

步骤 01 将"楼板"图层切换到当前图层；执行"图案填充"命令（BH），选择填充图案为"SOLID"，选择填充角度为0°，比例为100；选择楼板相关的区域为填充区域，对图形进行填充操作，如图 19-82 所示。

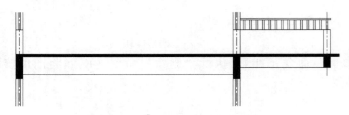

图 19-82　填充楼板图层

步骤 02 在"图层特性管理器"中将"填充"图层切换到当前图层；执行"图案填充"命令（BH），选择填充图案为"ANSI31"；选择填充角度为0°，比例为20；选择过梁区域为填充区域，对图形进行填充操作；执行"图案填充"命令（BH），选择填充图案为"AR-CONC"，然后选择填充角度为0°，比例为1。最后选择过梁区域为填充区域，对图形进行填充操作，如图 19-83 所示。

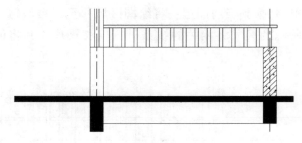

图 19-83　填充混凝土层

步骤 03 执行"图案填充"命令（BH），选择填充图案为"ANSI31"；选择填充角度为90°，比例为20；选择墙体其他区域为填充区域，对图形进行填充操作，用以表示砖结构，如图 19-84 所示。

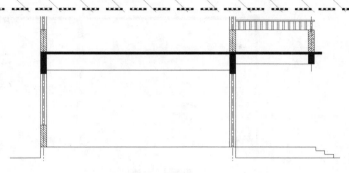

图 19-84　填充砖结构

19.8.9　标高标注

将"标注"图层切换到当前图层；执行"插入"命令（I），选择"标高"图块，然后根据图形的相关尺寸对图形进行标高标注，如图 19-85 所示。

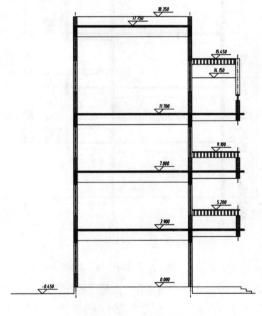

图 19-85　标高标注

19.8.10　绘制轴号

执行"插入"命令（I），将轴号图块图形插入到图中，然后执行"复制"命令（CO），将插入的轴号进行复制操作；双击复制后的轴号图形，弹出"增强属性编辑器"对话框，在"值"选项中输入对应的轴号，然后单击"确定"按钮，完成轴号的更改，如图 19-86 所示。

19.8.11　尺寸标注及文字说明

步骤 **01** 将"标注"图层切换到当前图层；执行"线性"命令（DLI），对图形下方的相关尺寸进行线性标注，如图 19-87 所示。

图 19-86 插入轴号

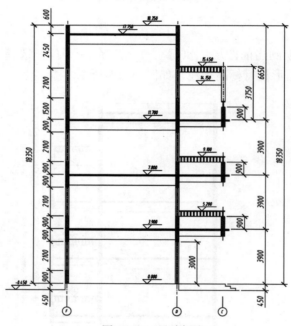

图 19-87 尺寸标注

步骤 02 将绘图区域移至图形的下方，执行"多段线"命令（PL），绘制一条长 5000、宽度为 100 的多段线；在"图层特性管理器"中将"文字"图层切换到当前图层；执行"单行文字"命令（DT），在多段线的上方输入文字"教学楼剖面图"和"1：100"，并将"教学楼剖面图"文字比例缩放一倍，如图 19-88 所示。

教学楼剖面图　　1:100

图 19-88 标注文字

步骤 03 单击"保存" 🔲 按钮，将文件保存，该教学楼剖面图绘制完成。

19.9 绘制卫生间详图

案例	卫生间详图．dwg	视频	绘制卫生间详图．avi	时长	17′28″

详图不单是指立面结构上面的详图，平面上也可以通过绘制相关的详图来表达平面图中

的详细结构。绘制的卫生间详图如图 19-89 所示。

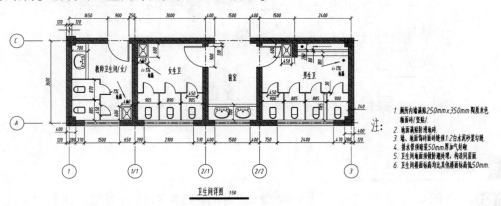

图 19-89　卫生间详图

19.9.1　设置绘图环境

在绘制建筑详图之前，为了节省时间，可以调用设置好的相关的绘图环境。

正常启动 AutoCAD 2015 软件，选择"文件 | 打开"菜单命令，将"案例 \ 19 \ 建筑详图 . dwt"文件打开；在菜单浏览器下选择"另存为 | 图形"命令，将弹出"图形另存为"对话框；在"文件类型"选项中选择" * . dwg"文件类型，并在"文件名"选项中输入"卫生间详图"，然后单击"保存"按钮。

19.9.2　插入图形

步骤 01 将"0"图层切换到当前图层；执行"插入"命令（I），选择"案例 \ 19 \ 教学楼一层平面图 . dwg"文件，将其插入到图形中；执行"分解"命令（X），将插入的图形分解操作。

步骤 02 执行"修剪"命令（TR），然后执行"删除"命令（E），将图形按照如图 19-90 所示的形状进行修剪和删除操作。

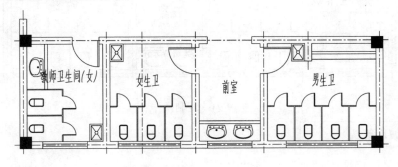

图 19-90　修剪操作

步骤 03 执行"删除"命令（E），将柱子图形中的填充图形进行删除操作；执行"修剪"命令（TR），对墙体进行修剪操作，如图 19-91 所示。

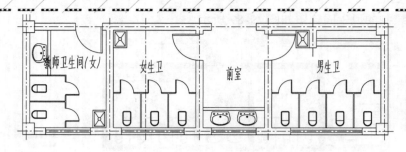

图 19-91　修剪柱子图形

19.9.3　绘制地漏

步骤 01 在"图层特性管理器"中将"设施"图层切换到当前图层；执行"圆"命令（C），绘制一个直径为 100 的圆，如图 19-92 所示。

步骤 02 执行"图案填充"命令（BH），选择填充图案为"ANSI31"，选择填充角度为 0°，选择填充比例为 5，再选择绘制的圆为填充区域，对图形进行填充操作，如图 19-93 所示。

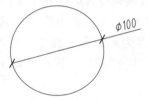

图 19-92　绘制圆

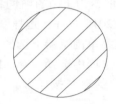

图 19-93　图案填充

步骤 03 执行"编组"命令（G），将绘制的图形进行编组操作；执行"复制"命令（CO），将编组后的图形复制到卫生间详图中，如图 19-94 所示。

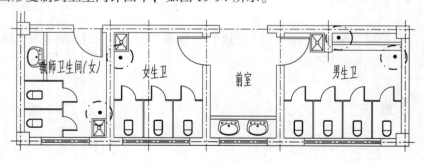

图 19-94　复制操作

19.9.4　绘制坡度箭头

步骤 01 在"图层特性管理器"中将"其他"图层切换到当前图层；执行"多段线"命令（PL），按照如图 19-95 所示的尺寸，绘制一组箭头符号，如图 19-95 所示。

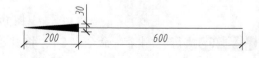

图 19-95　绘制箭头

步骤 02 执行"复制"命令（CO），将绘制的箭头符号复制到卫生间平面图中；执行"旋转"命令（RO），将箭头符号根据实际需要进行旋转操作，如图 19-96 所示。

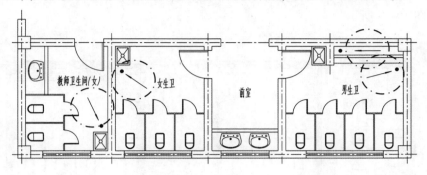

图 19-96　复制操作

步骤 03 执行"多段线"命令（PL），在图形的左上方绘制一条水平的多段线，用以表示打断；执行"修剪"命令（TR），对墙体图形进行修剪操作，如图 19-97 所示。

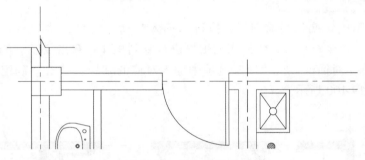

图 19-97　绘制多段线

19.9.5　图案填充

步骤 01 在"图层特性管理器"中将"填充"图层切换到当前图层；执行"图案填充"命令（BH），选择填充图案为"ANSI31"，选择填充角度为 0°，选择填充比例为 10，再选择柱子区域为填充区域，对图形进行填充操作；执行"图案填充"命令（BH），选择填充图案为"AR-CONC"，然后选择填充角度为 0°，比例为 0.5；选择柱子区域为填充区域，对图形进行填充操作，如图 19-98 所示。

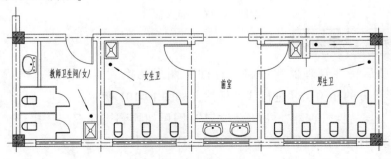

图 19-98　填充柱子图形

步骤 **02** 执行"图案填充"命令（BH），选择填充图案为"ANSI31"，然后选择填充角度为 90°，比例为 10；选择墙体其他区域为填充区域，对图形墙体结构进行填充操作，用以表示砖结构，如图 19-99 所示。

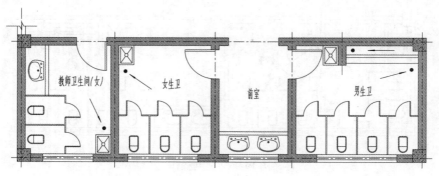

图 19-99　填充砖结构

19.9.6　绘制轴号

将"标注"图层切换到当前图层；执行"插入"命令（I），将轴号图块图形插入到图中；执行"复制"命令（CO），将插入的轴号进行复制操作；双击复制后的轴号图形，弹出"增强属性编辑器"对话框，在"值"选项中输入对应的轴号，单击"确定"按钮，完成轴号的更改，如图 19-100 所示。

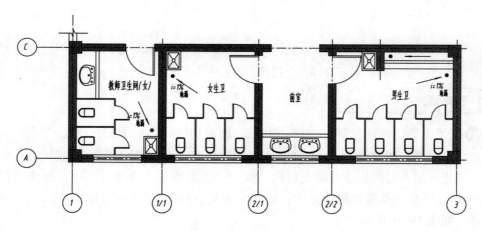

图 19-100　插入轴号

19.9.7　尺寸标注及文字说明

步骤 **01** 在"图层特性管理器"中将"标注"图层切换到当前图层；执行"线性"命令（DLI），对图形下方的相关尺寸进行线性标注，如图 19-101 所示。

步骤 **02** 在"图层特性管理器"中将"文字"图层切换到当前图层；执行"单行文字"命令（DT），按照如图 19-102 所示的文字描述对图形进行标注。

步骤 **03** 将绘图区域移至图形的下方，执行"多段线"命令（PL），绘制一条长 1000、宽度

为20的多段线；在"图层特性管理器"中将"文字"图层切换到当前图层；执行"单行文
字"命令（DT），在多段线的上方输入文字"卫生间详图"和"1：20"，并将"卫生间详图"
文字比例缩放一倍，如图19-103所示。

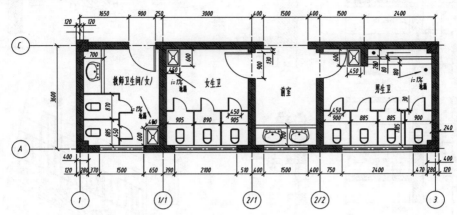

图 19-101　尺寸标注

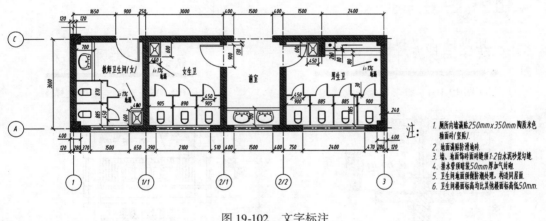

图 19-102　文字标注

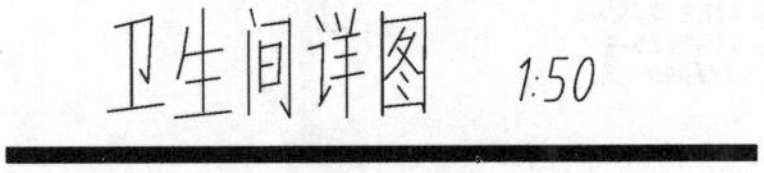

卫生间详图 1:50

图 19-103　标注文字

步骤 03 单击"保存" 按钮，将文件保存，该卫生间详图绘制完成。

19.10　绘制其他建筑详图

根据该教学楼的实际的需要，绘制其他的建筑详图。教学楼墙身大样图如图 19-104 所
示；教学楼楼梯大样图如图 19-105 所示；教学楼栏杆大样图如图 19-106 所示；教学楼楼梯详
图如图 19-107 所示。

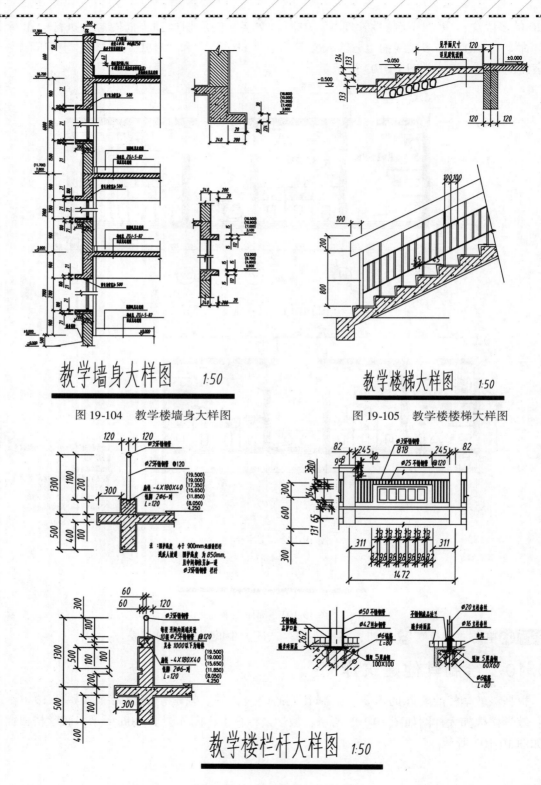

图 19-104　教学楼墙身大样图

图 19-105　教学楼楼梯大样图

图 19-106　教学楼栏杆大样图

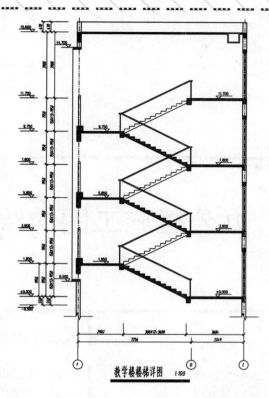

图 19-107 教学楼楼梯详图

办公楼施工图的绘制

本章导读

　　办公楼设计规范主要可以分为一般设计规范、办公区设计规范、公共区设计规范、服务区设计规范和设备用房设计规范五个类别。办公楼设计规范非常重要，不仅关系到办公楼办公人员的人身财产安全问题，还决定了空间的最大化利用和布局的合理化。

本章内容

- 绘制图纸目录
- 绘制门窗表
- 绘制设计总说明
- 绘制办公楼平面图
- 绘制办公楼立面图
- 绘制办公楼剖面图
- 绘制办公楼建筑详图

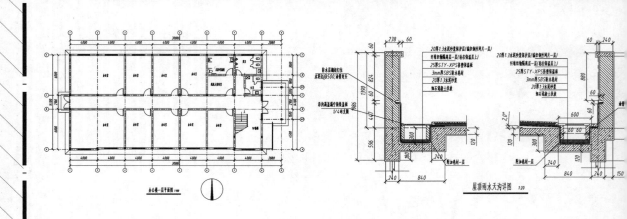

20.1 图纸目录的绘制

案例	图纸目录.dwg	视频	绘制图纸目录.avi	时长	17′28″

首先绘制一张该办公楼所有施工图的图纸目录表，这样方便阅读者快速找到所需要的图纸，并且也便于管理。

步骤 01 正常启动 AutoCAD 2015 软件，选择"文件 | 打开"菜单命令，将"案例 \ 20 \ 建筑平面图.dwt"文件打开；在菜单浏览器下选择"另存为 | 图形"命令，将弹出"图形另存为"对话框；在"文件类型"选项中选择" *.dwg"文件类型，在"文件名"选项中输入"图纸目录"，然后单击"保存"按钮。

步骤 02 执行"表格样式"命令（TS），创建一个如图 20-1 所示的表格；再按照图中所提供的文本内容，在对应的单元格中输入相关的文本。

办公楼施工图纸目录表				
序号	图纸编号	图纸名称	图幅	备注
1	BG-1	图纸目录	A4	
2	BG-2	门窗表	A4	
3	BG-3	设计总说明	A4	
4	BG-4	一层平面图	A0	
5	BG-5	二层平面图	A0	
6	BG-6	三层平面图	A0	
7	BG-7	屋顶平面图	A0	
8	BG-8	南立面图	A0	
9	BG-9	北立面图	A0	
10	BG-10	东立面图	A0	
11	BG-11	西立面图	A0	
12	BG-12	剖面图	A0	
13	BG-13	雨水天沟详图	A0	
14	BG-14	楼梯详图	A0	
15	BG-15	装饰线详图	A0	
16	BG-16	雨棚详图	A0	
17	BG-17	坡道详图	A0	

图 20-1 创建图纸目录表格

步骤 03 单击"保存"按钮，将文件保存，该图纸目录图形绘制完成。

20.2 门窗表的绘制

案例	门窗表.dwg	视频	绘制门窗表.avi	时长	17′28″

门窗表就是门窗编号、门窗尺寸及做法，这对设计者在结构中计算荷载是必不可少的。

步骤 01 正常启动 AutoCAD 2015 软件，选择"文件 | 打开"菜单命令，将"案例 \ 20 \ 建筑平面图.dwt"文件打开；在菜单浏览器下选择"另存为 | 图形"命令，将弹出"图形另存为"对话框，在"文件类型"选项中选择" *.dwg"文件类型；在"文件名"选项中输入"门窗表"，单击"保存"按钮，创建新的图纸。

步骤 02 执行"表格样式"命令（TS），弹出"表格样式"对话框，根据需要创建一个新的表格样式。双击表格相关的单元格，进入文本编辑模式，根据图 20-2 中表格中的内容，在相对应的单元格中输入文本内容。

步骤 03 单击"保存"按钮，将文件保存，该门窗表图形绘制完成。

门窗表				
名称	高度	宽度	数量	材质
M1	2100	1000	28	胶合板
M1A	2100	1000	1	胶合板
M2	2100	900	6	胶合板
M3	2100	1500	2	镶板
M4	2100	800	3	胶合板
M5	2100	1000	1	镶板
LDM1	2700	1860	1	铝合金
LDM2	3300	3360	1	铝合金
C1	2400	1800	14	铝合金
C2	1200	1200	1	铝合金
C3	2100	1800	16	铝合金
C4	2100	1860	4	铝合金
C5	2100	1200	2	铝合金
C6	2100	3650	10	铝合金
C7	2100	3595	2	铝合金
C8	1500	1800	2	铝合金
C9	1500	1860	1	铝合金

图 20-2　创建门窗表

20.3　设计总说明的绘制

案例	设计总说明.dwg	视频	绘制设计总说明.avi	时长	17′28″

根据该办公楼的实际情况以及使用要求,绘制该教学楼设计总说明书。

步骤 01 正常启动 AutoCAD 2015 软件,打开"案例\20\建筑平面图.dwt"文件,选择"另存为|图形"命令,将弹出"图形另存为"对话框,将其另存为"设计总说明.dwg"文件。

步骤 02 执行"单行文字"命令(DT),参照"设计总说明.txt"内容编写内容,如图20-3所示。

图 20-3　设计总说明

步骤 03 单击"保存" 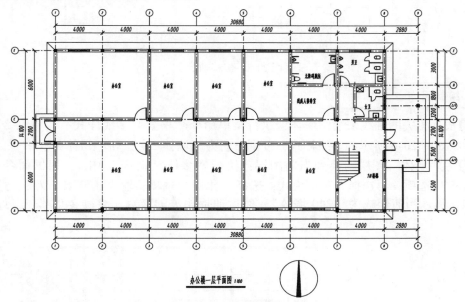 按钮，将文件保存，该设计总说明图形绘制完成。

20.4　绘制一层平面图

案例	办公楼一层平面图.dwg	视频	绘制办公楼一层平面图.avi	时长	17′28″

　　绘制该办公楼的一层平面图，绘图方式步骤与前面绘制的别墅和教学楼一层平面图类似。绘制的办公楼一层平面图如图20-4所示。

图20-4　办公楼一层平面图

20.4.1　设置绘图环境

　　在绘制一层平面图时，可以调用设置好的相关的样板文件，这样可节省不少的时间。

步骤 01 正常启动 AutoCAD 2015 软件，选择"文件 | 打开"菜单命令，将"案例 \ 20 \ 建筑平面图.dwt"文件打开；在菜单浏览器下选择"另存为 | 图形"命令，将弹出"图形另存为"对话框；在"文件类型"选项中选择"*.dwg"文件类型，然后在"文件名"选项中输入"办公楼一层平面图"，最后单击"保存"按钮。

步骤 02 执行"线型管理器"命令（LT），弹出"线型管理器"对话框，单击"显示细节"按钮，展开细节相关选项；在"全局比例因子"项中输入"10"，单击"确定"按钮，完成线型的设置。

20.4.2　绘制定位轴线

　　当调入了相关的绘图样板后，接着绘制定位轴线，从而对墙体的间距进行布局。定位轴线是用以确定主要结构位置的线，如确定建筑的开间或柱距、进深或跨度的线称为定位轴线。

步骤 01 在"图层特性管理器"中将"轴线"图层切换到当前图层；执行"构造线"命令（XL），绘制一组十字中心线。

步骤 02 执行"偏移"命令（O），将绘制的十字中心线按照如图20-5所示的尺寸与方向进行偏移操作。

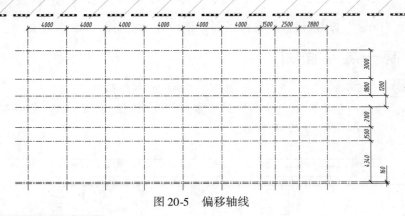

图 20-5　偏移轴线

20.4.3　绘制墙体

步骤 01 根据相关的轴线来绘制墙体，执行菜单命令"格式 I 多线样式"菜单命令 ⬚，设置两个参数如图 20-6 所示的多线样式，分别命名为"墙体 240"和"窗体 240"。

步骤 02 将"墙体"图层切换到当前图层；执行"多线"命令（ML），根据命令行提示，选择"对正"选项，再选择无对正模式；选择"比例"选项，输入比例因子为 1；选择"样式"选项，输入当前样式为"240 墙体"，然后捕捉相关的交点，绘制 240 墙体，如图 20-7 所示。

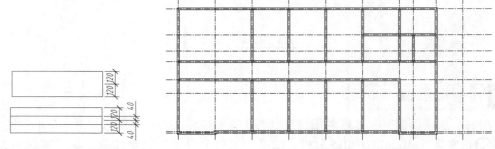

图 20-6　创建窗体多线样式　　　　　　图 20-7　绘制 240 墙体

步骤 03 双击相关的多线，弹出"多线编辑工具"对话框，根据前面所学过的知识，将所绘制的 240 墙体多线按照如图 20-8 所示的形状进行修剪操作。

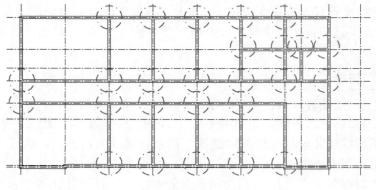

图 20-8　修改墙体

20.4.4 绘制门窗洞口

步骤 01 开启相关的门窗洞口，执行"偏移"命令（O），将相关的轴线按照如图 20-9 所示的尺寸进行偏移操作；执行"修剪"命令（TR），以偏移的轴线为修剪边界，将 240 墙体进行修剪操作；执行"删除"命令（E），将辅助轴线进行删除操作。

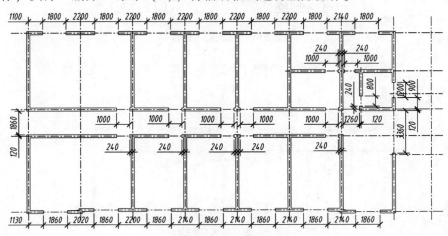

图 20-9 修剪墙体图形

步骤 02 创建一个宽度为 30 的墙体多线样式，按照如图 20-10 所示的尺寸在厕所位置绘制相关的隔间墙体，并按照图中提供的尺寸进行修剪墙体操作。

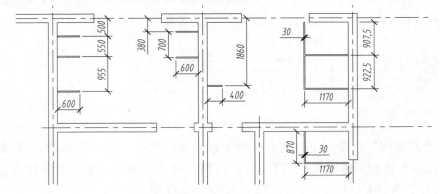

图 20-10 绘制厕所墙体图形

20.4.5 绘制门图形

步骤 01 绘制门图形，在"图层特性管理器"中将"0"图层切换到当前图层；执行"矩形"命令（REC），然后执行"圆"命令（C），绘制如图 20-11 所示的两种门图形。

步骤 02 执行"写块"命令（W），将绘制的门图形保持为块文件，块名称命名为"SSM-1860"和"门-1000"。

步骤 03 在"图层特性管理器"中将"门窗"图层切换到当前图层；执行"插入"命令（I），弹出"插入"对话框，选择"门-1000"块文件，如图 20-12 所示。

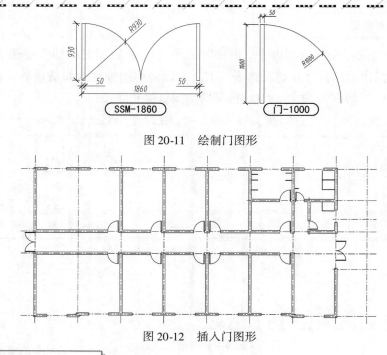

图 20-11　绘制门图形

图 20-12　插入门图形

20.4.6 绘制窗图形

步骤 **01** 绘制窗图形，执行菜单命令"格式｜多线样式"菜单命令 ![icon]，弹出"多线样式"对话框，创建一组尺寸如图 20-13 所示的多线样式，名称为"240 窗体"。

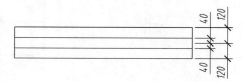

图 20-13　创建多线样式

步骤 **02** 执行"多线"命令（ML），根据命令行提示，选择"对正"选项，选择无对正模式；选择"比例"选项，输入比例因子为1；选择"样式"选项，输入当前样式为"240 窗体"；捕捉相应的窗洞起点和端点，绘制 240 窗体，如图 20-14 所示。

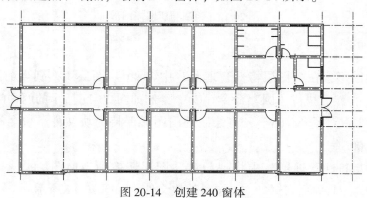

图 20-14　创建 240 窗体

20.4.7　绘制柱子

步骤 01 在"图层特性管理器"中将"墙体"图层切换到当前图层；执行"矩形"命令（REC），绘制240×240的矩形；执行"图案填充"命令（BH），选择填充图案为"SOLID"，选择填充角度为0°，然后选择绘制的矩形为填充区域，对图形进行填充操作，如图20-15所示。

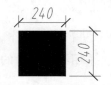

图20-15　绘制柱子图形

步骤 02 执行"复制"命令（CO），按照图20-16中所示的标记，将绘制的柱子图形复制到平面图中。

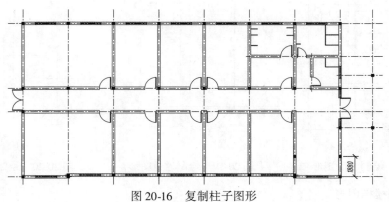

图20-16　复制柱子图形

20.4.8　绘制散水

绘制该办公楼的散水图形。将"其他"图层切换到当前图层；执行"偏移"命令（O），将图形最外面的墙体所对应的轴线向外进行偏移操作，并将偏移后的线条转换到"其他"图层；执行"修剪"命令（TR），将偏移的线条进行修剪操作；执行"直线"命令（L），分别连接散水线的交点和图形最外面的轴线交点，绘制几条斜线段，如图20-17所示。

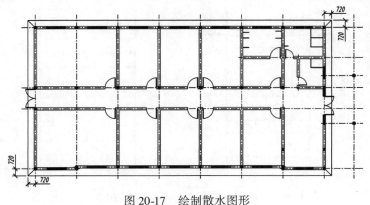

图20-17　绘制散水图形

20.4.9 绘制室外台阶

步骤 01 绘制该办公楼相关的室外台阶，将"楼梯"图层切换到当前图层；执行"矩形"命令（REC），绘制尺寸如图 20-18 所示的两个矩形；执行"移动"命令（M），将两个矩形移动到如图 20-18 所示的地方；执行"修剪"命令（TR），对散水图形进行修剪操作。

步骤 02 绘制无障碍通道，执行"矩形"命令（REC），在绘制的台阶下方再绘制几个矩形，并进行移动；按照如图 20-19 所示的形状进行修剪操作。

步骤 03 将绘图区域移至图形的左侧，采用绘制台阶的方式绘制一个类似的台阶图形，尺寸和位置如图 20-20 所示。

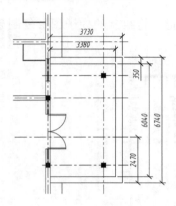

图 20-18　绘制台阶矩形

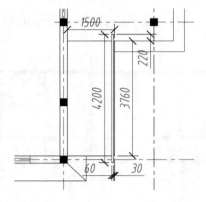

图 20-19　绘制通道图形

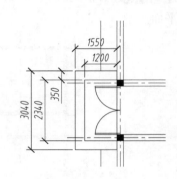

图 20-20　绘制左侧大门台阶

20.4.10 绘制楼梯图形

步骤 01 执行"矩形"命令（REC），绘制几个尺寸如图 20-21 所示的矩形图形；执行"移动"命令（M），然后执行"复制"命令（CO），将这几个矩形按照如图 20-21 所示的位置进行组合。

步骤 02 在"图层特性管理器"中将"其他"图层切换到当前图层；执行"多段线"命令（PL），在图形上方绘制如图 20-22 所示的一条折线段，表示断开位置。

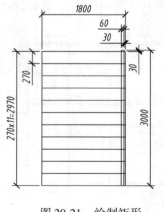

图 20-21　绘制矩形

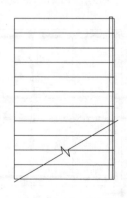

图 20-22　绘制折线

步骤 03 执行"修剪"命令（TR），按照如图 20-23 所示的形状对图形进行修剪操作。

步骤 04 执行"多段线"命令（PL），在楼梯图形的上方绘制一条箭头图形，如图 20-24 所示。

步骤 05 执行"编组"命令（G），将绘制的楼梯图形进行编组操作；执行"移动"命令（M），将编组后的楼梯图形移动到平面图中，如图 20-25 所示。

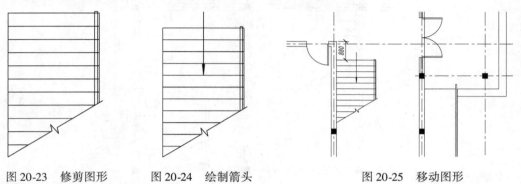

图 20-23　修剪图形　　　　图 20-24　绘制箭头　　　　　　　图 20-25　移动图形

20.4.11　绘制管道井和其他设施

步骤 01 将"设施"图层切换到当前图层；执行"矩形"命令（REC），绘制一个尺寸为 610 × 460 的矩形；执行"偏移"命令（O），将矩形向内进行偏移操作，偏移尺寸为 20，如图 20-26 所示。

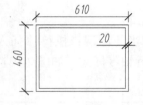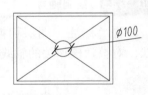

步骤 02 执行"直线"命令（L），捕捉里面矩形的四个交点，绘制两条斜线段；

图 20-26　绘制矩形　　　图 20-27　绘制斜线段和圆

执行"圆"命令（C），以对角线交点为圆心，绘制一个直径为 100 的圆；执行"修剪"命令（TR），对图形进行修剪操作，如图 20-27 所示。

步骤 03 执行"编组"命令（G），将绘制的管道井图形进行编组操作；执行"移动"命令（M），将编组后的管道井图形移动到平面图中的厕所位置，如 20-28 所示。

步骤 04 执行"矩形"命令（REC），绘制两个矩形；执行"移动"命令（M），将绘制的两个矩形按照图 20-29 中提供的位置进行移动。

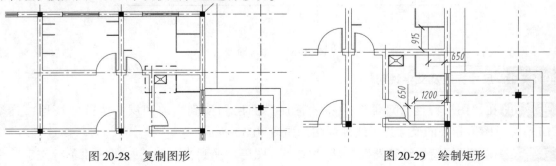

图 20-28　复制图形　　　　　　　　　图 20-29　绘制矩形

20.4.12　插入卫生设施

执行"插入"命令（I），弹出"插入"对话框，选择相对应的文件夹里面相应的家具设施图形文件，按照如图 20-30 所示提供的位置，全部插入到平面图中。

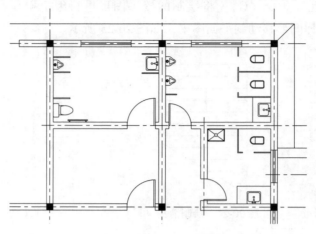

图 20-30　插入卫生设施

20.4.13　绘制轴号

将"标注"图层切换到当前图层；执行"插入"命令（I），按照如图 20-31 所示的形状，对教学楼相关的轴线进行轴号标注，如图 20-31 所示。

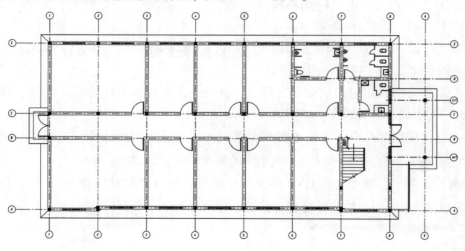

图 20-31　插入轴号

20.4.14　尺寸标注及文字说明

步骤 01 在"图层特性管理器"中将"标注"图层切换到当前图层；执行"线性"命令（DLI），对图形相关的尺寸进行线性标注，如图 20-32 所示。

步骤 02 在"图层特性管理器"中将"文字"图层切换到当前图层；执行"单行文字"命

令（DT），按照如图 20-33 所示的文字描述对图形进行标注。

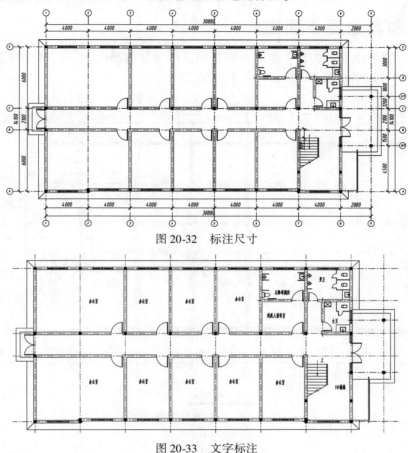

图 20-32 标注尺寸

图 20-33 文字标注

步骤 03 将绘图区域移至图形的右下角处，在"图层特性管理器"中将"标注"图层切换到当前图层；执行"圆"命令（C），绘制一个直径为 3200 的圆，如图 20-34 所示。

步骤 04 执行"多段线"命令（PL），指定绘制的圆的上象限点为起点，选择"宽度"选项，设置宽度为"0"，然后指定端点宽度为"320"，再捕捉圆的下象限点，该指北针的箭头绘制完成，如图 20-35 所示。

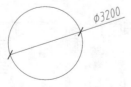

图 20-34 绘制圆

图 20-35 绘制多段线

步骤 05 将绘图区域移至图形的下方，执行"多段线"命令（PL），设置宽度为 100，绘制一条水平长 5000 的多段线。

步骤 06 执行"单行文字"命令（DT），在多段线的上方输入文字"办公楼一层平面图"和"1：100"，并将"办公楼一层平面图"文字比例缩放一倍。

步骤 07 单击"保存" 🖫 按钮，将文件保存，该办公楼一层平面图绘制完成。

20.5 绘制其他层平面图

根据绘制一层平面图的方法，绘制该别墅的其他楼层的平面图，具体绘图步骤就不再详细描写。绘制的各层平面图如图 20-36 ~ 图 20-38 所示。

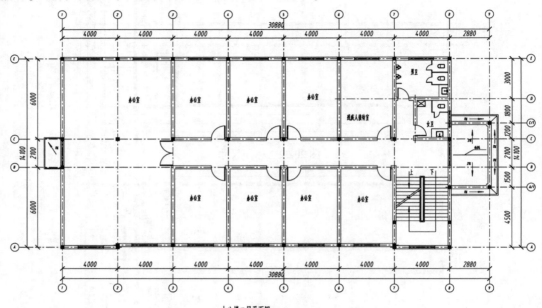

图 20-36　办公楼二层平面图

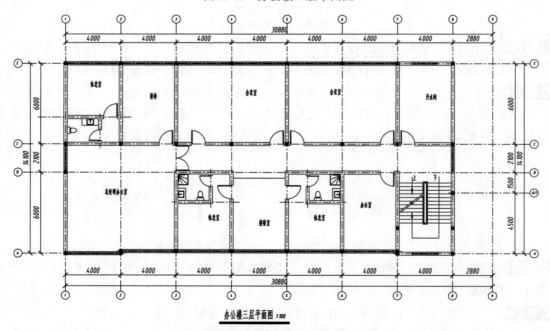

图 20-37　办公楼三层平面图

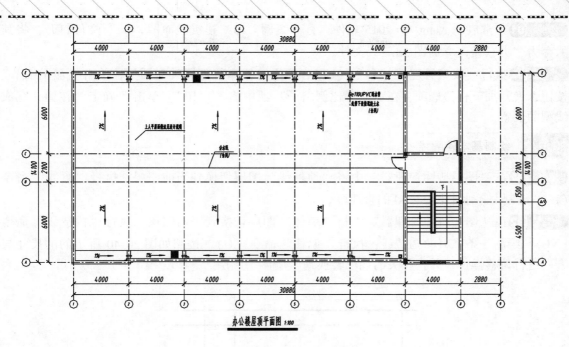

图 20-38　办公楼屋顶平面图

20.6　绘制南立面图

案例	办公楼南立面图.dwg	视频	绘制办公楼南立面图.avi	时长	17′28″

当平面图绘制好了之后，根据相关的平面图数据绘制该办公楼的立面图。首先绘制该办公楼的南立面图，绘制的办公楼南立面图如图 20-39 所示。

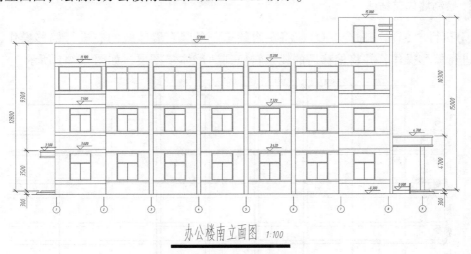

图 20-39　办公楼南立面图

20.6.1　设置绘图环境

在绘制南立面图时，也可以调用设置好的相关的样板文件，这样可节省不少的时间。

步骤 01 正常启动 AutoCAD 2015 软件，将"案例 \ 20 \ 建筑立面图 . dwt"文件打开，将其另存为"办公楼南立面图 . dwg"文件。

步骤 02 执行"线型管理器"命令（LT），弹出"线型管理器"对话框，单击"显示细节"按钮，展开细节相关选项，在"全局比例因子"项中输入"10"，单击"确定"按钮，完成线型的设置。

20.6.2 绘制基本轮廓线

步骤 01 在"图层特性管理器"中将"地坪线"图层切换到当前图层；执行"直线"命令（L），绘制一条水平长 34400 的直线段。

步骤 02 在"图层特性管理器"中将"墙体"图层切换到当前图层；执行"构造线"命令（XL），绘制一条竖直的构造线；执行"偏移"命令（O），按照如图 20-40 所示的的尺寸与方向进行偏移操作，并将相关的线段转换到"墙体"图层。

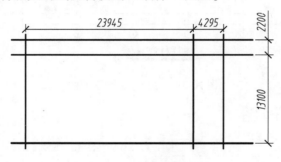

图 20-40　绘制基本轮廓线

20.6.3 绘制墙体装饰线

步骤 01 执行"偏移"命令（O），将左边的第一条竖直墙体线向右进行偏移操作，将地坪线向上进行偏移操作，并将偏移后的线条转换到"墙体"图层，如图 20-41 所示。

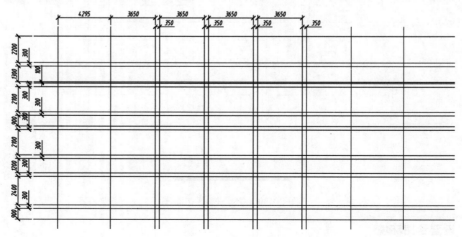

图 20-41　偏移操作

步骤 **02** 执行"修剪"命令（TR），然后执行"删除"命令（E），将图形按照如图 20-42 所示的形状进行修剪和删除操作。

步骤 **03** 执行"偏移"命令（O），将中间的水平线段向下进行偏移操作，尺寸如图 20-43 所示。

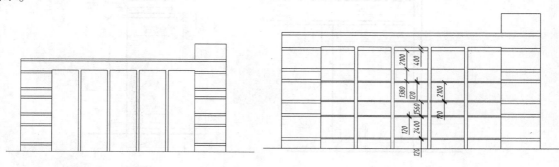

图 20-42　修剪操作　　　　　　　　　　　图 20-43　继续偏移操作

步骤 **04** 将绘图区域移至图形的右上方，执行"偏移"命令（O），按照如图 20-44 所示的尺寸和方向，将相关的线条进行偏移操作。

步骤 **05** 执行"修剪"命令（TR），然后执行"删除"命令（E），将图形按照如图 20-45 所示的形状进行修剪和删除操作。

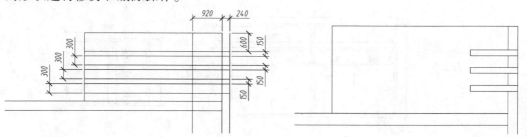

图 20-44　偏移操作　　　　　　　　　　　图 20-45　修剪操作

20.6.4　绘制室外台阶及雨棚

步骤 **01** 在"图层特性管理器"中将"楼梯"图层切换到当前图层；将绘图区域移至图形的右下方；执行"矩形"命令（REC），绘制如图 20-46 所示的几个矩形；执行"移动"命令（M），按照如图 20-46 所示的位置进行移动操作。

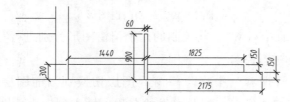

图 20-46　偏移操作

步骤 **02** 将"墙体"图层切换到当前图层；执行"矩形"命令（REC），绘制如图 20-47 所示的几个矩形；执行"移动"命令（M），按照如图 20-47 所示的位置进行移动操作。

步骤 **03** 在图形的左边，按照图 20-48 中提供的尺寸，绘制室外台阶及雨棚。

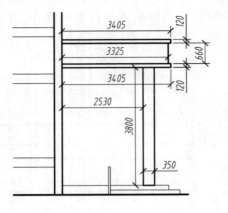

图 20-47 绘制矩形   图 20-48 绘制左边的图形

20.6.5 绘制门窗

步骤 **01** 在"图层特性管理器"中将"0"图层切换到当前图层；执行"矩形"命令（REC），执行"直线"命令（L），绘制如图 20-49 所示的几个门窗立面图形。

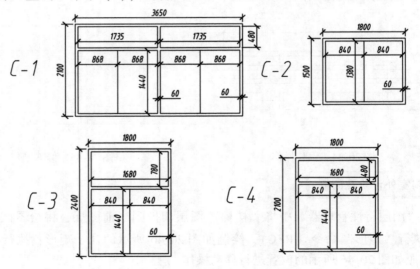

图 20-49 绘制门窗图形

步骤 **02** 执行"写块"命令（W），将绘制的几个门窗图形分别进行写块操作，块名称如图 20-49 所示中提供的名称进行命名。

步骤 **03** 在"图层特性管理器"中将"门窗"图层切换到当前图层；执行"插入"命令（I），选择创建的各种门窗块图形，按照提供的名称，插入到南立面图中；执行"修剪"命令（TR），将被栏杆挡住的部分进行修剪操作，如图 20-50 所示。

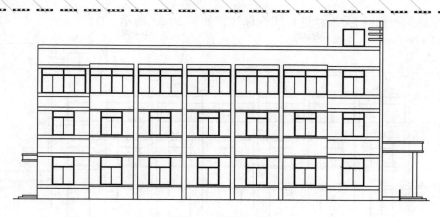

图 20-50　插入门图形

20.6.6　绘制标高符号

在"图层特性管理器"中将"标注"图层切换到当前图层；执行"插入"命令（I），选择"标高"图块，根据图形的相关尺寸，对图形进行标高标注，如图 20-51 所示。

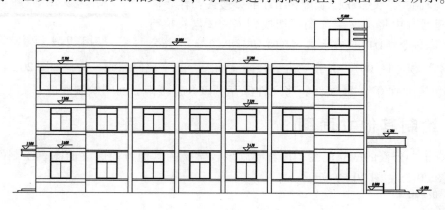

图 20-51　标高标注

20.6.7　绘制轴号

在"图层特性管理器"中将"标注"图层切换到当前图层；执行"插入"命令（I），选择创建的轴号图形，将其插入到图形中，如图 20-52 所示。

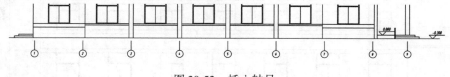

图 20-52　插入轴号

20.6.8　尺寸标注及文字说明

对图形进行尺寸标注和文字标注，并绘制图名相关的文字说明。

步骤 01 在"图层特性管理器"中将"标注"图层切换到当前图层；执行"线性"命令

（DLI），对图形下方的相关尺寸进行线性标注，如图 20-53 所示。

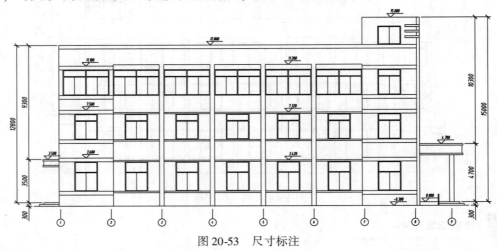

图 20-53　尺寸标注

步骤 02 将绘图区域移至图形的下方，执行"多段线"命令（PL），绘制一条长 5000、宽度为 100 的多段线；在"图层特性管理器"中将"文字"图层切换到当前图层；执行"单行文字"命令（DT），在多段线的上方输入文字"办公楼南立面图"和"1:100"，并将"办公楼南立面图"文字比例缩放一倍，如图 20-54 所示。

办公楼南立面图 1:100

图 20-54　标注文字

步骤 03 单击"保存" 🖫 按钮，将文件保存，该办公楼南立面图绘制完成。

20.7　绘制其他立面图

绘制好了办公楼的南立面图，接着绘制该教学楼的其他方向的立面图。绘制的各方向的立面图如图 20-55 ～ 图 20-57 所示。

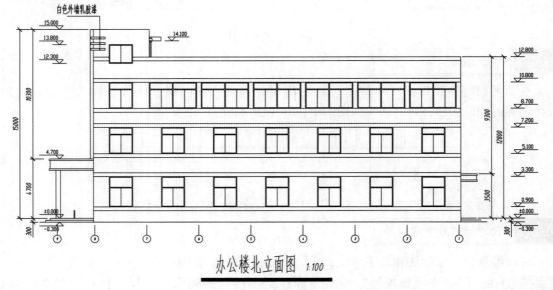

图 20-55　办公楼北立面图

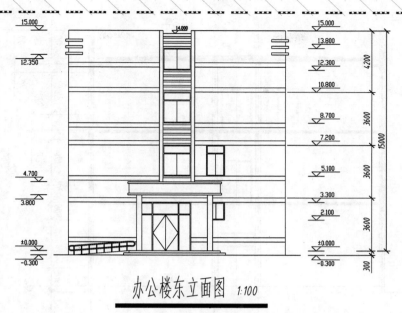

办公楼东立面图 *1:100*

图 20-56　办公楼东立面图

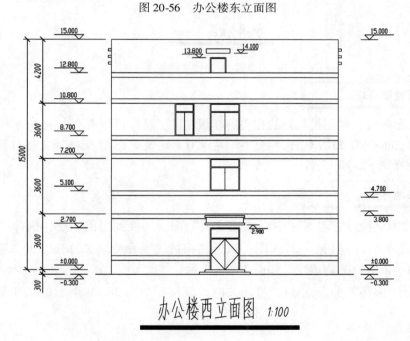

办公楼西立面图 *1:100*

图 19-57　办公楼西立面图

20.8　绘制剖面图

案例	办公楼剖面图.dwg	视频	绘制办公楼剖面图.avi	时长	17′28″

　　现在通过绘制办公楼剖面图来表达建筑物里面的具体结构，选择剖切位置时，需要选择表达内容全面的地方。绘制的办公楼剖面图如图 20-58 所示。

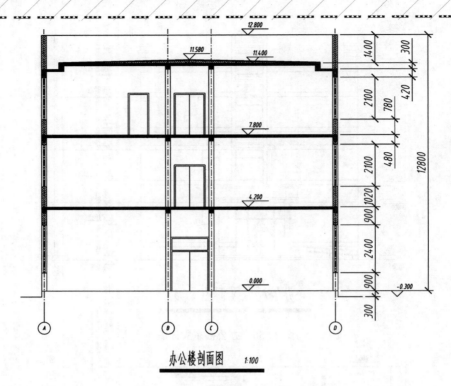

图 20-58　办公楼剖面图

20.8.1　设置绘图环境

在绘制剖面图时，调用设置好的相关的样板文件，这样可节省不少的时间。

正常启动 AutoCAD 2015 软件，将"案例 \ 20 \ 建筑立面图 . dwt"文件打开，将其另存为"办公楼剖面图 . dwg"文件。

20.8.2　绘制地坪线

步骤 01 在"图层特性管理器"中将"地坪线"图层切换到当前图层；执行"直线"命令（L），绘制一条水平长 16400 的直线段；执行"构造线"命令（XL），以水平地坪线中点为放置点，绘制一条竖直的构造线，如图 20-59 所示。

步骤 02 执行"偏移"命令（O），将相关的线段按照如图 20-60 所示的尺寸与方向进行偏移操作。

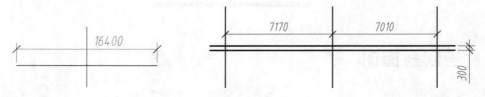

图 20-59　绘制地坪线　　　　　　　图 20-60　偏移操作

步骤 03 执行"修剪"命令（TR），然后执行"删除"命令（E），将图形按照如图 20-61

所示的形状进行修剪和删除操作。

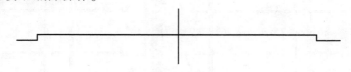

图 20-61　修剪操作

20.8.3　绘制轴线

步骤 01 将"轴线"图层切换到当前图层；执行"偏移"命令（O），按照如图 20-62 所示的尺寸与方向将中间的竖直线段进行偏移操作，并将偏移后的线段转换到"轴线"图层。

步骤 02 在"图层特性管理器"中将"楼板"图层切换到当前图层；执行"构造线"命令（XL），绘制一条和屋内地面的地坪线重合的构造线；执行"偏移"命令（O），将绘制的构造线向上进行偏移操作，如图 20-63 所示。

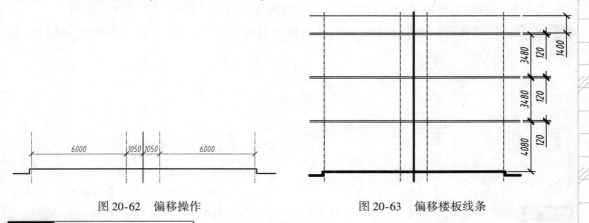

图 20-62　偏移操作　　　　　　　　　　图 20-63　偏移楼板线条

20.8.4　绘制墙体

根据轴线和楼板线的相关交点绘制墙体图形。

步骤 01 执行菜单命令"格式｜多线样式"菜单命令，设置两个参数如图 20-64 所示的多线样式，分别命名为"墙体 240"和"窗体 240"。

步骤 02 将"墙体"图层切换到当前图层；执行"多线"命令（ML），根据命令行提示，选择"对正"选项，再选择无对正模式；选择"比例"选项，输入比例因子为 1；

图 20-64　创建窗体多线样式

选择"样式"选项，输入当前样式为"240 墙体"，然后捕捉相应的轴线和楼板的交点，绘制 240 墙体，如图 20-65 所示。

步骤 03 执行"偏移"命令（O），将相关的轴线进行偏移操作；执行"修剪"命令（TR），然后执行"删除"命令（E），以偏移的线段为修剪边界，对墙体进行修剪和删除操作，如图 20-66 所示。

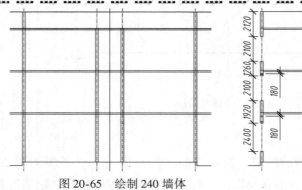
图 20-65　绘制 240 墙体

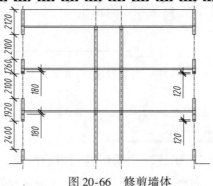
图 20-66　修剪墙体

20.8.5　绘制屋顶

步骤 01 将绘图区域移至图形的右上方，执行"偏移"命令（O），按照如图 20-67 所示的尺寸与方向，将相关的线条进行偏移操作，并将偏移后的线条转换到"墙体"图层。

步骤 02 执行"修剪"命令（TR），然后执行"删除"命令（E），将图形按照如图 20-68 所示的形状进行修剪和删除操作。

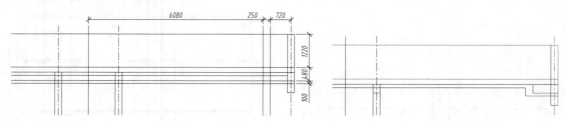

图 20-67　偏移操作　　　　　　　　　　　　　　　　图 20-68　修剪操作

步骤 03 执行"直线"命令（L），连接如图 20-69 所示的两个交点，绘制一条斜线段；执行"偏移"命令（O），将绘制的斜线段向左下方偏移。

步骤 04 执行"修剪"命令（TR），然后执行"删除"命令（E），将图形按照如图 20-70 所示的形状进行修剪、删除操作。

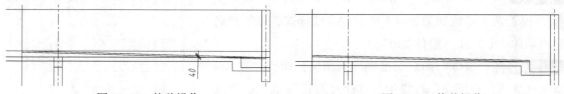

图 20-69　偏移操作　　　　　　　　　　　　　　　　图 20-70　修剪操作

步骤 05 执行"镜像"命令（MI），将绘制的图形镜像到左边；执行"修剪"命令（TR）等，对图形进行修剪操作，如图 20-71 所示。

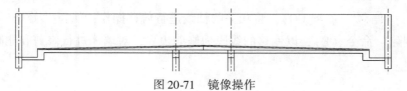
图 20-71　镜像操作

20.8.6 绘制门窗

步骤 **01** 将"门窗"图层切换到当前图层；执行"多线"命令（ML），根据命令行提示，选择"对正"选项，再选择无对正模式；选择"比例"选项，输入比例因子为1；选择"样式"选项，输入当前样式为"240窗体"，然后捕捉墙体上相关的点，绘制240窗体，如图20-72所示。

步骤 **02** 执行"矩形"命令（REC），然后执行"直线"命令（L），绘制如图20-73所示的几个门窗立面图形。

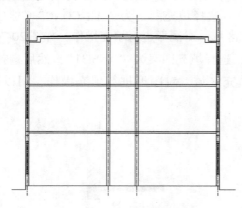 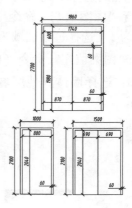

图 20-72　绘制窗图形　　　　　　图 20-73　绘制门图形

步骤 **03** 执行"复制"命令（CO），将绘制的门图形复制到剖面图中，如图20-74所示。

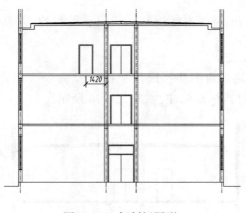

图 20-74　复制门图形

20.8.7 图案填充

步骤 **01** 将"楼板"图层切换到当前图层；执行"图案填充"命令（BH），选择填充图案为"SOLID"，然后选择填充角度为0°，比例为100；选择楼板相关的区域为填充区域，对图形进行填充操作，如图20-75所示。

步骤 **02** 将"填充"图层切换到当前图层；执行"图案填充"命令（BH），选择填充图案

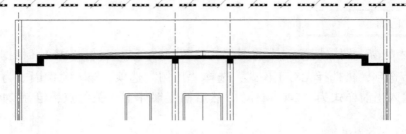

图 20-75　填充楼板图层

为"ANSI31"，然后选择填充角度为0°，比例为20；选择过梁区域为填充区域，对图形进行填充操作；执行"图案填充"命令（BH），选择填充图案为"AR-CONC"，然后选择填充角度为0°，比例为1；选择过梁区域为填充区域，对图形进行填充操作，如图20-76所示。

步骤 03 执行"图案填充"命令（BH），选择填充图案为"ANSI31"，然后选择填充角度为90°，比例为20；选择墙体其他区域为填充区域，对图形进行填充操作，用以表示砖结构，如图20-77所示。

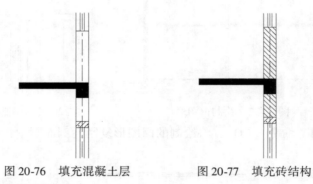

图 20-76　填充混凝土层　　　图 20-77　填充砖结构

20.8.8　标高标注

将"标注"图层切换到当前图层；执行"插入"命令（I），选择"标高"图块，根据图形的相关尺寸，对图形进行标高标注，如图20-78所示。

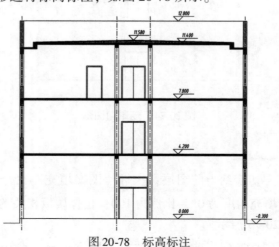

图 20-78　标高标注

20.8.9　绘制轴号

将"标注"图层切换到当前图层；执行"插入"命令（I），将轴号图块图形插入到图中，执行"复制"命令（CO），将插入的轴号进行复制操作；双击复制后的轴号图形，弹出"增强属性编辑器"对话框，在"值"选项中输入对应的轴号，然后单击"确定"按钮，完成轴号的更改，如图 20-79 所示。

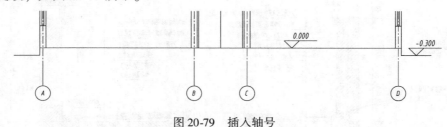

图 20-79　插入轴号

20.8.10　尺寸标注及文字说明

步骤 01 在"图层特性管理器"中将"标注"图层切换到当前图层；执行"线性"命令（DLI），对图形下方的相关尺寸进行线性标注，如图 20-80 所示。

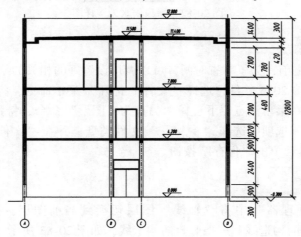

图 20-80　尺寸标注

步骤 02 将绘图区域移至图形的下方，执行"多段线"命令（PL），绘制一条长 5000、宽度为 100 的多段线；在"图层特性管理器"中将"文字"图层切换到当前图层；执行"单行文字"命令（DT），在多段线的上方输入文字"办公楼剖面图"和"1∶100"，并将"办公楼剖面图"文字比例缩放一倍，如图 20-81 所示。

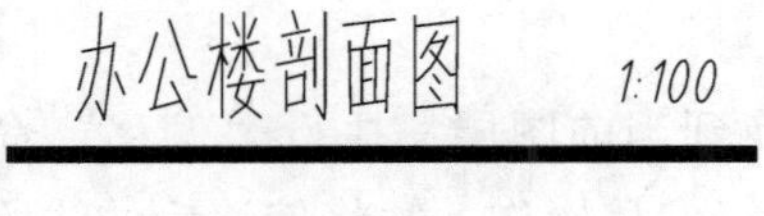

办公楼剖面图　　1:100

图 20-81　标注文字

步骤 03 单击"保存" 🖫 按钮，将文件保存，该办公楼剖面图绘制完成。

20.9 绘制屋顶雨水天沟详图

案例	屋顶雨水天沟详图.dwg	视频	绘制屋顶雨水天沟详图.avi	时长	17′28″

绘制该办公楼需要详细表达的地方，在这里选择屋顶雨水天沟详图来作为讲解的例子，其余详图参照书中提供的图的形式自行绘制。绘制的屋顶雨水天沟详图如图 20-82 所示。

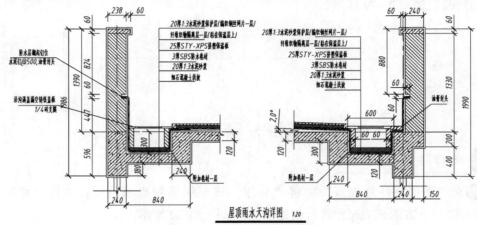

图 20-82　屋顶雨水天沟详图

20.9.1 设置绘图环境

在绘制建筑详图之前，为了节省时间，可以调用设置好的相关的绘图环境。

正常启动 AutoCAD 2015 软件，选择"文件 | 打开"菜单命令，将"案例 \ 20 \ 建筑详图.dwt"文件打开；在菜单浏览器下选择"另存为 | 图形"命令，将弹出"图形另存为"对话框；在"文件类型"选项中选择"*.dwg"文件类型，并在"文件名"选项中输入"屋顶雨水天沟详图"，然后单击"保存"按钮。

20.9.2 绘制轴线

在"图层特性管理器"中将"轴线"图层切换到当前图层；执行"构造线"命令（XL），绘制一条水平的构造线和一条竖直的构造线，如图 20-83 所示。

图 20-83　绘制构造线

20.9.3 绘制墙体

步骤 01 将"墙体"图层切换到当前图层；执行"偏移"命令（O），按照如图 20-84 所示的尺寸与方向将绘制的轴线进行偏移操作，并将偏移后的线段转换到"墙体"图层。

步骤 02 执行"修剪"命令（TR），然后执行"删除"命令（E），将图形按照如图 20-85 所示的形状进行修剪操作。

步骤 ⒀ 移动绘图区域至图形的上方，执行"矩形"命令（REC），绘制一个尺寸为 300 × 60 的矩形，如图 20-86 所示。

步骤 ⒁ 执行"偏移"命令（O），如图 20-87 所示将相关的线段进行偏移操作；执行"修剪"命令（TR），将偏移后的图形进行修剪操作。

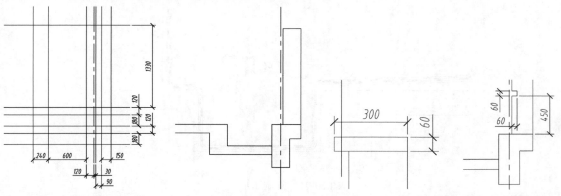

图 20-84 绘制构造线 图 20-85 修剪操作 图 20-86 绘制矩形 图 20-87 偏移并修剪

步骤 ⒂ 移动绘图区域到图形的左边，执行"偏移"命令（O），将最上面的水平线段向上偏移 20；执行"构造线"命令（XL），以偏移后的线段的右端点为放置点，绘制一条角度为 −2° 的构造线；执行"修剪"命令（TR），然后执行"删除"命令，对图形进行修剪操作，如图 20-88 所示。

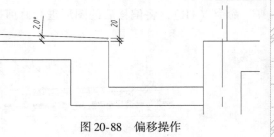

图 20-88 偏移操作

20.9.4 绘制防水层

步骤 ⒈ 在"图层特性管理器"中将"其他"图层切换到当前图层；执行"偏移"命令（O），按照如图 20-89 所示的尺寸与方向将墙体线段进行偏移操作，并将偏移后的线段转换到"其他"图层；执行"圆角"命令（F），对相关转角处倒圆角处理。

步骤 ⒉ 执行"偏移"命令（O），将偏移并修剪后的线条整体向上偏移 10，复制两条，如图 20-90 所示。

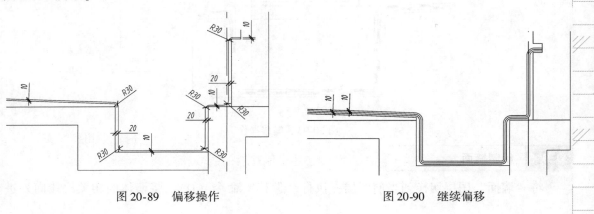

图 20-89 偏移操作 图 20-90 继续偏移

步骤 03 执行"矩形"命令（REC），绘制一个尺寸为 40×10 的矩形；执行"图案填充"命令（BH），选择填充图案为"SOLID"，然后选择填充角度为 0°，比例为 1。选择矩形为填充区域，进行填充操作；按照如图 20-91 所示的尺寸复制到屋顶保温层图形中。

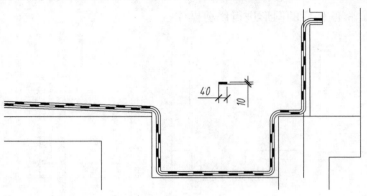

图 20-91　复制图形

步骤 04 执行"偏移"命令（O），如图 20-92 所示将相关的线段进行偏移操作；执行"修剪"命令（TR），将偏移后的图形进行修剪操作。

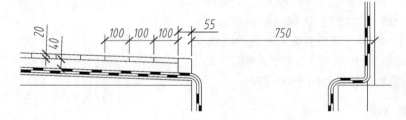

图 20-92　偏移并修剪

步骤 05 移动绘图区域到图形的中间，执行"偏移"命令（O），将相关的线段进行偏移操作；执行"修剪"命令（TR），将偏移后的图形进行修剪操作，如图 20-93 所示。

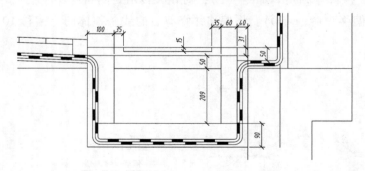

图 20-93　偏移操作

20.9.5　绘制墙面

将"墙面"图层切换到当前图层；执行"偏移"命令（O），将墙体的相关线段向外进行偏移操作，偏移尺寸为20，并将偏移后的线条转换到"墙面"图层；执行"修剪"命令（TR），然后执行"删除"命令（E），将图形按照如图20-94所示的形状进行修剪操作。

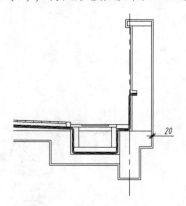

图20-94　偏移墙面图形

20.9.6　绘制窗

步骤 **01** 将"门窗"图层切换到当前图层；执行"多线"命令（ML），根据命令行提示，选择"对正"选项，然后选择无对正模式；选择"比例"选项，输入比例因子为1；选择"样式"选项，输入当前样式为"240窗体"，然后捕捉相应的窗洞起点和端点，绘制240窗体，如图20-95所示。

步骤 **02** 在"图层特性管理器"中将"其他"图层切换到当前图层；执行"多段线"命令（PL），在图形的左边绘制一条竖直的多段线，用以表示打断；同样图形的下边也绘制一条水平的多段线；执行"修剪"命令（TR），对图形进行修剪操作，如图20-96所示。

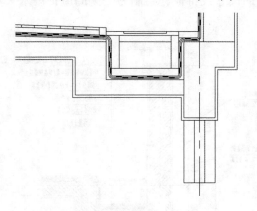

图20-95　绘制窗体图形

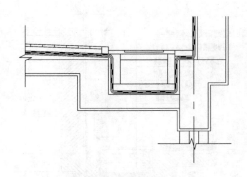

图20-96　绘制多段线

20.9.7　图案填充

执行"图案填充"命令（BH），根据前面所学过的知识，参照图20-97中提供的图案，选择相关的填充图案，进行图案填充操作。

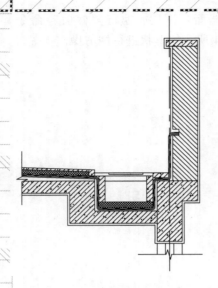

图 20-97 图案填充

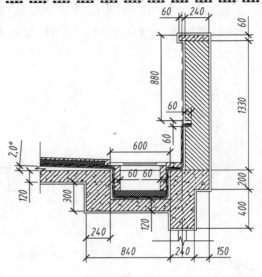

图 20-98 尺寸标注

20.9.8 尺寸标注及文字说明

步骤 01 在"图层特性管理器"中将"标注"图层切换到当前图层;执行"线性"命令（DLI），对图形下方向的相关尺寸进行线性标注，如图 20-98 所示。

步骤 02 在"图层特性管理器"中将"文字"图层切换到当前图层;执行"单行文字"命令（DT），按照如图 20-99 所示的文字描述对图形进行标注。

步骤 03 采用前面的方法，参照图 20-100 中提供的尺寸及特征，绘制另一侧的屋顶雨水天沟大样图。

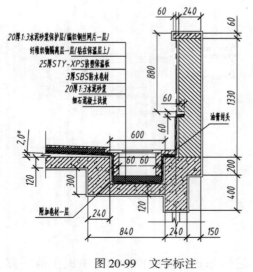

图 20-99 文字标注

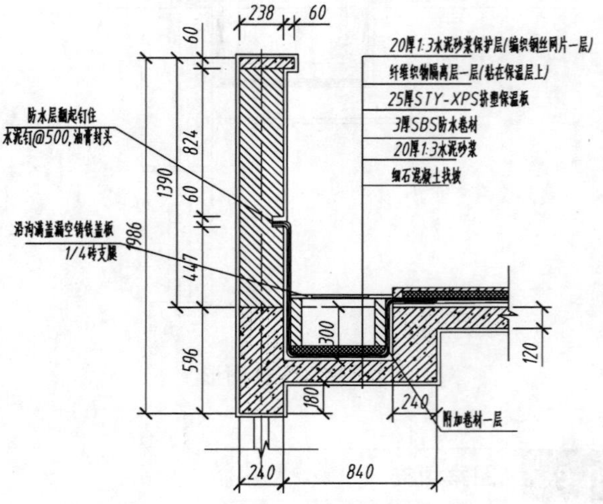

图 20-100 绘制另一边天沟

步骤 04 将绘图区域移至图形的下方，执行"多段线"命令（PL），绘制一条长 1000、宽度为 20 的多段线；在"图层特性管理器"中将"文字"图层切换到当前图层；执行"单行文字"命令（DT），在多段线的上方输入文字"屋顶雨水天沟详图"和"1：20"，将"屋顶雨水天沟详图"文字比例缩放一倍，如图 20-101 所示。

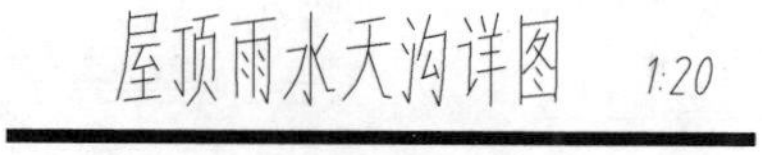

屋顶雨水天沟详图　1:20

图 20-101　标注文字

步骤 05 单击"保存" 🖫 按钮，将文件保存，该屋顶雨水天沟详图绘制完成。

20.10　绘制其他建筑详图

绘制其他的建筑详图。办公楼楼梯详图如图 20-102 所示，办公楼墙体装饰线详图如图 20-103 所示；办公楼雨棚详图如图 20-104 所示；办公楼坡道栏杆详图如图 20-105 所示。

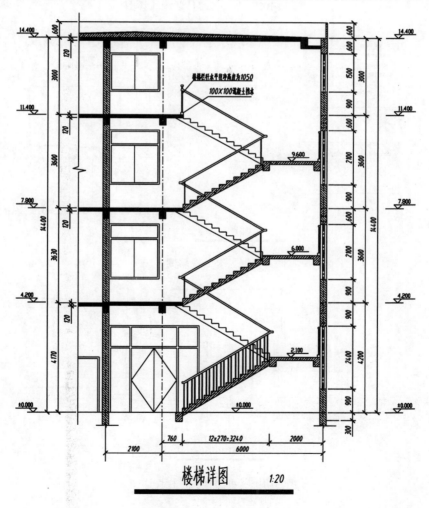

图 20-102　办公楼楼梯详图

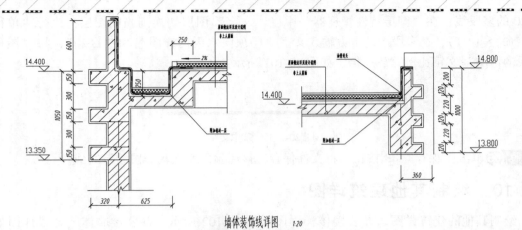

墙体装饰线详图 1:20

图 20-103 办公楼墙体装饰线详图

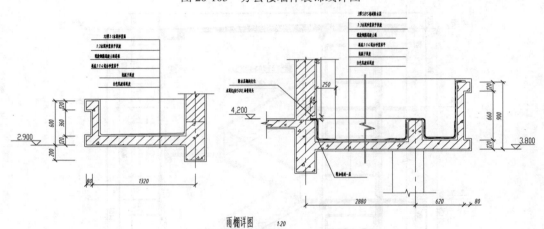

雨棚详图 1:20

图 20-104 办公楼雨棚详图

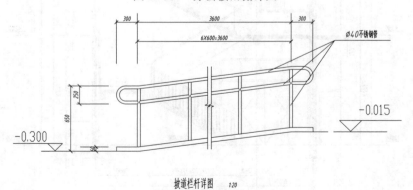

坡道栏杆详图 1:20

图 20-105 办公楼坡道栏杆详图

第6篇　高手秘籍篇

21

TArch 2014天正建筑设计

本章导读

　　TArch软件是北京天正工程软件有限公司开发的，是国内率先利用 AutoCAD图形平台开发的最新一代建筑软件，已经成为建筑CAD正版化的首选软件，同时天正建筑对象创建的建筑模型已经成为天正电气、给水排水、日照、节能等系列软件的数据来源，很多三维渲染图也依赖天正三维模型制作。

本章内容

- 了解TArch与AutoCAD软件的关联与区别
- 掌握TArch 2014天正软件的安装与配置
- 掌握TArch 2014天正软件的操作界面
- 掌握TArch 2014天正软件的设置
- 天正建筑施工图的绘制实例

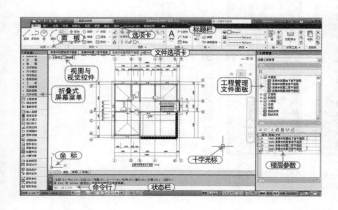

21.1 TArch 与 AutoCAD 软件的关联与区别

如果读者已经学会并使用 TArch 天正建筑，并以此来绘制建筑施工图，那么今后在设计和绘图工作中，它将使工作更加高效、快捷、方便。

21.1.1 TArch 天正建筑简介

⬇知识要点 天正公司是由具有建筑设计行业背景的资深专家发起成立的高新技术企业，自 1994 年开始以 AutoCAD 为图形平台成功开发建筑、暖通、电气、给水排水等专业软件，是 Autodesk 公司在我国的第一批注册开发商。

十多年来，天正公司的建筑 CAD 软件在全国范围内取得了极大的成功，可以说天正建筑软件已成为国内建筑 CAD 的行业规范。它的建筑对象和图档格式已经成为设计单位之间、设计单位与甲方之间图形信息交流的基础。近年来，随着建筑设计市场的需要，天正日照设计、建筑节能、规划、土方、造价等软件也相继推出，公司还应邀参与了《房屋建筑制图统一标准》《建筑制图标准》等多项国家标准的编制。

提示：**TArch 与 AutoCAD 的关系**

> 目前天正建筑软件是新型建筑制图软件，它还是使用最广泛的制图软件之一。AutoCAD 是天正的基础，天正是 AutoCAD 的扩展平台。可以说天正和 AutoCAD 是一对双胞胎，如果没有安装 AutoCAD，天正是无法单独运行的；但天正和 AutoCAD 又有一些区别，下面将进行简单的介绍。

21.1.2 绘图要素的变化

⬇知识要点 在 AutoCAD 中，任何的图块以及新设置的图元素都必须进行绘制，然后进行设置块的操作，这样使得在绘图时花了大量时间。在天正建筑 TArch 软件中，这些新的元素可以直接调用插入即可，TArch 中提供了大量的绘图元素可供直接使用。如墙、门、窗、楼梯等，如图 21-1 所示。

图 21-1　天正部分绘图元素

21.1.3　保证天正作图的完整性

（↓）**知识要点**　在绘制图形时最大程度的使用天正绘制，小地方使用 CAD 补充与修饰。天正建筑软件在 CAD 的平台上针对建筑专业增加了相应的运用工具和图库，CAD 有的功能天正都有，从而使天正满足了各种绘图的需求。

21.1.4　天正与 AutoCAD 文档转换

（↓）**知识要点**　由于天正是在 AutoCAD 基础上开发的，因此在安装和使用天正前必须先装好 AutoCAD 程序后，天正的解释器才能识别天正文档，并且 AutoCAD 是不能打开天正文档的。

AutoCAD 不能打开天正文档，打开后会出现乱码，纯粹的 AutoCAD 不能完全显示天正建筑所绘制的图形，如需打开并完全显示，需要对天正文件进行导出，而天正可以打开 Auto-CAD 的任何文档。

（↓）**执行方法**　将天正文件导入 AutoCAD 中，可以使用三种方法。

方法 1：在天正屏幕菜单中选择"文件布图 | 图形导出"命令，将图形文件保存为 t3. dwg 格式，此时就把文件转换成了天正 3。

方法 2：选择天正软件所绘制的全部图形，在天正屏幕菜单中选择"文件布图 | 分解对象"命令，再进行保存即可。

方法 3：在天正屏幕菜单中选择"文件布图 | 批量转旧"命令，从而把图形文件转换成 t3. dwg 格式。

21.1.5　天正二维与三维同步进行

（↓）**知识要点**　运用 AutoCAD 所绘制的图形为二维图，而天正在绘制二维图形时，可以生成三维图形，不需另行建模，其中自带了快速建模工具，减少了绘图量，对绘图的规范性也大大提高，这是天正开发的重要成就。在二维与三维的保存中，不存在具体的二维和三维表现所要用到的所有空间坐标点和线条，天正绘图时运用二维视口比三维视口快一些，三维视口表现的线条比二维表现的线条更多，如图 21-2 所示。

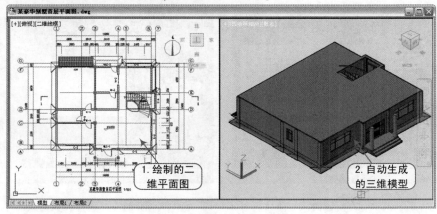

图 21-2　天正二维与三维同步

21.2　TArch 2014 天正软件的安装与配置

同大多数应用软件一样，要运行和使用 TArch 2014 天正建筑软件，就必须安装，但在安装该软件之前，必需掌握其安装的软、硬件环境。

天正建筑 TArch 2014 版软件，支持 32 位 AutoCAD2004～2014 以及 64 位 AutoCAD2010～2014 平台。在安装这些平台后，当运行启动 TArch 2014 版软件时，将会出现这些版本的启动选项。

21.2.1　天正软、硬件环境需求

（↓知识要点）TArch 天正建筑软件是基于 AutoCAD 2000 以上版本的应用而开发的，因此对软、硬件环境的需求取决于 AutoCAD 平台的要求。

简单的说，如果计算机上能够安装并运行 AutoCAD 软件，就可以使用 TArch 天正建筑软件。

TArch 天正建筑软件，目前支持 Windows XP、Windows Vista 和 Windows 7（包括32 位和64 位版本），不支持 MacOS，尽管 AutoCAD 最近发布了在 MacOS 上运行的版本。

21.2.2　TArch 2014 天正建筑的安装

案例	无.dwg	视频	Tarch 2014 天正建筑的安装.avi	时长	17′28″

（↓知识要点）在安装 TArch 2014 天正建筑软件之前，请读者购买正版软件，以获取更多的帮助信息和技术支持，以及保证软件的可靠性。

另外，为了保证 TArch 2014 天正建筑软件的安装能够顺序进行，首先应确保已安装 AutoCAD 2000 以上，并能够正常运行的版本。其安装步骤如下：

1）打开天正软件的安装光盘，运行安装文件"setup.exe"，将弹出"许可证协议"界面；选择"我接受许可证协议中的条款"单选项，然后单击"下一步"按钮，如图 21-3 所示。

2）将弹出"选择授权方式"界面，根据要求选择授权方式（如"试用版"），然后单击"下一步"按钮，如图 21-4 所示。

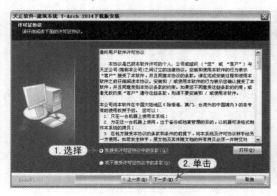

图 21-3　许可证协议

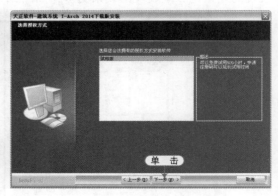

图 21-4　选择授权方式

3）将弹出"选择功能"界面，根据要求勾选"执行文件"和"普通图库"选项，并确定安装路径"D：\ Tangent \ TArch9"，然后单击"下一步"按钮，如图 21-5 所示。

4）弹出"选择程序文件夹"界面，根据要求设置安装程序文件夹，然后单击"下一步"按钮，如图 21-6 所示。

图 21-5 选择安装功能

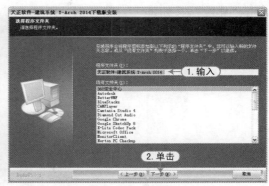
图 21-6 选择程序文件夹

5）弹出"安装状态"界面，即可开始安装拷贝文件，如图 21-7 所示。

6）根据选择项目的情况，大概需要几分钟就可以安装完毕；程序安装完成后，单击"完成"按钮即可，如图 21-8 所示。

图 21-7 安装状态

图 21-8 安装完成

程序安装完成之后，即可在桌面上建立相应的快捷图标，如图 21-9 所示。在系统的"开始 | 程序"菜单下，也显示了该组件，如图 21-10 所示。

图 21-9 TArch 2014 桌面图标

图 21-10 TArch 2014 程序组件

21.2.3　TArch 2014 天正建筑的卸载

知识要点　如果要卸载系统中的 TArch 2014 软件，则可在桌面上选择"开始丨程序丨添加或删除程序"命令，在打开的"添加或删除程序"对话框中找到该软件图名或图标，然后单击"删除"按钮即可，如图 21-11 所示。

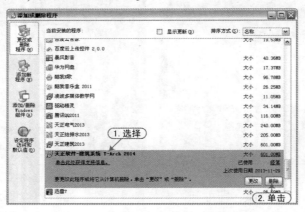

图 21-11　卸载 TArch 2014

21.3　TArch 2014 天正建筑软件的界面

要使用 TArch 2014 天正建筑软件来进行建筑施工图的绘制，就要启动该软件，并熟悉该软件的操作环境。

21.3.1　TArch 2014 天正建筑的启动

知识要点　在 TArch 2014 天正建筑软件安装完毕后，其文件夹结构如图 21-12 所示。

图 21-12　TArch 2014 安装后的文件夹结构

在安装后的文件夹结构中，各子文件夹的作用如下：

◆ SYS15：用于 R2000 ~ 2002 平台的系统文件夹。

◆ SYS16：用于 R2004 ~ 2006 平台的系统文件夹。

◆ SYS17：用于 R2007 ~ 2009 平台的系统文件夹。

◆ SYS18：用于 R2010 ~ 2012 平台的系统文件夹。

◆SYS19：用于 R2013 ~ 2014 平台的系统文件夹。

◆SYS18X64：用于 R2010 ~ 2012 的 64 位平台的系统文件夹。

◆SYS18X64：用于 R2013 ~ 2014 的 64 位平台的系统文件夹。

◆LISP：AutoLISP 程序文件夹。

◆SYS：与 AutoCAD 平台版本无关的系统文件夹。

◆DWB：专用图库文件夹。

◆DDBL：通用图库文件夹。

◆LIB3D：多视图库文件夹。

（执行方法）同大多数应用软件的启动一样，可以通过三种方式来启动。

一是在桌面上双击"天正建筑 2014"图标 。

二是依次选择"开始 | 程序 | 天正软件 – 建筑系统
T-Arch2014 | 天正建筑 2014"命令。

三是在天正建筑软件的安装路径双击运行文件
（D：\ Tangent \ TArch9 \ TGStart32. exe）。

通过任意一种方法来启动天正软件过后，将弹出
"启动平台选择"对话框，在列表中列出了当前系统中安
装的 AutoCAD 软件处版本，在其中选择其 AutoCAD 平
台，单击"确定"按钮即可，如图 21-13 所示。

21.3.2　TArch 2014 天正建筑的操作界面

图 21-13　"启动平台选择"对话框

（知识要点）选择好相应的 AutoCAD 平台后，系统将进入到 TArch 2014 天正建筑软件的
操作界面。若打开工程文件，并将多个平面图文件打开，则其操作界面如图 21-14 所示。

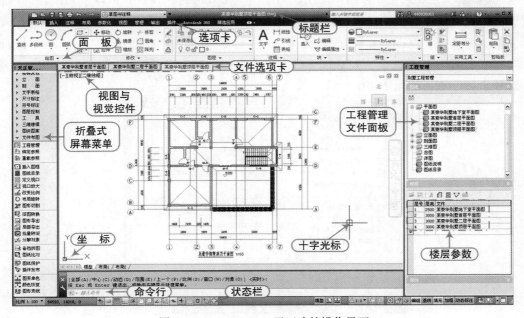

图 21-14　TArch 2014 天正建筑操作界面

21.4 TArch 2014 天正建筑软件的设置

与其他应用软件一样，TArch 2014 天正建筑软件也可以根据需要，来设置不同的绘图环境，包括天正自定义、天正选项、当前比例、文字样式、尺寸样式和图层管理等。

21.4.1 天正自定义的设置

（↓知识要点）TArch 天正建筑软件提供了"天正自定义"设置。

（↓执行方法）在 TArch 天正屏幕菜单中执行"设置 | 自定义"命令（快捷键"ZDY"），打开"天正自定义"对话框，如图 21-15 所示。可以修改有关参数设置，包括"屏幕菜单""操作配置""基本界面""工具条"和"快捷键"等。

至于各项参数的作用及设置方法，请参考其他相关天正建筑设计图书。

图 21-15 "天正自定义"对话框

提示：天正屏幕菜单的显示

> 当启动好 Tarch 天正软件的时候，其天正屏幕菜单没有显示出来怎么办呢？这时可以直接在键盘上按"Ctrl + +"即可。

21.4.2 天正选项的设置

（↓知识要点）通过天正软件绘图之前，对于一些必要的选项设置，可以事先设置，从而使绘图工作更加顺畅，包括设置比例、层高、绘图单位、图案填充和一些高级选项。

（↓执行方法）在 TArch 天正屏幕菜单中执行"设置 | 天正选项"命令（快捷键"TZXX"），打开"天正选项"对话框，可以对天正的"基本设定""加粗填充"和"高级选项"选项进行设置，如图 21-16 所示。

图 21-16 "天正选项"对话框

至于各项参数的作用及设置方法，请参考其他相关天正建筑设计图书。

提示：天正当前层高的设置

在 TArch 天正软件中，绘制平面图形后，其相关的三维模型也自动建立好了；如绘制的墙体高度，在没有设置的情况下，会自动以"当前层高"来进行创建。在"天正选项"对话框的"基本设定"选项卡中，通过"当前层高"组合框中可以设置或输入墙体的高度。

21.4.3 天正图层的管理

（↓知识要点）AutoCAD 与 TArch 天正建筑软件一样，在绘制施工图的过程中，都需要将一些特定的对象放在相应的图层，并设置图层的名称、线型、颜色等特性。

（↓执行方法）在 TArch 天正屏幕菜单中执行"设置 | 图层管理"命令（快捷键"TCGL"），打开"图层管理"对话框，设置当前绘图的图层标准，并可以修改图层的特性，以及对不同图层标准的转换，如图 21-17 所示。

图 21-17　"图层管理"对话框

至于各项参数的作用及设置方法，请参考其他相关天正建筑设计图书。

提示：天正图层颜色的更改

如果当前 AutoCAD 的背景为白色，"地面""道路"等的图层对象为"黄色(2)"，这时其黄色就不易被用户观察。在"图层管理"对话框中，单击"颜色"列中需要修改的颜色对象，将弹出"选择颜色"对话框，从中选择其他颜色即可，如图 21-18 所示。

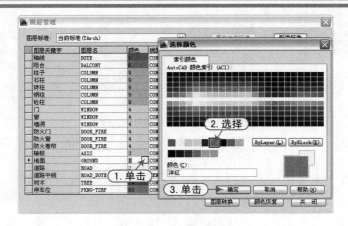

图 21-18　更改图层颜色

21.5 天正建筑施工图实例

案例	公共卫生间.dwg	视频	天正施工图的绘制.avi	时长	17′28″

为了使读者对 TArch 天正建筑软件的绘图过程有一个初步的了解，下面以"公共卫生间"的绘制为例，来进行讲解，或者参看视频文件，公共卫生间效果图如图 21-19 所示。

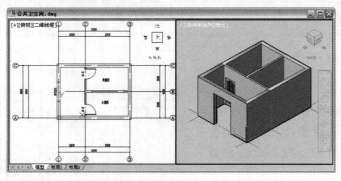

图 21-19　公共卫生间效果图

1）在桌面上双击"天正建筑 2014"图标 ，在弹出的"启动平台选择"对话框中，根据用户计算机上安装 AutoCAD 软件来选择运行平台，从而启动好 TArch 2014 天正建筑软件。

2）在天正屏幕菜单中选择"轴网柱子 | 绘制轴网"命令，将弹出"绘制轴网"对话框，选择"直线轴网"选项卡，然后选择"上开"单选项，在"键入"文本框中输入"2000 3300"并按空格键，如图 21-20 所示。

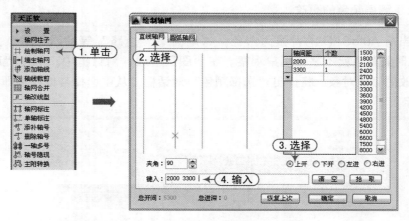

图 21-20　执行"绘制轴网"命令

3）选择"左进"单选项，在"键入"文本框中输入"4000"并按空格键，如图 21-21 所示。

4）选择"右进"单选项，在"键入"文本框中输入"2000　2000"并按空格键，然后单击"确定"按钮，如图 21-22 所示。

5）命令行提示"点取位置:"，这时可输入"#0，0"并按回车键，则将当前轴网对象的

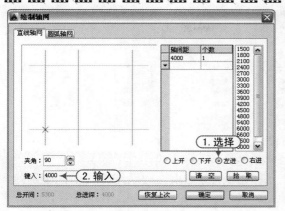

图 21-21　设置"左进"

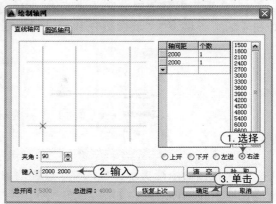

图 21-22　设置"右进"

与原点（0，0）对齐，如图 21-23 所示。

6）在天正屏幕菜单中选择"轴网柱子｜轴改线型"命令，则当前的轴网线型自动调整为点画线效果，如图 21-24 所示。

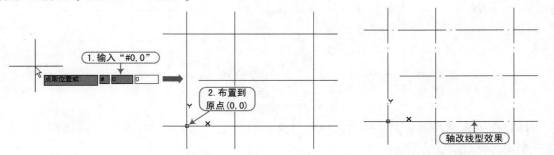

图 21-23　插入轴网与原点对齐　　　　　　　图 21-24　轴改线型效果

7）在天正屏幕菜单中选择"轴网柱子｜轴网标注"命令，将弹出"轴网标注"对话框，选择"双侧标注"单选项，然后分别单击最左侧和最右侧的垂直轴线，并按回车键结束，从而对其进行上下轴网标注，如图 21-25 所示。

8）分别单击最下侧和最上侧的水平轴线，并按回车键结束，从而对其进行左右轴网标注，如图 21-26 所示。

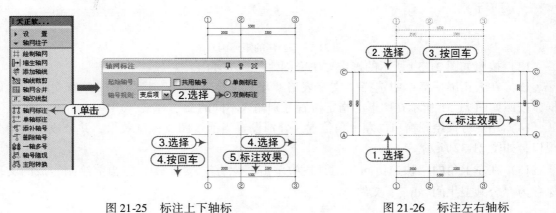

图 21-25　标注上下轴标　　　　　　　　　　图 21-26　标注左右轴标

9）在天正屏幕菜单中选择"墙体丨单线变墙"命令，弹出"单线变墙"对话框，设置好相应的"外墙宽""墙参数"和"轴网生墙"项，如图 21-27 所示。

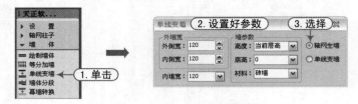

图 21-27 设置"单线变墙"参数

10）根据命令行提示，框选整个轴网对象，并按回车键结束，则系统将当前的轴网对象智能化地生成墙体对象，如图 21-28 所示。

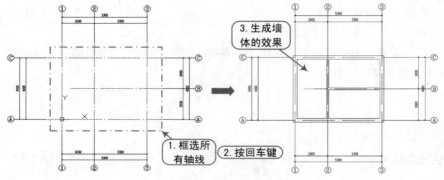

图 21-28 单线变墙效果

11）在天正屏幕菜单中选择"门窗丨门窗"命令，按照如图 21-29 所示的操作方法来创建一个矩形洞口。

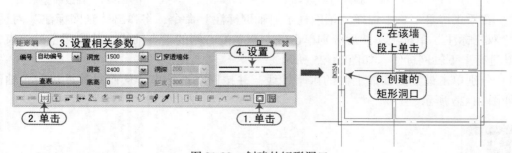

图 21-29 创建的矩形洞口

12）按照如图 21-30 所示的操作方法来创建两扇单开门。

13）在天正屏幕菜单中选择"文字表格丨单行文字"命令，将弹出"单行文字"对话框，按照如图 21-31 所示在图形的指定位置分别输入不同的文字对象。

14）用户可在绘图窗口的左上角位置，分别设置当前视图及视觉效果，并分成左右两个视口，如图 21-32 所示。

15）在左上角的"快速访问"工具栏中单击"保存"按钮，将当前绘制完成的文件保存为"公共卫生间.dwg"文件。

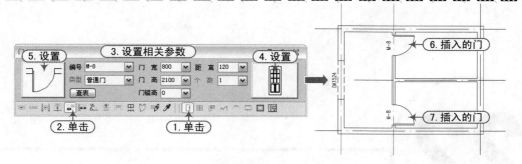

图 21-30 创建的两扇单开门

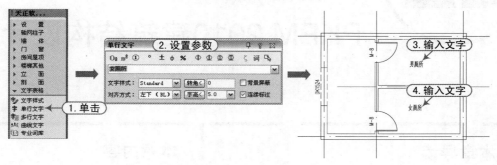

图 21-31 输入文字

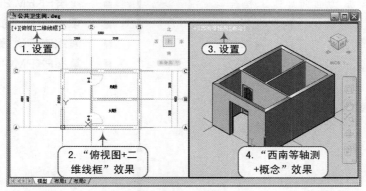

图 21-32 设置视图效果

PKPM 2010建筑结构设计

本章导读

PKPM已经成为面向建筑工程全生命周期的集建筑、结构、设备、节能、概预算、施工技术、施工管理、企业信息化于一体的大型建筑工程软件系统，以其全方位发展的技术领域确立了在业界独一无二的领先地位；了解学习PKPM软件应更快的提上日程。

本章内容

- 了解PKPM 2010版软件的界面
- 掌握PKPM的基本工作方式
- 演练PKPM 模型的创建
- 掌握PKPM中数据生成与计算分析

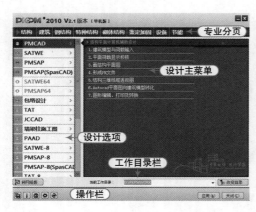

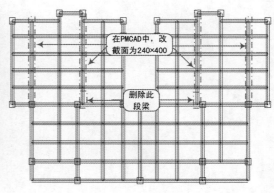

22.1　PKPM 2010版软件的界面

　　PKPM系列CAD系统软件，是经中国建筑科学研究院多年的努力研制开发的。迄今为止，其最新版本为PKPM 2010版，使用该软件的用户，分布在各省市的大中小型各类设计院，在省部级以上设计院的普及率达到95%以上，是目前国内建筑工程界应用最广、用户最多的一套计算机辅助设计系统。

　　当用户成功在计算机上安装好PKPM 2010版软件过后，会在系统的桌面上显示其PKPM快捷图标，双击该图标，即启动PKPM软件，并显示PKPM的主界面。

　　在PKPM 2010版本的主界面中，包括有结构、建筑、钢结构、特种结构、砌体结构、鉴定加固、设备、节能等专业分页模块，各模块界面如图22-1～图22-8所示。

图22-1　PKPM-结构模块

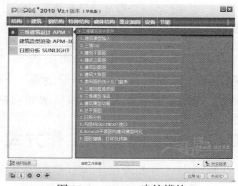

图22-2　PKPM-建筑模块

图22-3　PKPM-钢结构模块

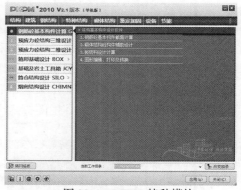

图22-4　PKPM-特种模块

图22-5　PKPM-砌体结构模块

图22-6　PKPM-鉴定加固模块

图 22-7　PKPM-设备模块　　　　　　图 22-8　PKPM-节能模块

提示：网络版与单机版间切换

> 在屏幕左上角的专业分页上选择"结构"菜单主页。点取菜单左侧的"PM-CAD"，使其变蓝，菜单右侧即出现了 PMCAD 主菜单，点取对话框左下角的"转网络版"按钮，可在网络版与单机版间切换。

22.2　PKPM 的基本工作方式

PKPM 能够在省部级以上设计院的普及率达到 95% 以上，这说明 PKPM 软件使用很广泛。下面从工作界面、输入方式和快捷键三个方式来进行讲解。

22.2.1　PKPM 程序界面

在 PKPM 的任意一模块下，选择相应的程序并双击，从而启动该模块化程序。例如，依次选择"建筑""三维建筑设计 APM""1. 建筑模型输入"命令，将弹出如图 22-9 所示工作界面。程序将屏幕划分为上侧的下拉菜单区、右侧的菜单区、左侧的工具栏区、下侧的命令提示区、中部的图形显示区和工具栏图标六个区域。

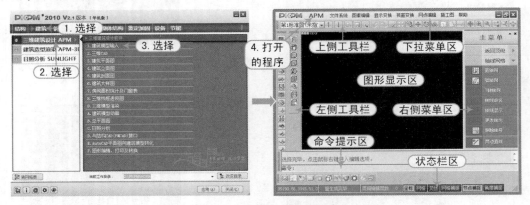

图 22-9　各程序界面的组成

22.2.2　PKPM 的坐标输入方式

为方便坐标输入，PKPM 提供了多种坐标输入方式，如绝对、相对、直角或极坐标方式，各方式输入形式如下。

1）绝对直角坐标输入：! X, Y, Z 或! X, Y

2）相对直角坐标输入：X, Y, Z 或X, Y

3）直角坐标过滤输入：以 XYZ 字母加数字表示，如：X100 表示只输入 X 坐标 100，Y 和 Z 坐标不变。XY100，200 表示只输入 X 坐标 100，Y 坐标 200，Z 坐标不变。只输入 XYZ 不加数字表示 XYZ 坐标均取上次输入值。

4）绝对极坐标输入：! R∠A

5）相对极坐标输入：R∠A

6）绝对柱坐标输入：! R∠A, Z

7）相对柱坐标输入：R∠A, Z

8）绝对球坐标输入：! R∠A∠A

9）相对球坐标输入：R∠A∠A

22.2.3　PKPM 的常用快捷键

以下是 PKPM 中常用的功能热键，用于快速查询输入。

◆ 鼠标左键：键盘［Enter］，用于确认、输入等。

◆ 鼠标中键：键盘［Tab］，用于功能转换，在绘图时为输入参考点。

◆ 鼠标右键：键盘［Esc］，用于否定、放弃、返回菜单等。

◆ 以下提及［Enter］、［Tab］和［Del］、［Esc］时，也即表示鼠标的左键、中键和右键，而不再单独说明鼠标键。

◆ ［F1］：帮助热键，提供必要的帮助信息。

◆ ［F2］：坐标显示开关，交替控制光标的坐标值是否显示。

◆ ［Ctrl］+［F2］：点网显示开关，交替控制点网是否在屏幕背景上显示。

◆ ［F3］：点网捕捉开关，交替控制点网捕捉方式是否打开。

◆ ［Ctrl］+［F3］：节点捕捉开关，交替控制节点捕捉方式是否打开。

◆ ［F4］：角度捕捉开关，交替控制角度捕捉方式是否打开。

◆ ［Ctrl］+［F4］：十字准线显示开关，可以打开或关闭十字准线。

◆ ［F5］：重新显示当前图、刷新修改结果。

◆ ［F6］：显示全图，从缩放状态回到全图。

◆ ［F7］：放大一倍显示。

◆ ［F8］：缩小一倍显示。

◆ ［Ctrl］+W：提示用户选窗口放大图形。

◆ ［Ctrl］+R：将当前视图设为全图。

◆ ［F9］：设置点网捕捉值。

◆ ［Ctrl］+［F9］：修改常用角度和距离数据。

◆ ［Ctrl］+［←］：左移显示的图形。

◆ ［Ctrl］+［→］：右移显示的图形。

◆ ［Ctrl］+［↑］：上移显示的图形。

◆ ［Ctrl］+［↓］：下移显示的图形。

◆ [PageUp]：增加键盘移动光标时的步长。

◆ [PageDown]：减少键盘移动光标时的步长。

◆ [O]：在绘图时，令当前光标位置为点网转动基点。

◆ [S]：在绘图时，选择节点捕捉方式。

◆ [Ctrl] + A：当重显过程较慢时，中断重显过程。

◆ [Ctrl] + P：打印或绘出当前屏幕上的图形。

◆ [U]：在绘图时，后退一步操作。

◆ [Ins]：在绘图时，由键盘键入光标的(x，y，z)坐标值。

22.3 建立模型训练

| 案例 | \ jgrm \ *.* | 视频 | 建立模型.avi | 时长 | 17′28″ |

例如，下面以事先准备好的建筑成果为例，给出平面图（建筑图例.dwg），用 PKPM "结构" 板块功能绘制结构施工图。

在 PKPM 2010 中，首先创建新工程目录如下。

1）双击桌面 ![图标] 图标启动 PKPM 程序，选择 "结构" 选项，显示软件界面。

2）单击 "改变目录" 按钮 [改变目录]，弹出 "选择工作目录" 对话框，并 "新建" 一个新工作目录 "jgrm" 文件，如图 22-10 所示。

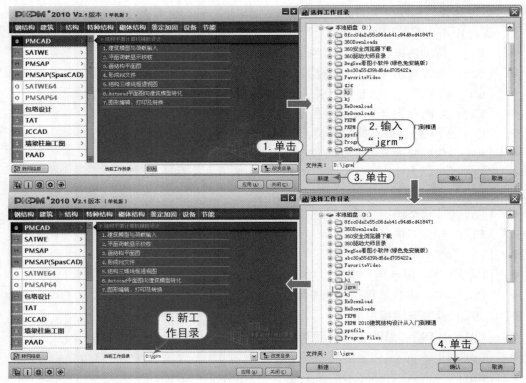

图 22-10　新建工作目录

3）选择"PMCAD｜建筑模型与荷载输入"菜单，单击"应用"按钮，弹出的"请输入"对话框中，如图 22-11 所示，输入名称为"jgrm"，单击"确定"按钮，进入结构模型输入界面。

图 22-11　输入文件名对话框

22.3.1　轴网的建立

例如，本工程为正交轴网，执行"正交轴网"及"轴线命名"命令，其操作步骤如下。

1）输入下开间：1500，3500，4800，4800，3500，1500，如图 22-12 所示。

2）输入上开间：3600，1800，3100，2600，3100，1800，3600，如图 22-13 所示。

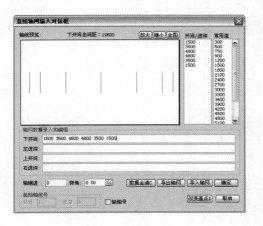

图 22-12　下开间数值输入

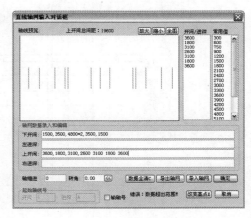

图 22-13　上开间数值输入

3）输入左进深：1500，4500，2700，3600，600，如图 22-14 所示。

4）输入右进深：1500，4500，2700，1300，1400，1200，600，如图 22-15 所示。

5）单击对话框右下角"确定"按钮，在屏幕绘图区插入直轴网即可。

6）执行"轴线命名"命令，按照如下命令行提示操作，效果如图 22-16 所示。

轴线名输入:请用光标选择轴线（【Tab】成批输入）:	//按 Tab 键
移光标点取起始轴线:	//点取下开间最左侧轴线
移光标点取终止轴线:	//点取下开间最右侧轴线
移光标去掉不标的轴线（【Esc】没有）:	//按 Esc 键
输入起始轴线名:	//输入"1"后按回车键
移光标点取起始轴线:	//点取左进深最下侧轴线
移光标点取终止轴线:	//点取左进深最上侧轴线
移光标去掉不标的轴线（【Esc】没有）:	//按 Esc 键
输入起始轴线名:	//输入"A"后按回车键

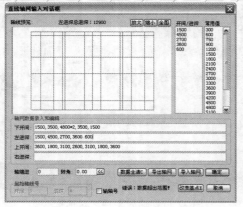

图 22-14 左进深数值输入

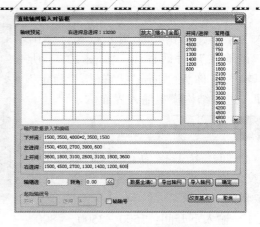

图 22-15 右进深数值输入

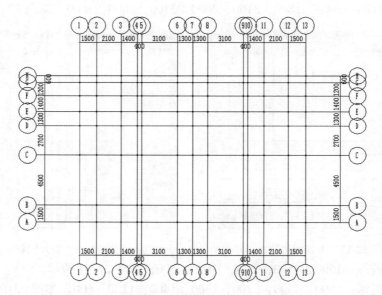

图 22-16 轴线命名效果

提示：轴号的重叠与轴线显示

> 建模时不必考虑轴线的轴号重叠问题，施工图绘制时的轴线标注才是最后出图。轴线命名后，执行"轴线显示"命令，可将轴线显示或隐藏。

22.3.2 柱、梁的布置

轴网绘制完成后，开始梁、柱等结构承重构件的布置，本例中无承重墙，无需进行墙体布置。

1) 执行"楼层定义 | 柱布置"命令，在弹出的"柱截面列表"对话框中，单击"新建"按钮，按照表 22-1 所示创建框架柱，布置框架柱准备工作，如图 22-17 所示，框架布置如图 22-18 所示。

表 22-1 框架柱数据

截面类型	矩形截面宽度/mm	矩形截面高度/mm	材料类别
1	450	500	6：混凝土

图 22-17 柱布置准备

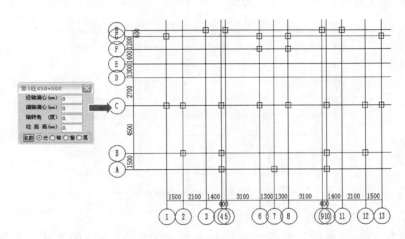

图 22-18 柱布置

2）执行"主梁布置"命令，同布置柱一样的操作，先按照表 22-2 所示新建梁截面，如图 22-19 所示，布置梁，如图 22-20 所示。

表 22-2 框架梁数据

截面类型	矩形截面宽度/mm	矩形截面高度/mm	材料类别
1	240	400	6：混凝土

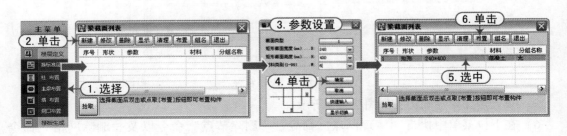

图 22-19 新建梁操作

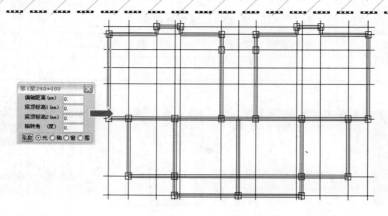

图 22-20　梁布置

3）执行"轴线输入 | 两点直线"命令，捕捉等分点绘制直线，如图 22-21 所示。

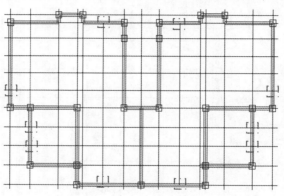

图 22-21　两点直线

4）重复执行"主梁布置"命令，新建截面尺寸为 240 × 300 的次梁，将次梁当主梁布置，如图 22-22 所示。

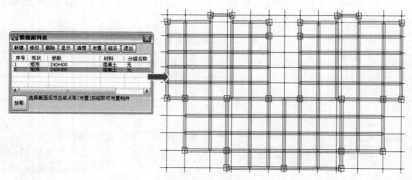

图 22-22　次梁布置

5）布置楼梯处层间梁，如图 22-23 所示。

6）在下拉菜单中执行"清理网点"命令、"删除节点"命令以及"删除网格"命令，如图 22-24 所示。

7）执行"本层信息"命令，在对话框中设置本层信息，如图 22-25 所示。

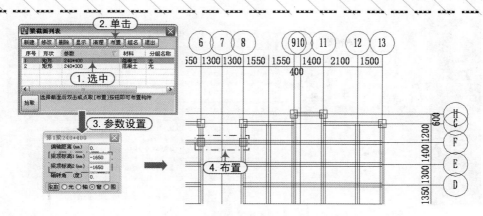

图 22-23　布置层间梁

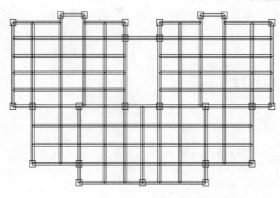

图 22-24　删除效果

图 22-25　本层信息

22.3.3　楼板的布置

楼板的生成与局部的修整。

1）执行"楼层定义 | 生成楼板 | 楼板生成"命令，如图 22-26 所示。

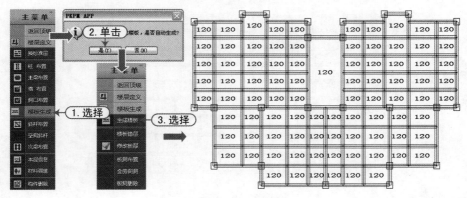

图 22-26　楼板生成

2）执行"楼层定义 | 生成楼板 | 修改板厚"命令，修改楼梯板厚为 0，如图 22-27 所示。

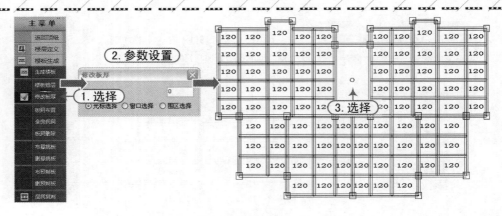

图 22-27　楼梯板厚修改

3）执行"楼层定义丨生成楼板丨楼板错层"命令，卫生间向下错层 20mm，如图 22-28 所示。

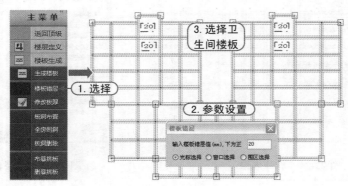

图 22-28　楼板布置

4）执行"两点直线"命令，绘制阳台轴线，执行"主梁布置"命令，布置 240×300 的阳台梁，如图 22-29 所示。

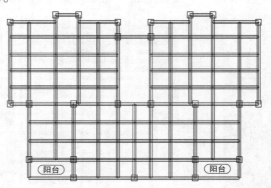

图 22-29　阳台

5）执行"楼层定义丨生成楼板丨楼板生成"命令，执行"修改板厚"命令，将阳台板厚改为 100，如图 22-30 所示。

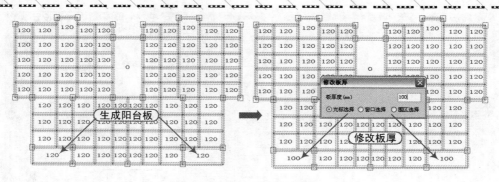

图 22-30 阳台板生成及板厚修改

22.3.4 荷载的输入

建筑构件绘制完成，开始进行荷载的输入。

1）设置楼面的恒活荷载，执行"荷载输入丨恒活设置"命令，弹出"绘制定义"对话框，如图 22-31 所示，在其中设置参数后，单击"确定"按钮即可。

图 22-31 恒活荷载设置

2）执行"荷载输入丨楼面荷载丨楼面恒载"命令，修改楼梯板面荷载为 6.5，如图 22-32 所示。

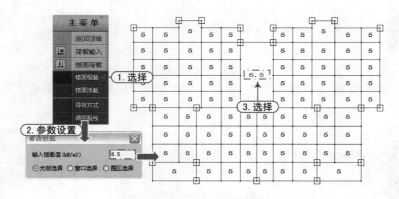

图 22-32 楼梯恒荷载修改

3）执行"梁间荷载丨梁荷定义"命令，定义值为 11.5 和 10.5 的均布线荷载，如图 22-33 所示。

4）执行"梁间荷载丨数据开关"命令，勾选"数据显示"，如图 22-34 所示。

5）执行"梁间荷载丨恒载输入"命令，布置值为 11.5 的梁间荷载，操作如图 22-35 所示。

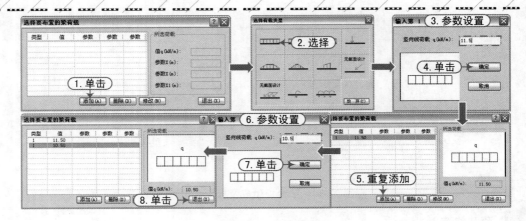

图 22-33　梁间荷载定义

图 22-34　数据开关打开

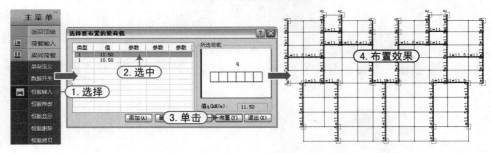

图 22-35　11.5 荷载布置

6）执行"梁间荷载｜恒载输入"命令，布置值为 10.5 的梁间荷载，操作如图 22-36 所示。

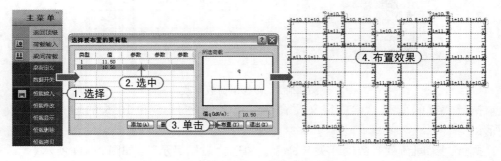

图 22-36　10.5 荷载布置

7）执行"梁间荷载 | 恒载输入"命令，新建值为 2 的梁间均布荷载，布置在阳台梁上，如图 22-37 所示。

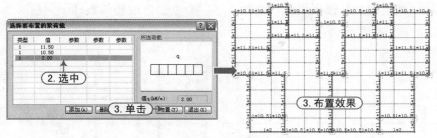

图 22-37　阳台梁恒荷载布置

22.3.5　换标准层

1）对屋面的屋顶层结构图的绘制，执行"楼层定义 | 换标准层"命令，选择"添加新标准层"和"全部复制"，操作过程如图 22-38 所示。

2）修改第 2 标准层平面图，执行"荷载输入 | 梁间荷载 | 恒载删除"命令，删除原梁间恒荷载。

3）执行"荷载输入 | 恒活设置"命令，设置屋面恒活荷载，如图 22-39 所示。

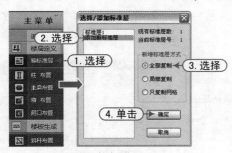

图 22-38　换标准层

图 22-39　恒活荷载设置

4）执行"楼层定义 | 本层修改 | 主梁查改"命令，在弹出的可修改"构件信息"面板中修改楼梯层间梁，如图 22-40 所示。

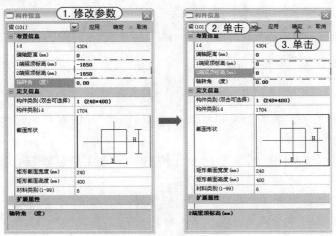

图 22-40　楼梯梁查改

5）执行"荷载输入 | 楼面荷载 | 楼面恒载"命令，修改楼梯间板处恒载为7.0，如图22-41所示。

6）执行"楼层定义 | 楼板生成 | 修改板厚"命令，修改楼梯板和阳台板厚为120，如图22-42所示。

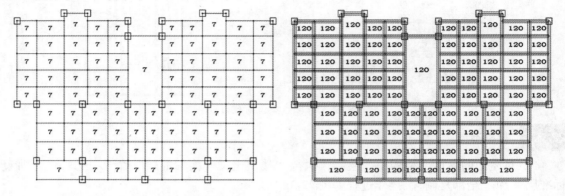

图 22-41　修改楼面恒荷载　　　　　　　图 22-42　修改板厚

7）执行"两点直线"和"主梁布置"命令，补充布置梁240×300效果，如图22-43所示。

8）执行"设计参数"命令，在"楼层组装—设计参数"对话框中设置参数，本例中取程序初始值，如图22-44所示。

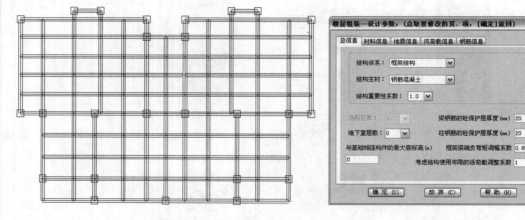

图 22-43　补充梁布置　　　　　　　　　图 22-44　设置参数

22.3.6　楼层组装

全楼数据设置好后，可查看整栋建筑的三维模型，先进行室外地坪的设计，再进行全楼模型的组装。

1）执行"楼层组装 | 楼层组装"命令，按照如下方式组装楼层，操作过程如图22-45所示。

➢ 选择"复制层数"为1，选取"第1标准层"，"层高"为4500。
➢ 选择"复制层数"为4，选取"第1标准层"，"层高"为3300。
➢ 选择"复制层数"为1，选取"第2标准层"，"层高"为3300。

2）执行"楼层组装 | 整楼模型"命令，查看整楼模型，如图 22-46 所示。

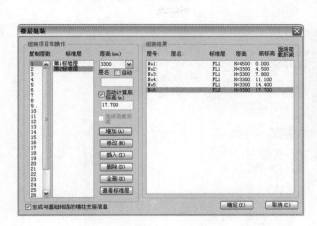

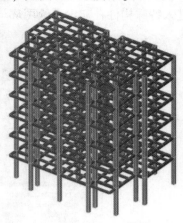

图 22-45 楼层组装   图 22-46 全楼效果

3）执行"保存"命令后，执行"退出"命令，选择"存盘退出"。

22.4 计算分析训练

| 案例 | \ jgrm \ *. * | 视频 | 计算分析 . avi | 时长 | 17′28″ |

选择 SATWE 主菜单的项目，即可对所绘结构图进行计算和分析。

22.4.1 SATWE 数据生成

选择 SATWE 主菜单的第 1 项："接 PM 生成 SATWE 数据"，单击"应用"按钮，进入 SATWE 前处理菜单，如图 22-47 所示。

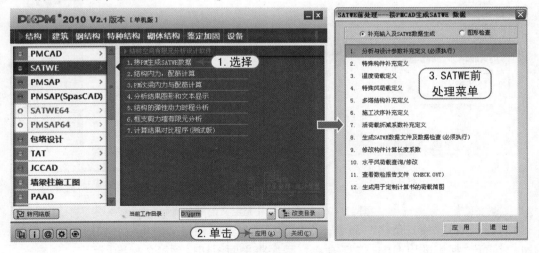

图 22-47 SATWE 前处理菜单

1）执行"补充输入及 SARWE 数据生成 | 1. 分析与设计参数补充定义"选项，单击"应用"按钮进入参数设计对话框，程序提供了 11 项参数的设置，如图 22-48 所示，单击"确定"按钮，取程序初始值。

2）执行"补充输入及 SARWE 数据生成 | 2. 特殊构件补充定义"选项，单击"应用"按钮进入特殊构件补充定义绘图环境，如图 22-49 所示。

图 22-48　分析与设计参数补充定义

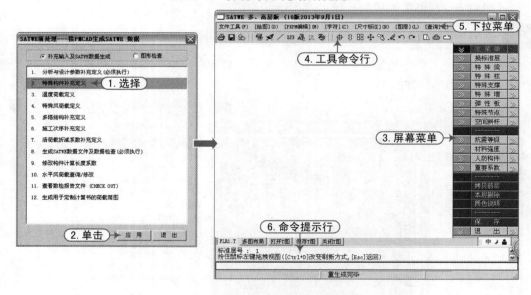

图 22-49　特殊构件补充定义绘图环境

3）执行"特殊柱 | 角柱"命令，在当前标准层选择柱定义为角柱，如图 22-50 所示。

4）执行"换标准层 | floor 2"命令，程序将平面图切换到第 2 标准层。

5）执行"特殊柱 | 角柱"命令，在第 2 标准层选择柱定义为角柱，如图 22-51 所示。

6）执行"保存"命令后，执行"退出"命令，返回到"SATWE 前处理菜单"中。

7）执行"补充输入及 SARWE 数据生成 | 8. 生成 SATWE 数据文件及数据检查"选项，单击"应用"按钮，开始数据的生成和检查，如图 22-52 所示。

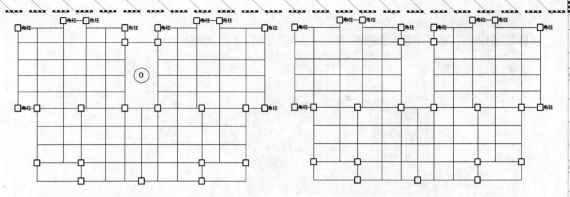

图 22-50　第 1 标准层角柱定义　　　　　图 22-51　第 2 标准层角柱定义

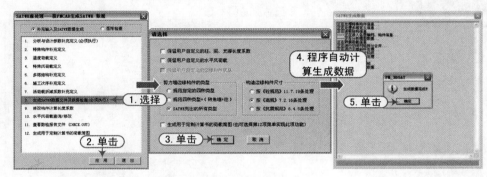

图 22-52　数据生成及检查操作

8）执行"补充输入及 SARWE 数据生成 | 11. 查看数检报告文件（CHECK. OUT）"选项，单击"应用"按钮，调出文件，如图 22-53 所示。

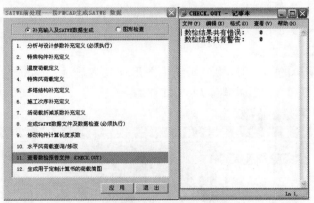

图 22-53　数据文件查看

9）在 SATWE 前菜单中单击"退出"按钮 ，返回到 SATWE 的主菜单。

22.4.2　SATWE 计算

选择 SATWE 主菜单的第 2 项："结构内力，配筋计算"，单击"应用"按钮程序开始计算内力及配筋，如图 22-54 所示。

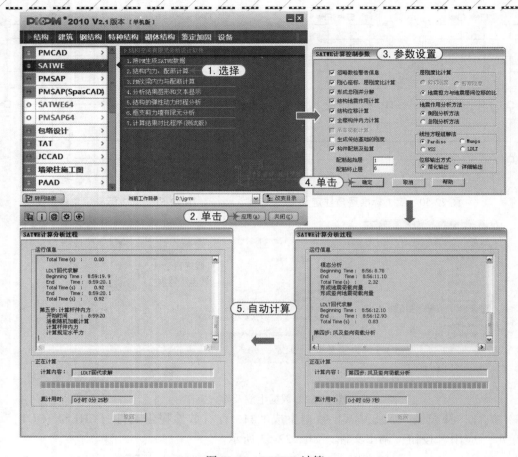

图 22-54　SATWE 计算

22.4.3　SATWE 分析

　　选择 SATWE 主菜单的第 4 项："分析结果图形和文本显示"，如图 22-55 所示，单击"应用"按钮程序，进入 SATWE 后处理菜单，如图 22-56 所示。

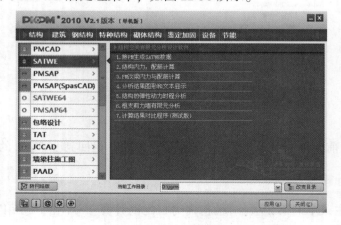

图 22-55　分析结果图形和文本显示

图 22-56　SATWE 后处理菜单

1）执行"图形文件输出 | 1. 各层配筋配件编号简图"选项，单击"应用"按钮显示构件编号简图，如图 22-57 所示。（图形分析：建筑质心和刚心相距不远，说明此建筑结构的布置基本合理，结构大部分是规则的）

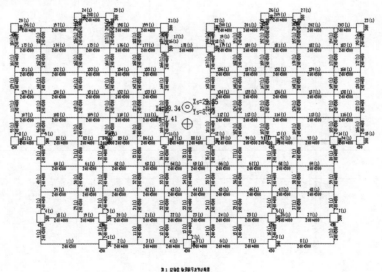

图 22-57　构件编号简图

2）执行"图形文件输出 | 9. 水平力作用下结构各层平均侧移简图"选项，单击"应用"按钮，屏幕显示地震力作用下楼层反应曲线，如图 22-58 所示。（图形分析：从图中可以看出，在地震作用下，受影响最大的是第 6 层）

3）执行"地震 | 层剪力"命令，显示层剪力图形，如图 22-59 所示。

4）执行"地震 | 倾覆弯矩"命令，显示倾覆弯矩图形，如图 22-60 所示。

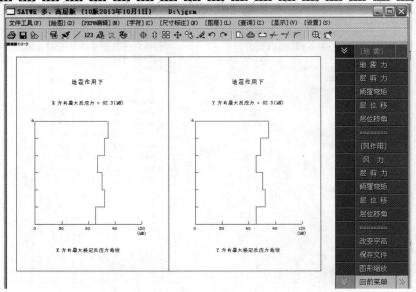

图 22-58　地震力作用下楼层反应曲线

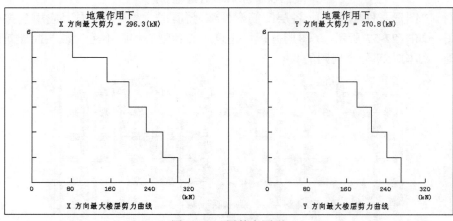

图 22-59　层剪力图形

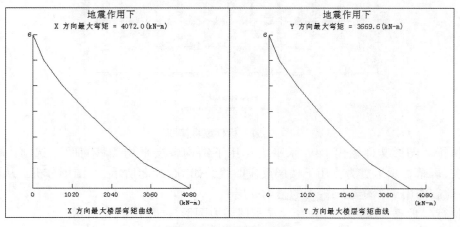

图 22-60　倾覆弯矩图形

5）执行"地震 | 层位移"命令，显示层位移图形，如图 22-61 所示。

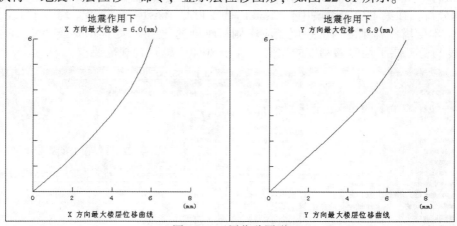

图 22-61 层位移图形

6）执行"地震 | 层位移角"命令，显示层位移角图形，如图 22-62 所示。（图形分析：比较 X、Y 方向上的层间位移角 1/2500 和 1/2290 均未大于 1/550，层间位移角符合规范规定）

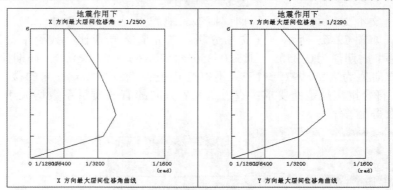

图 22-62 层位移角图形

7）同样的，依次查看在风力作用下的各选项图形。

8）执行"回前菜单"命令，返回到 SATWE 后处理菜单。

9）执行"图形文件输出 | 13. 结构整体空间振动简图"选项，单击"应用"按钮，选择振型查看图形，如图 22-63 所示。（振型中主要查看 1、2 和 3 振型，需要第 1 和 2 振型应以平动为主，第 3 振型应以扭转为主）

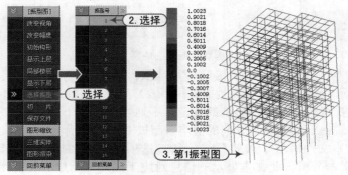

图 22-63 第 1 振型图

10）执行"文本文件输出 | 1. 结构设计信息"选项，查看其中重要信息，如图 22-64 所示。（文本分析：在第 1 层第 1 塔中，"Ratx1 = 1.2507，Raty1 = 1.5288"均大于 1.0，即表示"X，Y 方向本层塔侧移刚度与上一层相应塔侧移刚度的比值"大于 70% 或"X，Y 方向本层塔侧移刚度与上三层平均侧移刚度的比值"大于 80%，即符合规范要求）

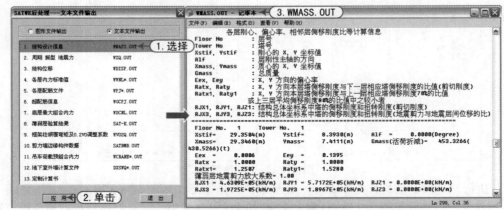

图 22-64　剪重比等参数

11）执行"文本文件输出 | 2. 周期、振型、地震力"选项，单击"应用"按钮，查看其中重要信息，如图 22-65 所示。（文本分析：首先验算周期比，找到平动第 1 周期值为 1.2883，转动第 1 周期值为 0.3505，那么 0.3505/1.2883 = 0.272 < 0.9，周期比符合要求；地震作用最大的方向值为 − 89.997° > 15°，不符合规范；查看 X、Y 方向的楼层最小剪重比，均大于 1.6%，符合抗震规范的要求；查看 X、Y 方向的有效质量系数均大于 90%，说明结构的振型个数取得足够了）

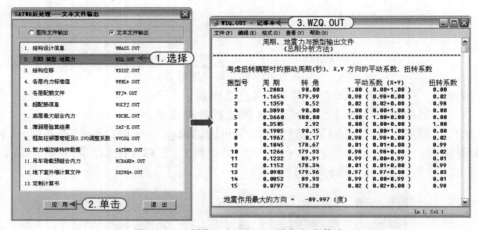

图 22-65　周期、振型、地震力文本信息

12）执行"文本文件输出 | 3. 结构位移"选项，单击"应用"按钮，查看其中重要信息，如图 22-66 所示。（文本分析：在地震作用下，X、Y 方向的最大层间位移角小于 1/550，位移角满足要求。在考虑偶然偏心影响的规定水平地震力作用下，查看 X、Y 方向最大区域与层平均位移的比值，X 方向与 Y 方向的值均未超过 1.20，符合要求）

13）执行"文本文件输出 | 6. 超配筋信息"选项，单击"应用"按钮，查看信息，如图 22-67 所示。（文本分析：此文本显示的信息对应于图形显示中的"2. 混凝土构件配筋及钢构件验算简图"）

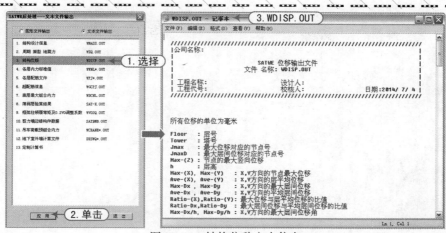

图 22-66　结构位移文本信息

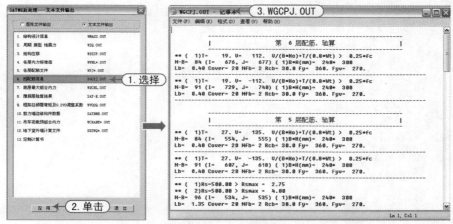

图 22-67　超配筋信息

14）本例题中，采用加大截面和删除梁结合处理超配筋，如图 22-68 所示。

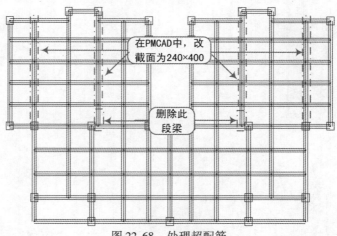

图 22-68　处理超配筋

15）在 SATWE 后处理菜单中单击"退出"按钮，返回 SATWE 主菜单。